"十三五"普通高等教育本科部委级规划教材

食品营养学

张　忠　李凤林　余　蕾　主　编
巩发永　史碧波　罗晓妙　副主编

U0241581

中国纺织出版社

全国百佳图书出版单位
国家一级出版社

内 容 提 要

本书是根据我国高等院校食品专业的教学特点和需要,结合我国目前营养科学发展的实际情况进行编写的,参加编写的人员大多是目前我国高等院校本学科处于教学和科研第一线的教师和科研人员。在编写过程中,努力结合目前国内外的最新研究成果和进展,在保证科学性、先进性和实用性的基础上,尽可能地体现食品专业营养学教材的特点,注重本专业的针对性和适应性,同时触及本学科的前沿,反映当代的发展水平,力求做到编写内容丰富、条理清晰、突出特色。本书可以作为大专院校、高等职业院校食品及相关专业的教材,亦可作为食品生产企业、食品科研机构有关人员的参考书。

图书在版编目(CIP)数据

食品营养学 / 张忠,李凤林,余蕾主编. -- 北京:中国纺织出版社,2017.10(2022.1重印)

"十三五"普通高等教育本科部委级规划教材

ISBN 978 - 7 - 5180 - 3799 - 5

Ⅰ.①食…　Ⅱ.①张…②李…③余…　Ⅲ.①食品营养—营养学—高等学校—教材　Ⅳ.①TS201.4

中国版本图书馆 CIP 数据核字(2017)第 163728 号

责任编辑:国　帅　闫　婷　责任设计:品欣排版

责任印制:王艳丽

中国纺织出版社出版发行

地址:北京市朝阳区百子湾东里 A407 号楼　邮政编码:100124

销售电话:010—67004422　传真:010—87155801

http://www.c-textilep.com

E-mail:faxing@ c-textilep.com

中国纺织出版社天猫旗舰店

官方微博 http://weibo.com/2119887771

三河市宏盛印务有限公司印刷　各地新华书店经销

2017 年 10 月第 1 版　　2022 年 1 月第 5 次印刷

开本:787×1092　1/16　印张:21.5

字数:429 千字　定价:42.00 元

《食品营养学》编委会成员

普通高等教育食品专业系列教材
编委会成员

前　言

　　本书是根据我国高等院校食品专业的教学特点和需要,结合我国目前营养学科发展的实际情况进行编写的,参加编写的人员大多是目前处于我国高等院校本学科教学和科研第一线的教师和科研人员。在编写过程中,结合国内外的最新研究成果和进展,在保证科学性、先进性和实用性的基础上,尽可能地体现食品专业营养学教材的特点,注重本专业的针对性和适应性,同时触及本学科的前沿,反映当代的发展水平,力求做到编写内容丰富、条理清晰、突出特色。

　　本书在注重基本理论、技能的前提下,突出人群营养、食品营养、改善食品营养及营养配餐等方面的知识。全书共分十二章,主要介绍了食物的消化和吸收,能量和宏量营养素、微量营养素及其他膳食成分,不同人群的营养,营养与慢性病,各类食品的营养价值,强化食品与保健食品,社区营养与营养配餐等内容。

　　本书绪论、第一章、第二章主要由李凤林编写,第三章、第十二章由余蕾编写,第四章、第十章主要由张忠编写,第五章、第六章主要由史碧波编写,第七章主要由巩发永编写,第八章、第九章主要由罗晓妙编写,第十一章主要由荆淑芳编写,此外刘兴艳、李正涛、吴兵、杨咏洁、吕蕾、李扬等同志也参与了本书部分章节的编写工作,全书由张忠统稿。

　　本书内容丰富,通俗易懂,可读性强,适合作为各大高等院校、高等职业院校食品及相关专业的教材,亦可作为食品生产企业、食品科研机构有关人员的参考书。

　　在编写过程中,本书参考了国内外许多作者的著作和文章,在此表示衷心的感谢。由于编写人员的水平和经验有限,本书中难免有种种缺陷甚至错误,蒙同行、专家和广大读者指正。

编　者

2017 年 7 月

目　录

绪　论

一、营养学的概念和分类

营养,是指人体摄取、消化、吸收和利用食物中的营养物质以满足机体生理需要的生物学过程,是一个作用过程,用以构建机体的组织器官、满足人体生理功能和体力活动的需要。

营养素,是食物的有养成分或有益物质,是营养的物质基础。人类通过膳食,获得人体所必需的营养素。营养素通常可分为六大类,即蛋白质、脂类、糖类(碳水化合物)、矿物质(包括常量元素与微量元素)、维生素和水,其中前三类称为宏量营养素(又称"大营养素"、"生热营养素"或"产能营养素"),第四、五类称为微量营养素。20世纪70年代以来,西方学者把食物纤维列入第七类营养素。食物纤维属于碳水化合物(多糖)类。由于发达国家食物过于精细,膳食结构中多糖(纤维素、淀粉、果胶等)的比例降低,导致某些疾病(如心血管疾病、糖尿病和癌症)的发病率、死亡率逐渐升高,因此,人们重新认识膳食结构中纤维素的重要作用,并把它称为"被遗忘了的营养素"。

《食品安全法》第一百五十条对食品的定义为:食品,指各种供人食用或者饮用的成品和原料以及按照传统既是食品又是药品的物品,但是不包括以治疗为目的的物品。严格地说,凡是食品,必须含有上述营养成分,而且能不同程度地为人体所吸收利用。机体所赖以生存的各类营养素,就是通过人体摄入的食品来提供的,即食品是营养素的载体。

摄取食物是人和动物的本能,而正确合理的摄取和利用食物则是一门科学,营养学就是研究合理利用食物以增进人体健康的科学。营养学是生物科学的一个分支,是一门综合性学科,它与生物化学、生理学、病理学、临床医学、食品科学、农业科学等学科都有关系。营养学属于自然科学范畴,但它有较强的社会性。从整体上讲,它与国家的食物生产和经济水平有关;从局部看,它可以指导一个集体、家庭和个人饮食的合理安排,并与人的生长发育、生理功能、作业效率、健康长寿息息相关。因此,营养学是一门应用性较强的学科。

随着营养科学的发展,出现了许多营养分支学科,大致有以下几方面:

(1)基础营养学:包括各类营养素的结构和在体内的消化、吸收、代谢以及生理功能等营养生物化学以及与其有关的细胞与分子生物化学。

(2)临床营养学:研究个体在疾病状态下,运用营养学理论知识和相关手段,对患者进行营养状况评价,配合治疗进行营养支持并做出效果评价。

(3)公共营养学:研究不同工作与生活环境中的正常人群包括特殊生理状态(婴幼儿、老年人、孕妇、哺乳期妇女)的营养状况和营养干预的评价及改善措施。

（4）食品营养学：研究食物、营养与人体生长发育和健康的关系，以及提高食物营养价值的措施。

二、营养学的形成和发展

营养学有着漫长的发展历史。现代营养学奠基于 18 世纪中叶，整个 19 世纪和 20 世纪中叶是现代营养学发展的鼎盛时期，分子营养学成为 21 世纪营养学研究的新领域。人类对营养的认识逐渐由感性经验发展到科学应用，积累了丰富的知识，保障了人类的健康。营养学的形成和发展与社会的经济和科学技术水平是紧密相连的，在漫长的生活实践中人类对营养是逐渐由感性经验上升到科学认识的。我们的祖先很早就认识到饮食营养在保健中的重要作用，远在 5000 多年前的黄帝时代，就有专管营养的专门职位；3000 年前就有食医，认为"食养居于术养、药养等养生之首"；我国历代有关营养和饮食方面的重要著作有《食经》《食疗》《千金食治》《食疗本草》《食医心鉴》《饮膳正要》《救荒本草》等专著；在我国最古老的医书《黄帝内经》的"素问篇"中就提出了"五谷为养、五果为助、五畜为益、五菜为充"的膳食模式，将食物分为四大类，并以"养""助""益""充"显示了其在营养学上的价值，此外，还将食物分为"温""凉""寒""热"四性和"酸""甜""苦""辣""咸"五味，这是最早的、最朴素的唯物主义在饮食方面的论述，也是我国膳食结构的雏形模式，它既符合现代营养学平衡膳食的原则，又适用于患者的饮食治疗；在《千金食治》中提出"安生之本，必资于食，不知食宜者，不足以生存也"等营养观念；我国历代医药经典《本草纲目》中也贯穿着"药食同源"的原则，有各种食物本草对食物功能的论断。在国外，公元前 900 年古埃及的纸莎草纸卷宗中就有"患夜盲症的人最好多吃牛肝"的记载；西方公认的"现代医学之父"希波克拉底在公元前 400 年就曾说过："我们应该以食物为药，饮食就是你首选的医疗方式。"这一论断同我国传统营养学"寓医于食"的理论不谋而合。

传统营养学主要是立足于营养作用的经验汇总，是根据人们的多年实践经验加以总结而形成的，还缺乏实验技术的科学基础。现代营养学奠基于 18 世纪中叶，关于生命过程是一种呼吸过程、呼吸是氧化燃烧的理论、消化是化学过程等一系列的生物科学成就，将营养学引进现代科学发展的轨道。到了 19 世纪，由于碳、氢、氮定量分析法及由此而建立的食物组成与物质代谢的概念，氮平衡学说和等价法则的创立，为现代营养学的形成和发展奠定了基础。整个 19 世纪和 20 世纪中叶是现代营养学发展的鼎盛时期，此时陆续发现了各种营养素，如 1810 年发现了第 1 种氨基酸，1838 年蛋白质作为一种科学术语而被命名，1844 年发现了血糖，1881 年对无机盐有了较多研究，1920 正式命名维生素，1929 年证明亚油酸为人体必需脂肪酸，1938 年提出 8 种必需氨基酸。20 世纪 40 年代以来，由于生物学的发展，以及分析测试方法的进步，大大推动了营养学的进展。1943 年，美国首次提出各社会人体膳食营养素供给量的建议，此后许多国家也提出了自己的营养素供给量建议，作为合理营养的科学依据。第二次世界大战以后，生物化学及分子生物学的发展又为营养学向微观世界的发展、探索生命奥秘提供了理论基础，分析技术的进步又大大提高了营养学研究的速度和有效性,营养生理、营养生化得到了迅速发展,使营养与疾病的关系得以进一步阐明,大大促进了临床营养的进展。与此同时,营养学家也竭力以各类人群为对象,着眼社会生活实践来研究宏观营养,发展公共营养事业。20世纪末期,植物化学物(如多酚、芥子油苷、皂苷、植物雌激素等)对保护机体健康和慢性疾病的防治作用使之成为新的研究热点。

此外,许多国家采取营养立法手段,建立政府监督管理机构,研究推行农业经济政策、食品经济政策及其他的必要行政措施,使营养学更具宏观性和社会实践性。同时,利用分子营养学的研究手段来研究与营养相关疾病的发病机制,探讨营养素与基因间的相互作用,并从分子水平利用营养素来预防和控制营养相关疾病,使分子营养学成为21世纪营养学研究的新领域。

三、食品营养学的研究任务、内容和方法

食品营养学是营养学的一门分支学科,它以营养的生物学过程及其有关因素作为自己的研究对象,一方面植根于生物学和医学的土壤中,具有很强的理论性;另一方面以改善全人类的营养状况为目的,具有很强的社会实践性。食品营养学的主要任务是研究食物、营养与人体生长发育和健康的关系,在全面理解各类食品的营养价值和不同人群食品的营养要求基础上,掌握食品营养学的理论和实际技能,并且学会食品营养价值的综合评定方法及评定结果在营养食品生产、食物资源开发等方面的应用,通过食物和营养来保证人民健康,增强人民体质,指导人们合理地选择并摄取能量和营养素满足生理需要,提高人体对疾病和外界有害因素的抵抗力,使机体处于健康的状态。

研究的内容主要包括以下几点:

(1)食物的体内过程:食物中的营养物质为人体摄取、消化、吸收和利用后满足机体的生理需要。了解人体中消化系统的组成及功能,了解消化、吸收的概念及其过程,了解食物消化、吸收的主要部位以及食物在消化道中的消化方式和吸收形式,以利于人们通过相应的研究方法和措施来提高食物中营养成分在人体内被消化、吸收和利用的程度。

(2)食品营养学基础:食品营养学是研究食物中的营养素及其他活性物质对人体健康的生理作用和有益影响的学科。要达到健康的目标,了解人体对热能和营养素的需要、营养素在人体内的生理功能、热能和营养素的摄入量应达到什么水平才能满足机体的生理需要、影响营养素的吸收和利用的因素、摄入过多或不足会对人体造成什么样的危害以及各种营养素在食物中的来源等。

(3)各类食品的营养价值:自然界供给人类食用的食品种类非常丰富,各种食品由于所含热能、营养素的种类和数量能满足人体营养需要的程度不同,营养特点不同,其营养价值的高低也就不同。因此,全面了解各种食品的天然组成成分(包括营养素、非营养素类物质、抗营养因素等),了解各种食品中所含营养素的种类、数量、相互比例,了解某些食品天然营养成分的不足或缺陷,并通过相应的有效措施来解决抗营养因素问题,充分利用食物

资源,提高食品营养价值,也是营养学研究的重要内容。

(4)营养与健康:生命是一个连续的过程,人们在不同的生命阶段的生理特点和对营养的需求也不相同。在营养学研究的基本内容的基础上,还应进一步了解在特殊生理条件下的人群(如婴幼儿、儿童、青少年、孕妇、哺乳期妇女、老年人等)的生理特点和营养特点,研究不同人群的特殊营养需求以及膳食指南。

目前严重威胁人类健康的慢性非传染性疾病大多与不适当的营养素摄入有关,因此,营养与疾病的关系已引起越来越广泛的关注。了解与营养相关疾病(如心血管疾病、糖尿病、肥胖、骨质疏松等)的病理生理特点,按不同时期制定符合其特征的营养饮食治疗方案和膳食原则,以达到治疗、辅助治疗或诊断的目的,也是营养学研究的主要目标。

(5)社区营养:营养学具有很强的科学性、社会性和应用性,应将营养学的研究成果应用于人民的生活实践,应以人群的营养状况为基础,有针对性地提出解决营养问题的措施,从宏观上研究解决合理营养的有关理论、技术和社会措施。社区营养既包括各种人群的膳食营养素参考摄入量、居民膳食指南的制订、中国居民平衡膳食宝塔、社会营养监测等内容的研究,还包括营养配餐、食谱编制、居民营养状况调查与评价等方面的内容。

平衡膳食、合理营养是健康饮食的核心,营养配餐是实现平衡膳食的一种措施,平衡膳食的原则通过食谱才得以表达出来,充分体现其实际意义。目前我国居民正面临着营养缺乏与营养过剩的双重挑战,要应对此挑战,需要采取多种措施,提倡平衡膳食、合理营养是最根本的解决办法,此外,研究和推广营养强化食品以预防大规模人群的营养缺乏问题,研制和生产各种保健食品以减少某些慢性疾病的发生率,都是行之有效的措施。

研究和解决食品营养学的理论和实际问题的方法主要有:食品分析技术和生物学实验方法;营养调查方法;生物化学、食品化学和食品微生物学方法;食品毒理学方法及新营养食品设计研究方法等。

四、我国营养工作发展概况

我国在 20 世纪初便开始了现代营养学研究。1913 年前后,我国已经出现了自己的食物成分表和一些人群的营养调查报告,1939 年,中华医学会提出了我国历史上第一个营养素供给量建议。

中华人民共和国成立以后,我国的营养科学得到进一步发展,设置了专门的营养科研机构,在各医学院校开设了营养学课程,拥有了自己的营养学科研、教学专业队伍,在营养缺乏病的调查与防治、各地食物营养成分分析、各类不同人群的营养需要、改善人群营养状况等方面的研究中做了大量的工作,取得很大成绩:如中华人民共和国成立前,我国西北某些地区的少数民族癞皮病发病率高达40%,这是一种缺乏烟酸所引起的疾病,1949 年后由于积极防治,到1960 年下降到13%,1970 年降到1.6%,而到 1980 年更进一步降到0.9%。又如克山病(特点是心肌坏死,造成心源性休克、死亡)曾严重威胁人民身体健康和生命,遍布我国 15 个省区,严重时 10 岁以下儿童发病率高达1%,1949 年前重病死亡率达80%

以上，经过我国营养学家长期研究，发现病区食物和人群体内贫硒，从而取得用硒防治急性克山病的重要科研成果，并可使病死率下降到10%以下。这不仅是对降低克山病发病率和死亡率的重大贡献，而且还进一步揭示了硒在人体新陈代谢中的重要作用，成为人类认识硒的重要里程碑。为此，1984年1月在北京召开的第三届国际硒会议上，我国科学家获得了国际生物无机化学家协会授予的"施瓦茨（KLAUS‐SCHWARTZ）奖"，以表彰他们在防治克山病方面为人类做出的杰出贡献，这是中国人第一次荣获该奖。

1963年，中华医学会提出了中华人民共和国成立后的第一个"推荐的每日膳食中营养素供给量"（Recommended Dietary Allowances，RDA），1981年和1988年又进行了修订。2000年，中国营养协会又在推荐膳食供给量的基础上发展出来膳食营养素参考摄入量（Ddietary Reference Intakes，DRIs），2013年中国营养学会重新修订了《中国居民膳食营养素参考摄入量》。

1959年，我国开展了第一次全国营养调查，此后于1982年和1992年分别进行了第二、第三次全国营养调查，对全民的营养问题有了全面和准确的了解，为指导居民膳食，改善食物生产提供了重要的指导。1993年，国务院颁发了《九十年代中国食物结构改革与发展纲要》，第一次以政府文件的形式提出了食物与营养发展的规划。1989年我国修订了第一个膳食指南，1996年中国营养学会及中国预防医学科学院营养与食品卫生研究所共同组成了中国膳食指南专家委员会，该委员会开展了深入细致的调查和资料论证工作，对原有的膳食指南进行了修改，同时对指南进行了量化，并设计了"平衡膳食宝塔"。1997年《中国居民膳食指南》由营养学会常务理事会发布，2007年，由中国营养学会权威专家在此基础上重新修订，卫生部2008年1号文件发布新版《中国居民膳食指南》，为居民合理膳食提供了可行的原则。2016年中国营养学会重新修订并发布了《中国居民膳食指南（2016）》，设计了"中国居民平衡膳食餐盘（2016）"和"中国儿童平衡膳食算盘（2016）"，突出了实践部分和平衡膳食模式等内容，通过大量图表和食谱使其更具有可持续性和可操作性。

在社会营养方面，我国也开展了许多工作。1993年，由卫生部门、轻工部门、农业部门和国家教委共同建立了"国家食物营养咨询委员会"，这是我国第一个为政府提供营养咨询指导的专家机构。根据咨询委员会的专家提议，1996年，我国实施了"大豆行动计划"，为农村和小城镇的中小学生提供豆制品和豆乳，2000年在全国开始分步实施"学生用奶计划"，经实施已经取得了积极的社会效益。自1985年起，我国营养工作者便着手开展"儿童营养检测与改善"工作，主要针对我国贫困地区儿童的营养不良问题进行营养干预，并取得了明显的效果。

五、食品营养学与食品科学、农业科学的关系

人体所需的所有营养素是由各类食物（品）提供的，而食物的生产则依赖于农业，农业是食物生产的基础产业部门，食品加工则是农业生产的继续和延伸，是农业产前、产中和产后生产系统中的重要环节。因此，农业能否提供符合人类营养要求的数量充足、品质优良、

品种多样的食物,直接决定着人们的膳食构成,从而影响着人们的身体健康。任何一个国家的农业－食物－营养体系是不可分割的整体,它直接影响全体国民的营养水平和健康状况。食品加工一方面可使某些营养素更易被人体消化、吸收和利用,并使食品中营养素供应更为合理;另一方面,食品中的某些成分会发生各种各样的理化反应,导致营养素的损失或降低其利用率等。食品加工的主要任务是保存营养素,提高营养素的利用率。食品营养学与食品科学,农业科学的关系见下图。

在食品加工过程中,对食品营养素的保存是多学科的综合,其总的原则包括:

(1)选择优质而适合加工的原料:只有营养素含量充足,结构性状良好的原料,才能生产出高质量的食品。

(2)科学合理的加工工艺以及实现工艺的现代化设备:这是最大限度地保存营养素的根本保证。目前,国内外采用的气体压缩、真空技术、流态化技术、冷冻浓缩技术、膜技术、超临界分离技术等再配合相应的设备可显著改善食品的感官性状和提高食品的营养水平。

(3)科学与美学相结合的食品包装:最初的包装是便于贮藏和运输,但随着生产、流通和消费的变革和进步,食品的包装已成为食品不可分割的重要组成部分,包装的优劣直接影响食品的品质、营养、卫生和消费。

我国居民以粮食为主食,人体所得的绝大部分营养素来自粮食。因此,食品营养在指导农业生产方面具有重要的意义。具体措施包括:①调整农作物结构,增加蛋白质含量高的作物的播种面积,在不增加单位面积产量的情况下,可大幅度地提高粮食的利用率;②调整畜牧业结构,同样可以在不增加饲料资源消耗的情况下,增加更多的动物性食品。

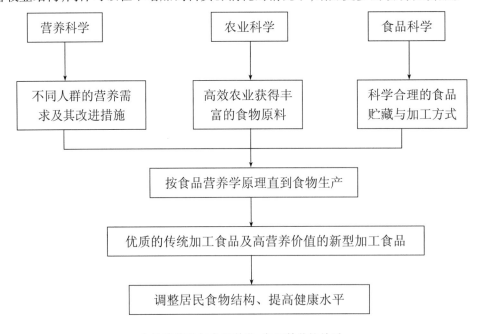

食品营养学与食品科学,农业科学的关系

第一章　食物的消化和吸收

人体进行新陈代谢需要不断从外界摄取各种营养物质。食物中的天然营养物质(如碳水化合物、脂肪、蛋白质)一般都不能直接被人体利用,必须先在消化道内分解,变成小分子物质(如葡萄糖、甘油、脂肪酸、氨基酸等),才能通过消化道黏膜的上皮细胞进入血液循环系统,供人体组织利用。

消化是指食物在消化道内被分解成小分子的过程,它包括两种方式:①物理性消化,即通过消化道的运动,将食物磨碎,与消化液充分混合,并以适宜的速度将其由口腔向直肠方向推送;②化学性消化,即通过消化液中消化酶的作用,将食物中的大分子物质(主要是蛋白质、脂肪和多糖)分解为可吸收的小分子物质。这两种消化方式是相互配合、同时进行的。

吸收是指经过消化后的小分子物质以及维生素、无机盐和水透过消化道黏膜,进入血液和淋巴的过程。消化和吸收是两个相辅相成、紧密联系的过程。不能被消化和吸收的食物残渣,最终形成粪便排出体外。

第一节　消化系统

一、消化系统的组成

人体的消化系统是由长 5～10m 的消化道和消化腺组成,其功能是对食品进行消化和吸收,为机体新陈代谢提供物质和能量。

消化道是机体完成代谢的场所,是指由口腔至肛门粗细不等的弯曲管道,包括口腔、咽、食道、胃、小肠(又分十二指肠、空肠及回肠)和大肠(又分盲肠、结肠和直肠)等部分,见图 1－1。消化道既是食品通过的管道,又是食品消化、吸收的场所。

消化腺是分泌消化液的腺体,有小消化腺和大消化腺两种。小消化腺(胃腺和肠腺)散布于消化道各部的管壁内,其分泌液直接进入消化道中。大消化腺有三对唾液腺(腮腺、颌下腺、舌下腺)、肝和胰,存在于消化道之外,其分泌液经导管进入消化道。

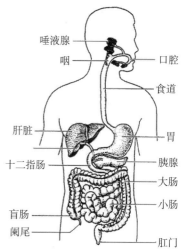

图 1－1　人体消化系统的组成

二、消化系统的功能

(一)口腔

口腔为消化道的始端,具有咀嚼、尝味、吞咽和辅助发音的功能,是食物进入消化道的门户,由上下唇、咽峡、左右颊、硬腭和软腭、口腔底构成的近封闭式空间。口腔内参与消化的器官有牙、舌、唾液腺。牙齿在物理性消化中起到重要的作用。

1.牙齿

牙齿是人体最坚硬的器官,通过牙齿的咀嚼,食物由大块变成小块。

2.舌

在进食过程中,舌使食物与唾液混合,并将食物向咽喉部推进,用以帮助食物吞咽。同时舌是味觉的主要器官。

3.唾液腺

人的口腔内有 3 对大的唾液腺:腮腺、舌下腺、颌下腺,还有无数散在的小唾液腺,唾液就是由这些唾液腺分泌的混合液。

唾液是无色、无味的液体,水分约占 99%,pH 值为 6.6~7.1。唾液中的有机物主要为黏蛋白、氨基酸、尿素、尿酸以及唾液淀粉酶、溶菌酶等;无机物有 Na^+、K^+、Ca^{2+}、Cl^-、HCO_3^- 和微量的 CNS^-;此外,唾液中还有一定量的气体如 O_2、N_2 和 CO_2 等。

唾液的作用有以下几点:①唾液可湿润与溶解食物,以引起味觉;②唾液可清洁和保护口腔,当有害物质进入口腔后,唾液可起冲洗、稀释及中和作用,其中的溶菌酶可杀灭进入口腔内的微生物;③唾液可使食物细胞粘成团,便于吞咽;④唾液中的淀粉酶可对淀粉进行简单的分解,但这一作用很弱,且唾液淀粉酶仅在口腔中起作用,当进入胃与胃液混合后,pH 值下降,此酶迅速失活。食物在口腔内的消化过程是经咀嚼后与唾液合成团,在舌的帮助下送到咽后壁,经咽与食管进入胃。食物在口腔内主要进行的是物理性消化,伴随少量的化学性消化,且能反射性地引起胃、肠、胰、肝、胆囊等器官的活动,为以后的消化作准备。

(二)咽喉与食道

咽喉是上宽下窄的肌性管道,是食物进入食道和空气进入呼吸道的通路,在咽喉下面相接的为食道,食道表层有许多黏液分泌腺,所分泌的黏液可以保护食道黏膜。当吞咽食物时,咽后壁前移,封闭气管开口,防止食物进入气管而发生呛咳。食团进入食道后,在食团的机械刺激下,位于食团上端的平滑肌收缩,推动食团向下移动,而位于食团下方的平滑肌舒张,这一过程的往复,便于食团的通过。

(三)胃

与食道直接相连接的消化道器官是胃,位于腹腔上部,是消化道最膨大的部分。胃的上端通过贲门与食管相连,下端通过幽门与十二指肠相连。胃的形状以及位置不是固定的,它会随着胃的充盈程度、体型、紧张度等的不同而出现比较大的变化。胃壁的结构由内向外分为四层,即黏膜层、黏膜下层、肌层及外膜。胃的肌肉由纵状肌肉和环状肌肉组成,内衬黏膜层。肌肉的收缩形成了胃的运动,黏膜具有分泌胃液的作用。在胃黏膜层上,有许多皱襞,这些皱襞通过胃体的扩张和收缩运动,起到对食物进行搅拌的作用。在黏膜层上所出现的凹陷部分是一些腺体,也称为胃腺,在全部的胃腺中,主要的腺体是由胃底腺、贲门部位的贲门腺和幽门部位的幽门腺所组成的。

1.胃液的性质、成分和作用

纯净的胃液是一种无色而呈酸性反应的液体,pH 值为 0.9～1.5。正常人每日分泌的胃液量为 1.5～2.5L。胃液的成分包括无机物(如盐酸、钠和钾的氯化物等)和有机物(如黏蛋白、消化酶等)。

(1)胃酸:由胃黏膜的壁细胞分泌,由盐酸构成。胃酸有许多作用,它可杀死随食物进入胃内的细菌,因而对维持胃和小肠内的无菌状态具有重要意义;胃酸还能激活胃蛋白酶原,使之转变为有活性的胃蛋白酶,胃酸还为胃蛋白酶作用提供了必要的酸性环境;胃酸进入小肠后,可以引起促胰液素的释放,从而促进胰液、胆汁和小肠液的分泌;胃酸所造成的酸性环境,还有助于小肠对铁和钙的吸收。但若胃酸分泌过多,也会对人体产生不利影响。

(2)胃蛋白酶原:由主细胞合成的,并以不具有活性的酶原颗粒形式贮存在细胞内。分泌入胃腔内的胃蛋白酶原在胃酸的作用下,从分子中分离出一个小分子的多肽,转变为具有活性的胃蛋白酶,已激活的胃蛋白酶对胃蛋白酶原也有激活作用。胃蛋白酶能水解食物中的蛋白质,它主要作用于蛋白质及多肽分子中含苯丙氨酸或酪氨酸的肽键上,其主要分解产物是胨,产生多肽或氨基酸较少。胃蛋白酶只有在酸性较强的环境中才能发挥作用,当食糜被送入小肠后,随着 pH 值逐渐升高至 6.0 以上时,此酶即发生不可逆的变性,迅速失活。

(3)黏液:胃的黏液主要成分为糖蛋白,其次是黏多糖、蛋白质等大分子。在正常人的胃中,黏液覆盖在胃黏膜的表面,形成一个厚约 500μm 的凝胶层,它具有润滑作用,可减少粗糙的食物对胃黏膜的机械性损伤。黏液为中性或偏碱性,可降低胃酸酸度,减弱胃蛋白酶活性,从而防止酸和胃蛋白酶对胃黏膜的消化作用。

(4)内因子:壁细胞除分泌盐酸外,还分泌一种分子量在 50000～60000 之间的糖蛋白,称为内因子。内因子可在胃腔内与食物中的维生素 B_{12} 结合成复合物,使维生素 B_{12} 在肠管内不被酶分解,并能促进回肠吸收维生素 B_{12} 入血,供红细胞生成所需,如内因子缺乏,维生素 B_{12} 吸收障碍,可导致巨幼红细胞贫血。

2.胃的运动

(1)胃的容受性舒张:当咀嚼和吞咽时,食物对咽、食管等处感受器的刺激,可通过迷走神经反射性地引起胃底和胃体贴骨肉的舒张,胃壁肌肉的这种活动,被称为胃的容受性舒张。容受性舒张使胃腔容量由空腹时的 50mL,增加到进食后的 1.5L,它适应于大量食物的涌入,而胃内压力变化并不大,从而使胃更好地完成容受和贮存食物的功能。

(2)胃的蠕动:食物进入胃后约 5min,蠕动即开始。蠕动是从胃的中部开始,有节律地向幽门方向进行。胃蠕动波的频率约每分钟 3 次,并需 1min 左右到达幽门。胃的蠕动一方面使食物与胃液充分混合,以利于胃液发挥消化作用;另一方面,则可搅拌和粉碎食物,并推进食糜通过幽门向十二指肠移动。

(3)胃的排空:食物由胃排入十二指肠的过程称为胃的排空。一般在食物入胃后 5min 即有部分食糜被排入十二指肠。不同食物的排空速度不同,这和食物的物理性状和化学组成都有关系。稀的、流体食物比稠的或固体食物排空快;切碎的、颗粒小的食物比大块的食物排空快;糖类的排空时间较蛋白质要快,脂肪类食物排空最慢。对于混合食物,由胃完全排空通常需要 4~6h。

(四)小肠

小肠是食物消化的主要器官,位于胃的下端,分为三部分,即与胃的幽门相连接的十二指肠以及空肠和回肠。在小肠,食物受胰液、胆汁及小肠液的化学性消化。同时,绝大部分营养成分也在小肠吸收,未被消化的食物残渣由小肠进入大肠。食物在小肠内停留的时间,随食物的性质而有不同,一般为 3~8h。小肠呈盘曲状,总长约 5m 多,其中十二指肠位于腹腔的后上部,全长 25cm;空肠位于腹腔的左上部,长约 2m;回肠位于右下腹,长约 3m;空肠和回肠之间没有明显的分界线。

十二指肠是小肠的起始端,构成一个马蹄的形状,在中间偏下处的肠管稍粗,称为十二指肠壶腹,该处有胆总管的开口,胰液及胆汁经此开口进入小肠,开口处有环状平滑肌环绕,起括约肌的作用,防止肠内容物返流入胆管。小肠的管壁由黏膜、黏膜下层、肌层和浆膜构成,小肠黏膜形成许多环形皱褶和大量绒毛突入肠腔,每条绒毛的表面是一层柱状上皮细胞,柱状上皮细胞顶端的细胞膜又形成许多细小的突起,称微绒毛。环状皱褶、绒毛和微绒毛的存在,使小肠黏膜的表面积增加 600 倍,达到 $200m^2$ 左右(图 1-2),这就使小肠具有很大的吸收面积。微绒毛中具有的血管、神经、毛细淋巴管和少量平滑肌,是小肠发生吸收的重要器官组织。整个小肠中,其黏膜层具有丰富的肠腺体存在,这些肠腺体可以分泌小肠液。

1.小肠的运动形式及其作用

(1)紧张性收缩:是小肠其他运动形式的基础,当小肠紧张性降低时,肠壁给予小肠内容物的压力小,食糜与消化液混合不充分,食糜的推进也慢。反之,当小肠紧张性升高时,食糜与消化液混合充分而加快,食糜的推进也快。

(2)分节运动:是一种以环状肌为主的节律性收缩和舒张的运动,主要发生在食糜所在的一段肠管上。进食后,有食糜的肠管上若干处的环状肌同时收缩,将肠管内的食糜分割成若干节段。随后,原来收缩处舒张,原来舒张处收缩,使原来每个节段的食糜分为两半,相邻的两半又各自合拢来形成若干新的节段,如此反复进行。分节运动的意义在于使食糜与消化液充分混合,并增加食糜与肠壁的接触,为消化和吸收创造有利条件。此外,分节运动还能挤压肠壁,有助于血液和淋巴的回流。

(3)蠕动:小肠的蠕动可发生在小肠的任何部位,其速率为 0.5~2.0cm/s,近端小肠的

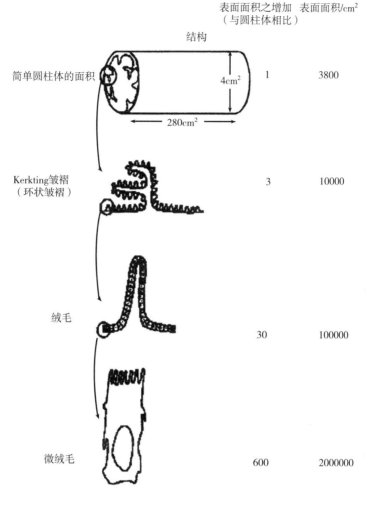

图 1-2　小肠的皱褶、绒毛及微绒毛

蠕动速度大于远端。小肠蠕动波很弱,通常只进行一段短距离(约数厘米)后即消失。蠕动的意义在于使经过分节运动作用的食糜向前推进一步,到达一个新肠段,再开始分节运动。食糜在小肠内实际的推进速度只有1cm/min。在小肠还常可见到一种进行速度很快(2~25cm/s)、传播较远的蠕动,称为蠕动冲。蠕动冲可把食糜从小肠始端一直推送到大肠。蠕动冲可能是由于进食时吞咽动作或食糜进入十二指肠而引起的。在十二指肠与回肠末端常常出现与蠕动方向相反的逆蠕动。食糜可以在这两段内来回移动,有利于食糜的充分消化和吸收。

2.胰液的成分和作用

胰腺是兼有外分泌和内分泌功能的腺体,其外分泌为胰液,是由胰腺的腺泡细胞和小的导管管壁细胞所分泌的,具有很强的消化能力。胰液是无色无嗅的碱性液体,pH 值为7.8~8.4,渗透压与血浆相等,成人每日分泌的胰液量为 1~2L。胰液中含有无机物和有机物。在无机成分中,碳酸氢盐的含量很高,它是由胰腺内的小的导管细胞分泌的,主要作用是中和进入十二指肠的胃酸,使肠黏膜免受强酸的侵蚀,同时也提供了小肠内多种消化酶活动的最适宜的 pH 环境(pH 值7~8)。胰液中的有机物主要是蛋白质,含量有0.1%~10% 不等,随分泌的速度不同而有不同。胰液中的蛋白质主要由多种消化酶组成,它们是由腺泡细胞分泌的,主要有以下几种。

(1)胰淀粉酶:是一种 α - 淀粉酶,它对生的或熟的淀粉的水解效率都很高,消化产物为糊精、麦芽糖,作用的最适 pH 值为6.7~7.0。

(2)胰脂肪酶:可将甘油三酯分解为脂肪酸、甘油一酯和甘油,最适 pH 值为7.5~8.5。胰脂肪酶只有在胰腺分泌的另一种小分子蛋白质——辅脂酶存在条件下才能发挥作用。胰液中还含有一定量的胆固醇和磷脂酶 A_2,它们分别水解胆固醇酯和卵磷脂。

(3)胰蛋白酶和糜蛋白酶:这两种酶是以不具有活性的酶原形式存在于胰液中的。肠液中的肠致活酶可以激活蛋白酶原,使之变为具有活性的胰蛋白酶。此外,酸、胰蛋白酶本身以及组织液也能使胰蛋白酶原活化。糜蛋白酶原是在胰蛋白酶作用下转化为有活性的糜蛋白酶的。胰蛋白酶和糜蛋白酶的作用极相似,都能分解蛋白质为胨,当两者一同作用于蛋白质时,则可消化蛋白质为小分子的多肽和氨基酸。

正常胰液中还含有羧基肽酶、核糖核酸酶、脱氧核糖核酸酶等水解酶。羧基肽酶可作用于多肽末端的肽键,释放出具有自由羧基的氨基酸,后两种酶则可使相应的核酸部分地水解为单核苷酸。

3.胆汁的成分和作用

胆汁是由肝细胞不断生成的,生成后由肝管流出,经胆总管而至十二指肠,或由肝管转入胆囊而贮存于胆囊,当消化时再由胆囊排出至十二指肠。胆汁是一种较浓的具有苦味的金黄色或棕色液汁,成分很复杂,除水分和钠、钾、钙、碳酸氢盐等无机成分外,其有机成分有胆盐、胆色素、脂肪酸、胆固醇、卵磷脂和黏蛋白等。胆汁中没有消化酶,胆盐是肝细胞分泌的胆汁酸与甘氨酸或牛磺酸结合形成的钠盐或钾盐,它是胆汁参与消化和吸收的主要成分。胆汁中的胆色素是血红蛋白的分解产物,胆色素的种类和浓度决定了胆汁的颜色。胆汁对于脂肪的消化和吸收具有重要意义,主要表现:①胆盐可激活胰脂肪酶,使后者催化脂肪分解的作用加速;②胆汁中的胆盐、胆固醇和卵磷脂等都可作为乳化剂,使脂肪乳化呈细小的微粒,增加了胰脂肪酶的作用面积,使其对脂肪的分解作用大大加速;③胆盐与脂肪的分解产物(如游离脂肪酸、甘油一酯等)结合成水溶性复合物,促进了脂肪的吸收;④通过促进脂肪的吸收,间接帮助了脂溶性维生素的吸收;⑤胆汁还是体内胆固醇和胆色素代谢产物排出体外的主要途径。

4.小肠液的成分和作用

小肠液是一种弱碱性液体,pH 值约为7.6,渗透压与血浆相等。小肠液的分泌量变化范围很大,成年人每日分泌量为1~3L。大量的小肠液可以稀释消化物,使其渗透压下降,有利于吸收。小肠分泌后又很快地被绒毛重吸收,这种液体的交流为小肠内营养物质的吸收提供了媒介。小肠液中除水和电解质外,还含有黏液、免疫蛋白、肠激酶和小肠淀粉酶。

过去认为小肠液中还含有其他消化酶,但现已证明,其他消化酶并非小肠腺的分泌物,而是存在于小肠黏膜上皮细胞内,包括几种将多肽分解为氨基酸的几种肽酶以及将双糖分解为单糖的单糖酶。当营养物质被吸收入上皮细胞内以后,这些消化酶继续对营养物质进行消化。随着绒毛顶端的上皮细胞脱落,这些消化酶则进入小肠液中。

小肠液的作用主要表现在:①消化食物,即肠激酶和肠淀粉酶的作用;②保护作用,即弱碱性的黏液能保护肠黏膜免受机械性损伤和胃酸的侵蚀;③免疫蛋白能抵抗进入肠腔的有害抗原。

(五)大肠

大肠是消化道的最后一段,包括阑尾、盲肠、结肠和直肠,通过肛管开口于肛门,全长大约为1.5m。盲肠是大肠的起始部分,在其下内侧有一蚓状的突起,称为阑尾。阑尾开口于盲肠,下端为游离态,与盲肠相连接的是结肠的升结肠部分。结肠还包括横结肠、降结肠和乙状结肠,其中,乙状结肠部分直接与直肠连结。直肠是一上部比较膨大而下部却比较细小的管道,在其接近肛门处的环状光滑面,就是所谓的痔环。

1.大肠的生理功能

食糜的消化和吸收在小肠内已大部分完成,大肠生理功能主要包括:①吸收来自小肠的食糜残液中的水、电解质;②微生物大量生长;③形成粪便,并控制排便。

2.大肠内的细菌

大肠内细菌主要来自空气和食物,种类很多,可达400多种。粪便中细菌约占其固体总量的1/3,厌氧菌为需氧菌的$10^2 \sim 10^4$倍。大肠细菌还能利用肠内某些简单物质,合成少量B族维生素、维生素K等,但更多的是细菌对食物残渣中未被消化的碳水化合物、蛋白质与脂肪的分解,所产生的代谢产物也大多对人体有害。

3.大肠的运动

大肠有多种运动形式,这些运动有助于促进肠内容物中水、电解质的吸收和微生物的生长,有助于粪团形成并使其在其恰当的时间排出。

结肠推进性运动形式有蠕动、分节推进运动、多袋推进运动和集团推进四种,其中结肠的集团推进运动往往从横结肠开始,表现为一系列的多袋运动或蠕动,使充满结肠全长约1/3的一串内容物在长约20cm的肠管中,以较快的速度推进至盆腔结肠,通常2～5cm/min。相比之下,内容物通过胃和小肠的时间总共不超过12h,而通过结肠的时间则长得多,一般80%的结肠内容物在第3～4天内排出,少数可停留一周以上。

第二节 食物的消化

人体所需要的营养物质主要来自食物,其中的水、矿物质和维生素可以直接被吸收利用,而碳水化合物、脂肪、蛋白质,一般都不能直接被人体利用,必须先在消化道内分解,变成小分子物质后,进入血液循环系统,才能供人体组织利用。

一、碳水化合物的消化

食物中的碳水化合物含量最多的通常是淀粉,糖原是动物和细菌细胞内糖及其所反映的能源的一种储存形式,其作用与淀粉在植物中的作用一样,故也称"动物淀粉"。消化、水解淀粉的酶称为淀粉酶。

淀粉的消化从口腔开始。虽然口腔内的唾液淀粉酶能把淀粉水解成麦芽糖,但由于食物在口腔停留的时间很短,所以淀粉在口腔内消化很少,食物进入胃后因胃酸的作用,唾液淀粉酶很快失去活性。淀粉的消化主要在小肠内进行。来自胰液的 α-淀粉酶从淀粉分子的内部水解 α-1、4 糖苷键,把淀粉分解为带 1、6-糖苷键支链的寡糖、α-糊精、麦芽糖和麦芽三糖。小肠黏膜上皮的刷状缘中含有丰富的 α-糊精酶,可将 α-糊精分子及带 1、6-糖苷键支链的寡糖中的 1、6 糖苷键及 1、4 糖苷键水解生成葡萄糖。麦芽糖、麦芽三糖可被 α-葡萄糖苷酶水解为葡萄糖。食物中的蔗糖可被蔗糖酶分解为葡萄糖和果糖,乳糖酶可将乳糖分解为葡萄糖和半乳糖。此外,α-糊精酶、蔗糖酶都有催化麦芽糖水解生成为葡萄糖的作用,其中 α-糊精酶活力最强,约占水解麦芽糖总活力的 50%,蔗糖酶约占 25%。食品中的糖类在小肠上部几乎全部消化成各种单糖。

大豆及豆制品中尚有一定量的棉籽糖和水苏糖等糖类,棉籽糖是三糖,由半乳糖、葡萄糖和果糖组成;水苏糖为四糖,由 2 分子半乳糖、1 分子葡萄糖和 1 分子果糖组成。人体内没有分解它们的酶,而不能被消化,但它们可被肠道微生物发酵产气,故称为胀气因素。大豆在加工成豆腐时,此胀气因素多被除掉,在腐乳中可被根霉分解、去除。

食物中含有的纤维素是由 β-葡萄糖以 β-1、4 糖苷键连接组成的多糖,人体消化道内没有 β-1、4 糖苷键水解酶,故不能消化纤维素。对于由多种高分子多糖组成的半纤维素也不能被消化。至于食品工业中使用的魔芋粉中含有的魔芋甘露糖,是由甘露糖与葡萄糖聚合而成,二者之比为 2:1 或 3:2,分子中以 β-1、4 糖苷键结合为主,也有 β-1、3 糖苷键结合的分支。人体内没有分解此糖的酶,不能被消化、吸收。此外,人体对食品工业中常用的琼脂、果胶以及其他植物胶、海藻胶等多糖类物质亦不能消化。

二、脂类的消化

膳食中的脂类主要是中性脂肪,即甘油三酯,其次为少量的磷脂、胆固醇和胆固醇脂,它们的某些理化特性及代谢特点类似中性脂肪。由于胃液中仅含有少量的脂肪酶,而且它的最适 pH 值为 6.3~7.0,而成人胃液的 pH 值为 0.9~1.5,所以脂类在胃内几乎不发生消化作用,消化主要在小肠中进行。

脂类不溶于水,它们在食糜的水环境中分散程度对其消化具有重要意义。因为酶解只能在疏水的脂滴与溶解于水的酶蛋白界面之间进行,所以乳化或分散的脂肪易于消化。脂肪形成均匀乳浊液的能力受其熔点限制。此外,食品乳化剂(如卵磷脂等)对脂肪的乳化、分散起着重要的作用。

食物脂类在小肠腔内由于肠蠕动所起的搅拌作用和胆汁的掺入,分散成细小的乳胶体,同时,胰腺分泌的脂肪酶在乳化颗粒的水油界面上,催化甘油三酯、磷脂和胆固醇的水解。胰脂肪酶能特异性地催化甘油三酯的 α-酯键(即第 1 位,第 3 位酯键)水解,产生 β-甘油一酯并释放出 2 分子游离脂肪酸;胆固醇酯酶作用于胆固醇酯,使胆固醇酯水解为游离胆固醇和脂肪酸;磷脂酶 A_2 催化磷脂的第 2 位酯键水解,生成溶血磷脂和 1 分子脂肪酸。

三、蛋白质的消化

食物中的蛋白质在消化道内的水解作用见图 1-3。

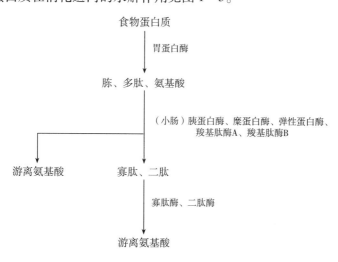

图 1-3　蛋白质消化示意图

(一)蛋白质在胃中的消化

蛋白质的消化从胃中开始。胃腺分泌的蛋白质酶原在胃酸的作用下被活化成胃蛋白酶,它能水解食物中的蛋白质,主要分解产物是胨,产生多肽或氨基酸较少。胃蛋白酶也是唯一能消化胶原的酶,胶原是肉中纤维组织的主要成分,它必须先被消化才能使肉中其他成分受到消化酶的作用。此外,胃蛋白酶对乳中的酪蛋白尚有凝乳作用。由于胃蛋白酶的消化作用较弱,且食物在胃内停留的时间不是很长,所以蛋白质在胃中的消化很不完全,食物蛋白质的消化主要在小肠进行。

(二)蛋白质在小肠中的消化

胰蛋白酶、糜蛋白酶以及弹性蛋白酶都可水解蛋白质肽链内部的一些肽键,但不同的酶对不同的氨基酸组成的肽键有专一性。例如,胰蛋白酶主要水解由赖氨酸及精氨酸等碱性氨基酸残基的羰基组成的肽键,产生羰基端为碱性氨基酸的肽;糜蛋白酶主要作用于芳香族氨基酸,如苯丙氨酸、酪氨酸等残基的羧基组成的肽键,产生羧基端为芳香族氨基酸的肽,有时也作用于亮氨酸、谷氨酰胺及蛋氨酸残基的羧基组成的肽键;弹性蛋白酶则可以水解各种脂肪族氨基酸(如缬氨酸、亮氨酸、丝氨酸等)残基所参与组成的肽键。

外肽酶主要是羧基肽酶 A 和羧基肽酶 B。前者水解羧基末端为各种中性氨基酸残基组成的肽键,后者则主要水解羧基末端为赖氨酸、精氨酸等碱性氨基酸残基组成的肽键。因此,胰蛋白酶作用后产生的肽可被羧基肽酶 B 进一步水解,而糜蛋白酶及弹性蛋白酶水解产生的肽则被羧基肽酶 A 进一步水解(图 1-4)。

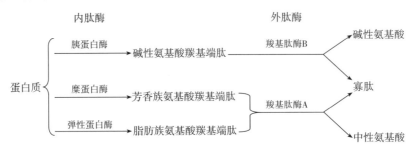

图 1-4　十二指肠内食物蛋白质的连续水解作用

胰液中蛋白酶水解蛋白质所得产物为游离氨基酸和寡肽,其中 1/3 为游离氨基酸,2/3 为寡肽。肠内消化液中水解寡肽的酶较少,但在肠黏膜细胞的刷状缘及胞液中含有寡肽酶。它们能从肽链的氨基末端或羧基末端逐步水解肽键,分别称为氨基肽酶和羧基肽酶。刷状缘含多种寡肽酶,能水解各种 2~6 个氨基酸残基组成的寡肽。胞液寡肽酶主要水解二肽,二肽再经二肽酶的作用被分解成游离氨基酸。

(三)核蛋白的消化

核蛋白是一类由蛋白质和核酸结合而成的复合蛋白质。食物中的核蛋白可因胃酸的作用或被胃液和胰液中的蛋白酶水解为核酸和蛋白质。关于蛋白质的消化已如前述,核酸的进一步消化如图 1-5 所示。在新蛋白质资源的开发中,单细胞蛋白颇引人注意,其中含有较大量核蛋白,核蛋白常占蛋白质总量的 1/3~2/3。

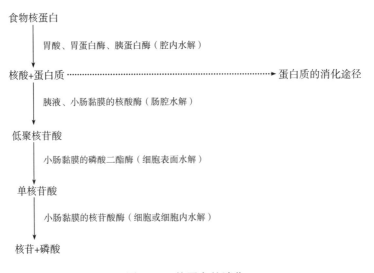

图 1-5　核蛋白的消化

核苷不再经过水解即可直接被吸收。许多组织(如脾、肝、肾、骨髓等)的提取液可以将核苷水解成为戊糖及嘌呤或嘧啶类化合物,可见这些组织含有核苷酶。

核酸的消化产物如单核苷酸及核苷虽都能被吸收入人体内,但是人体不一定需要依靠食物供给核酸,因为核苷酸在体内可以从其他物质合成。核苷酸可以进一步合成核酸,也可再行分解。

四、维生素与矿物质的消化

(一)维生素的消化

人体消化道中没有分解维生素的酶,但胃液的酸性和肠液的碱性等变化的环境条件、其他食品成分以及氧的存在都可能影响不同的维生素的消化。水溶性维生素在动、植物性食品的细胞中以结合蛋白的形式存在,在细胞崩解过程中和蛋白质消化过程中,这些结合物被分解,从而释放出维生素。脂溶性维生素溶解于脂肪中,可随着脂肪的乳化与分散而同时被消化。维生素只有在一定的 pH 值范围内,而且往往是在无氧的条件下才具有最大的稳定性,因此,易氧化的维生素的在消化过程中也可能会被破坏,供给充足的可作为抗氧化剂的维生素 E 可减少维生素 A 等的氧化分解。

(二)矿物质的消化

矿物质在食品中有些已成为离子状态存在,即以溶解状态存在,例如多种饮料中钾、钠、氯等三种离子既不生成不溶性的盐,也不生成难分解的复合物,它们可直接被机体吸收。有些矿物质则相反,它们结合在食品的有机成分上,例如乳酪蛋白中的钙结合在磷酸根上;铁则存在于血红蛋白之中;许多微量元素存在于酶内。胃肠道中没有从这类化合物中分解出矿物质的酶,这些矿物质往往在上述食品有机成分的消化过程中被释放出来,其可利用的程度(可利用性)与食品的性质,以及它们与其他食品成分的相互作用密切相关。结合在蛋白质上的钙易在蛋白质消化过程中被分解下来,但可再次转化成不溶解的形式,来自某些蔬菜的草酸以及来自谷类食品的植酸与钙、铁等离子可生成难溶的草酸盐、植酸盐,它们均不易被机体利用。

第三节　食物的吸收

食物经过消化,将大分子物质变成小分子物质,其中多糖分子分解为单糖,蛋白质分解为氨基酸,脂肪分解为脂肪酸、单酰甘油酯等,维生素与矿物质则在消化过程中从食物的细胞中释放出来。这些小分子物质只有透过肠壁进入血液,由血液循环输送到身体各部分才能供组织和细胞进一步利用。

一、吸收的部位和机理

（一）吸收的主要部位

消化道部位不同，其吸收情况亦不相同，食物在口腔及食管内实际上不被吸收。胃可吸收乙醇和少量水分，大肠主要是吸收水分和盐类，食物吸收的主要部位是小肠上段的十二指肠和空肠。回肠主要是吸收功能的储备，用于代偿时的需要。

一般认为碳水化合物、蛋白质和脂肪的消化产物大部分是在十二指肠和空肠吸收，当其到达回肠时通常均已吸收完毕。回肠被认为是吸收机能的储备，但是它能主动吸收胆汁盐和维生素 B_{12}，在十二指肠上部和空肠上部，水分和电解质由血液进入肠腔和由肠腔进入血液的量很大，交流得很快，所以肠内液体的量减少不多，回肠的这种交流则少的多，离开肠腔的液体比进入的多，从而使肠内容物大为减少。小肠中各种营养素的吸收位置见图1－6。

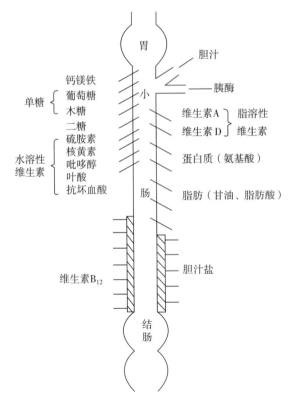

图1－6　小肠中各种营养素的吸收位置

（二）吸收机理

胃肠道黏膜吸收营养物质的方式有被动转运、主动转运和胞饮作用。

1.被动转运

被动转运过程主要包括被动扩散、易化扩散、滤过、渗透等作用。

（1）被动扩散：通常物质透过细胞膜，总是和它在细胞膜内外的浓度有关。不借助载体，不消耗能量，物质从浓度高的一侧向浓度低的一侧透过，称被动扩散。由于细胞膜的基质是磷脂双分子层，脂溶性物质更易进入细胞。物质进入细胞的速度决定它在脂质中的溶解度和分子大小，溶解度越大，透过越快，如果在脂质中的溶解度相等，则较小的分子透过较快。

（2）易化扩散：指非脂溶性物质或亲水物质如 Na^+、K^+、葡萄糖和氨基酸等，不能透过细胞膜的双层脂类，需在细胞膜蛋白质的帮助下，由膜的高浓度一侧向低浓度一侧扩散或转运的过程。与易化扩散有关的膜内转运系统和它们所转运的物质之间，具有高度的结构特异性，即每一种蛋白质只能转运具有某种特定化学结构的物质，易化扩散的另一个特点是所谓的饱和现象，即扩散通量一般与浓度梯度的大小成正比，当浓度梯度增加到一定限度时，扩散通量就不再增加。

（3）滤过作用：消化道上皮细胞可以看作是滤过器，如果胃肠腔内的压力超过毛细血管，水分和其他物质就可以滤入血液。

（4）渗透：渗透可看作是特殊情况下的扩散。当膜两侧产生不相等的渗透压时，渗透压较高的一侧将从另一侧吸引一部分水过来，以求达到渗透压的平衡。

2.主动转运

在许多情况下，某种营养成分必须要逆着浓度梯度（化学的或电荷的）的方向穿过细胞膜，这个过程称主动转运。营养物质的主动转运需要有细胞上载体的协助。所谓载体，是一种运输营养物质进出细胞膜的脂蛋白。营养物质转运时，先在细胞膜同载体结合成复合物，复合物通过细胞膜转运入上皮细胞时，营养物质与载体分离而释放入细胞中，而载体又转回到细胞膜的外表面（图 1-7）。

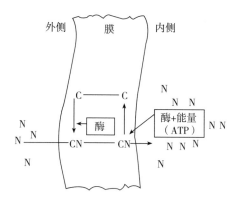

图 1-7　物质 N 的主动转运（C 为载体）

主动转运的特点是：载体在转运营养物质时，需有酶的催化和提供能量，能量来自三磷酸腺苷的分解；这一转运系统可以饱和，且最大转运量可被抑制；载体系统有特异性，即细胞膜上存在着几种不同的载体系统，每一系统只运载某些特定的营养物质。

3.胞饮作用

胞饮作用是一种通过细胞膜的内陷将物质摄取到细胞内的过程,这一过程能使细胞吸收某些完整的脂类和蛋白质,这也是新生儿从初乳中吸收抗体的方式,此外这种未经消化的天然蛋白质进入体内,可能是某些人食物过敏的原因(图1-8)。

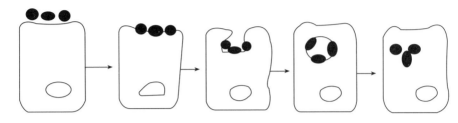

图1-8　胞饮作用示意图

二、碳水化合物的吸收

碳水化合物吸收的主要形式是单糖,在肠管中主要的单糖是葡萄糖,另外有少量的半乳糖和果糖等。糖在胃中几乎不被吸收,在小肠中几乎被完全吸收。

各种单糖的吸收速度不同,己糖的吸收速度很快,而戊糖的吸收速度则很慢。若以葡萄糖的吸收速度为100,人体对各种单糖的吸收速度如下:D-半乳糖(110)、D-葡萄糖(100)、D-果糖(70)、木糖醇(36)、山梨醇(29),木糖和阿拉伯糖吸收更慢。

由于葡萄糖和半乳糖的吸收速度很快,由此可推测这类单糖的吸收不是简单的扩散作用,而是需要载体并消耗能量的主动转运。在小肠上皮细胞刷状缘上有特异的载体蛋白,选择性地把不同的单糖从刷状缘的肠腔面运入细胞内,再扩散入血,因载体蛋白对各种单糖的结合能力不同,所以其吸收速率也就不同。单糖的这种主动转运可逆着浓度差进行吸收,例如血液和肠腔中葡萄糖浓度比为200:1时,葡萄糖的吸收仍可进行。戊糖和多元醇则以单纯扩散的方式吸收,即物质由高浓度区经过细胞膜扩散和渗透到低浓度区,吸收速度慢。果糖可能在微绒毛的载体帮助下使达到扩散平衡的速度加快,但不消耗能量,即易化扩散,其吸收速度比单纯扩散快。进入体内的单糖由血液经门静脉入肝合成糖原而被直接利用。

葡萄糖的主动转运与 Na^+ 的转运相偶联,当 Na^+ 的转运被阻断后,葡萄糖的转运也不能进行。肠腔内 Na^+ 的浓度为 $10\sim14mmol/100g$ 肠液,而小肠上皮细胞 Na^+ 的浓度只有 $5mmol/100g$ 细胞内液,而且细胞内的电位比肠腔低 $10mV$,这一电化学梯度的维持,靠上皮细胞内侧"钠泵"将细胞内的 Na^+ 连续地排到细胞外液,有利于葡萄糖的主动转运。

蔗糖在肠黏膜刷状缘层水解为果糖和葡萄糖,果糖可扩散吸收,葡萄糖则进行主要转运(图1-9)。

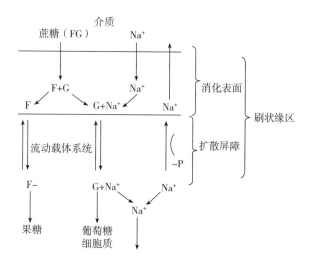

图1-9　蔗糖吸收模式示意图(F为果糖;G为葡萄糖)

三、脂类的吸收

脂类消化过程中产生的脂肪酸、甘油一酯等具有较大的极性,能够从乳胶体的酯相扩散到胆汁微团中,形成微细的混合微团。这种混合微团的体积很小,而且带有极性很易扩散,通过覆盖在小肠绒毛表面的水层,而使脂类消化的产物进入肠黏膜细胞中。脂类的吸收主要在十二指肠的下部和空肠上部。消化与吸收是同时进行的,消化后的产物迅速被吸收保证了消化的顺利进行。

脂肪消化后主要形成甘油、游离脂肪酸和单酰甘油酯,此外还有少量二酰甘油酯和未消化的三酰甘油酯。由短链和中链脂肪酸组成的三酰甘油酯容易分散,且被完全水解,短链和中链脂肪酸循门静脉入肝。由长链脂肪酸组成三酰甘油酯经水解后,其长链脂肪酸在肠壁再酯化为三酰甘油酯,进入淋巴系统后再进入血液循环。在此过程中胆汁盐起到乳化分散作用,以利于脂肪的水解、吸收(图1-10)。

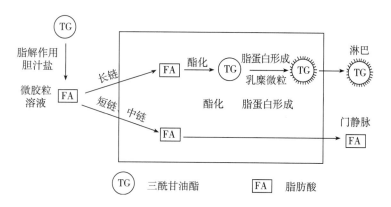

图1-10　黏膜细胞吸收脂肪示意图

各种脂肪酸的极性和水溶性不同,其吸收速率也不相同,其吸收率的大小依次为:短链脂肪酸 > 中链脂肪酸 > 不饱和长链脂肪酸 > 饱和长链脂肪酸。凡水溶性越小的脂肪酸,胆盐对其吸收的促进作用也越大。甘油水溶性大,不需要胆盐既可通过黏膜经门静脉吸收入血。

大部分食用脂肪均可被完全消化吸收、利用。消化吸收慢的脂肪如大量摄入则可有一部分由粪便排出,易消化吸收的脂肪可很快被机体利用,且不易产生饱胀感,而消化吸收慢的脂肪则易使人产生饱胀感。一般的脂肪的消化率在 95% ,奶油、椰子油、豆油、玉米油与猪油等都能全部被人体在 6 ~ 8h 内消化,并在摄入后的 2h 吸收 24% ~ 41% ,4h 吸收 53% ~ 71% ,6h 达 68% ~ 86% 。婴儿与老年人对脂肪的吸收速度较慢。脂肪乳化剂不足可降低吸收率。食物中的过量钙的摄入影响高熔点脂肪的吸收,但不影响多不饱和脂肪酸的吸收,这可能是钙离子与饱和脂肪酸形成难溶的钙盐所致。

食物中的磷脂在小肠经磷脂酶 A、B 的催化水解生成甘油、脂肪酸、磷酸及胆碱,除脂肪酸外,其余大都易溶于水而被吸收,脂肪酸及约 1/4 未经水解的磷脂在胆盐协助下被小肠细胞吸收,被吸收的磷脂水解产物又在小肠黏膜细胞内再合成完整的磷脂,一部分磷脂参与形成乳糜微粒,在血液循环中运送脂肪。

人体通常每日摄食胆固醇数十毫克至一克,主要来自动物性食物。流入肠腔的胆汁中约含胆固醇 2 ~ 3g,称内源性胆固醇。肠吸收胆固醇的能力有限,成年人胆固醇的吸收速率约为每天 10mg/kg 体重。大量进食胆固醇时吸收量可加倍,但最多每天约可吸收 2g(上限)、内源性胆固醇约占胆固醇总吸收量的一半。食物中的自由胆固醇可由小肠黏膜上皮细胞吸收,胆固醇酯则通过胰胆固醇酯酶水解后吸收。肠黏膜上皮细胞将三酰甘油酯等组合成乳糜微粒时,也把胆固醇掺和在内,成为乳糜微粒的组成部分。吸收后的自由胆固醇又可酯化为胆固醇酯。肠道吸收胆固醇并不完全,自由胆固醇吸收率比胆固醇酯高。禽卵中的胆固醇大多数是非酯化的,较易吸收。植物固醇(如 β - 胆固醇)不但不易被吸收,而且还能抑制胆固醇的吸收。因此食物胆固醇的吸收率有较大的波动,通常食物中胆固醇约有 1/3 被吸收。

四、氨基酸的吸收

天然蛋白质被蛋白酶水解后,其水解产物大约 1/3 为氨基酸,2/3 为寡肽。这些产物在肠壁的吸收远比单纯氨基酸快,而且吸收后绝大部分以氨基酸形式进入门静脉。

小肠黏膜细胞上存在着吸收二肽和三肽的转运体系,用于二肽和三肽的吸收,并在胞质中氨基肽酶的作用下,将二肽和三肽彻底分解成游离氨基酸。吸收入肠黏膜细胞中的氨基酸,进入肠膜下的中心静脉而入血液,经由门静脉入肝。

氨基酸的吸收进行得很快,主要在小肠上段,当食糜到达小肠末端时,氨基酸一般都已被吸收。氨基酸的吸收机理与单糖相似,主要通过耗能需钠的主动转运吸收,它在肠内容物中的含量从不超过 7% 。实验证明肠黏膜细胞上具有载体,能与氨基酸及钠离子形成三联结合体,再转入细胞膜内,Na$^+$则借助"钠泵"主动排出细胞,使细胞内 Na$^+$ 浓度不致升高,并有利于氨基酸的不断吸收。

在对氨基酸的吸收中存在不同的转运系统。在小肠上皮细胞上目前已确定有四种转运氨基酸的载体系统。第一种是中性氨基酸转运系统,对中性氨基酸具有高度亲和力,可转运芳香族氨基酸(苯丙氨酸、色氨酸及酪氨酸)、脂肪族氨基酸(丙氨酸、丝氨酸、苏氨酸、缬氨酸、亮氨酸及异亮氨酸)、含硫氨基酸(蛋氨酸及半胱氨酸),以及组氨酸、谷氨酰胺等。此类载体系统转运速度最快,它们的吸收速度依次为:蛋氨酸 > 异亮氨酸 > 缬氨酸 > 苯丙氨酸 > 色氨酸 > 苏氨酸,部分甘氨酸也可借此载体转运。第二种是碱性氨基酸转运系统,赖氨酸及精氨酸借此载体转运,但其转运速率较慢,仅为中心氨基酸载体转运速率的10%,胱氨酸也借此载体转运。第三种是酸性氨基酸转运系统,天门冬氨酸和谷氨酸借此载体转运。第四种是亚氨基酸和甘氨酸转运系统,脯氨酸、羟脯氨酸及甘氨酸借此载体转运,速率很慢,因含有这些氨基酸的二肽可直接吸收,故此载体系统在氨基酸吸收上意义不大。这些氨基酸的转运系统都具有立体特异性,人体能利用的主要是 L-氨基酸,各种 L-氨基酸比相应的 D-氨基酸容易在体内被吸收。

新生儿可以通过肠黏膜细胞的胞饮作用摄入完全蛋白质,但这种作用仅在出生后2周内存在,这与乳母维持初乳分泌的时间相一致,成人不存在这种方式的吸收,而且如果直接从食物中吸收异源蛋白可导致过敏反应。

五、维生素的吸收

(一)水溶性维生素的吸收

水溶性维生素一般以简单扩散方式被充分吸收,特别是相对分子质量小的维生素更易吸收。维生素 B$_{12}$ 虽为水溶性但其相对分子质量较大,需与胃黏膜壁细胞分泌的内因子结合成一个大分子物质才能被吸收,吸收部位在回肠。

(二)脂溶性维生素的吸收

脂溶性维生素 A、维生素 D、维生素 E、维生素 K,因其溶解性和脂类相似,所以仍需胆汁进行乳化后才能被小肠吸收。吸收机理可能与脂类相同,也属于被动转运的扩散作用,吸收部位在小肠上段。脂肪可促进脂溶性维生素吸收。

六、水分的吸收

成人每日进入小肠的水分为 5～10L,这些水分不仅来自食品,还来自消化液,而且主要来自消化液。成人每日尿量平均约 1.5L,粪便中可排出少量(150mL),其余大部分水分都由消化道重新吸收。

水分的吸收主要在小肠,大肠也可吸收一部分,这主要是通过小肠后被吸收的剩余部分,胃吸收更少。水可以自由地穿过消化道的膜,从肠腔面通过黏膜细胞进入体内,水的这种流动主要通过渗透作用和滤过作用,而且以渗透作用为主,小肠吸收其他物质时所产生的渗透压可促使水分的吸收。此外小肠蠕动收缩时肠道内流体静压增高,也可使水分滤过黏膜细胞。

七、矿物质的吸收

矿物质可由单纯扩散被动吸收,也可通过特殊转运途径主动吸收。食品中的钠、钾、氯等的吸收主要取决于肠内容物与血液之间的渗透压差,浓度差和 pH 值差。其他一些矿物质元素的吸收则与其化学形式、同食物中的其他物质的作用以及机体的机能作用等密切有关。

钠和氯一般以氯化钠(食盐)的形式摄入。人体每日由食物获得的氯化钠为 8 ~ 15g,它们几乎全被吸收。钠和氯的摄入量和排出量一般大致相当,当食物中缺少钠和氯时,其排出量也相应减少。根据电中性原则,溶液中的正负离子电荷必需相等,因此,钠离子的吸收必须有等量电荷的阴离子朝同一方向,或由另一种阳离子朝相反方向转运,故氯离子至少有一部分是随钠离子一同吸收的。钾离子的净吸收可能随同水的吸收被动进行,正常人每日摄入钾 2 ~ 4g,绝大部分可被吸收。

钙的吸收通过主动转运进行,并需要维生素 D。钙盐大多在可溶状态,且在不被肠腔中任何其他物质沉淀的情况下被吸收,它在肠道中的吸收很不完全,70% ~ 80% 存留在粪中,主要由于钙离子可与食物及肠道中存在的植酸、草酸及脂肪酸等阴离子形成不溶性钙盐所致。机体缺钙时其吸收率可增大。

铁的吸收与其存在形式和机体的机能状态等密切相关。植物性食物中的铁主要以 $Fe(OH)_3$ 与其他物质络合存在,它需要在胃酸作用下解离、还原为亚铁离子方能被吸收。食品中的植酸盐、草酸盐、磷酸盐、碳酸盐等可与铁形成不溶性的铁盐而妨碍其吸收,维生素 C 能将高铁还原为亚铁而促进其吸收。铁在酸性环境中易溶解且易吸收。在血红蛋白、肌红蛋白中与卟啉相结合的血红素铁则可直接被肠黏膜上皮细胞吸收,这类铁既不受植酸盐、草酸盐等抑制因素影响,也不受抗坏血酸所促进,使胃黏膜分泌的内因子对此的吸收有利。

铁的吸收主要在小肠上端,特别是在十二指肠吸收最快,肠黏膜吸收铁的能力取决于细胞内铁的含量。由肠黏膜吸收的铁可暂时储存于细胞内,随后慢慢转移至血浆中,当细胞刚刚吸收铁而尚未转移到血浆中时,它可暂时失去由肠腔再吸收铁的能力,这样,积存于黏膜细胞中的铁量就成为再吸收铁的抑制因素。

第二章 能量

第一节 概述

一切生物都需要能量(energy)来维持生命活动。人体每时每刻都在消耗热能,如维持心脏跳动、血液循环、肺部呼吸、腺体分泌、物质转运等重要生命活动及体力活动等都要消耗热能,人体不仅在劳动时需要消耗热能,就是机体处于安静状态时也要消耗一定的热能,人体所消耗的热能都是由摄取的食物供给。人体在生命活动过程中必须不断地从外界环境中摄取食物,从中获得人体必需的营养物质,其中包括蛋白质、脂类、碳水化合物这三大生热营养素,蛋白质、脂类和碳水化合物在体内经过氧化产生热能,用于生命活动的各种过程。

一、能量单位

多年来人们对人体摄食和消耗的能量,通常都是用热量单位即以卡(calorie,cal)或千卡(kilo-calorie,kcal)表示。1cal相当于1g水从15℃升高到16℃,即温度升高1℃所需的热量,营养学上通常以它的1000倍(即千卡)为常用单位。1969年在布拉格召开的第七次国际营养学会议上推荐采用焦耳(joule,J)代替卡。

1J相当于用1N的力将1kg物体移动1m所需的能量。1000J=1kJ,1000kJ=1MJ(兆焦耳)。焦耳与卡的换算关系如下:

$$1cal = 4.184J \qquad 1J = 0.239cal$$
$$1kcal = 4.184kJ \qquad 1kJ = 0.239kcal$$
$$1000kcal = 4.184MJ \qquad 1MJ = 239kcal$$

二、能量来源与能量系数

生物中的能量来源于太阳的辐射能。植物借助叶绿素的功能吸收并利用太阳辐射能,通过光合作用将二氧化碳和水合成碳水化合物,植物还可以吸收利用太阳辐射能合成脂类、蛋白质。而动物在食用植物时,实际上是从植物中间接吸收利用太阳辐射能,人类则是通过摄取动、植物性食物中的蛋白质、脂类和碳水化合物这三大生热营养素获得所需要的能量。

(一)生热营养素

1.碳水化合物

碳水化合物是体内的主要供能物质,是为机体提供热能最多的营养素,一般来说,机体所需热能的55% ~65%都是由食物中的碳水化合物提供的。食物中的碳水化合物经消化产生的葡萄糖被吸收后,约有20%是以糖原的形式贮存在肝脏和肌肉中。肌糖原是贮存在肌肉中随时可动用的贮备能源,可提供肌体运动所需要的热能,尤其是高强度和持久运动时的热能需要。肝糖原也是一种贮备能源,贮存量不大,主要用于维持血糖水平的相对稳定。

脑组织所需能量的唯一来源是碳水化合物,在通常情况下,脑组织消耗的热能均来自碳水化合物在有氧条件下的氧化,这使碳水化合物在能量供给上更具有其特殊重要性。脑组织消耗的能量相对较多,因而脑组织对缺氧非常敏感。另外,由于脑组织代谢消耗的碳水化合物主要来自血糖,所以脑功能对血糖水平有很大的依赖性。人体虽然可以依靠其他物质供给能量,但必须定时进食一定量的糖,维持正常血糖水平以保障大脑的功能。

2.脂肪

脂肪也是人体重要的供能物质,是单位产热量最高的营养素,在膳食总能量中有20% ~30%是由脂肪提供的。脂肪还构成了人体内的贮备热能,当人体摄入能量不能及时被利用或过多时,无论是蛋白质、脂肪还是碳水化合物,都是以脂肪的形式储存下来。所以,在体内的全部贮备脂肪中,一部分是来自食物的外源性脂肪,另一部分则是来自体内碳水化合物和蛋白质转化成的内源性脂肪。当体内热能不足时,贮备脂肪又可被动员释放出热量以满足机体的需要。

3.蛋白质

蛋白质在体内的功能主要是构成体蛋白,而供给能量并不是它的主要生理功能,人体每天所需要的能量有10% ~15%由蛋白质提供。蛋白质分解成氨基酸,进而再分解成非氮物质与氨基,其中非氮物质可以氧化供能。人体在一般情况下主要是利用碳水化合物和脂肪氧化供能,但在某些特殊情况下,机体所需能源物质供能不足,如长期不能进食或消耗量过大时,体内的糖原和贮存脂肪已大量消耗之后,将依靠组织蛋白质分解产生氨基酸来获得能量,以维持必要的生理功能。

(二)能量系数

碳水化合物、脂肪和蛋白质在氧化燃烧生成 CO_2 和 H_2O 的过程中,释放出大量的热能供机体利用。每克碳水化合物、脂肪、蛋白质在体内氧化所产生的热能值称为能量系数(或热能系数)。

食物可在体内氧化,也可在体外燃烧,体内氧化和体外燃烧的化学本质是一致的。食物及其产热营养素所产生的能量有多少,可利用测热器(弹式热量计)进行精确的测量。将被测样品放入测热器的燃烧室中完全燃烧使其释放出热能,并用水吸收释放出的全部热能而使水温升高,根据样品的重量、水量和水温上升的度数,即可推算出所产生的能量。食物中每克碳水化合物、脂肪和蛋白质在体外充分氧化燃烧可分别产生 17.15kJ(4.10kcal)、39.54kJ(9.45kcal) 和 23.64kJ(5.65kcal) 的能量,然而由于食物中的能量营养素不可能全部被消化吸收,且消化率也各不相同,一般混合膳食中碳水化合物的吸收率为98%、脂肪95%、蛋白质92%。另外,消化吸收后,在体内生物氧化的过程和体外燃烧的过程不尽相同。吸收后的碳水化合物和脂肪在体内可完全氧化成 CO_2 和 H_2O,其终产物及产热量与体外相同,但蛋白质在体内不能完全氧化,其终产物除 CO_2 和 H_2O 外,还有尿素、尿酸、肌酐等含氮物质通过尿液排出体外,若把1g蛋白质在体内产生的这些含氮物在体外测热器中继续氧化还可产生5.44kJ的热量。因此,营养学在实际应用时,碳水化合物、脂肪、蛋白质的能量系数按以下关系换算:

1g碳水化合物产生热能为17.15kJ×98% =16.81kJ(4.0kcal);

1g脂肪产生热能为39.54kJ×95% =37.56kJ(9.0kcal);

1g蛋白质产生热能为(23.64kJ~5.44kJ)×92% =16.74kJ(4.0kcal)。

除此之外,酒中的乙醇也能提供较高的热能,每克乙醇在体内可产生热能为29.29kJ(7.0kcal)。

三、营养素的等能值

19世纪末,Robner在进行能量平衡的研究中提出营养素可按其所含能量彼此替代,即不论是蛋白质、脂肪或碳水化合物,作为能源都是为了满足能量的需要,可以互相取代,如:

1g脂肪 =2.27g碳水化合物 =2.27g蛋白质

1g碳水化合物 =1g蛋白质 =0.44g脂肪

显然,这只是从能量的角度,而且也只能在一定的范围内才是合理的。从物质和能量的整个情况来看则是不恰当的。必需氨基酸的发现首先动摇了上述"等能定律",因为必需氨基酸作为蛋白质的组成成分,它不能在体内合成,故不能用碳水化合物和脂肪代替。脂肪也只能在一定范围内代替碳水化合物。大脑每天实际需要的能量为100~120g葡萄糖。脂肪并无糖的异生作用,蛋白质虽能异生葡萄糖,但产生100~120g葡萄糖需要175~200g蛋白质,很不经济,至于碳水化合物在很大程度上可代替脂肪,但必需脂肪酸仍需由脂肪供给。

此外,从能量的角度进一步分析,它也有其局限性。评价一种营养素在体内供能的功效,主要看其三磷酸腺苷(ATP)的产率,因为只有ATP才是机体可利用的能,不同营养素的ATP产率不同,即使是同一营养素,因其代谢途径不同,ATP的产率也可不同。

第二节　人体的能量消耗

成人每日的能量消耗主要由基础代谢、机体活动及食物热效应作用三方面构成,其中最主要的是体力活动所消耗的能量,所占的比重较大。孕妇还包括胎儿的生长发育及子宫、胎盘、乳房等组织的增长和体脂储备等能量需要,乳母则需要合成乳汁的能量,情绪、精神状态、身体状态等也会影响到人体对能量的需要,对于处于生长发育过程中的婴幼儿、儿童、青少年还应包括生长发育的能量需要。为了达到能量平衡,人体每天摄入的能量应满足人体对能量的需要,这样才能有健康的体质和良好的工作效率。

一、基础代谢

基础代谢(basal metabolism,BM)是指人体为了维持生命,各器官进行最基本生理机能的最低能量需要,占人体总能量消耗的60%~70%。WHO/FAO 对基础代谢的定义是机体处于安静和松弛的休息状态下,空腹(进餐后 12~16 h)、清醒、静卧于 18~25℃的舒适环境中维持心跳、呼吸、血液循环、某些腺体分泌、维持肌肉紧张度等基本生命活动时所需的热量,其能量代谢不受精神紧张、肌肉活动、食物和环境温度等因素的影响。

1.基础代谢率

基础代谢的水平用基础代谢率(basal metabolism rate,BMR)来表示,是指人体处于基础代谢状态下,每小时每千克体重(每 $1m^2$ 体表面积)所消耗的能量,BMR 的常用单位为 $kJ/(m^2 \cdot h)$、$kJ/(kg \cdot h)$、kcal/d 或 MJ/d。基础代谢与体表面积密切相关,体表面积又与身高、体重有密切的关系,根据体表面积或体重可以推算出人体一日基础代谢的能量消耗。人体正常基础代谢率见表 2-1、表 2-2。

表 2-1　人体每小时基础代谢率

年龄/岁	男		女	
	kJ/m²	kcal/m²	kJ/m²	kcal/m²
1~	221.8	53.0	221.8	53.0
3~	214.6	51.3	214.2	51.2
5~	206.3	49.3	202.5	48.4
7~	197.9	47.3	200.0	45.4
9~	189.1	45.2	179.3	42.8
11~	179.9	43.0	175.7	42.0
13~	177.0	42.3	168.5	40.3
15~	174.9	41.8	158.8	37.9
17~	170.7	40.8	151.9	36.3
19~	164.4	39.2	148.5	35.5
20~	161.5	38.6	147.7	35.3
25~	156.9	37.5	147.3	35.2
30~	154.0	36.8	146.9	35.1
35~	152.7	36.5	146.9	35.0
40~	151.9	36.3	146.0	34.9
45~	151.5	36.2	144.3	34.5

年龄/岁	男		女	
	kJ/m²	kcal/m²	kJ/m²	kcal/m²
50 ~	149.8	35.8	139.7	33.9
55 ~	148.1	35.4	139.3	33.3
60 ~	146.0	34.9	136.8	32.7
65 ~	143.9	34.4	134.7	32.2
70 ~	141.4	33.8	132.6	31.7
75 ~	138.9	33.2	131.0	31.3
80 ~	138.1	33.0	129.3	30.9

表 2 - 2　按体重计算 BMR 的公式

年龄/岁	BMR/(kcal/d)	r	SD	年龄/岁	BMR/(MJ/d)	r	SD
男				男			
0 ~	60.9m - 54	0.97	53	0 ~	0.225m - 0.226	0.97	0.222
3 ~	22.7m + 495	0.86	62	3 ~	0.0949m + 2.07	0.86	0.259
10 ~	17.5m + 651	0.90	100	10 ~	0.0732m + 2.72	0.90	0.418
18 ~	15.3m + 679	0.65	151	18 ~	0.0640m + 2.84	0.65	0.632
30 ~	11.6m + 879	0.60	164	30 ~	0.0485m + 3.67	0.60	0.686
60 ~	13.5m + 487	0.79	1481	60 ~	0.0565m + 2.04	0.79	0.619
女				女			
0 ~	61.0m - 51	0.97	61	0 ~	0.225m + 0.214	0.97	0.255
3 ~	22.5m + 499	0.85	63	3 ~	0.0941m - 2.09	0.85	0.264
10 ~	12.2m + 746	0.75	117	10 ~	0.0510m + 3.12	0.75	0.489
18 ~	14.7m + 496	0.72	121	18 ~	0.0615m + 2.08	0.72	0.506
30 ~	8.7m + 829	0.70	108	30 ~	0.0364m + 1.47	0.70	0.452
60 ~	10.5m + 596	0.74	108	60 ~	0.0439m + 2.49	0.74	0.452

注　r 为相关系数;SD 为 BMR 实测值与计算值之间差别的标准差;m 为体重(kg)。

　　1985 年 WHO 报告提出以静息代谢率(resting metabolism rate,RMR)代替 BMR,测定过程要求全身处于休息状态,在进食后 3 ~4h 后测定,此种状态测得的能量消耗量与 BMR 很接近,而且测定方法比较简便。粗略估计成人 BMR 的方法是:男性 1kcal/(kg·h)或 4.184kJ/(kg·h),女性 0.95kcal/(kg·h)或 4.0kJ/(kg·h)。

　　2.影响基础代谢率的因素

　　影响基础代谢率的因素有很多,概括起来有以下几个方面:

　　(1)年龄:在人的一生中,婴幼儿阶段是整个代谢最活跃的阶段,其中包括基础代谢率,以后到青春期又出现一个较高代谢的阶段。成年以后,随着年龄的增加代谢缓慢地降低,

30 岁以后每 10 年 BMR 降低约 2%,其中也有一定的个体差异。因而相对来说,婴幼儿、儿童和青少年的基础代谢比成人要高。

(2)性别:女性瘦体质量所占比例低于男性,脂肪的比例高于男性,实测结果表明,在同一年龄、同一体表面积的情况下,女性的基础代谢率低于男性。妇女在孕期和哺乳期因需要合成新组织,BMR 增加。

(3)体型:体表面积越大,散发的热量越多。瘦高的人基础代谢高于矮胖的人,主要是前者体表面积大,瘦体质量或瘦体重高。动物实验表明身高和体重是影响基础代谢率的重要因素。身高和体重与体表面积之间存在线性回归关系,根据身高和体重可以计算体表面积,从而计算基础代谢率。

(4)环境温度与气候:环境温度对基础代谢有明显影响,在舒适环境(18~25℃)中,代谢最低;在低温和高温环境中,代谢都会升高。环境温度过低可能引起身体不同程度的颤抖而使代谢升高;当环境温度较高,因为散热而需要出汗,呼吸及心跳加快,因而致使代谢升高。另外,在寒冷气候下基础代谢比温热气候下的要高。

(5)内分泌:体内许多腺体所分泌的激素,对细胞的代谢及调节具有重要的影响,如甲状腺素可使细胞内的氧化过程加快,当甲状腺功能亢进时,基础代谢率明显增高。

(6)应激状态:一切应激状态如发热、创伤、心理应激等均可使 BMR 升高,如神经的紧张程度、营养状况、疾病、睡眠等都会影响基础代谢率。

二、体力活动

体力活动的能量消耗也称为运动的生热效应(thermic effect of exercise,TEE)。人们每天都从事着各种各样的体力活动,活动强度的大小、时间的长短、动作的熟练程度都影响能量的消耗,这是人体能量消耗中变动最大的一部分,为总能量消耗的 15%~30%。体力活动一般分为职业活动、社会活动、家务活动和休闲活动,其中职业活动消耗的能量差别最大。WHO 将职业劳动强度分为三个等级,估算不同等级劳动强度的综合能量指数。我国也采用此种分级方法,体力活动强度由以前的 5 级调整为 3 级(表 2-3),根据不同级的活动水平 PAL(physical activity level)值可推算出能量消耗量。

表 2-3　建议中国成人活动水平分级

活动分级	职业工作时间分配	工作内容举例	PAL 男	PAL 女
轻	75% 时间坐或站立 25% 时间站着活动	办公室工作、修理电器钟表、售货员、酒店服务员、化学实验操作、讲课等	1.55	1.56
中	40% 时间坐或站立 60% 时间特殊职业活动	学生日常活动、机动车驾驶、电工安装、车床操作、金工切割等	1.78	1.64
重	25% 时间坐或站立 75% 时间特殊职业活动	非机械化农业劳动、炼钢、舞蹈、体育运动、装卸、采矿等	2.10	1.82

影响体力活动能量消耗的因素:①肌肉越发达者,活动能量消耗越多;②体重越重者,能量消耗越多;③劳动强度越大、持续时间越长,能量消耗越多;④与工作的熟练程度有关。其中劳动强度和持续时间是主要影响因素,而劳动强度主要涉及劳动时牵动的肌肉多少和负荷的大小。

三、食物热效应

食物热效应(thermic effect of food,TEF)也称为食物的特殊动力作用(specific dynamic action,SDA),是指由于进食而引起能量消耗增加的现象,例如,进食碳水化合物可使能量消耗增加5%~6%,进食脂肪增加4%~5%,进食蛋白质增加30%。成人摄入的混合膳食,每天由于食物热效应而额外增加的能量消耗,相当于基础代谢的10%。

食物热效应只能增加体热的外散,而不能增加可利用的能量,换言之,食物热效应对于人体是一种损耗而不是一种收益。当只够维持基础代谢的食物摄入后,消耗的能量多于摄入的能量,外散的热多于食物摄入的热,而此项额外的能量却不是无中生有的,而是来源于体内的营养贮备,因此,为了保存体内的营养贮备,进食时必须考虑食物热效应额外消耗的能量,使摄入的能量与消耗的能量保持平衡。

四、生长发育及影响能量消耗的其他因素

正在生长发育的机体还要额外消耗能量维持机体的生长发育。婴幼儿、儿童、青少年生长发育所需的能量主要用于形成新的组织及新组织的新陈代谢,例如,3~6月的婴儿每天有15%~23%的能量储存于机体建立的新组织,婴儿每增加1g体重约需要20.9kJ(5.0kcal)能量。生长发育所需的能量,在出生后前3个月约占总能量需要量的35%,在12个月时迅速降到总能量需要量的5%,出生后第二年约为总能量需要量的3%,到青少年期为总能量需要量的1%~2%。

孕妇在怀孕期间,胎盘、胎儿的增长和母体组织(如子宫、乳房、脂肪储存等)的增加需要额外的能量,此外也需要额外的能量维持这些增加组织的代谢;哺乳期妇女的能量消耗除自身的需要外,也用于乳汁合成与分泌,营养良好的乳母哺乳期所需要的附加能量可部分来源于孕期脂肪的储存。

除上述影响基础代谢的几种因素对机体能量消耗有影响之外,还受情绪和精神状态影响。脑的重量只占体重的2%,但脑组织的代谢水平是很高的,例如,精神紧张地工作,可使大脑的活动加剧,能量代谢增加3%~4%,当然,与体力劳动比较,脑力劳动的消耗仍然相对地少。

第三节　人体能量消耗的测定

人体能量的消耗实际上就是指人体对能量的需要。较常用的测定方法有以下几种。

一、直接测定法

直接测定法是测量总能量消耗(total energy expenditure, TEE)最准确的方法,其原理是让受试者置于密闭测热室内,该室四周被水管包围并与外界隔热,机体所散发的热量可被水吸收,并通过液体和金属的传导进行测定,此法可对受试者在小室内进行不同强度的各种类型的活动所产生和放散的热能予以测定。这种方法原理简单,类似于氧弹热量计,但实际建造,投资很大,且不适于复杂的现场测定,其应用受到限制,目前主要用于肥胖和内分泌系统功能障碍的研究。

二、间接测定法

(一)气体代谢法

气体代谢法又称呼吸气体分析法,是通过间接测热系统测量呼吸中气体交换率,即氧消耗量和二氧化碳产生量,获得受试者的基础能量消耗(basal energy expenditure, BEE)或不同身体活动的能量消耗(active energy expenditure, AEE),其基本原理是测定机体在一定时间内的 O_2 消耗量和 CO_2 的产生量来推算呼吸商,根据相应的氧热价间接计算出这段时间内机体的能量消耗。实验时,被测对象在一个密闭的气流循环装置内进行特定活动,测定装置内的氧气和二氧化碳浓度变化。

机体依靠呼吸功能从外界摄取氧,以供各种物质氧化的需要,同时也将代谢终产物 CO_2 呼出体外,一定时间内机体的 CO_2 产量与消耗 O_2 量的比值称为呼吸商(respiratory quotient, RQ),即:

$$呼吸商 = \frac{产生的CO_2(mL/min)}{消耗的 O_2(mL/min)}$$

碳水化合物、蛋白质、脂肪氧化时,它们的 CO_2 产量与消耗 O_2 量各不相同,三者的呼吸商也不一样,分别为 1.0, 0.8, 0.7。在日常生活中,人体摄入的都是混合膳食,呼吸商在 0.7 ~ 1.0 之间。若摄入食物主要是碳水化合物,则 RQ 接近于 1.0,若主要是脂肪,则接近于 0.7。

食物的氧热价是指将某种营养物质氧化时,消耗 1L 氧所产生的能量。表 2 - 4 列出了三大生热营养素的氧热价、呼吸商等数据。

表2-4　三大生热营养素的氧热价和呼吸商

营养素	耗 O_2 量/(L/g)	CO_2 产量/(L/g)	氧热价/(kJ/L)	呼吸商(RQ)
碳水化合物	0.83	0.83	21.0	1.00
蛋白质	0.95	0.76	18.8	0.80
脂肪	2.03	1.43	19.7	0.71

实际应用中,因受试者食用的是混合膳食,此时呼吸商相应的氧热价(即消耗 $1LO_2$ 产生的能量)为 20.2kJ(4.83kcal),只要测出一定时间内氧的消耗量即可计算出受试者在该时间内的产能量。

$$产能量 = 20.2(kJ/L) \times O_2 消耗量(L)$$

近年来出现了便携式间接测热系统,这些仪器体积小、佩戴舒适,非常适合在现场、办公和家庭环境中应用,但工作时间只有 1~5h,且价格较贵,通常只能监测个体水平上的 TEE 和 AEE。

(二)双标记水法

双标记水法是受试者口服一定量含有氢(^2H)和氧(^{18}O)稳定同位素的双标记水($^2H_2^{18}O$),在一定时间内(8~15d)连续收集尿样或唾液样本,通过测定这两种同位素浓度的变化,获得同位素随时间的衰减率,计算能量消耗量。适用于任何人群和个体的测定,无毒无损伤,但费用高,需要高灵敏度、准确度的同位素质谱仪及专业技术人员,近年主要用于测定个体不同活动水平(PAL)的能量消耗值。

(三)心率监测法

用心率监测器和气体代谢法同时测量各种活动的心率和能量消耗量,推算出心率-能量消耗的多元回归方程,通过连续一段时间(3~7d)监测实际生活中的心率,可参照回归方程推算受试者每天能量消耗的平均值。此法可消除一些因素对受试验者的干扰,但心率易受环境和心理的影响,目前仅限于实验室应用。

(四)生活观察法

生活观察法即记录被测定对象一日生活和工作的各种动作及时间,然后查“能量消耗率表”,再经过计算,得一日能量消耗量。

例如某调查对象,身高 173cm,体重 63kg,体表面积为 1.72m² ,则该被调查对象 24h 能量消耗量见表 2-5。

表2-5　生活观察法能量消耗量计算表

动作名称	动作所用时间	能量消耗率		能量消耗量	
	min	kJ/min	kcal/min	kJ	kcal
穿脱衣服	9	6.86	1.64	61.7	14.8
大小便	9	4.10	0.98	36.9	8.8

续表

动作名称	动作所用时间	能量消耗率		能量消耗量	
	min	kJ/min	kcal/min	kJ	kcal
擦地板	10	8.74	2.09	87.4	20.9
跑步	8	23.26	5.56	186.1	44.5
洗漱	16	4.31	1.03	69.0	16.5
刮脸	9	6.53	1.56	58.8	14.0
读外语	28	4.98	1.19	139.4	33.3
走路	96	7.03	1.68	674.9	161.3
听课	268	4.02	0.96	1077.4	257.3
站立听讲	75	4.14	0.99	310.5	74.3
坐着写字	70	4.08	1.07	285.6	74.9
看书	120	3.51	0.84	421.2	100.8
站着谈话	43	4.64	1.11	199.5	47.7
坐着谈话	49	4.39	1.05	215.1	51.5
吃饭	45	3.51	0.84	158.0	37.8
打篮球	35	13.85	3.31	484.8	115.9
唱歌	20	9.50	2.27	190.0	45.4
铺被	5	7.70	1.84	38.5	9.2
睡眠	515	2.38	0.57	1125.7	293.6
合计	1430			5920.5	1422.5

注 校正体表面积得:5920.5 × 1.72 = 10183.3(kJ)
　　加食物热效应得:10183.3 × (1 + 10%) = 11201.6(kJ)

(五)要因计算法

要因计算法是将某一年龄和不同的人群组的能量消耗结合他们的 BMR 来估算其总能量消耗量,即应用 BMR 乘以体力活动水平 PAL 来计算人体能量消耗量或需要量。能量消耗量或需要量 = BMR × PAL。此法通常适用于人群而不适于个体,可以避免活动时间记录法工作量大且繁杂甚至难以进行的缺陷。BMR 可以由直接测量推论的公式计算或参考引用被证实的本地区 BMR 资料,PAL 可以通过活动记录法或心率监测法等获得。根据一天的各项活动可推算出综合能量指数(integrative energy index,IEI),从而推算出一天的总能量需要量。推算出全天的活动水平(PAL)可进一步简化全天能量消耗量的计算(表 2 - 3,表 2 - 6)。

$$PAL = \frac{24h\ 总能量消耗量}{24h\ 的\ BMR(基础量)}$$

表 2 - 6 中体力劳动男子的能量需要量

活动类别	时间/h	能量/kcal	能量/kJ
卧床 1.0 × BMR	8	520	2170
职业活动 2.7 × BMR	7	1230	5150
随意活动:			
社交及家务 3.0 × BMR	2	390	1630
维持心血管和肌肉状况,中度活动不计	—	—	—
休闲时间有能量需要 4.0 × BMR	7	640	2680
总计:1.78 × BMR	24	2780	11630

注 25 岁,体质量58kg,身高 1.6m,身体质量指数(BMI)22.4,估计 BMR 为273 kJ(65.0 kcal)。

第四节　能量的参考摄入量及食物来源

一、人体能量的需要

生物需要能量才能维持生命活动,人体需要的能量来自食物中的生热营养素。三大生热营养素之间必须保持比例合理,膳食平衡,才能达到科学、合理、均衡的营养。蛋白质和脂肪代谢过程复杂,且最终产物是某些含氮化合物与酮体,如果膳食结构不合理,过多食用动物蛋白和脂肪,会破坏三大生热营养素的平衡,造成代谢紊乱,但过多摄入碳水化合物,在体内也会转变为脂肪。所以摄取食物应遵循膳食供给量标准:膳食中蛋白质、脂肪、碳水化合物提供的能量比例应该为蛋白质 10% ~ 15%、脂肪 20% ~ 30%、碳水化合物 55% ~ 65%。

三大生热营养素的相互关系,也体现在脂肪与碳水化合物对蛋白质的节省作用,在碳水化合物与脂肪能提供足够能量的情况下,蛋白质才能更有效地发挥生理功能。如果脂肪与碳水化合物摄入量过少,能量供给不足,机体就会动用储存的蛋白质、脂肪和糖原,使这些营养素的分解过程增强。如果能量长期供给不足,则需要蛋白质氧化供应,从而导致蛋白质缺乏,出现消瘦、贫血、免疫力下降。人类四大营养缺乏病中首推能量供应不足症,即因能量摄入不足而导致营养缺乏症。世界卫生组织衡量人类营养供给状况,最初就是以能量供应是否满足为标准。机体利用食物的能量进行各种活动的同时,也伴有能量的释放,经过一段较长的时间观察发现,健康成人从食物中摄取的能量与消耗的能量经常保持相对的平衡状态。

能量的供给应根据人体对能量的需要而定,且供给与消耗要保持相对平衡,倘若膳食安排不当,能量供耗长期不平衡,无论是能量不足或能量过剩均会影响健康。提供给人体的能量如长期不能满足人体需要,体内储存的糖原和脂肪将被动用。能量供应继续不足,就要动用体内贮藏的蛋白质,从而出现体重下降、精神萎靡、皮肤干燥、贫血、乏力、免疫力下降等营养不良的症状。人体摄入的能量如长期高于实际消耗,过剩的能量会转化为脂肪,脂肪堆积造成体态臃肿,动作迟缓,心脏、肺的负担加重。血脂和血胆固醇增高,易发生脂肪肝、糖尿病及心血管疾病。

二、能量的推荐摄入量

能量需要量是指维持机体正常生理功能所需要的能量,即能长时间保持良好的健康状况,具有良好的体型、机体构成和活动水平的个体达到能量平衡,并能胜任必要的经济和社会活动所必需的能量摄入。能量的推荐摄入量与各类营养素的推荐摄入量(recommended nutrient intake,RNI)不同,它是以平均需要量(estimated average requirement,EAR)为基础,不增加安全量。根据目前我国经济水平、食物水平、膳食特点及人群体力活动的特点,结合国内外已有的研究资料,中国营养学会于2013年制订了中国居民膳食能量推荐摄入量,见表附录一。

三、能量的食物来源

碳水化合物、脂类和蛋白质这三类营养素普遍存在于各种食物中。粮谷类和薯类食物含碳水化合物较多,是膳食能量最经济的来源,油料作物富含脂肪,动物性食物一般比植物性食物含有更多的脂肪和蛋白质,但大豆和坚果类例外,它们含丰富的油脂和蛋白质,蔬菜和水果一般含能量较少。根据中国居民膳食平衡宝塔,最高层的油脂类属于能量密度最高的食品,第三层的肉类次之;第一层的谷薯及杂豆类能量密度适中;第三层鱼虾类和第四层奶类能量密度更低些,第二层的蔬菜水果类属于能量密度较低的食品。常见食物能量含量见表2-7。

表2-7 常见食物能量含量(每100g可食部)

食物	能量		食物	能量	
	kcal	kJ		kcal	kJ
猪油(炼)	897	3753	带鱼	127	531
花生油	899	3761	草鱼	113	473
葵花籽油	899	3761	鲫鱼	108	452
色拉油	898	3757	鲢鱼	104	435
腊肉(生)	498	2084	鸭蛋	180	753
猪肉(肥瘦)	395	1653	鸡蛋(平均)	144	602
肉鸡(肥)	389	1628	巧克力	589	2463
鸭(平均)	240	1004	奶糖	407	1705
羊肉(肥瘦)	203	849	绵白糖	396	1657
鸡(平均)	167	699	马铃薯片(油炸)	615	2575
牛肉(肥瘦)	125	523	曲奇饼干	546	2286
小麦	339	1416	方便面	473	1979
稻米(平均)	347	1452	土豆	77	323

续表

食物	能量		食物	能量	
	kcal	kJ		kcal	kJ
面条(平均)	286	1195	豆角	34	144
馒头(平均)	223	934	油菜	25	103
全脂奶粉	478	2000	大白菜(平均)	18	76
酸奶(平均)	72	301	香蕉	93	389
牛乳(平均)	54	226	苹果(平均)	54	227
黄豆	390	1631	福橘	46	193
豆腐(平均)	82	342	葡萄(平均)	44	185
蚕豆	335	1402	玉米(干)	335	1402
绿豆	316	1322	花生仁	563	2356

第三章　宏量营养素

第一节　蛋白质

蛋白质(protein)是一切生命的物质基础,是人体最重要的营养素之一。人类整个的生命过程都与蛋白质有关,没有蛋白质就没有生命。正常成人体内蛋白质含量为16% ~ 19%,大约占整个人体重量的1/5,人体干物质重量的1/2。

一、蛋白质代谢与氮平衡

(一)蛋白质代谢

人体内的氨基酸除了来源于食物蛋白质的分解(外源性氨基酸)外,还来源于组织蛋白质的分解(内源性氨基酸),它们混在一起,分布于机体各处,共同参与代谢,称为氨基酸代谢库或氨基酸池(amino acid pool),如图3-1。

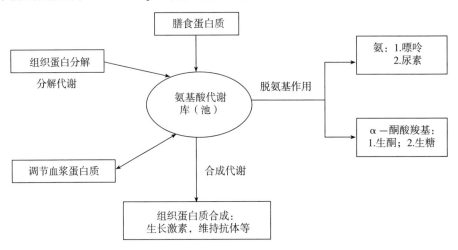

图3-1　蛋白质代谢概况

体内游离氨基酸的代谢主要有三种途径:

(1)合成蛋白质和多肽,这是氨基酸代谢的主要途径。

(2)一部分氨基酸进行分解代谢,通过脱氨基作用产生氨和α-酮酸,α-酮酸可以经过代谢而转变成糖和脂类,也可以氨基化而转变成非必需氨基酸,还可以通过三羧酸循环而氧化,为其他各种代谢提供能量,通过脱羧基作用生成胺类,例如组氨酸脱羧基生成组胺。

(3)一部分氨基酸用于合成新的含氮化合物,如嘌呤碱类、肌酸及肾上腺素等,这类物质分解后的最终产物不能回到氨基酸池内(嘌呤形成尿酸、肌酸形成肌酐、肾上腺素形成香草扁桃酸)。

(二)氮平衡

正常成年人体内蛋白质含量相对稳定,当膳食蛋白质来源适宜时,机体蛋白质代谢处于动态平衡,一部分分解,一部分同时又合成,完成人体组织的更新、修复。由于直接测定食物中所含蛋白质和体内消耗蛋白质比较困难,而蛋白质是人体氮的唯一来源,所以常以氮平衡来表示蛋白质的平衡情况。氮平衡表示机体摄入氮和排出氮的关系,是描述机体蛋白质代谢及营养状况的重要指标。通过氮平衡可了解机体对特定蛋白质的消化吸收情况、蛋白质的总代谢状况以及机体对蛋白质的需要量。

食物蛋白质中所含的氮,我们称之为膳食氮(摄食氮),体内蛋白质的分解产物主要是通过尿液、粪便、皮肤或其他途径排出,这些氮分别称为尿氮、粪氮、皮肤或其他途径排出的氮。尿氮主要包括尿素、氨、尿酸和肌酸酐等化合物中的氮,粪氮包括食物中未被吸收的氮、肠道分泌物及肠道脱落细胞中的氮,通过皮肤或其他途径排出的氮包括表皮细胞、毛发、指甲、分泌物中的氮。

氮平衡的表示方法为: $$B = I - (U + F + S)$$

式中,B 表示氮平衡;I 表示摄入氮;U 表示尿氮;F 表示粪氮;S 表示从皮肤或其他途径损失的氮。

B = 0,摄入氮 = 排出氮,为零氮平衡,表示体内蛋白质的分解与合成处于平衡状态,是蛋白质的动态平衡,多指正常成人。实际上,为了安全可靠起见,摄入氮应比排出氮多5%,才可认为确实处于平衡状态。

B > 0,摄入氮 > 排出氮,为正氮平衡,表示体内蛋白质合成大于分解。在生长发育期的婴幼儿、青少年,其机体所吸收的蛋白质相当一部分用于生长发育、合成新组织,故处于正氮平衡。孕妇、乳母及病后的恢复期等,也应保持正氮平衡。

B < 0,摄入氮 < 排出氮,为负氮平衡,表示体内蛋白质分解大于合成。当食物中氮供应不足或患某些消耗性疾病时,由于分解高于摄入,机体就会处于负氮平衡。人在饥饿、消耗性疾病及老年时一般处于这种状况,应注意尽可能减轻或改变负氮平衡。

机体在完全不摄入蛋白质(无蛋白膳)的情况下,体内蛋白质仍然在分解和合成,此时处于负氮平衡状态,这种状态持续几天之后,氮的排出将维持在一个较恒定的低水平,此时机体通过粪、尿及皮肤等一切途径所损失的氮,是机体不可避免要消耗的氮,称为必要的氮损失。当膳食中的碳水化合物和脂肪不能满足机体能量需要或蛋白质摄入过多时,蛋白质才分别被用来作为能源或转化为碳水化合物和脂肪。因此,理论上只要从膳食中获得相当于必要的氮损失量的蛋白质,即可满足人体对蛋白质的需要。

如果长期不能从膳食中摄取足够的蛋白质,那么机体必然会出现负氮平衡,这反映在组织蛋白质分解的同时,机体不能进行相应的蛋白质合成以维持组织细胞的更新,会导致某些组织器官结构与功能异常。因此,机体长时间处于负氮平衡状态会导致蛋白质缺乏症,表现出疲乏、体重减轻、抵抗力下降、血浆蛋白含量下降等,女性还可出现月经障碍,哺乳期妇女乳汁分泌减少,婴幼儿和青少年反应更加明显,特别表现为生长发育停滞、贫血、智力发育受影响,严重的可表现为干瘦型蛋白质缺乏症或水肿型蛋白质缺乏症乃至死亡。

影响氮平衡的因素主要包括下列几方面:

(1)热能:低于机体需要时,摄入的蛋白质将不可避免地用作热能来源而消耗,影响氮平衡的结果。故在氮平衡试验中,应供给充足的热量。

(2)膳食蛋白与氨基酸摄入量:如果从原来低氮膳食进入高氮膳食,或相反,氮的排出量都不会发生立即的应答反应,例如在无氮膳食开始后,人体还排出一定量的氮,几日之后才稳定在一个低水平的排出量,故氮平衡试验时间不能太短,特别是膳食氮含量变动较大时更是如此。

(3)激素:参与代谢的激素,如生长激素、皮质类激素、甲状腺素等,都从不同的方面影响氮的代谢。

(4)各种应激状态:包括精神紧张、焦虑、思想负担以及疾病状态,对氮的排出都有一定的影响,这些都应在进行试验和对试验结果进行分析时加以考虑。

二、蛋白质的组成与分类

(一)蛋白质的组成

人体蛋白质是由20种氨基酸通过肽键连结并形成一定空间结构的复杂的大分子物质,由碳、氢、氧、氮、硫、磷、碘以及某些金属元素(如铁、锌等)组成。组成蛋白质分子的元素主要有碳(50% ~ 55%)、氢(6% ~ 7%)、氧(19% ~ 24%)、氮(13% ~ 19%)和硫(0 ~ 4%)。有些蛋白质还含有少量的磷或金属元素(如铁、铜、锌、锰、钴、钼等),个别蛋白质含有碘。

(二)蛋白质分类

蛋白质的种类繁多,功能各异,因此分类方法很多。但从人类的食物与营养方面来说,常用以下两种分类方法。

1.按蛋白质中必需氨基酸的种类和数量分类

(1)完全蛋白质:所含必需氨基酸种类齐全、数量充足、比例适当,不但能维持成人的健康,并能促进儿童生长发育,如乳中的酪蛋白、乳白蛋白、蛋类中的卵白蛋白及卵黄蛋白、肉类中的白蛋白和肌蛋白、大豆中的大豆蛋白、小麦中的麦谷蛋白和玉米中的谷蛋白等,都是完全蛋白质。

(2)半完全蛋白质:所含必需氨基酸种类齐全,但有的氨基酸数量不足,比例不适当,这类蛋白质若作为膳食中唯一的蛋白质来源时可维持生命,但不能促进生长发育,如小麦和大麦中的麦胶蛋白等。

(3)不完全蛋白质:所含必需氨基酸种类不全,这类蛋白质若作为膳食中唯一的蛋白质来源时既不能维持生命,也不能促进生长发育,如玉米中的玉米胶蛋白、动物结缔组织和肉皮中的胶原蛋白、豌豆中的豆球蛋白等。

2.按人类食物来源分类

（1）动物性食物蛋白：主要由纤维蛋白类和球蛋白类等组成。

（2）植物性食物蛋白：主要由谷蛋白类和醇溶蛋白类等组成。

三、蛋白质的生理功能

蛋白质是细胞组分中含量最为丰富、功能最多的高分子物质，几乎每一项生命活动都离不开蛋白质。蛋白质的功能主要表现为构成和修复机体组织、构成体内各种重要的生理活性物质及供给能量三个方面。

（一）构成和修复机体的组织

正常成人体内含蛋白质 16% ~ 19%，是组成机体所有组织和细胞的主要成分，人体各组织、器官中无一不含蛋白质。机体的神经、肌肉、内脏、血液、骨骼、牙齿甚至手指、脚趾、头发中都含有大量的蛋白质；细胞中，除水分外，蛋白质约占细胞内物质的 80%，从细胞膜到细胞内的各种结构中均含有蛋白质。因此，蛋白质是人体不能缺少的构成成分，构成机体组织、器官的成分是蛋白质最重要的生理功能。

人体每天从食物中摄取一定量的蛋白质，在消化道内被分解成各种氨基酸而被机体吸收，通过血液循环送到身体各组织中去，再在组织中合成机体所需的各种蛋白质，用于更新和修复组织。人体内的蛋白质始终处于不断分解又不断合成的动态平衡过程中，成人体内每天约有 3% 的蛋白质被更新，例如，人血浆蛋白质的半寿期约为 10 天，肝中大部分蛋白质的半寿期为 1 ~ 8 天，某些蛋白质的半寿期很短，只有数秒钟，在肠道和骨髓内的蛋白质更新速度较快。不同年龄的人体内蛋白质合成率也不同，新生儿、婴儿的合成率较高，老年人的合成率较低。另外，婴幼儿、青少年、孕妇、乳母除了要维持组织蛋白质平衡外，还要合成新的组织，身体受伤、手术等情况也需要蛋白质作为机体修复的材料，因此只有摄入足够的蛋白质才能维持机体组织的更新，才能保证机体正常的生长和发育。

（二）构成体内各种重要的生理活性物质

生命活动有条不紊地进行，有赖于机体中多种生理活性物质的调节。人体中许多具有重要生理作用的活性物质都是以蛋白质作为主要组成成分或由蛋白质提供必需的原料，参与调节生理功能，如酶能催化体内一切物质的分解和合成；由蛋白质或蛋白质衍生物构成的某些激素如垂体激素、甲状腺素、胰岛素及肾上腺素等调节着各种生理过程并维持着内环境的稳定；核蛋白构成细胞核并影响细胞的功能；酶蛋白具有促进食物消化、吸收和利用的作用；免疫球蛋白能够维持机体的免疫功能；肌球蛋白具有调节肌肉收缩的功能；血液中的脂蛋白、运铁蛋白、维生素 A 结合蛋白具有运送营养素的作用；血红蛋白在血液中运载氧；白蛋白具有调节渗透压、维持体液平衡的功能。人体的各项生命活动无一不与蛋白质有关，生命现象总是和蛋白质同时存在的。

（三）供给能量

蛋白质在体内降解成氨基酸后，经脱氨基作用生成的 α - 酮酸,可以直接或间接经三羧酸循环氧化分解,同时释放能量。1g 食物蛋白质在体内约产生 16.7kJ(4.0kcal)的能量,是人体能量来源之一,人体每天所需要的能量有 10% ~ 15% 来自蛋白质。

但是,利用蛋白质作为主要热能来源是不经济和不科学的,一方面,如果蛋白质被主要用作满足机体的能量需要,则膳食中的蛋白质就不能有效地合成人体组织蛋白质,甚至不能维持人体组织蛋白质的平衡而需要消耗组织蛋白;另一方面,氨基酸在分解放热过程中,其脱氨基作用产生的有毒物质氨需经肝、肾的代谢转化成尿素和尿酸从尿中排出,从而给肝、肾等组织器官增加负担。因此,供给能量并不是蛋白质的主要功能,而是次要功能。人体在一般情况下主要是利用脂肪和碳水化合物氧化供能,但在某些特殊情况下,机体所需能源物质供能不足,如长期不能进食或消耗量过大时,体内的糖原和贮存脂肪已大量消耗之后,将依靠组织蛋白质分解产生氨基酸来获得能量,以维持必要的生理功能。

四、氨基酸和必需氨基酸

（一）氨基酸的分类

氨基酸是组成蛋白质的基本单位,是分子中具有氨基和羧基的一类含有复合官能团的化合物。蛋白质受酸、碱或蛋白酶的作用可水解为游离氨基酸。存在于自然界中的氨基酸有 300 余种,但组成人体蛋白质的氨基酸只有 20 种。

1.根据其侧链的结构和理化性质分类

（1）非极性疏水性氨基酸:包括甘氨酸、丙氨酸、缬氨酸、亮氨酸、异亮氨酸、苯丙氨酸、脯氨酸。其中异亮氨酸、亮氨酸、缬氨酸因含有较长的非极性疏水性侧链,故称为支链氨基酸(branch chain amino acid,BCAA)。

（2）极性中性氨基酸:包括色氨酸、丝氨酸、酪氨酸、半胱氨酸、天冬酰胺、谷氨酰胺、苏氨酸和蛋氨酸。

（3）酸性氨基酸:包括天冬氨酸和谷氨酸。

（4）碱性氨基酸:包括赖氨酸、精氨酸和组氨酸。

2.根据营养功能分类

（1）必需氨基酸(essential amino acid,EAA):是指机体不能合成或合成速度不能满足机体需要,而必须从食物获取的氨基酸。

（2）非必需氨基酸(nonessential amino acid):是指机体可以利用体内已有的物质自行合成的氨基酸,不一定必须从食物获取,但其功能仍然是非常重要的。

（3）条件必需氨基酸(conditional amino acid):半胱氨酸和酪氨酸可分别由蛋氨酸和苯丙氨酸转化而来,当膳食可以提供足够的半胱氨酸和酪氨酸时,可减少蛋氨酸和苯丙氨酸的消耗。因此,这两种氨基酸称为条件必需氨基酸或半必需氨基酸。

（二）必需氨基酸

人体的必需氨基酸有 8 种,分别是苯丙氨酸、蛋氨酸、赖氨酸、色氨酸、苏氨酸、亮氨酸、缬氨酸、异亮氨酸,另外,组氨酸是婴儿体内的必需氨基酸。联合国粮农组织(FAO)和世界卫生组织(WHO)在 1985 年首次列出了成人组氨酸的需要量为 8 ~ 12mg/(kg·d),同时有报道组氨酸是成人体内必需氨基酸,但由于研究成人体内合成组氨酸的能力非常困难,且在肌肉和血红蛋白中也有一定储存,故尚未确定组氨酸是成人体内的必需氨基酸。

研究人体对必需氨基酸的需要量的方法是使受试动物先摄入缺乏某种氨基酸的混合膳食,然后补充不同量的该种氨基酸,当达到氮的零平衡(成人)或正平衡(儿童)时所需的最低量即为该种氨基酸的需要量。各种必需氨基酸的需要量见表 3 - 1。

表 3 - 1　人体每千克体重每日氨基酸需要量估计值(mg)

氨基酸	婴儿	幼儿(2 岁)	儿童(10 ~ 12 岁)	成人
异亮氨酸	70	31	30	10
亮氨酸	161	73	45	14
赖氨酸	103	64	60	12
蛋(半胱)氨酸	58	27	27	13
苯丙(酪)氨酸	125	69	27	14
苏氨酸	87	37	35	7
色氨酸	17	12.5	4	3.5
缬氨酸	93	38	33	10
组氨酸	28	—	—	8 ~ 12

值得注意的是,在供给必需氨基酸时还要考虑条件必需氨基酸的供给量,因为条件必需氨基酸充足可以减少必需氨基酸转化为条件必需氨基酸的消耗。另外,只有在能量和其他营养充足时,才能使表 3 - 1 中的必需氨基酸的量满足机体对蛋白质的要求。

（三）氨基酸模式和限制氨基酸

1.氨基酸模式(amino acid pattern)

人体中的蛋白质以及各种食物中的蛋白质在必需氨基酸的种类和含量上存在着差异,人体对必需氨基酸的需要不仅有数量上的要求,而且还有比例上的要求。因为构成人体组织蛋白质的氨基酸之间存在有一定的比例,所以膳食中的蛋白质所提供的各种必需氨基酸除了其数量应足够外,它们相互间的比例也应该与人体中必需氨基酸的比例一致,这样食物蛋白质中的氨基酸才能在体内充分被机体利用,才能保证人体对蛋白质的需要。

某种蛋白质中各种必需氨基酸的含量和构成比例称为氨基酸模式。在营养学上,我们用氨基酸模式来反映食物蛋白质以及人体蛋白质中必需氨基酸在种类和数量上的差异,其计算方法就是将某种蛋白质中色氨酸的含量定为 1,分别计算其他必需氨基酸的相应比值,这一系列的比值就是该种蛋白质的氨基酸模式。几种食物和人体蛋白质氨基酸模式见

表 3 – 2。

表 3 – 2　几种食物和人体蛋白质氨基酸模式

氨基酸	人体	全鸡蛋	牛乳	牛肉	大豆	面粉	大米
异亮氨酸	4.0	3.2	3.4	4.4	4.3	3.8	4.0
亮氨酸	7.0	5.1	6.8	6.8	5.7	6.4	6.3
赖氨酸	5.5	4.1	5.6	7.2	4.9	1.8	2.3
蛋氨酸 + 半胱氨酸	2.3	3.4	2.4	3.2	1.2	2.8	2.8
苯丙氨酸 + 酪氨酸	3.8	5.5	7.3	6.2	3.2	7.2	7.2
苏氨酸	2.9	2.8	3.1	3.6	2.8	2.5	2.5
缬氨酸	4.8	3.9	4.6	4.6	3.2	3.8	3.8
色氨酸	1.0	1.0	1.0	1.0	1.0	1.0	1.0

从食物中摄入的蛋白质经消化吸收后的必需氨基酸的模式,越接近机体蛋白质氨基酸模式,即越是接近于人体的需要,其蛋白质实际被利用的效率就越高,营养价值也就相对越高。而如果食物蛋白质中一种或几种必需氨基酸数量不足,在合成人体组织蛋白时,只能进行到这一氨基酸用完为止,即使其他氨基酸含量非常丰富,其利用也被限制,必需氨基酸数量过多,同样也会影响氨基酸间的平衡。所以,食物蛋白质中必需氨基酸必须种类齐全、数量充足、比例适当才能维持人体健康,才具有较高的营养价值。鸡蛋蛋白质和人乳蛋白质与人体蛋白质氨基酸模式最为接近,在比较食物蛋白质营养价值时常用来作为参考蛋白。参考蛋白是指蛋白质氨基酸模式较好,可用来测定其他蛋白质质量的标准蛋白。

2.限制氨基酸(limiting amino acid,LMA)

当食物蛋白质中一种或几种必需氨基酸相对含量较低或缺乏,限制了食物蛋白质中其他必需氨基酸被机体利用的程度,使其营养价值降低,这些含量相对较低的必需氨基酸称为限制氨基酸,含量最低的称为第一限制氨基酸,余者以此类推,以其不足程度大小可依次称为第二、第三限制氨基酸。在植物蛋白质中,赖氨酸、蛋氨酸、苏氨酸和色氨酸的含量往往相对较低,所以营养价值也相对较低,例如,一般赖氨酸是谷类蛋白质的第一限制氨基酸,小麦、大麦、燕麦和大米中苏氨酸的量也较低,为第二限制氨基酸,而玉米的第二限制氨基酸为色氨酸。蛋氨酸则是大豆、花生、牛乳和肉类蛋白质的第一限制氨基酸。常见植物性食物的限制氨基酸见表 3 – 3。

表 3 – 3　常见植物性食物的限制氨基酸

食物	第一限制氨基酸	第二限制氨基酸	第三限制氨基酸
小麦	赖氨酸	苏氨酸	缬氨酸
大麦	赖氨酸	苏氨酸	蛋氨酸
大米	赖氨酸	苏氨酸	—
玉米	赖氨酸	色氨酸	苏氨酸

食物	第一限制氨基酸	第二限制氨基酸	第三限制氨基酸
花生	蛋氨酸	—	—
大豆	蛋氨酸	—	—

五、食物蛋白质的营养价值评价

各种食物中蛋白质的含量及氨基酸组成是不同的,人体对不同蛋白质的消化、吸收和利用程度也存在差异,因而其营养价值也不一样。对食物蛋白质的营养价值进行正确评价,对于食品品质的鉴定、各种食物蛋白质资源的开发与利用、指导人群膳食等许多方面都是十分必要的。评定一种食物蛋白质的营养价值有许多方法,但任何一种方法都是以某一现象作为观察评定指标,因而往往具有一定局限性,所表示的营养价值也是相对的。具体评定一种食物蛋白质营养价值时,应根据不同方法的结果而综合考虑。但总的来说,食物蛋白质的营养价值都是从"量"和"质"两个方面来综合评价的。"量"即食物中蛋白质的含量的多少,"质"即食物蛋白质中必需氨基酸的模式,表示食物蛋白质被机体消化、吸收和利用的程度。在实验方法上,尽管食物蛋白质的营养价值可以通过人体代谢来观察,但是为了慎重和方便,往往采用动物实验的方法进行。常用的食物蛋白质营养价值评价指标及方法如下。

(一)蛋白质的含量

食物中蛋白质的含量是评价食物蛋白质营养价值的一个重要方面,是评价食物蛋白质营养价值的基础。如果食物中蛋白质含量太少,即使食物蛋白质中必需氨基酸的模式好,也不能满足机体需要,无法发挥蛋白质应有的作用。

食物蛋白质含量的测定通常用凯氏(Kjeldahl)定氮法测定其含氮量,然后再换算成蛋白质含量。此总氮量内可包含有嘌呤、嘧啶、游离氨基酸、维生素、肌酸、肌酐和氨基糖等。肉类氮中一部分是游离氨基酸和肽;鱼类除此之外还含有挥发性碱基氮和甲基氨基化合物;海产软骨鱼类可能还含有尿素。由于这些非氨基酸和非肽氮的营养学意义有许多还不清楚,所以分析食物的含氮量有很重要的意义。

一般来说,食物中含氮量占蛋白质含量的 16%,其倒数即为 6.25,由氮计算蛋白质的换算系数即是 6.25。若要比较准确计算则可以不同系数求得,一些食物蛋白质的标准换算系数见表 3 – 4。

表 3 – 4　不同食物蛋白质的换算系数

食物类别	算成食物成分表中蛋白质含量时所用换算系数	将食物成分表中蛋白质含量换算为"粗蛋白"的校正系数
全小麦	5.83	1.07
面粉(中或低出粉率)	5.70	1.10

续表

食物类别	算成食物成分表中蛋白质含量时所用换算系数	将食物成分表中蛋白质含量换算为"粗蛋白"的校正系数
通心粉、面条、面糊	5.70	1.10
麦麸	6.31	0.99
大米(各种大米)	5.95	1.05
裸麦、大麦和燕麦	5.83	1.07
花生	5.46	1.14
黄豆	5.71	1.09
杏	5.18	1.21
椰子,栗子	5.30	1.18
种子:芝麻、红花、向日葵	5.30	1.18
乳类(各种乳类)与干酪	6.38	0.98
其他食物	6.25	1.00

（二）蛋白质的消化率（digestibility）

蛋白质消化率是指一种食物蛋白质可被机体消化酶分解的程度。蛋白质消化率越高，被机体吸收利用的可能性越大，营养价值越高。食物蛋白质消化率可用该蛋白质中能被消化吸收的氮量与该种蛋白质含氮总量的比值来表示。消化率在营养上分为两种：表观消化率（apparent digestibility，AD）和真实消化率（true digestibility，TD）。

$$消化率 = \frac{氮吸收量}{氮摄入量} \times 100\%$$

$$表观消化率（AD） = \frac{氮摄入量 - 粪氮排出量}{氮摄入量} \times 100\%$$

$$真实消化率（TD） = \frac{氮摄入量 - （粪氮排出量 - 粪代谢氮量）}{氮摄入量} \times 100\%$$

粪中排出的氮量由食物中不能被消化吸收的氮和粪代谢氮构成，粪代谢氮则是受试者在完全不吃含蛋白质食物时粪便中的含氮量。此时，粪氮的来源有三方面：一是来自脱落的肠黏膜细胞；二是死亡的肠道微生物；三是少量的消化酶。如果粪代谢氮忽略不计，即为表观消化率。表观消化率要比真实消化率低，用它估计蛋白质的营养价值偏低，因此有较大的安全系数。此外，由于表观消化率的测定方法较为简便，一般情况下多采用它。

蛋白质的消化率越高，被机体吸收利用的程度越高，营养价值也越高，但由于蛋白质在食物中的存在形式、结构各不相同，食物中还含有不利于蛋白质吸收的其他因素的影响等，不同的食物或同一种食物的不同加工方式，其蛋白质的消化率都有差异。食物蛋白质消化率受到蛋白质性质、膳食纤维、多酚类物质和酶反应等因素影响。一般来说，蛋白质消化率与其同时存在的膳食纤维有关，动物性蛋白质比植物性蛋白质的消化率高，因为动物性蛋白质含膳食纤维比植物少。在食物加工过程中,如能将植物中的膳食纤维除去或使之软化,则能使植物性蛋白质的消化率提高。食物经过烹调,一般也可以提高蛋白质消化率,如乳类可达97% ~98%,肉类为92% ~94%,蛋类为98%,豆腐为90%,白米饭为82%,面包为79%,土豆为14%,玉米面为66%。大豆、花生、菜豆和麻籽等含有能抑制胰蛋白酶、糜蛋白酶的多种物质,称为蛋白酶抑制剂,它们的存在妨碍蛋白质的消化吸收,但它们可以通过加热被除去。通常,经常压蒸汽加热30min,即可被破坏。

(三)蛋白质的利用率

食物蛋白质的利用率是指食物蛋白质在体内被利用的程度。衡量蛋白质利用率的指标有很多,各指标分别从不同角度反映蛋白质被利用的程度,其测定方法大体上可以分为两大类,一类是以氮在体内储留为基础的方法;一类是以体重增加为基础的方法。以下介绍几种常用的指标。

1.生物价(biological value, BV)

蛋白质生物价是反映食物蛋白质经消化吸收后在机体当中可储留并且加以利用的程度,以食物蛋白质在机体内吸收后被储留的氮与被吸收的氮的比值来表示。

$$蛋白质的生物价 = \frac{氮储留量}{氮吸收量} \times 100\%$$

$$氮吸收量 = 氮摄入量 - (粪氮排出量 - 粪代谢氮量)$$

$$氮储留量 = 氮吸收量 - (尿氮 - 尿内源氮)$$

尿内源氮是指无蛋白质(即试验对象摄入足够的热量但完全不摄入蛋白质)时尿液中的含氮量,它与粪代谢氮都属于必要的氮损失。生物价越高,说明蛋白质被机体利用率越高,即蛋白质的营养价值越高,生物价最高值为100。常见食物蛋白质的生物价,见表3 –5。

表3 –5　常见食物蛋白质的生物价

蛋白质	生物价	蛋白质	生物价	蛋白质	生物价
鸡蛋蛋白质	94	大米	77	小米	57
鸡蛋白质	83	小麦	67	玉米	60
鸡蛋黄	96	生大豆	57	白菜	76
脱脂牛乳	85	熟大豆	64	红薯	72
鱼	83	扁豆	72	马铃薯	67
牛肉	76	蚕豆	58	花生	59
猪肉	74	白面粉	52		

蛋白质的生物价可受很多因素影响,同一食物蛋白质可因实验条件不同而有不同的结果。故对不同蛋白质的生物价进行比较时应将实验条件统一。此外,在测定时多用初断乳的大鼠,饲料蛋白质的含量为100g/kg(10%)。将饲料蛋白质的含量固定在10%,目的是便于对不同蛋白质进行比较。因为饲料蛋白质含量低时,蛋白质的利用率较高。

2.蛋白质净利用率 (net protein utilization, NPU)

蛋白质净利用率是反映食物中蛋白质实际被利用的程度,以体内储留的氮量与摄入氮量的比值来表示。事实上,蛋白质净利用率包含了蛋白质的生物价与消化率两个方面,因此评价更为全面。

$$蛋白质净利用率 = \frac{氮储留量}{氮摄入量} = 蛋白质的生物价 \times 蛋白质消化率$$

除上述用氮平衡法进行动物试验外,还可以分别用受试蛋白质(占热能的 10%)和无蛋白质的饲料喂养动物 7 ~ 10 天,记录其摄食的总氮量。试验结束时测定动物体内总氮量,以试验前动物尸体总氮量作为对照进行计算。

3.蛋白质功效比值 (protein efficiency ratio, PER)

蛋白质功效比值表示所摄入的蛋白质被利用于生长的效率。这是最早使用,而且简便的评价蛋白质质量的方法,此法是以幼小动物体重的增加与所摄入的蛋白质之比来表示。

$$蛋白质功效比值 = \frac{动物体重增加质量(g)}{蛋白质摄入质量(g)}$$

这种方法通常用于出生后 21 ~ 28 天刚断乳的大白鼠(体重 50 ~ 60g),以含受试蛋白质 10% 的合成饲料喂养 28 天,计算动物每摄食 1g 蛋白质所增加体重的克数。此法简便实用,已被美国公职分析化学家协会(AOAC)推荐为评价食物蛋白质营养价值的必测指标,许多国家(包括中国)都在广泛应用。

为便于将测定的结果相互比较,在进行待测蛋白质实验的同时,用经过标定的酪蛋白(PER 为 2.5)作为参考蛋白,在同样条件下作为对照组进行测定。将上述测定结果进行换算,可得到校正的待测蛋白质的 PER 值。

$$校正的 PER 值 = \frac{实测 PER 值 \times 2.5}{参考酪蛋白的实测 PER 值}$$

4.氨基酸评分 (amino acid score, AAS)

氨基酸评分也称蛋白质化学评分,由食物蛋白质中蛋白质必需氨基酸的模式决定,是目前广为应用的一种食物蛋白质营养价值评价方法,是指食物蛋白质中的必需氨基酸和理想模式或参考蛋白中相应的必需氨基酸的比值。

$$氨基酸评分 = \frac{被测蛋白质每克氮(或蛋白质)中氨基酸含量(mg)}{理想模式或参考蛋白质中每克氮(或蛋白质)中氨基酸含量(mg)}$$

理想氨基酸模式采用 FAO 提出的模式,同时由于不同年龄人群的氨基酸构成模式不同,食物蛋白质的氨基酸评分值则也不同,如表 3 - 6。氨基酸评分最低的必需氨基酸为第一限制性氨基酸,如表 3 - 7 中赖氨酸。

表 3-6　不同人群氨基酸需要模式及几种食物的氨基酸评分

氨基酸	人群[①]/(mg/g)				食物[①]/(mg/g)		
	FAO 提出模式	1 岁以下	2~10 岁	10~12 岁	成人	鸡蛋	牛乳	牛肉
组氨酸		26	19	19	16	22	27	34
异亮氨酸	40	46	28	28	13	54	47	48
亮氨酸	70	93	66	44	19	86	95	81
赖氨酸	55	66	58	44	16	70	78	89
蛋(半胱)氨酸	35	42	25	22	17	57	33	40
苯丙(酪)氨酸	60	72	63	22	19	93	102	80
苏氨酸	40	43	34	28	9	47	44	46
缬氨酸	50	55	35	25	13	66	64	50
色氨酸	10	17	11	9	5	17	14	12
合计		460	339	241	127	512	504	479

① 每克蛋白质中的氨基酸含量。

注:确定某一食物蛋白质氨基酸评分一般分两步。首先计算被测蛋白质中每种必需氨基酸的评分值,其次找出第一限制氨基酸的评分值。第一限制性氨基酸评分值亦为该食物蛋白质的最终氨基酸评分。

例如:某小麦粉的蛋白质含量 10.9%,其中 100g 小麦粉中各种氨基酸含量见表 3-7,试计算按 FAO 提出必需氨基酸需要模式的该小麦粉化学分。

解:(1)求出每克蛋白质中氨基酸含量(mg/g);

(2)按 FAO 必需氨基酸需要模式(mg/g)求出氨基酸比值;

(3)找出最小比值,即为小麦粉的氨基酸评分值为 0.47,第一限制氨基酸为赖氨酸。

表 3-7　小麦粉的氨基酸评分计算

氨基酸	每 100g 面粉中氨基酸含量/mg	每克蛋白质中氨基酸含量/mg	FAO 必需氨基酸需要模式/(mg/g)	氨基酸比值	最终氨基酸评分
异亮氨酸	403	36.97	40	0.92	0.47
亮氨酸	768	70.46	70	1.01	
赖氨酸	280	25.69	55	0.47	
蛋(半胱)氨酸	394	36.15	35	1.03	
苯丙(酪)氨酸	854	78.35	60	1.31	
苏氨酸	309	28.35	40	0.71	
缬氨酸	514	47.15	50	0.94	
色氨酸	135	12.38	10	1.24	

　　用氨基酸评分不仅可以看出单一食物蛋白质的限制氨基酸,也可看出混合食物蛋白质的限制氨基酸。机体在利用膳食蛋白质所提供的必需氨基酸合成组织蛋白质时,是以氨基酸评分最低的必需氨基酸为准。因此,在进行食物氨基酸强化时,应根据食物蛋白质氨基

酸模式的特点,同时考虑第一、第二、第三限制氨基酸的补充量,否则不仅无效,而且还可能导致新的氨基酸不平衡。

氨基酸评分的方法比较简单,但对食物蛋白质的消化率还欠考虑,有些蛋白质的氨基酸模式不错,但很难消化,结果对这类食物的估计又会偏高,故在20世纪90年代初,FAO/WHO有关专家委员会正式公布及推荐经消化率修正的氨基酸评分(protein digestibility corrected amino acid score,PDCAAS)法,计算方法是:

经消化率修正的氨基酸评分 = 氨基酸评分 × 真消化率

FDA等机构已将这种方法作为评价食物蛋白质的方法之一。表3-8是几种食物蛋白质经消化率修正的氨基酸评分。

表3-8　几种食物蛋白质的 PDCAAS

食物蛋白	PDCAAS	食物蛋白	PDCAAS
酪蛋白	1.00	斑豆	0.63
鸡蛋	1.03	燕麦粉	0.57
大豆分离蛋白	0.99	花生粉	0.52
牛肉	0.92	小扁豆	0.52
豌豆	0.69	全麦	0.40
菜豆	0.68		

除了上述的方法和指标外,还有一些评价方法,如相对蛋白质值、净蛋白质比值、氮平衡指数等,一般不常使用。

六、蛋白质互补作用

把两种或两种以上的食物蛋白质按不同比例混合食用,使它们所含有的必需氨基酸取长补短,相互补充,其中一种食物蛋白质中不足或缺乏的必需氨基酸由其他食物蛋白质进行补充,使混合后的必需氨基酸比例得以改进,从而提高蛋白质的营养价值,此即蛋白质的互补作用(complementary action)。蛋白质的互补作用在蛋白质生物价的提高、膳食调配等方面有着重要的实际意义。

例如,大豆的蛋白质中富含赖氨酸而蛋氨酸含量较低,玉米、小米的蛋白质中赖氨酸含量较低,蛋氨酸相对较高。小米、玉米、生大豆单独食用时,其生物价分别为57、60、57,若将它们按40%、40%、20%的比例混合食用,使赖氨酸和蛋氨酸两者相互补充,蛋白质的生物价可提高到70。若在植物性食物的基础上再添加少量动物性食物,蛋白质的生物价还会提高,如小米、小麦、熟大豆、干牛肉单独食用时,其蛋白质的生物价分别为57、66、73、74,若将它们按25%、55%、10%、10%的比例混合食用,蛋白质的生物价可提高到89,由此可见,动物性食物与植物性食物混合后的互补作用比单纯的植物性食物之间的互补作用要更好。

为充分发挥食物蛋白质的互补作用,在进行膳食调配时,应遵循三个方面的原则:①食物的生物学种属越远越好,可将动物性食物与植物性食物进行混合;②搭配的种类越多越好;③食用时间越近越好,同时食用最好,时间间隔不要超过 5 h,且其互补作用随着时间的延长而逐渐降低,如超过 8h,食物之间便不再起互补作用。这是因为单个氨基酸在血液中的停留时间约 4h,然后到达组织器官,再合成组织器官的蛋白质,而合成组织器官蛋白质的氨基酸必须同时到达才能发挥互补作用,合成组织器官蛋白质。

七、蛋白质缺乏与过量的危害

1.蛋白质—能量缺乏

蛋白质缺乏在成人和儿童中都有发生,特别是对处于生长阶段的儿童更为敏感,是人体多种营养不良症中危害最严重的一种营养性疾病。人体蛋白质丢失超过20%时,生命活动就会被迫停止,这种情况见于贫穷和饥饿引起的人群和久病的恶病质病人。蛋白质缺乏的临床表现为疲倦、体重减轻、贫血、免疫和应激能力下降、血浆蛋白质下降,尤其是白蛋白降低,并出现营养性水肿。儿童易患蛋白质—能量营养不良(protein – energy malnutrition,PEM),一般分为消瘦型(marasmus)、水肿型(kwashiorkor)和混合型。消瘦型主要由能量严重不足所致,临床表现为消瘦、皮下脂肪消失、皮肤干燥松弛、体弱无力等患儿因感染其他疾病而死亡;水肿型是指能量摄入基本满足而蛋白质严重不足,以全身水肿为特点,主要表现为腹、腿部水肿,虚弱、表情淡漠、生长滞缓、头发变色变脆易脱落、易感染其他疾病等;混合型是指蛋白质和能量同时缺乏,临床表现为上述两型之混合症状。轻度蛋白质缺乏主要影响儿童的体格生长,导致低体重和生长发育迟缓;成年人蛋白质摄入不足同样可引起体力下降、浮肿、抗病力减弱等危害身体的影响。

蛋白质缺乏的原因主要由:

(1)膳食中蛋白质和热能供给不足,合成蛋白质需要的各种必需氨基酸和非必需氨基酸数量不足且比例不当。如果摄入热量不足,一部分蛋白质还必须转变为葡萄糖以供给能量,从而造成蛋白质的缺乏。饮食蛋白质缺乏常伴有总热能摄入不足。用高碳水化合物不合理地喂养婴儿,易造成营养不良和蛋白质缺乏。

(2)消化吸收不良。由于肠道疾病,影响食物的摄入和蛋白质的消化吸收,如慢性痢疾、肠结核、溃疡性结肠炎等肠道疾病,不但食欲减少,而且肠蠕动加速,阻碍营养物质吸收,造成蛋白质缺乏。

(3)蛋白质合成障碍。肝脏是合成蛋白质的重要器官,肝脏发生病变如肝硬化、肝癌、肝炎等,会使肝脏合成蛋白质的能力下降,出现负氮平衡及低蛋白血症,成为腹水和浮肿的原因之一。

(4)蛋白质损失过多,分解过甚,如肾炎,可从尿中失去大量蛋白质,每日可达 10 ~ 20g,而体内合成的蛋白质难以补偿,形成腹水,是蛋白质损失严重。创伤、手术、甲状腺功能亢进等能加速组织蛋白质的分解、破坏,造成贫氮平衡。

蛋白质缺乏症的营养治疗原则是在找出病因基础上全面加强营养,尽快提高患者的营养水平,供给足够热能和优质蛋白质,补充维生素和矿物质;消化机能减退者则用流食,少食多餐,提高蛋白质营养水平。

2.蛋白质过量

有研究显示健康成人摄入 1.9～2.0g/(kg·d)蛋白质膳食一段时间,会产生胰岛素敏感性下降、尿钙排泄量增加、肾小球滤过率增加、血浆谷氨酸浓度下降等代谢变化。有人在猪的实验中发现与正常组(蛋白质供能比 15%)相比,摄入蛋白质供能 35% 的高蛋白膳食 8 个月后出现肾脏损害,表现为肾小球容积增大 60%～70%,组织性纤维化增加 55%,肾小球硬化增加 30%。

八、蛋白质的膳食参考摄入量及食物来源

营养状况调查结果表明,目前我国大部分人蛋白质的摄入量已达到或接近我国蛋白质的推荐摄入量标准,但这些蛋白质主要是来自植物性食物,蛋白质的质量较差。植物性蛋白质的消化率也不如动物性蛋白质高。所以人们的膳食中,最好能有一部分动物性蛋白质,如乳、蛋、鱼、瘦肉等食物的蛋白质。以谷类食品为主要蛋白质来源的饮食中,最好要补充一些豆类食品,动物蛋白质与植物蛋白质之比为 30∶70。一般地说,蛋白质供给体内的热量占总热量的 10%～15% 为好。

(一)蛋白质的参考摄入量

2000 年中国营养学会公布了中国居民膳食营养素参考摄入量(DRIs),其中包括推荐营养素摄入量(recommended nutrient intake,RNI),不再使用推荐的每日膳食中营养素供给量(RDA)。RNI 是健康个体膳食营养素摄入量的目标值,个体摄入量低于 RNI 不一定表明该个体未达到适宜状态。如果达到或超过 RNI,则可以认为该个体无摄入不足的危险。中国居民膳食蛋白质的推荐摄入量(RNI)见表 3－9。

表 3－9　中国居民膳食蛋白质推荐摄入量

年龄/岁	EAR/(g/d)		RNI/(g/d)	
	男	女	男	女
0～	—[a]	—	9(AI)	9(AI)
0.5～	15	15	20	20
1～	20	20	25	25
2～	20	20	25	25
3～	25	25	30	30
4～	25	25	30	30

续表

人群	EAR/(g/d)		RNI/(g/d)	
	男	女	男	女
5 ~	25	25	30	30
6 ~	25	25	35	35
7 ~	30	30	40	40
8 ~	30	30	40	40
9 ~	40	40	45	45
10 ~	40	40	50	50
11 ~	50	45	60	55
14 ~	60	50	75	60
18 ~	60	50	65	55
50 ~	60	50	65	55
65 ~	60	50	65	55
80 ~	60	50	65	55
孕妇(早)	—	+0[b]	—	+0
孕妇(中)	—	+10	—	+15
孕妇(晚)	—	+25	—	+30
乳母	—	+20	—	+25

注　a. 未制定参考值者用"—"表示;b."+"表示在同龄人群参考值基础上额外增加量。

(二)蛋白质的食物来源

蛋白质广泛存在于动植物性食物之中。蛋白质的动物性食物来源主要有各种肉类、乳类和蛋类等。肉类包括禽、畜和鱼的肌肉,新鲜肌肉中含蛋白质15% ~22%,是人体蛋白质的重要来源。乳类(牛乳)一般含蛋白质3.0% ~3.5%,是富含多种营养素的优质蛋白质食物来源,尤其是婴幼儿蛋白质的最佳来源。蛋类含蛋白质11% ~14%,是优质蛋白质的重要来源。蛋白质的植物性食物来源主要有大豆、谷类和花生等。豆类含有丰富的优质蛋白质,特别是大豆含蛋白质高达36% ~40%,是植物蛋白质中非常好的来源,且其保健功能也越来越被世界所认识。花生中也含有15% ~30%的蛋白质。谷类含蛋白质10%左右,蛋白质含量并不高,但在中国的膳食结构中,有50% ~60%的蛋白质是从粮谷类中获得的,所以在我国谷类是膳食中蛋白质的主要来源。为改善我国目前膳食蛋白质的供给,可考虑在谷类的基础上加上一定比例的动物性蛋白质和豆类蛋白质。常见食物蛋白质含量见表3 – 10。

表3-10 常见食物中蛋白质的含量(g/100g 可食部)

食物	蛋白质含量	食物	蛋白质含量
黄豆	35.0	羊肉(肥瘦)	19.0
奶酪(干酪)	25.7	鹅	17.9
绿豆	21.6	河蟹	17.5
猪肉(瘦)	20.3	草鱼	16.6
牛肉(肥瘦)	19.9	海参	16.5
鸡(平均)	19.3	河虾	16.4
鸭(平均)	15.5	豆腐(平均)	8.1
鸡蛋(平均)	13.3	粳米(标一)	7.7
猪肉(肥瘦)	13.2	籼米(标一)	7.7
核桃(鲜)	12.8	玉米(鲜)	4.0
鸭蛋	12.6	牛奶(平均)	3.0
鹅蛋	11.1	酸奶(平均)	2.5
小麦粉(富强粉,特一粉)	10.3	香菇	2.2
小米	9.0	梨(平均)	0.4
面包(平均)	8.3	苹果(平均)	0.2

第二节 脂类

脂类是人体需要的重要营养素之一,一般按结构分为脂肪(fat)和类脂(lipoid)两类。脂肪在膳食中提供的能量,约占每日总能量摄入的 20% ~30%。脂类还是细胞膜、神经髓鞘等人体细胞组织的组成成分,具有重要的生理功能。营养学上重要的脂类主要有甘油三酯、磷脂和固醇类物质。食物中的脂类95%是甘油三酯,5%是其他脂类。人体贮存的脂类中甘油三酯高达99%。

一、脂类的分类及代谢

(一)脂类的分类

1.脂肪

脂肪又称甘油三酯(triglyceride,TG)、三酰甘油(triacylglycerol)或三酸甘油酯,每个脂肪分子是由三个分子脂肪酸和一个分子甘油通过酯键结合而成。在体内亦有少量被 2 个或 1 个脂肪酸酯化的甘油二酯或甘油一酯存在。

2.类脂

类脂是一种在某些理化性质上与脂肪相似的物质,种类很多,主要包括磷脂、糖脂、固醇类和脂蛋白物质。

（二）脂肪的分类

（1）按来源不同可将脂肪分为动物性脂肪、植物性脂肪和人造脂肪。

（2）按存在的部位可将脂肪分为体内脂肪和食物脂肪。

体内脂肪包括：①动脂，是指分布于机体某些特定部位的脂肪组织，如皮下、网膜、肠系膜、腹膜后、胸腔纵隔和胸腹浆膜下等处，其中尤以皮下脂肪组织为机体的最大脂肪库，其储脂量约占总体脂量的一半。②定脂，指体内分布和含量比较稳定的类脂。

食物脂肪包括：①可见脂肪，如油、脂；②不可见脂肪，如存在于谷类、蛋类、瘦肉等食品中的脂肪。

（3）运动学上以毛细血管的含量多少可将人体内的脂肪分为褐色脂肪和白色脂肪两类。人体的运动器官中主要分布的是褐色脂肪，在其他的部位主要是白色脂肪，褐色脂肪的主要功能是产热。

（三）脂类的转运与代谢

1.脂类的转运

无论是外源性还是内源性的甘油三酯均与载脂蛋白结合为脂蛋白复合体，经血液循环运输到其他组织利用或至脂肪组织储存。亲水的蛋白质和类脂（如磷脂）携带非极性的脂类在血液中运输，这一运输形式是由载脂蛋白、磷脂、胆固醇酯、胆固醇和三酰甘油所组成，称为血浆脂蛋白复合体，复合体中含甘油三酯多者密度低，少者密度高。

按照密度的大小可将血浆脂蛋白分为四类，即乳糜微粒、极低密度脂蛋白、低密度脂蛋白、和高密度脂蛋白。

（1）乳糜微粒：乳糜微粒（chylomicrons，CM）是运输外源性甘油三酯及胆固醇酯的主要形式，其中90%是甘油三酯，其余为磷脂、蛋白质和胆固醇，密度小于0.94g/mL。当血液经过脂肪组织、肝脏、肌肉的毛细血管时，经管壁脂蛋白脂酶的作用，乳糜微粒中的甘油三酯不断水解成脂肪酸和甘油，这些水解产物大部分进入细胞被利用或在细胞内重新合成脂肪而储存。乳糜微粒的血浆半衰期仅为5~15min，这一过程进行得很快，以至正常人空腹12~14h血浆几乎检不出乳糜微粒。

（2）极低密度脂蛋白：极低密度脂蛋白（very low density lipoprotion，VLDL）是内源性脂肪的主要运输形式，密度为0.94~1.06g/mL，主要由肝实质细胞合成，其主要成分也是甘油三酯，但磷脂和胆固醇的含量比乳糜微粒多，其甘油三酯依赖糖在肝细胞中转变，也可由脂库中脂肪动员的游离脂肪酸在肝细胞内重新合成。VLDL的半衰期为6~12h。

（3）低密度脂蛋白：低密度脂蛋白（low density lipoprotion，LDL）由极低密度脂蛋白转变而来，是内源性胆固醇（肝内合成）转运的主要形式，密度为1.019~1.063g/mL。与极低密度脂蛋白相比，低密度脂蛋白中胆固醇增多，甘油三酯显著下降。约50%的低密度脂蛋白在肝内降解；约2/3的低密度脂蛋白经受体途径被组织细胞所摄取，与溶酶体融合被水解；约1/3被巨噬细胞吞噬而清除。LDL的半衰期为2~4d。

（4）高密度脂蛋白：高密度脂蛋白（high density lipoprotion，HDL）是指乳糜微粒在肝脏或小肠内经脂蛋白脂酶作用分解甘油三酯后,其水解产物、表层的磷脂及游离胆固醇所形成双层脂类组成的颗粒。高密度脂蛋白可与肝细胞膜的高密度脂蛋白受体结合,被肝细胞摄取,在肝细胞降解,其中的胆固醇用于合成胆汁酸或直接通过胆汁排出体外。高密度脂蛋白从周围组织转运胆固醇尿到肝脏进行降解和代谢,防止胆固醇沉积在血管壁上,甚至已经沉积的胆固醇亦能由高密度脂蛋白予以转移。肝脏和小肠是高密度脂蛋白的主要降解部位,少量高密度脂蛋白亦可在肾脏、肾上腺、卵巢等器官内降解,其半衰期为3~5d。

2.脂类的合成代谢

机体摄入的糖、脂肪等食物均可以转化成机体自身的脂肪储存在脂肪组织中,以供进食、饥饿时的能量需要。三酰甘油是机体能量储存的形式。

肝脏、脂肪组织和小肠是脂肪合成的主要部位,以肝脏合成脂肪的能力最强。但肝脏没有贮存脂肪的能力,脂肪细胞则可以贮存大量的脂肪。三酰甘油在肝脏合成后,与载脂蛋白(apoB100、apoC 等)以及磷脂、胆固醇结合生成极低密度脂蛋白(VLDL)而分泌入血液,运输至肝外组织。如果合成的三酰甘油由于营养不良、中毒、缺乏必需脂肪酸、胆碱或蛋白质而不能形成 VLDL,那么三酰甘油就会在肝脏积累,形成脂肪肝,危害健康。

3.脂肪的分解代谢

储存在脂肪细胞中的脂肪,被脂肪酶水解为游离脂肪酸及甘油并释放入血以供其他组织氧化利用的过程,称为脂肪动员。脂肪细胞内的激素敏感性三酰甘油脂肪酶是脂肪分解的限速酶。经过一系列的脂解过程,脂肪被分解为甘油及游离脂肪酸释放入血。甘油溶于水,直接由血液运送至肝、肾、肠等组织,主要在肝甘油激酶的作用下,转变为 3 - 磷酸甘油,进入糖酵解途径进一步参与代谢。脂肪酸经活化成脂酰 CoA,在肉碱脂酰转移酶Ⅰ、Ⅱ等酶的作用下,脂酰 CoA 被转运入线粒体,进行脂肪酸的 β - 氧化,提供能量。

二、脂类的生理功能

(一)脂肪的生理功能

1.供给和储存能量

脂肪是食物中产生热能最高的一种营养素,每克脂肪在体内氧化可产生 37. 6kJ(9. 0kcal)热能,其发热量相当于碳水化合物和蛋白质的两倍多。因此,体内贮存的脂肪是人体的"能源库",当机体需要时可被动用,参加脂肪代谢和供给热能。另外,当人体摄入能量不能及时被利用或过多时,无论是蛋白质、脂肪还是碳水化合物,都是以脂肪的形式储存下来。

2.组成人体组织细胞的成分

脂肪占正常人体重的14% ~19% ,是构成体成分的重要物质。绝大多数脂类是以甘油三酯的形式存在于脂肪组织内,成为蓄积脂肪,多分布于腹腔、皮下和肌肉纤维之间,是体内过剩能量的一种储存方式,当机体需要时可用于机体代谢而释放能量。

类脂质是细胞结构的基本原料,特别是磷脂和固醇等。细胞膜具有由磷脂、糖脂和胆固醇组成的类脂,磷脂对生长发育非常重要,固醇是合成固醇类激素的重要物质。脂肪是器官和神经组织的防护性隔离层,具有保护和固定体内各种脏器以及关节等的作用。

3.提供必需脂肪酸

必需脂肪酸亚油酸和α-亚麻酸必须靠膳食提供,是组织细胞的组成成分,对线粒体和细胞膜特别重要,必需脂肪酸缺乏时,线粒体结构发生改变,皮肤细胞对水分的通透性增加,生长停滞,生殖机能发生障碍。

4.促进脂溶性维生素的吸收

脂肪是脂溶性维生素的良好载体,食物中脂溶性维生素与脂肪并存,脂肪可刺激胆汁分泌,协助脂溶性维生素吸收。膳食缺乏脂肪或脂肪吸收障碍时,会引起体内脂溶性维生素不足或缺乏。在许多植物油中含有丰富的维生素 E,如麦胚油、玉米油、豆油、芝麻油和菜籽油等。鱼肝油、奶油、蛋黄油中含有较多的维生素 A 和维生素 D。每日膳食中适量的脂肪,有利于脂溶性维生素的消化和吸收。另外,由于脂肪在食物的烹调加工过程中还可分布于食物表面,保护食物中的维生素等物质免于与氧接触而氧化,从而保护食物的营养价值。

5.维持体温、保护脏器

脂肪是热的不良导体,可阻止体热的散发,维持体温的恒定,在寒冷环境中有利于保持体温。此外,体脂在各器官周围像软垫一样,能防止和缓冲因震动而造成对脏器、组织、关节的损害,发挥对脏器的保护作用。皮下脂肪还可滋润皮肤,增加皮肤弹性,延缓皮肤衰老。

6.改善食物的感官性状

烹调油脂能赋予食物特殊的风味,改善食物的色、香、味等感官质量,引起食欲。同时脂肪由胃进入十二指肠时,可刺激产生肠抑胃素,使肠蠕动受到抑制,造成食物在胃中停留时间较长,消化吸收的速度相对缓慢,从而具有饱腹感。

(二)类脂的生理功能

1.维持生物膜的结构与功能

磷脂具有亲水端和疏水端,在水溶液中形成脂质双层结构,构成生物膜如细胞膜、内质网膜、线粒体膜、核膜、神经髓鞘膜的基本骨架。按质量计,生物膜含蛋白质约20%,含磷脂50%~70%,含胆固醇20%~30%。磷脂上的多不饱和脂肪酸赋予膜流动性,如卵磷脂是细胞膜的主要结构脂,也是体内胆碱的储存形式。鞘磷脂和鞘糖脂不仅是生物膜的主要组分,还参与细胞识别和信息传递。膜结构和功能改变,可导致线粒体肿胀、细胞膜通透性改变,引起湿疹、鳞屑样皮炎,膜的脆性增加而致红细胞破裂和溶血。

2.参与脑和神经组织的构成

磷脂是脑和神经组织的结构脂,约占脑组织干重的25%,神经髓鞘干重的97%也是脂类,其中11%为卵磷脂,5%为神经鞘磷脂。胆固醇作为神经纤维的重要绝缘体富含于神经髓鞘中,其生物学作用是防止神经冲动从一条神经纤维向其他神经纤维扩散,故是神经冲动定向传导的结构基础。

3.运输脂肪

磷脂和蛋白质结合形成脂蛋白,通过血液运输脂类至身体各组织器官利用。胆固醇与必需脂肪酸或其衍生物结合形成胆固醇酯,在体内运输代谢。如脂类及衍生物在体内运输发生障碍,则沉积于血管壁导致动脉粥样硬化。

4.合成维生素和激素的前体

胆固醇是体内合成维生素 D_3 及胆汁酸的前体,维生素 D_3 调节钙磷代谢,胆汁酸能乳化脂类使之与消化酶混合,是脂类和脂溶性维生素消化吸收的必需条件。胆固醇在体内还可以转化成多种激素,包括影响蛋白质、糖和脂类代谢的皮质醇,与水和电解质体内代谢有关的醛固酮,以及性激素睾酮和雌二醇。

三、脂肪酸

(一)脂肪酸的分类

脂肪酸是组成各种脂类的重要成分,它是由羧基(—COOH)与脂肪烃基(—R)连接而成的一元羧酸,通式为 RCOOH。在自然界中有七八十种不同的脂肪酸,其中,大多数是偶数碳原子的直链脂肪酸,奇数碳原子的脂肪酸不多,但由微生物产生的脂肪酸中有相当数量的奇数碳原子脂肪酸。不过,能被人体吸收、利用的却只有偶数碳原子的脂肪酸。

脂肪酸根据其碳链的长短(即链上所含碳原子数目)不同可分为短链脂肪酸(碳原子个数2~6)、中链脂肪酸(碳原子个数8~12)、长链脂肪酸(碳原子个数14个及以上);根据其空间结构,即氢在不饱和键的同侧或两侧,脂肪酸可分为顺式脂肪酸和反式脂肪酸,反式脂肪酸不是天然产物,是氢化脂肪产生的,如人造黄油,另外,脂肪酸根据其碳链中所含双键数目的多少还可分为饱和脂肪酸与不饱和脂肪酸。

(二)饱和脂肪酸

碳链不含双键的脂肪酸为饱和脂肪酸(saturated fatty acid,SFA)。含4~6个碳原子的脂肪酸通常是饱和脂肪酸。食物中常见的饱和脂肪酸见表3-11。

表3-11　食物中常见的饱和脂肪酸

符号	系统名称	俗名	脂肪来源
$C_{4:0}$	丁酸	酪酸	黄油
$C_{6:0}$	己酸	羊油酸	黄油

续表

符号	系统名称	俗名	脂肪来源
$C_{8:0}$	辛酸	羊脂酸	椰子油
$C_{10:0}$	癸酸	羊蜡酸	椰子油
$C_{12:0}$	十二(烷)酸	月桂酸	椰子油
$C_{14:0}$	十四(烷)酸	豆蔻酸	椰子油、黄油
$C_{16:0}$	十六(烷)酸	棕榈酸(软脂酸)	多数油脂
$C_{18:0}$	十八(烷)酸	硬脂酸	多数油脂
$C_{20:0}$	二十(烷)酸	花生酸	多数油脂
$C_{22:0}$	二十二(烷)酸	山嵛酸	猪油、花生油
$C_{24:0}$	二十四(烷)酸	木脂酸	花生油

注　表中符号栏内的阿拉伯数字代表饱和脂肪酸分子所含碳原子数,"0"代表不含双键。

在常温下,饱和脂肪酸中碳原子数小于10者为液态,称为低级饱和脂肪酸,且由于其分子量低,易于挥发,故又称为挥发性脂肪酸;碳原子数大于10者为固态,称为高级饱和脂肪酸或固体脂肪酸。并且随着分子中碳链的加长,饱和脂肪酸的熔点增高,而熔点越高,越不易被消化、吸收。

饱和脂肪酸多存在于动物脂肪中,其中以含有16~22个碳原子的饱和脂肪酸为多,尤其以棕榈酸和硬脂酸的含量更多。但是,鱼油中含亚油酸、二十碳五烯酸(EPA)、二十二碳六烯酸(DHA)等不饱和脂肪酸较多。

(三)不饱和脂肪酸

含有不饱和双键的脂肪酸称为不饱和脂肪酸(unsaturated fatty acid,UFA)。其中,双键的数目可达1~6个。食物中常见的不饱和脂肪酸见表3－12。

表3－12　食物中常见的不饱和脂肪酸

符号	系统名称	俗名	脂肪来源
$C_{14:1}$,n－5	9－十四碳烯酸	豆蔻油酸	黄油
$C_{16:1}$,n－7	9－十六碳烯酸	棕榈油酸	棕油
$C_{16:1}$,n－7	9－十六碳烯酸	反棕榈油酸	氢化植物油
$C_{18:1}$,n－9	9－十八碳烯酸	油酸	多数油脂
$C_{18:1}$,n－9	9－十八碳烯酸	反油酸	黄油牛脂
$C_{18:2}$,n－6	9,12－十八碳二烯酸	亚油酸	植物油
$C_{18:3}$,n－6	6,9,12－十八碳三烯酸	γ－亚麻酸	植物油
$C_{18:3}$,n－3	9,12,15－十八碳三烯酸	α－亚麻酸	植物油
$C_{20:4}$,n－6	5,8,11,14－二十碳四烯酸	花生四烯酸	植物油
$C_{20:5}$,n－3	5,8,11,14,17－二十碳五烯酸		鱼油
$C_{22:1}$,n－9	13－二十二碳烯酸	芥酸	菜籽油
$C_{22:6}$,n－3	4,7,10,13,16,19－二十二碳六烯酸		鱼油

在不饱和脂肪酸的分子中由于双键在碳原子上的位置不同以及双键的数目不同,因而其表示符号较为复杂。以亚油酸为例,其化学名称为 9,12 - 十八碳二烯酸,在此,9 和 12 表示脂肪酸所含的两个双键分别位于从脂肪酸的羧基端数起的第 9 和第 12 个碳原子上。亚油酸的表示符号为 $C_{18:2}$,n - 6,这里,18 表示碳原子数,2 表示双键数目,n - 6 表示距脂肪酸羧基最远的双键所在的从脂肪酸甲基端数起的碳原子数。

不饱和脂肪酸常分为单不饱和脂肪酸(即分子中含有一个双键,如油酸)和多不饱和脂肪酸(即分子中含两个和两个以上双键,如亚油酸、亚麻酸等)两大类。此外,不饱和脂肪酸也可按照距羧基最远的双键所在的从甲基端数起的碳原子数的不同,分为 n - 3,n - 6,n - 7 和 n - 9 系列(或称 ω - 3,ω - 6,ω - 7 和 ω - 9 系列)。例如,在上述不饱和脂肪酸中,油酸是最普通的单不饱和脂肪酸,属于 n - 9 系列;亚油酸是最普通,也是最重要的多不饱和脂肪酸,属于 n - 6 系列;α - 亚麻酸也是十分重要的多不饱和脂肪酸,属于 n - 3 系列。

1. 单不饱和脂肪酸(monounsaturated fatty acid,MUFA)

单不饱和脂肪酸碳链上仅含有一个不饱和双键。研究调查发现,在地中海地区的一些国家居民,其冠心病发病率和血胆固醇水平皆远低于欧美国家,但其每日摄入的脂肪量很高,供热比达 40%。究其原因,主要是该地区居民以橄榄油为主要食用油脂,而橄榄油富含单不饱和脂肪酸(MUPA),由此引起了人们对单不饱和脂肪酸的重视。食用油脂中所含单不饱和脂肪酸主要为油酸,如茶油和橄榄油中油酸含量达 80% 以上,棕榈油中含量也较高,在 40% 以上。

据多数研究报道,单不饱和脂肪酸降低血胆固醇、甘油三酯和低密度脂蛋白胆固醇(LDL - C)的作用与多不饱和脂肪酸相近,但大量摄入亚油酸在降低 LDL - C 的同时,高密度脂蛋白胆固醇(HDL - C)也降低,而大量摄入油酸则无此种情况。同时单不饱和脂肪酸不具有多不饱和脂肪酸潜在的不良作用,如促进机体脂质过氧化、促进化学致癌作用和抑制机体的免疫功能等。所以在膳食中降低饱和脂肪酸的前提下,以单不饱和脂肪酸取代部分饱和脂肪酸有重要意义。

2. 多不饱和脂肪酸(polyunsaturated fatty acid,PUFA)

多不饱和脂肪酸碳链上仅含有两个或以上不饱和双键。n - 3、n - 6 和 n - 9 系列都有多不饱和脂肪酸(PUFA),但有重要生物学意义的是 n - 3 和 n - 6PUFA。其中的 α - 亚麻酸和亚油酸是人体必需脂肪酸,它们分别是 n - 3 和 n - 6 高不饱和脂肪酸的前体。20 世纪 30 年代以来对亚油酸降血脂等生物学功能研究甚多,但直至 20 世纪 80 年代始对 n - 3PUFA 引起重视,研究进展飞速。20 世纪 90 年代对 PUFA 在体内平衡的重要生理意义研究进展很快,并用于实践。

多不饱和脂肪酸的另一重要生理作用即形成类二十烷酸(eicosanoids)。20:3,n - 6、20:4,n - 6 和 20:5,n - 3 脂肪酸经环氧化酶和脂氧合酶的酶代谢作用可生成一系列的类二十烷酸。这些类二十烷酸为很多生化过程的重要调节剂,在协调细胞间生理的相互作用中起着重要作用。

　　不饱和脂肪酸对人体健康虽然有很多益处,但易产生脂质过氧化反应,因而产生自由基和活性氧等物质,对细胞和组织可造成一定的损伤,此外,n-3多不饱和脂肪酸还有抑制免疫功能的作用。因此在考虑脂肪需要量时,必须同时考虑饱和脂肪酸、多不饱和脂肪酸和单不饱和脂肪酸三者间的合适比例。

3.反式脂肪酸(trans fatty acid,TFA)

　　反式脂肪酸是含有反式非共轭双键结构的不饱和脂肪酸的总称,即双键上的氢原子连在碳原子两侧,碳链以直链形式构成空间结构,成为顺式脂肪酸的几何异构化分子。

　　反式脂肪酸多产生于油脂氢化、脱臭或精炼过程(经250℃以上高温处理),脂肪酸的一部分双键被氢化饱和,另一部分双键由顺式发生异构,转变为反式结构。如人造奶油含反式脂肪酸7%~18%,起酥油含量约10%,此外,反刍动物(如牛、羊)前胃中的微生物也能合成少量反式脂肪酸,因而反刍动物的脂肪(如牛脂、黄油等)及其乳制品中也存在少量反式脂肪酸。

(四)必需脂肪酸

　　人体除了从食物得到脂肪酸外,还能自身合成多种脂肪酸,但也有些脂肪酸人体不能自身合成。人体不能合成,但又是人体生命活动所必需的,必须由食物供给的多不饱和脂肪酸称为必需脂肪酸(essential fatty acid,EFA)。目前被确认的人体必需脂肪酸是亚油酸(linoleic acid,LA)和α-亚麻酸(α-linolenic acid,LA)。花生四烯酸(arachidonic acid)、二十碳五烯酸(EPA)、二十二碳六烯酸(DHA)等都是人体不可缺少的脂肪酸,但人体可以利用亚麻酸和α-亚麻酸来合成这些脂肪酸。由于在合成过程中存在竞争抑制作用,其在体内合成速度较慢,合成数量远不能满足机体生理需要,故仍需由食物供给。因而,亚油酸和α-亚麻酸是人体最重要的必需脂肪酸。

　　必需脂肪酸在人体内具有重要的生理功能:

　　(1)是组织细胞的组成成分。磷脂是细胞膜的主要结构成分,必需脂肪酸在体内参与磷脂合成,对线粒体和细胞膜的结构特别重要。

　　(2)和胆固醇的代谢有关。胆固醇与必需脂肪酸结合后,才能在体内正常转运和代谢。如果缺乏必需脂肪酸,胆固醇就和一些饱和脂肪酸结合,不能在体内进行正常转运和代谢,并可能在血管壁沉积,发展成动脉粥样硬化。亚油酸还能降低血中胆固醇,防止动脉粥样硬化。因此,必需脂肪酸在临床上可用于防止和治疗心血管疾病。

　　(3)是前列腺素在体内合成的原料。前列腺素存在于许多器官中,有着多种多样的生理功能,对心血管、呼吸系统、神经系统、胃肠道等都具有一定的调节功能。花生四烯酸是体内合成前列腺素的前体。

　　(4)维持正常视觉功能。亚麻酸可在体内转变成二十二碳六烯酸(DHA),DHA在视网膜光受体中含量丰富,是维持视紫红质正常功能的必需物质。

　　(5)保护皮肤免受射线损伤。对于X射线、高温等引起的一些皮肤损伤,必需脂肪酸有保护作用,可能是由于新生组织生长时需要亚油酸,受伤组织的修复过程也需要亚油酸。

（6）和精细胞发育有关。动物的精子形成也与必需脂肪酸有关,膳食中若长期缺乏必需脂肪酸,可使生殖力下降,出现不育症。

必需脂肪酸最好的食物来源是植物油类,特别是在棉籽油、大豆油、玉米油和芝麻油中含量丰富,菜籽油和茶油中的含量要比其他植物油少。动物油脂中的含量一般比植物油中的要低。一般认为必需脂肪酸应占每日膳食能量的 3% ~5% 。婴儿对必需脂肪酸的需求较成人迫切,对缺乏也较敏感。

（五）食物中的脂肪酸

天然食物中含有各种脂肪酸,多以甘油三酯的形式存在。一般来说,动物性脂肪如牛油、奶油和猪油比植物性脂肪含饱和脂肪酸多,椰子油主要由含 C_{12} 和 C_{14} 的饱和脂肪酸组成,仅含有 5% 的单不饱和脂肪酸和 1% ~2% 的多不饱和脂肪酸,但这种情况较少。总的来说,动物性脂肪一般含 40% ~60% 的饱和脂肪酸,30% ~50% 的单不饱和脂肪酸,多不饱和脂肪酸含量极少。相反,植物性脂肪含 10% ~20% 的饱和脂肪酸和 80% ~90% 的不饱和脂肪酸,而多数含多不饱和脂肪酸较多,也有少数含单不饱和脂肪酸较多,如茶油和橄榄油中油酸含量达 80% 以上,红花油含亚油酸 75% ,葵花籽油、豆油、玉米油中的亚油酸含量也达 50% 以上。但一般食用油中亚麻酸的含量很少。n-3 系列多不饱和脂肪酸由寒冷地区的水生植物合成,以这些食物为生的鱼类组织中含有大量的 n-3 系列多不饱和脂肪酸,如鲱鱼油和鲑鱼油富含二十碳五烯酸和二十二碳六烯酸。常用食用油脂中主要脂肪酸组成见表 3-13。

表 3-13 常用食用油脂中主要脂肪酸的组成(食物中脂肪总量的百分数)

食用油脂	饱和脂肪酸	不饱和脂肪酸			其他脂肪酸
		油酸	亚油酸	亚麻酸	
可可油	93	6	1		
椰子油	92	0	6	2	
菜籽油	13	20	16	9	42[①]
花生油	19	41	38	0.4	1
葵花子油	14	19	63	5	
豆油	16	22	52	7	3
芝麻油	15	38	46	0.3	1
玉米油	15	27	56	0.6	1
棕榈油	42	44	12		
猪油	43	44	9		3
牛油	62	29	2	1	7
羊油	57	33	3	2	3
黄油	56	32	4	1.3	4

① 主要为芥酸。

四、磷脂和胆固醇

(一)磷脂

磷脂不仅是生物膜的重要组成成分,而且对脂肪的吸收和运转以及储存脂肪酸,特别是不饱和脂肪酸起着重要作用。磷脂主要含于蛋黄、瘦肉、脑、肝和肾中,机体自身也能合成所需要的磷脂。磷脂按其组成结构可以分为两类:磷酸甘油酯和神经鞘磷脂。前者以甘油为基础,后者以神经鞘氨醇为基础。磷脂的缺乏会造成细胞膜结构受损,出现毛细血管的脆性增加和通透性增加,皮肤细胞对水的通透性增高引起水代谢紊乱,产生皮疹等。

1.磷酸甘油酯

红细胞膜的脂类约 40% 为磷脂,线粒体膜的脂类约 95% 为磷脂。磷酸甘油酯通过磷脂酶水解为甘油、脂肪酸、磷酸及含氮碱基物质。磷酸甘油酯的合成有两条途径:一为全程合成途径,是从葡萄糖起始经磷脂酸合成磷脂的整个途径。卵磷脂和脑磷脂主要经全程途径合成。另一个合成磷脂的途径称为磷脂酸途径或半程途径,这一途径是从糖代谢的中间产物磷脂酸开始的。磷脂酸途径主要是生成心磷脂和磷脂酰肌醇。

必需脂肪酸是合成磷脂的必要组分,缺乏时会引起肝细胞脂肪浸润。在大量进食胆固醇的情况下,由于胆固醇竞争性地与必需脂肪酸结合成胆固醇酯,从而影响了磷脂的合成,是诱发脂肪肝的原因之一。食物中缺乏卵磷脂、胆碱,或是甲基供体如蛋氨酸等,皆可引起脂肪肝。这是由于胆碱缺乏影响了肝细胞对卵磷脂的合成,而增加了甘油三酯的合成,因此促进了肝细胞的脂肪浸润。

2.神经鞘磷脂

神经鞘磷脂的分子结构中含有脂肪酰基、磷酸胆碱和神经鞘氨醇,但不含甘油。神经鞘氨醇是由软脂酰 CoA 和丝氨酸合成。神经鞘磷脂是膜结构的重要磷脂,它与卵磷脂并存于细胞膜外侧。神经髓鞘含脂类约为干重的 97% ,其中 11% 为卵磷脂,5% 为神经鞘磷脂。人红细胞膜的磷脂中 20% ~30% 为神经鞘磷脂。

3.食物中的磷脂

人体除自身能合成磷脂外,每天从食物中也可以得到一定量的磷脂,含磷脂丰富的食物有蛋黄、瘦肉、脑、肝、肾等动物内脏,尤其蛋黄含卵磷脂最多,达 9.4%。除动物性食物外,植物性食物以大豆中磷脂含量最丰富,磷脂含量可达 1.5% ~3.0% ,其他植物种子如向日葵子、亚麻籽、芝麻籽等也含有一定量。大豆磷脂在保护细胞膜、延缓衰老、降血脂、防治脂肪肝等方面具有良好效果。

(二)胆固醇

胆固醇是机体内主要的固醇物质,人体各组织中皆含有胆固醇,在细胞内只有线粒体膜及内质网膜中含量较少。胆固醇既是细胞膜的重要组分,又是类固醇激素、维生素 D_3 及胆汁酸的前体。人体每千克体重含胆固醇 2g。人们从每天膳食中可摄入 300 ~500mg 的外源性胆固醇,主要来自肉类、肝、内脏、脑、蛋黄和奶油等。食物中胆固醇酯不溶于水,不易与胆汁酸形成微胶粒,不利于吸收,必须经胰液分泌的胆固醇酯酶将其水解为游离胆固醇后,方能吸收。未被吸收的胆固醇在小肠下段被细菌转化为粪固醇,由粪便排出。

胆固醇除来自食物外,还可由人体组织合成。人体组织合成胆固醇主要部位是肝脏和小肠。此外,产生类固醇激素的内分泌腺体,如肾上腺皮质、睾丸和卵巢,也能合成胆固醇。胆固醇合成的全部反应都在胞质内进行,而所需的酶大多数是定位于内质网。

肝脏是胆固醇代谢的中心,合成胆固醇的能力很强,同时还有使胆固醇转化为胆汁酸的特殊作用,而且血浆胆固醇和多种脂蛋白所含的胆固醇的代谢皆与肝脏有密切的关系。人体每天可合成胆固醇 $1 \sim 1.2g$,而肝脏占合成量的 80%。

人体一般不易缺乏胆固醇。体内胆固醇水平与高脂血症、动脉粥样硬化、心脏病等有关。体内胆固醇水平的升高主要是内源性的,因此,在限制摄入胆固醇的同时,更要注意热能摄入平衡,预防内源胆固醇水平的升高。

五、食物脂类的营养价值评价

在营养学上,主要是通过脂肪的消化率、脂肪酸的种类与含量、脂溶性维生素的含量、脂类稳定性等四个方面对脂肪的营养价值进行评价。

(一)脂肪的消化率

食物脂肪的消化率与其熔点有密切关系,消化率与熔点成反比,熔点在 $50℃$ 以上的脂肪不易消化吸收,熔点接近体温或低于体温的脂肪消化率则较高。脂肪的消化率还与其所含不饱和脂肪酸有关,双键数目越多,消化率也就越高。如人体对动物脂肪的消化吸收较差,而对植物油的消化吸收较好;在畜肉中饱和脂肪酸含量多,而鱼油中不饱和脂肪酸多,因此鱼油的营养价值大于畜肉脂肪。

(二)脂肪酸的种类与含量

一般来说,不饱和脂肪酸含量较高的油脂,必需脂肪酸的含量也较高,营养价值相对较高。植物油中含不饱和脂肪酸的量要高于动物脂肪,因此植物脂肪的营养价值高。

(三)脂溶性维生素的含量

脂溶性维生素主要是维生素 A、维生素 D、维生素 E、维生素 K,一般认为脂溶性维生素含量高的脂肪,营养价值也高。维生素 E 和维生素 K 在动物脂肪中含量极少,肝脏中维生素 A 和维生素 D 含量丰富,特别是某些海产鱼的肝脏中含量更高,乳、蛋黄中维生素 A 和维生素 D 的含量亦较丰富,植物油中含有丰富的维生素 E,特别是谷类种子的胚油中维生素 E 更多。所以,这些食物脂肪的营养价值高。

(四)脂类稳定性

脂类稳定性的大小与不饱和脂肪酸和维生素 E 的含量有关。不饱和脂肪酸含有不稳定的双键,在有氧条件下,会被诱导发生连锁反应,生成过氧化物,进一步分解可产生二聚体以上的聚合物。氧化后的油脂不仅营养价值降低,而且还存在安全性问题。油脂自动氧化生成一些物质,对健康极为不利,而油脂中含有的维生素 E 有抗氧化作用,是天然的抗氧化剂,可防止脂类酸败。

结合以上评价指标,可见植物油消化率高,所含脂肪酸亦完全,亚油酸含量高,不含胆固醇,丰富的维生素 E 增加了多不饱和脂肪酸的稳定性,不易酸败,可用于预防高脂血症和冠心病。奶油的营养价值也高,不仅含有较多的维生素 A 和维生素 D,而且脂肪酸种类也较完全,其中大多是低级脂肪酸,消化率很高。猪油的消化率虽与奶油相等,但它不含有维生素,且其脂肪酸主要为油酸,故其营养价值与奶油相差很多。牛、羊脂肪则更差。

六、脂肪在食品加工中的变化

脂肪在食品加工中的变化,主要表现在食品的成型及风味特色上。同时,脂肪在食品加工过程中会发生一些不利于人体健康的变化,严重地影响了加工原料的营养价值。现就其主要变化分述如下。

(一)增加食品的色香味

利用食用油脂沸点高、良好的导热性及加热后容易得到相对稳定的温度等物理特性,可以使烹调速度加快,成菜时间缩短,让某些质地鲜嫩的原料在加热过程中减少水分及一些营养素损失。如用高温油炸肉块可以使肉表面温度很快达到115～120℃,肉表面的蛋白质迅速凝固,形成一层结实的膜,可以减少肉中可溶性物质(包括可溶性的营养素)流失,突出了原料原有的风味和香味,保持一定的形态和造型。

不同油脂具有不同的色泽。因为植物油中的大豆油、菜籽油含有叶黄素,奶油中含有胡萝卜素而带有微黄色。在烹制菜肴过程中,除油脂本身色泽对菜点的影响外,原料中的蛋白质、淀粉、糖类等物质受高温作用也可发生分解变色,使加工后的菜点具有一定的色泽,滋润光亮,可增进人们的食欲。一些动物油脂,如猪油在加热过程中不变色。

脂肪在受热、酸、碱、酶的作用下可以发生水解反应。在普通烹饪温度下,有部分脂肪在水中发生水解反应,生成脂肪酸和甘油,使汤汁具有肉香味,并且有利于人体的消化。当脂肪酸遇到料酒等调味品时,酒中的乙醇与脂肪酸发生酯化反应,生成具有芳香气味的酯类物质。

(二)脂肪在高温下的热分解

在高温下,脂肪先发生部分水解,生成甘油和脂肪酸。当温度升高到300℃以上时,分子间开始脱水,缩合成相对分子质量较大的醚型化合物。当油温达到350～360℃时,则可分解成酮类或醛类物质,同时生成多种形式的聚合物,如己二烯环状单聚体、二聚体、三聚体和多聚体,它们都有一定的毒性。

甘油在高温下脱水生成丙烯醛。丙烯醛是具有挥发性和强烈辛辣气味的物质,对人的鼻腔、眼黏膜有强烈的刺激作用。油在达到发烟点温度时,会冒出油烟,油烟中很重要的成分就是丙烯醛。长时间使用质量差的油炸食物,有较多的丙烯醛随同油烟一起冒出,应安排排烟设备。

油脂在高温条件下,脂溶性维生素和必须脂肪酸易被氧化破坏,使油脂的营养价值降低。因此,在使用油脂时,应尽量避免持续过高的温度。用于煎炸菜点的油脂,温度最好控制在 180～220℃,以减少有害物质的生成。对必须反复使用的油脂,应该随时加入适量的新油。对已变色变味的油脂,不能再使用。

(三)油脂的氧化酸败

油脂对空气中的氧极为敏感,尤其是不饱和脂肪酸,能自动氧化生成具有不良气味的醛类、酮类和低分子有机酸类,这些物质是油脂哈喇味的主要来源。有人用氧化酸败的油脂食物喂大鼠,结果大鼠生长缓慢、生长停止或死亡。

由于不饱和脂肪酸的氧化分解,油脂中的必需脂肪酸和脂溶性维生素也遭到不同程度的破坏。因此氧化酸败的油脂营养价值降低,并且产生对人体健康有害的物质,不能食用。

(四)油脂的氢化

氢化主要是脂肪酸组成成分的变化。这包括脂肪酸饱和程度的增加(双键加氢)和不饱和脂肪酸的异构化。

氢化可使液体植物油变成固态脂肪,但是很少使氢化进行到完全阶段,因为完全氢化的脂肪熔点很高,消化吸收率低。氢化时,脂肪酸倾向于按其不饱和程度的高低递降,例如三烯酸类先于二烯酸类氢化,二烯酸类又先于单烯酸类氢化。至于异构化作用,除了可形成大量位置异构体外,尚可有天然的顺式不饱和脂肪酸向反式不饱和脂肪酸转变。脂肪组分的改变则可由加工者用不同的催化剂和氢化条件来控制,以便达到所需脂肪的物理性质和稳定性。这些氢化脂肪可用于人造黄油、起酥油、增香巧克力糖衣和油炸用油。许多人造黄油含 20%～40% 的反式脂肪酸。

关于反式脂肪酸的营养问题,研究报告较少,但多集中于其与冠心病等之间的关系问题上。国外有学者曾用反式脂肪酸喂猪,表明摄食反式脂肪酸与产生动脉粥样硬化有关。但是,随后的研究表明这主要与脂肪含量太高和缺乏必需氨基酸有关。因为当增加蛋白质的比例和补充必需氨基酸后未能证实反式脂肪酸与猪的动脉硬化有关。目前认为反式脂肪酸相当于膳食中的饱和脂肪酸。

七、脂肪的参考摄入量及食物来源

(一)脂肪的参考摄入量

一般认为,在人类合理膳食中,人所需热量的 20%～30% 应由脂肪供给。推荐成人为 20%～30%,儿童、青少年为 25%～30%。必需脂肪酸则占总热量的 2%,饱和脂肪酸 (SFA)、单不饱和脂肪酸(MUFA)和多不饱和脂肪酸(PUFA)之间的比例以 1:1:1 为宜。中国营养学会修订的《中国居民膳食营养素参考摄入量 2013 版》,结合我国膳食结构的实际,提出我国居民各年龄阶段脂肪适宜摄入量(AI)和可接受范围(U－AMDR),见表 3－14。

表 3 – 14　中国居民膳食脂肪和脂肪酸参考摄入量（AI）和可接受范围（U – AMDR）

年龄/岁	总脂肪 AMDR /%E	饱和脂肪酸 U – AMDR /%E	亚油酸 AI /%E	n – 6 多不饱和脂肪酸 AMDR /%E	α – 亚麻酸 AI/%E	n – 3 多不饱和脂肪酸 AMDR/%E	EPA + DHA/（g/d） AI/mg	EPA + DHA/（g/d） AMDR/g
0 ~	48（AI）	—	7.3（ARA150mg）	—	0.87	—	100（DHA）	—
0.5 ~	40（AI）	—	6.0	—	0.66	—	100（DHA）	—
1 ~	35（AI）	—	4.0	—	0.60	—	100（DHA）	—
4 ~	20 ~ 30	<8	4.0	—	0.60	—	—	—
7 ~	20 ~ 30	<8	4.0	—	0.60	—	—	—
11 ~	20 ~ 30	<8	4.0	—	0.60	—	—	—
14 ~	20 ~ 30	<8	4.0	—	0.60	—	—	—
18 ~	20 ~ 30	<10	4.0	2.5 ~ 9	0.60	0.5 ~ 2.0	—	0.25 ~ 2.0
50 ~	20 ~ 30	<10	4.0	2.5 ~ 9	0.60	0.5 ~ 2.0	—	0.25 ~ 2.0
65 ~	20 ~ 30	<10	4.0	2.5 ~ 9	0.60	0.5 ~ 2.0	—	—
80 ~	20 ~ 30	<10	4.0	2.5 ~ 9	0.60	0.5 ~ 2.0	—	—
孕妇（早）	20 ~ 30	<10	4.0	2.5 ~ 9	0.60	0.5 ~ 2.0	250（DHA200）	—
孕妇（中）	20 ~ 30	<10	4.0	2.5 ~ 9	0.60	0.5 ~ 2.0	250（DHA200）	—
孕妇（晚）	20 ~ 30	<10	4.0	2.5 ~ 9	0.60	0.5 ~ 2.0	250（DHA200）	—
乳母	20 ~ 30	<10	4.0	2.5 ~ 9	0.60	0.5 ~ 2.0	250（DHA200）	—

注　未制定参考值者用"—"表示；%E 为占能量的百分比。

（二）脂肪的食物来源

膳食中脂肪主要来源于食用油脂、动物性食物和坚果类。食用油脂中含有约100%的脂肪,日常膳食中的植物油主要有豆油、花生油、菜籽油、芝麻油、玉米油、棉籽油等,主要含不饱和脂肪酸,并且是人体必需脂肪酸的良好来源。动物性食物中以畜肉类脂肪含量最为丰富,在水产品、奶油等中也较多,动物脂肪含饱和脂肪酸和单不饱和脂肪酸多,多不饱和脂肪酸含量较少。猪肉脂肪含量在30% ~ 90%之间,但不同部位中的含量差异很大,只在腿肉和瘦猪肉中脂肪含量较少,约10%。牛肉、羊肉中脂肪含量要比猪肉低很多,如瘦牛肉中脂肪含量仅为2% ~ 5%,瘦羊肉中多数只有2% ~ 4%。动物内脏除大肠外脂肪含量皆较低,但胆固醇的含量较高。禽肉一般含脂肪量较低,大多在10%以下。鱼类脂肪含量也基本低于10%,多数在5%左右,且其脂肪含不饱和脂肪酸多。蛋类以蛋黄中含脂肪量高,约为30%,但胆固醇的含量也高,全蛋中的脂肪含量仅为10%左右,其组成以单不饱和脂肪酸为多。

除动物性食物外,植物性食物中以坚果类（如花生、核桃、瓜子、榛子、葵花籽等）脂肪含量较高,最高可达50%以上,不过其脂肪的组成大多以亚油酸为主,所以是多不饱和脂肪酸的重要来源。

另外,含磷脂丰富的食品有蛋黄、瘦肉、脑、肝脏、大豆、麦胚和花生等。含胆固醇丰富的食物是动物的内脏、脑、蟹黄和蛋黄,肉类和乳类中也含有一定量的胆固醇。常见食物中脂肪含量见表3-15。

表3-15　常见食物中脂肪含量(g/100g 可食部)

食物	含量	食物	含量	食物	含量
黄油	98.0	芝麻酱	52.7	牛肉干	40.0
奶油	97.0	酱汁肉	50.4	维生素饼干	39.7
酥油	94.4	腊肉(生)	48.8	北京烤鸭	38.4
猪肉(肥)	88.6	马铃薯片(油炸)	48.4	猪肉(肥瘦)	37.0
松子仁	70.6	腊肠	48.3	鸡蛋粉(全蛋粉)	36.2
猪肉(猪脖)	60.5	羊肉干	46.7	咸肉	36.0
猪肉(肋条肉)	59.0	奶皮子	42.9	肉鸡(肥)	35.4
核桃干(胡桃)	58.8	炸素虾	44.4	鸭蛋黄	33.8
鸡蛋黄粉	55.1	香肠	40.7	春卷	33.7
花生酱	53.0	巧克力	4.01	麻花	31.5

第三节　碳水化合物

碳水化合物(carbohydrate,CHO)也称糖类,是由碳、氢、氧三种元素组成的一类多羟基醛或多羟基酮类化合物,绝大多数糖分子中的氢和氧原子数之比为2:1,刚好与水分子中氢和氧原子数的比例相同,过去误认为此类物质是碳和水的化合物,所以称为"碳水化合物",包括一些具有甜味的糖质及具有糖类性质的化合物。碳水化合物是广泛存在于生物体内的有机成分,它们在自然界中构成植物骨架并作为能源贮备,对人体具有广泛的生理作用。

一、碳水化合物的分类

1998 年,WHO/FAO 按照碳水化合物的聚合度(degree of polymerization,DP)将其分为糖、寡糖、多糖三类。根据碳水化合物的结构膳食中主要碳水化合物分类见表3-16。

表3-16　主要的膳食碳水化合物

分类(DP)	亚组	组成
糖(1~2)	单糖	葡萄糖、果糖、半乳糖
	双塘	蔗糖、乳糖、麦芽糖、海藻糖
	糖醇	山梨醇、甘露糖醇

续表

分类(DP)	亚组	组成
寡糖(3~9)	异麦芽低聚寡糖	麦芽糊精
	其他寡糖	棉籽糖、水苏糖、低聚果糖
多糖(≥10)	淀粉	直链淀粉、支链淀粉、变性淀粉
	非淀粉多糖	纤维素、半纤维素、果胶、亲水胶质物

（一）糖

糖(sugar)是指聚合度为 1~2 的碳水化合物,包括单糖、双糖和糖醇。

1.单糖

单糖是结构最简单的碳水化合物,分为醛糖和酮糖。醛糖从形式上可看成是由甘油醛衍生的多羟基醛,而酮糖是二羟基丙酮的碳链中嵌入—CHOH 单位所衍生的多羟基酮。常见的单糖有 D-葡萄糖、D-半乳糖 、D-果糖等。

2.双糖

双糖是由两个相同或不相同的单糖分子上的羟基脱水生成的糖苷。自然界最常见的双糖是蔗糖及乳糖。此外还有麦芽糖、海藻糖、异麦芽糖、纤维二糖、壳二糖等。

3.糖醇

糖醇是糖的衍生物,食品工业中常用其代替蔗糖作甜味剂使用,在营养上亦有其独特的作用。常见的糖醇有山梨糖醇、木糖醇、麦芽糖醇等。

（二）寡糖

寡糖(oligosaccharide)又称低聚糖。FAO 根据专家建议,是由 3~9 个单糖分子通过糖苷键构成的聚合物。目前已知的几种重要寡糖有棉籽糖、水苏糖、异麦芽低聚糖、低聚果糖、低聚甘露糖、大豆低聚糖等。其甜度通常只有蔗糖的30%~60%。

（三）多糖

多糖是由 10 个或 10 个以上单糖分子脱水缩合并通过糖苷键彼此连接而成的高分子聚合物。多糖在性质上与单糖和低聚糖不同,一般不溶于水,无甜味,不形成结晶,无还原性。在酶或酸的作用下,水解成单糖残基数不等的片段,最后成为单糖。多糖是重要的能量储存形式(如淀粉和糖原等),也是细胞骨架类物质(如植物的纤维素和动物几丁聚糖等)。按照其组成和消化性能,多糖可分为淀粉和非淀粉多糖。

1.淀粉

淀粉由葡萄糖聚合而成,因聚合方式不同分为直链淀粉和支链淀粉。直链淀粉遇碘产生蓝色反应,易"老化",形成难消化的抗性淀粉;支链淀粉遇碘产生棕色反应,易糊化,糊化后的淀粉消化吸收率显著提高。

糖原是多聚 D-葡萄糖,几乎全部存在于动物组织,故又称动物淀粉。人体吸收的葡萄糖,约有20%是以糖原的形式贮存在人体中,是人体储存碳水化合物的主要形式。人体内的糖原约有1/3存在于肝脏,2/3存在于肌肉中,肝脏中储存的糖原可维持正常的血糖浓度,肌肉中的糖原可提供肌肉运动所需要的能量,尤其是高强度和持久运动时的能量需要。动物性食物中糖原含量很少,因此它不是有意义的碳水化合物的食物来源。

2.非淀粉多糖

80%～90%的非淀粉多糖由植物细胞壁成分组成,包括纤维素、半纤维素、果胶等,是膳食纤维的主要组成成分。其他是非细胞壁物质如植物胶质、海藻胶类等。

3.其他多糖

植物和菌类细胞代谢产生的聚合度超过10个糖苷键的多糖有多种,也是近年来广泛研究的重点。根据食物来源可分为真菌多糖、人参多糖、枸杞多糖、香菇多糖、甘薯多糖、银杏多糖等,目前已有300多种多糖化合物从天然植物中被分离出来。

二、碳水化合物的代谢

碳水化合物在体内分解过程中,首先经糖酵解途径降解为丙酮酸,在无氧情况下,丙酮酸在胞质内还原为乳酸,这一过程称为碳水化合物的无氧氧化。由于缺氧时葡萄糖降解为乳酸的情况与酵母菌内葡萄糖"发酵"生成乙酸的过程相似,因而碳水化合物的无氧分解也称为"糖酵解"。在有氧的情况下,丙酮酸进入线粒体,氧化脱羧后进入三羧酸循环,最终被彻底氧化成二氧化碳及水,这个过程称为碳水化合物的有氧氧化。

(一)无氧分解

1.糖酵解过程

由于葡萄糖降解到丙酮酸阶段的反应过程对于有氧氧化和糖酵解是共同的,因此把葡萄糖降解成丙酮酸阶段的具体反应过程单独地称为糖酵解途径。整个过程可分为两个阶段。第一阶段由1分子葡萄糖转变为2分子磷酸丙糖,第二阶段由磷酸丙糖生成丙酮酸。第一阶段反应是一个耗能过程,消耗2分子ATP;第二阶段反应是产能过程,1分子葡萄糖可生成4分子的ATP,整个过程净生成2分子ATP。

2.糖酵解作用的生理意义

糖酵解产生的可利用能量虽然有限,但在某些特殊情况下具有重要的生理意义。例如重体力劳动或剧烈运动时,肌肉可因氧供应不足处于严重相对缺氧状态,这时需要通过糖酵解作用补充急需的能量。

(二)有氧氧化

葡萄糖的有氧氧化反应过程可归纳为三个阶段:第一阶段是葡萄糖降解为丙酮酸,此阶段的化学反应与糖酵解途径完全相同。第二阶段是丙酮酸转变成乙酰CoA。第三阶段是乙酰CoA进入三羧酸循环被彻底氧化成CO_2和H_2O,并释放出能量。

三羧酸循环由一连串的反应组成。这些反应从有4个碳原子的草酰乙酸与2个碳原子的乙酰CoA的乙酰基缩合成6个碳原子的柠檬酸开始,反复地脱氢氧化。通过三羧酸循环,葡萄糖被完全彻底分解。

糖有氧氧化的生理意义:有氧氧化是机体获取能量的主要方式。1 分子葡萄糖彻底氧化可净生成 36～38 个 ATP,是无氧酵解生成量的 18～19 倍。有氧氧化不但释放能量的效率高,而且逐步释放的能量储存于 ATP 分子中,因此能量的利用率也很高。

糖的氧化过程中生成的 CO_2 并非都是代谢废物,有相当部分被固定于体内某些物质上,进行许多重要物质的合成代谢。例如在丙酮酸羧化酶及其辅酶生物素的催化下,丙酮酸分子可以固定 CO_2 生成草酰乙酸。其他一些重要物质,如嘌呤、嘧啶、脂肪酸、尿素等化合物的合成,均需以 CO_2 作为必不可少的原料之一。

有氧氧化过程中的多种中间产物可以使糖、脂类、蛋白质及其他许多物质发生广泛的代谢联系和互变。例如有氧氧化第一阶段生成的磷酸丙糖可转变成 α-磷酸甘油;第二阶段生成的乙酰 CoA 可以合成脂肪酸,二者可进一步合成脂肪。有氧氧化反应过程中生成的丙酮酸、脂酰 CoA、α-酮戊二酸、草酰乙酸,通过氨基酸的转氨基作用或联合脱氨基的逆行,可分别生成丙氨酸、谷氨酸及天冬氨酸,这些氨基酸又可转变成为其他多种非必需氨基酸,合成各种蛋白质。

三、碳水化合物的生理功能

(一)供能储能

碳水化合物的主要功能是供给能量,维持人体健康所需要的能量中,55%～65% 由碳水化合物提供。碳水化合物来源广泛、耐贮存,在体内消化、吸收、利用较其他热源物质迅速而且完全,即使在缺氧的条件下,仍能通过糖酵解作用,为机体提供部分能量。它不但是肌肉活动时最有效的燃料,而且是心脏、脑、红细胞和白细胞必不可少的能量来源。人体内作为能量的碳水化合物主要是葡萄糖和糖原。葡萄糖是碳水化合物在体内的运输形式,1g 葡萄糖在体内完全氧化分解可释放能量 16.7kJ(4.0kcal);糖原是碳水化合物在体内的储存形式,在肝脏和肌肉中含量最多。胰岛素是机体促进糖原合成的主要激素,胰岛素信号途径在促进肌糖原合成中起着重要调节作用。

(二)构成组织及重要生命物质

碳水化合物是构成机体组织并参与细胞的组成和多种活动的重要物质。碳水化合物是机体重要的构成成分之一,如结缔组织中的黏蛋白、神经组织中的糖脂及细胞膜表面具有信息传递功能的糖蛋白,另外在核糖核酸和脱氧核糖核酸这两种重要生命物质中也含有大量的核糖,在遗传中起着重要的作用。在每个细胞中都有碳水化合物,其含量为 2%～10%,主要以糖脂、糖蛋白和蛋白多糖的形式存在。一些具有重要生理功能的物质,如抗体、酶和激素的组成成分,也需碳水化合物参与。

(三)节约蛋白质作用

机体需要的能量,主要由碳水化合物提供,当膳食中碳水化合物供应不足时,机体为了满足自身对葡萄糖的需要,则通过糖原异生作用产生葡萄糖。由于脂肪一般不能转变成葡萄糖,所以主要是动用体内的蛋白质,甚至是器官中的蛋白质,如肌肉、肝、肾、心脏中的蛋白质,对人体及各器官造成损害。食物中供给充足的碳水化合物则可免于过多蛋白质作为机体的能量来源的消耗,使蛋白质用于最适宜发挥其特有生理功能的地方,碳水化合物的这种作用称为节约蛋白质作用(也称为蛋白质的保护作用)。

(四)抗生酮作用

脂肪在体内彻底被代谢分解需要碳水化合物的协同作用,碳水化合物代谢过程中产生的草酰乙酸为脂肪的正常代谢所必需,脂肪酸被分解所产生的乙酰基必须与草酰乙酸结合进入三羧酸循环,最终被彻底氧化和分解产生能量。当膳食中碳水化合物供应不足时,草酰乙酸的供应则相应减少,而体内脂肪或食物中的脂肪被动员并加速分解为脂肪酸来供应能量,在这一代谢过程中,由于草酰乙酸的不足使脂肪酸不能被彻底氧化而会产生酮体。尽管肌肉和其他组织可利用酮体产生能量,但体内过多的酮体会影响机体的酸碱平衡,以致产生酮血症和酮尿症,而膳食中供给充足的碳水化合物就可以起到抗生酮作用。人体每天至少需要 50 ~ 100g 的碳水化合物才可防止酮血症的产生。

(五)解毒功能

经糖醛酸途径生成的葡萄糖醛酸,是体内一种重要的结合解毒方式,葡萄糖醛酸在肝脏能与许多有害物质如细菌毒素、酒精、砷等结合,以消除或减轻这些物质的毒性或生物活性,从而起到解毒作用。

(六)增强肠道功能

非淀粉多糖类如纤维素、果胶、抗性淀粉、功能性低聚糖等抗消化的碳水化合物,不能在小肠消化吸收,能刺激肠道蠕动,保持水分,增加结肠发酵和粪便容积,促进短链脂肪酸生成和肠道菌群增值。

(七)改善感官品质

食糖是食品烹调加工不可缺少的原料。另外,利用碳水化合物的各种性质,可以加工出色、香、味、形各异的多种食品。例如:糖和氨基化合物(氨基酸、肽和蛋白质)可以发生美拉德反应,反应的结果使食品具有特殊的色泽和香味,如面包表面的金黄色和香气。

四、碳水化合物在食品加工中的变化

碳水化合物中的淀粉、蔗糖、麦芽糖等不仅是植物性食物的主要营养成分,也是食品中的重要辅料,它们对食品的消化吸收及风味特色有着十分重要的作用。

(一)淀粉在食品加工中的变化

淀粉是人体所需碳水化合物的主要来源,它提供的热能占人体所需总能量的55% ~ 65%。淀粉也是制作面条、糕点、面包、凉粉的原料,而且还是烹饪中的挂糊、上浆、勾芡的主要原料。

淀粉中的直链淀粉能够在热水中分散成胶体溶液,而支链淀粉易分散于冷水中,在热水中只能膨胀,却不溶解。当把淀粉混在水中加热,到达一定温度时(一般在55℃以上),淀粉吸水膨胀,因膨胀后的体积达到原来体积的数百倍之大,所以淀粉悬浮液就变成黏稠的胶体溶液,这种现象称为淀粉的糊化。淀粉粒突然膨胀的温度称为糊化开始温度,所有淀粉粒全部膨胀的温度称为糊化完成温度。淀粉糊化的本质是高能量的热和水破坏了淀粉分子内部彼此间氢键结合,使分子混乱度增大。淀粉糊化后,继续加热膨胀到极限的淀粉颗粒开始破碎支解,最终生成胶状分散物,糊黏度也升至最高值。

糊化淀粉(α-淀粉)在室温下冷却就会变成凝胶体,好像冷凝的果胶或动物胶溶液,这种现象称为淀粉的回生或老化,这种淀粉称为回生淀粉(β-淀粉)。α-淀粉在高温下喷雾干燥可长期保存,成为方便食品,如其加水,可得到完全糊化的淀粉。淀粉糊化以后变得易于消化,但老化后又难于消化,利用淀粉加热糊化,冷却又老化的特点可制作出粉皮、粉丝等。

烹调中淀粉虽然不像其他调味原料那样具有调味作用,但能增加菜肴的鲜嫩,提高菜肴的滋味,对菜肴的色、香、味、形都有很大作用。

常用的炸、熘、炒等烹调方法,大多使用旺火热油。鸡、鱼、肉等原料如果不经挂糊、上浆,在旺火热油中,水分会很快蒸发,原料中香味、营养成分也随水分外溢,质地变老。原料若用淀粉挂糊、上浆,受热后立即凝成一层薄膜,使原料不直接与高温接触,油不易浸入原料内部,水也不易蒸发,不仅能保持原料原有的质地,而且表面色泽光润,形态饱满。

(二)蔗糖在食品加工中的变化

蔗糖本身为无色晶体,加热150℃即开始熔化,继续加热就形成一种黏稠微黄色的熔化物。烹调中菜肴挂霜就是利用这一特性,菜肴拔丝也是利用加热时物理特性的变化。

当加热温度超过其熔点时或在碱性条件下,糖便被分解产生5-羟甲基糠醛及黑腐质,而影响到糖类的营养作用。5-羟甲基糠醛和黑腐质使糖的颜色加深,吸湿性增强,也使糖具有诱人的焦香味。当加热到125℃时,分解产物不多,继续加热,产物分解速度加快,当加热到160℃时,糖分子迅速脱水缩合,形成一种可溶于水的黑色分解产物和一类裂解产物,同时引起酸度增高和色度加深。因此,在高温下长时间熬糖,会使糖的颜色变暗,质量下降。黑腐质主要影响糖的色泽和吸湿性,而5-羟甲基糠醛会促使糖反砂。

在焙烤、油炸食品中,焦糖化作用必须控制得当,才能使食物有悦人的色泽和风味。

当蔗糖或其他碳水化合物与含有蛋白质等氨基化合物的食品一起加热时,特别是当温度过高时,则发生美拉德反应。如果再继续加热,则可发生炭化,具有苦味。

烹调中加糖,除了能增加菜的风味以外,还可以增加菜肴色泽,改变菜肴质地,增加食欲。在腌肉中加糖,能使肉中胶原蛋白膨胀,使肉组织柔嫩多汁。

(三)麦芽糖(饴糖)在食品加工中的变化

麦芽糖在酸和酶的作用下可发生水解反应生成2分子葡萄糖。由于麦芽糖不含果糖,故在味感上没有蔗糖甜,目前低糖食品都用它做甜味料。另外,麦芽糖在温度升高时,分子相碰没有蔗糖那么剧烈,它的颜色由浅黄→红黄→酱红→焦黑。烹调中利用麦芽糖的这一特性给烤鸭上颜色,等到鸭皮色呈酱红时,鸭子正好成熟。由于饴糖中的胶体不易损失,如一旦失去水分,麦芽糖的糖皮较厚,增加了烤鸭皮质的酥脆程度。同时,由于麦芽糖分子中不含果糖,烤制后食物的相对吸湿性较差,脆度更好。因此,麦芽糖为烤制肉食品的理想上色糖浆。

(四)其他碳水化合物在烹调加工中的变化

纤维素包围在谷类和豆类外层,它能妨碍体内消化酶与食物内营养素的接触,影响了营养素的吸收。但是如果食物经烹调加工后,食物的细胞结构发生变化,部分半纤维素变成可溶性状态,原果胶变成可溶性果胶,增加体内消化酶与植物性食物中营养素接触的机会,从而提高了营养物质的消化率。

蔬菜中的果胶质在加热时也可以吸收部分水分而变软,有利于蔬菜的消化吸收。

五、碳水化合物的参考摄入量及食物来源

(一)碳水化合物的膳食参考摄入量

人体对碳水化合物的需要量,常以可提供能量的百分比来表示。由于体内其他营养素可转变为碳水化合物,因此其需要量尚难确定。

在1988年,中国营养学会曾建议我国健康人群的碳水化合物供给量为总能量摄入的60%~70%。根据目前我国膳食碳水化合物的实际摄入量和FAO/WHO的建议,于2000年制订的中国居民膳食营养素参考摄入量中的碳水化合物适宜摄入量(AI)为占总能量的55%~65%。对碳水化合物的来源也做出要求,即应包括复合碳水化合物淀粉、不消化的抗性淀粉、非淀粉多糖和低聚糖等碳水化合物,限制纯能量食物如糖的摄入量(占总能量的10%以下),提倡摄入营养素/能量密度高的食物,以保障人体能量和营养素的需要及改善胃肠道环境和预防龋齿的需要。不同人群的膳食碳水化合物参考摄入量见表3-17。

表3-17 中国居民膳食碳水化合物参考摄入量

年龄/岁	总碳水化合物		糖*	
	EAR/(g/d)	AMDR/%E	AMDR/%E	AMDR/(g/d)
0~	—	60g(AI)	—	—
0.5~	—	85g(AI)	—	—
1~	120	50~65	—	—
4~	120	50~65	<10	<50
7~	120	50~65	<10	<50
11—	150	50~65	<10	<50
14~	150	50~65	<10	<50
18~	120	50~65	<10	<50
50~	120	50~65	<10	<50
65~	—	50~65	<10	<50
80~	—	50~65	<10	<50

续表

人群	总碳水化合物		糖 *	
	EAR/(g/d)	AMDR/%E	AMDR/%E	AMDR/(g/d)
孕妇(早)	130	50~65	<10	<50
孕妇(中)	130	50~65	<10	<50
孕妇(晚)	130	50~65	<10	<50
乳母	160	50~65	<10	<50

注　＊为外加的糖;未制定参考值者用"—"表示;E%为占能量的百分比。

(二)碳水化合物的食物来源

碳水化合物主要来源于植物性食物,如粮谷类、薯类和根茎类食物中都含有丰富的淀粉。粮谷类一般含碳水化合物60%~80%,薯类中含量为15%~29%,豆类中为40%~60%。单糖和双糖除一部分存在于水果、蔬菜等天然食物中外,绝大部分是以加工后的食物食用,其主要来源有甜味水果、蜂蜜、蔗糖、糖果、甜食、糕点和含糖饮料等。各种乳及乳制品中的乳糖是婴儿最重要的碳水化合物。膳食纤维含量丰富的食物主要是水果、蔬菜、豆类、坚果和各种谷类。

(三)食物的血糖生成指数

食物的血糖生成指数(glycemic index,GI)是指一个食物能够引起人体血糖升高多少的能力,被用来衡量食物中碳水化合物对血浆葡萄糖浓度的影响。一般定义为在一定时间内,人体食用含50g有价值的碳水化合物的食物与相当量的葡萄糖后,2h后体内血糖曲线下面积的百分比。

GI值高(GI>75)的食物进入胃肠后消化快、吸收率高,葡萄糖释放快,葡萄糖进入血液后峰值高,也就是血浆葡萄糖升的高;GI值低(GI<55)的食物在胃肠中停留时间长,吸收率低,葡萄糖释放缓慢,葡萄糖进入血液后的峰值低、下降速度也慢,简单说就是血浆葡萄糖比较低。食物血糖生成指数还受到很多因素的影响,如食物中碳水化合物的类型、结构、食物的化学成分和含量以及食物的物理状况和加工制作过程的影响。

食物的血糖生成指数不仅用于指导糖尿病患者选择食物和膳食管理,还被广泛应用于肥胖人群和高血压病人的膳食管理,控制体重,控制慢性病发病率。部分食物的血糖生成指数见表3-18。

表3-18　部分食物的血糖生成指数

食物	GI	食物	GI
葡萄糖	100	大米饭	83.2
蔗糖	65	大米粥	69.4
蜂蜜	73	面条(全麦粉,细)	37
巧克力	49	面条(小麦粉)	81.6

食物	GI	食物	GI
苹果	36	玉米(甜,煮)	55
樱桃	22	小米(煮)	71
菠萝	66	小米粥	61.5
香蕉	52	黄豆(浸泡,煮)	18
西瓜	72	燕麦麸	55
牛奶	27.6	荞麦(黄)	54
冰激凌	61	馒头(富强粉)	88.1
可乐饮料	40.3	面包(全麦粉)	69
爆玉米花	55	汉堡包	61
米饼	82	马铃薯	62
油条	74.9	马铃薯片(油炸)	60.3

第四章 微量营养素

第一节 矿物质

一、概述

人体几乎含有元素周期表中自然界的所有元素,目前人体已发现有20余种元素为构成人体组织、机体代谢、维持生理功能所必需的,称为必需元素,占人体重量的4%~5%。存在于人体内的各种元素中,除碳、氢、氧、氮主要以有机物的形式存在外,其余的各种元素无论其存在的形式如何,含量多少,统称之为矿物质(或无机盐)。矿物质与其他有机的营养物质不同,它们既不能在人体内合成,也不能在体内代谢过程中消失,除非排出体外。所以人体应不断地从各类食物中补充矿物质以满足机体的需要。

(一)矿物质的分类

根据矿物质在人体中的含量和人体对它们的需要量,可分为常量元素和微量元素两大类。

1.常量元素

常量元素是指人体内含量大于体重0.01%,每人每日需要量在100mg以上的矿物质,包括钙、磷、钾、钠、硫、氯、镁七种。

2.微量元素

微量元素又称痕量元素,是指人体内含量小于体重0.01%,每人每日需要量在100mg以下的矿物质。微量元素在体内存在的量极少,有的甚至只有痕量,即在组织中的浓度只能以mg/kg甚至μg/kg计。

1990年FAO/WHO的专家委员会,根据1973年以来的研究结果和认识,提出了人体必需微量元素的概念:①为人体内的生理活性物质、有机结构中的必需成分;②这种元素必须通过食物摄入,当从膳食中摄入的量减少到某一低限值时,即将导致某一种或某些重要生理功能的损伤。该专家委员会还将"必需微量元素"分为了三类:第一类为人体必需的微量元素,有铁(Fe)、碘(I)、锌(Zn)、硒(Se)、铜(Cu)、钼(Mo)、铬(Cr)、钴(Co)八种;第二类为人体可能必需的微量元素,为锰(Mn)、硅(Si)、镍(Ni)、硼(B)、钒(V)五种;第三类具有潜在毒性,但在低剂量时,对人体可能具有必需功能的微量元素,包括氟(F)、铅(Pb)、镉(Cd)、汞(Hg)、砷(As)、铝(Al)、锂(Li)、锡(Sn)。

(二)矿物质的特点

(1)矿物质在体内不能合成,必须从食物和饮水中摄取。由于新陈代谢的作用,每天都有一定数量的矿物质从各种途径排出体外,因而必须不断地通过膳食予以补充。

(2)矿物质在体内的分布极不均匀,同一元素在不同的机体组织、器官中的含量也有很大差异。例如钙和磷绝大部分在骨骼和牙齿等硬组织中,铁集中在红细胞,碘集中在甲状腺,钡集中在脂肪组织,钴集中在造血器官,锌集中在肌肉组织等。

(3)矿物质相互之间存在协同或拮抗作用。如膳食中钙和磷比例不合适可影响这两种元素的吸收,过量的镁会干扰钙的代谢,过量的锌会影响铜的代谢,过量的铜可抑制铁的吸收。

(4)某些微量元素在体内虽需要量很少,但其生理剂量与中毒剂量范围较窄,摄入过多易产生毒性作用。如硒容易因为摄入过量而引起中毒,对硒的强化应注意不宜用量过大。

(三)矿物质的生理功能

1.常量元素的生理功能

(1)构成人体组织的重要成分,如骨骼和牙齿等硬组织,大部分是由钙、磷和镁组成,而软组织含钾较多,蛋白质含有硫、磷等。

(2)在细胞内外液中与蛋白质一起调节细胞膜的通透性、控制水分流动、维持正常的渗透压和酸碱平衡,维持神经和肌肉兴奋性,如钾、钠、钙、镁等离子。

(3)构成酶的成分或激活酶的活性,参加物质代谢。如氯离子激活唾液淀粉酶,镁离子激活磷酸转移酶等。由于各种无机盐在人体新陈代谢中,每日都有一定量由各种途径如粪、尿、汗、头发、指甲、皮肤及黏膜的脱落等排出体外,因此必须通过膳食补充。对钙、磷、镁、钠、钾、氯6种常量元素,许多国家都制订有推荐摄入量(RNI)或适宜摄入量(AI)。

(4)参与血液凝固过程,如钙离子。

2.人体必需微量元素的生理功能

(1)酶和维生素必需的活性因子。许多金属酶含有微量元素,如碳酸酐酶含有锌,呼吸酶含铁和铜,精氨酸酶含有锰,谷胱甘肽过氧化酶含有硒,维生素 B_{12} 含有钴。

(2)构成某些激素或参与激素的作用。如甲状腺素含碘,胰岛素含锌,铬是葡萄糖耐量因子的重要组成成分,铜参与肾上腺类固醇的生成等。

(3)参与基因调控和核酸代谢。核酸是遗传信息的携带者,含有多种微量元素,并需要铬、锰、钴、锌、铜等维持核酸的正常功能。

(4)特殊的生理功能。如含铁血红蛋白可携带并输送氧到各个组织,不同微量元素参与蛋白质、脂肪、碳水化合物的代谢。

必需微量元素缺乏和过量都会对人体产生有害影响,并可成为某些疾病的重要原因。微量元素还能影响人体生长、发育和寿命,在保健和防病方面有重要作用。因此,必需微量元素有一定的推荐摄入量(RNI)或适宜摄入量(AI),也有可耐受最高摄入量(UI)。

(四)食品中矿物质的含量与生物有效性

1.食品中矿物质的含量

不同食品中矿物质的含量变化很大。这主要取决于生产食品的原料品种的遗传特性、农业生产的土壤、水分或动物饲料等，其他因素也很重要。据报告，影响食品中铜含量的环境因素就有：土壤中的铜含量、地理位置、季节、水源、化肥、农药、杀虫剂和杀真菌剂等。具体食物中的铜含量，如北京地区的玉米含铜约 1.9mg/kg、稻米（糙）含约 2.2mg/kg、大白菜为 9.7mg/kg、油菜 11.2mg/kg、菠菜 13.5mg/kg、黄豆 13.0mg/kg，而猪肉则含铜约 20.0mg/kg，猪肝含铜更高，约为 25.0mg/kg。

2.食品中矿物质的生物有效性

矿物质的生物有效性是指食品中矿物质实际被机体吸收、利用的程度。食品中矿物质的总含量不足以准确评价该食品中矿物质的营养价值，因矿物质被人体吸收利用率决定于矿物质的总量、元素的化学形式、颗粒大小、食物分解成分、pH、食品加工以及人体的机能状态等因素。

以铁为例，颗粒小或溶解度高的，其生物有效性高，动物性食品中的铁（血红素铁）就比植物性食品中的铁的生物有效性高，食品加工中除去植酸盐或添加维生素 C 均对铁的生物有效性有利。人的机能状态对铁的吸收、利用影响也很大，缺铁性贫血患者、妇女等对铁的吸收的可能性比一般人增加。

（五）成酸和成碱食品

在调整食物营养时，仅从营养素平衡的角度上考虑食品的选择是不全面的，还应考虑到食物的酸碱性，以维持体内酸碱平衡。食物的成酸、成碱作用是指摄入的某些食物经过消化、吸收、代谢后变成酸性或碱性"残渣"。体内的成碱物质只能直接从食物中摄取，而成酸物质则既可以来自食物，也可以通过食物在体内代谢的中间产物和"终"产物的形式提供。

成酸食品通常含有丰富的蛋白质、脂肪和碳水化合物。它们含成酸元素（Cl、S、P）较多，在体内代谢后形成酸性物质，大部分的谷类及其制品、肉类、鱼类、蛋类及其制品为成酸食品，可降低血液等的 pH 值。蔬菜、水果等含 K、Na、Ca、Mg 等丰富元素，在体内代谢后则生成碱性物质，能阻止血液等向酸性方面变化，故蔬菜、水果称为碱（性）食品。通常人们摄取各类食品之间的比例应适当，以便于维持机体正常的酸碱平衡。若肉、鱼等成酸性食品摄食过多，可导致体内酸性物质过多，引起酸过剩并大量消耗体内的固定碱。食用蔬菜、甘薯、马铃薯及柑橘类水果等，由于它们的成碱作用，可以消除机体中过剩的酸，降低尿的酸度，增加尿酸的溶解度，因而减少尿酸在膀胱中形成结石的可能。

应当指出，并非具有酸味的食品是成酸食品。食品中的酸味物质是有机酸类，如水果中的柠檬酸及其钾盐，虽离解度低，但在体内可彻底氧化，柠檬酸可最后生成 CO_2 和 H_2O，而在体内留下碱性元素，故此类具有酸味的食品是成碱食品。常见的成酸食品和成碱食品见表 4 - 1、表 4 - 2。

表 4-1 常见的成酸食品

名称	灰分酸度	名称	灰分酸度	名称	灰分酸度
猪肉	-5.60	牡蛎	-10.40	面包	-0.80
牛肉	-5.00	干鱿鱼	-4.80	花生	-3.00
鸡肉	-7.60	虾	-1.80	大麦	-2.50
蛋黄	-18.80	白米	-11.67	啤酒	-4.80
鲤鱼	-6.40	糙米	-10.60	干紫菜	-0.60
鳗鱼	-6.60	面粉	-6.5	芦笋	-0.20

表 4-2 常见的成碱食品

名称	灰分碱度	名称	灰分碱度	名称	灰分碱度
大豆	+2.20	土豆	+5.20	香蕉	+8.40
豆腐	+0.20	藕	+3.40	梨	+8.40
四季豆	+5.20	洋葱	+2.40	苹果	+8.20
菠菜	+12.00	南瓜	+5.00	草莓	+7.80
莴苣	+6.33	海带	+14.60	柿子	+6.20
萝卜	+9.28	黄瓜	+4.60	牛乳	+0.32
胡萝卜	+8.32	西瓜	+9.40	茶(5g/L,水)	+8.39

注 表中酸度和碱度的度量是将100g干燥食品灼烧后所得的灰分,调制成水溶液,用0.1mol/L的盐酸或氢氧化钠溶液作中和滴定,其消耗的盐酸或氢氧化钠的体积(mL)来表示(+ 为碱性, - 为酸性)。

如果在膳食中各种食物搭配不当,容易引起人体生理上酸碱平衡失调。通常,酸性食品在饮食中容易超过所需要的数量,因中国传统主食都属于酸性食品。这样会导致血液偏酸性,不仅增加钙、镁等碱性元素的消耗,引起缺钙等病症,还会使血液的黏度增高,引起各种酸中毒症。儿童发生酸中毒容易患皮肤病、神经衰弱、疲劳倦怠、胃酸过多、便秘、龋齿、软骨等病症。老年人发生酸中毒,容易患神经痛、血压增高、动脉硬化、胃溃疡、脑溢血等病。所以在调整食物营养配比时,要注意酸性食品和碱性食品的平衡比例。

二、钙

钙是构成人体的重要组分,占人体总重量的 1.5% ~ 2.0%,正常人体内含有1000 ~ 1200g的钙。其中大约99%的钙是以羟磷灰石$[3Ca_3(PO_4)_2 \cdot Ca(OH)_2]$结晶形式集中在骨骼和牙齿内,这一部分钙称为骨钙,其余1%的钙以游离或结合状态存在于体液和软组织中,这部分的钙统称为混溶钙池。混溶钙池中的钙与骨钙维持着动态平衡,为维持体内所有的细胞正常生理状态所必需。

(一)钙的生理功能

1.构成骨骼和牙齿的主要成分

体内99%的钙存在于骨骼和牙齿中,是构成骨骼和牙齿的主要成分。钙占骨骼重量的

25%和总灰分的40%,主要是以羟磷灰石结晶形式集中在骨骼和牙齿内,使机体具有坚硬的结构支架。骨骼不仅是人体的重要支架,而且是钙的贮存库,是具有生理活性的组织。骨骼能将贮存的钙提供给血液循环,使血浆中钙的浓度在任何时候保持恒定。据估计,成人每天约有700mg的钙出入于骨组织。在人的一生中,骨骼中钙的沉淀与溶解始终在不断地进行着。随着年龄的增大,钙的沉淀逐渐缓慢,到了老年,钙的溶出占优势,因而骨质缓慢地疏松。幼儿的骨骼1~2年就要更新一次,成年人需10~12年更新一次。男性在18岁以后,骨长度开始稳定,女性则更早一些,但骨质密度仍在不断地增加。人体骨质的积累主要在20岁以前完成,其后的10余年骨质继续增加,在30~35岁达到一生的峰值,称为骨峰值,45岁以后,开始有骨质疏松现象出现,一般女性快于男性,体力活动有减慢骨质疏松的作用。

牙齿与骨骼的化学成分相类似,但牙釉质比骨组织更硬。牙齿中的钙与骨骼中的钙不同,不能被置换出来,故牙齿不能进行自行修复。

2.混溶钙池中钙的生理功能

骨骼以外的钙,虽然仅占机体总钙量的1%,但具有极其重要的作用。它存在于软组织、细胞外液及血液中,并为各种膜结构的一种成分。混溶钙池中的钙与骨骼钙维持着动态平衡,即骨骼钙不断地从破骨细胞中释放出钙进入混溶钙池,而混溶钙池中的钙又不断地沉积于成骨细胞中,进行着钙的更新。钙的更新随着年龄增大而减慢。

(1)离子钙与钾、钠和镁离子的平衡,共同调节神经肌肉的兴奋性,包括骨骼肌、心肌的收缩,平滑肌及非肌肉细胞的活动和神经兴奋性的维持。血清钙的水平是非常恒定的,其浓度为9~11mg/100mL,它受甲状旁腺激素,降钙素和维生素D的调节。血清钙浓度低于正常范围时,使肌肉和神经兴奋性提高,可引起肌肉抽搐;血清钙浓度过高时可损害肌肉收缩功能,使肌肉和神经兴奋性受到抑制,抑制正常心率和呼吸。

(2)钙离子参与调节生物膜的完整性和通透性,对细胞功能的维持,酶的激活等都起着重要作用。如ATP酶、琥珀酸脱氢酶、脂肪酶和蛋白分解酶等都需要钙的激活。

(3)细胞内钙离子参与调节多种激素和神经递质的释放,作为细胞内第二信使,将细胞外的信息传递到细胞内,介导激素的调节作用,如调节消化、能量及脂肪代谢相关激素的产生等。

(4)钙是血液凝固所必需的凝血因子,参与血液凝固的多个过程,有助于止血与伤口的愈合,能催化凝血酶的形成,防止血管壁破裂,引起致死性出血。

(5)参与调节血压、铁的跨膜转运等生理功能有关。

（二）钙的吸收与代谢

1.吸收

食物中的钙大多数和食物中的其他成分形成结合物,在食物的消化过程中,钙通常由结合物中游离出来,被释放成为一种可溶性的和离子化的状态,以便于吸收。如胃酸可增加它的溶解度,消化酶在适宜的pH时,可使钙从结合物中释放出来,另外,胆盐也能增加钙的溶解度以促进吸收。但是低分子量的结合物,可被原样完整吸收。钙的吸收因摄入量多少与需要量的高低而有两种途径:①主动吸收:当机体对钙的需要量高,或摄入量较低时,肠道对钙的主动吸收机制最活跃,是一个需要能量的主动吸收过程。这一过程需要钙结合蛋白的参与以及维生素 D 的调节。主动吸收主要在十二指肠和空肠上部完成。②被动吸收:当钙摄入量较高时,则大部分通过被动的离子扩散方式吸收,这一过程也需要维生素 D 的作用,但更主要取决于肠腔与浆膜间钙浓度的梯度。

钙的吸收主要在小肠上端,因为此处有钙结合蛋白,吸收的钙最多。通常膳食中 20%～30% 的钙是由肠道吸收进入血液的,机体根据需要调节钙的主动吸收,当膳食中的钙摄入量不足或机体对钙的需要量增加时,如青春发育期、孕妇和乳母期,肠道对钙的吸收最为活跃,其吸收率可达 40% 以上。钙的吸收与机体的需要程度密切相关,同时也受膳食中的钙含量及年龄的影响。膳食中钙含量高,其吸收率相对下降,并随年龄增长吸收率降低。在生命周期的各个阶段,钙的吸收情况也不同,钙的吸收率随年龄的增加而逐渐减少。婴儿时期因需要量大,吸收率可高达 60%,儿童约为 40%,成年人为 20%～30%,一般 40 岁以后钙的吸收率逐渐下降,老年人钙吸收率仅为 15% 左右。

膳食中对钙吸收的影响因素有很多,有的在肠道中对钙的吸收有促进作用,而有的却会抑制人体对钙的吸收。

(1)促进钙吸收的主要因素:

① 维生素 D 促进钙的吸收。膳食中维生素 D 的存在与量的多少,对钙的吸收有明显影响。尤其是对婴幼儿,可通过定期补充维生素 A、维生素 D 的制剂来促进机体对膳食中钙的吸收率。

② 蛋白质供给充足,促进钙的吸收。适量的蛋白质和一些氨基酸(如赖氨酸、精氨酸、色氨酸和组氨酸等)可与钙结合形成可溶性络合物,而有利于钙吸收,但当蛋白质超过推荐摄入量时,则未见进一步的有利影响。

③ 乳糖促进钙的吸收。乳糖被肠道菌分解发酵产酸,使肠道 pH 值降低,乳糖与钙还可形成可溶性低分子物质,这些均对钙的吸收有利。婴儿摄食含乳糖的配方膳食,其钙吸收率为 60%,不含乳糖的钙吸收率只有 36%。其他的糖(如蔗糖、果糖)也能增加钙的吸收率。

④ 酸性环境能促进钙的溶解及吸收。

⑤ 低磷膳食可降低血液磷的水平,刺激维生素 D 活化,促进钙吸收。

(2)对钙吸收不利的主要因素:

① 粮食、蔬菜等植物性食物中含有较多的植酸、草酸、磷酸可与钙形成难溶的盐类,使钙难于被吸收。

② 脂肪消化吸收不良时,未被消化吸收的脂肪酸与钙结合,形成难溶的钙皂,降低钙的吸收。高脂膳食可延长钙与肠黏膜接触的时间,可使钙吸收有所增加,但脂肪酸与钙结合形成难溶的钙皂,则对钙的吸收不利。

③ 过多的膳食纤维影响钙的吸收。膳食纤维中的糖醛酸残基与钙螯合形成不溶性的物质,从而干扰钙的吸收。

2.储留与排泄

人体营养状况良好时,每天进出体内的钙大致相等,处于平衡状态。体内大部分的钙通过肠黏膜上皮细胞的脱落及消化液的分泌排入肠道,其中一部分被重新吸收,剩下的由粪便排出。另有一部分钙由尿液排出,汗液中也会排出部分的钙,乳汁中也有。正常膳食时,钙在尿中的排出量较为恒定,约为摄入量的20%左右,经肠道排出的钙占80%～90%,其排出量随食物中的含钙量及吸收状况的不同而有较大的波动。

钙的储存量与膳食钙的摄入量呈正相关。正常情况下机体根据需要来调节体内钙的吸收、排泄与储存,以维持机体内环境钙的稳定。体内钙的储留随供给量增多而增加,另外,机体对钙的需要量多时,储留的量也较多。只要食物中钙的供给量超过机体钙的消耗量,则机体将根据体内对钙的需要,增加或减少对钙的吸收、排泄与储留,使成年人维持钙平衡,儿童维持正钙平衡(人体内吸收的钙大于排泄的钙时称为正钙平衡)。

(三)钙的缺乏与过量

1.钙的缺乏

钙缺乏症是较常见的营养性疾病。人体长期缺钙会导致骨骼、牙齿发育不良,血凝不正常,甲状腺机能减退等。

(1)血钙过低。钙不足至血钙浓度低于1.75mmol/L时,神经肌肉的兴奋性升高,引起肌肉痉挛,出现抽搐等症状。

(2)佝偻病。钙缺乏对婴幼儿健康影响较大,长期缺钙可导致骨骼钙化不良,生长发育迟缓,骨软化,骨骼变形,严重缺乏者可导致佝偻病,若血钙降低轻者出现多汗、易惊、哭闹,重者出现抽搐。佝偻病的发病原因除钙缺乏外,还由于维生素D缺乏导致钙吸收和利用不良所致,因此,婴幼儿、孕妇和乳母等的钙需要量大的人群应摄入或补充足量的钙与维生素D。

(3)骨质疏松症。成年人缺钙易患骨质疏松症,其表现为骨骼中骨质的基本单位减少,骨皮质变薄,骨小梁变细和减少,从而引起骨骼的承重能力降低,在正常外力作用下即可骨折。成人骨质疏松症常见于中年以后,女性比男性多见。孕妇缺钙不仅严重影响胎儿的正常发育,还容易在中年后患骨质疏松症。

2.钙的过量与毒性

钙摄入过量可能对机体产生不良作用,主要有以下几个方面的危害。

(1)高血钙症与高尿钙症。当血清钙水平达到或超过110mg/L时称为高血钙症,可由摄入过量的钙和(或)维生素D引起,但更多的是因甲状旁腺机能亢进所致。当血钙水平超过120mg/L时,肾脏的重吸收能力达到极限,导致高尿钙症的出现,女性每日尿钙排出量超过250mg,男性超过275mg。高血钙症和高尿钙症可能引起肾功能不全、血管及软组织钙化和肾结石。

（2）增加肾结石的危险性。研究表明，钙或维生素 D 摄入增多与肾结石发生风险增加有直接关系。高血钙是肾结石的一个重要危险因素。草酸、蛋白质和膳食纤维摄入量高，易与钙结合形成结石，所以过量钙摄入是肾结石病发生的一种重要因素。肾结石还与肥胖及蛋白质、膳食纤维和钠等摄入量过高有关。

（3）奶碱综合征（milk - alkali syndrome,MAS）。奶碱综合征是高血钙症和伴随或不伴随代谢性碱中毒和肾功能不全的症候群。临床表现为高血钙症、可逆或不可逆肾衰、软组织转移性钙化，昏睡甚至昏迷、碱中毒、碱超负荷后出现易兴奋、头痛和情感淡漠。

（4）钙和其他矿物质的相互干扰作用。钙和其他一些矿物质之间存在着不良的相互作用，高钙膳食能够影响一些元素的生物利用率。①可明显抑制铁吸收，并存在剂量反应关系，其确切机制还不清楚；②高钙膳食可降低锌的生物利用率，一些代谢研究报告发现高钙膳食对锌净吸收率和锌平衡有影响，在肠道中钙和锌有相互拮抗作用；③高钙膳食对镁代谢有潜在副作用。

（四）钙的参考摄入量及食物来源

1.钙的参考摄入量

考虑到我国居民钙摄入不足的状况，以及我国居民膳食以植物性食物为主，而植物性食物中含有较多影响钙吸收的部分。根据国内近十年来有关钙需要量的研究，参考国外资料，中国营养学会修订的《中国居民膳食营养素参考摄入量（2013 版）》推荐各年龄段人群的膳食钙参考摄入考量见表 4 - 3。

表 4 - 3　中国居民膳食钙参考摄入考量（mg/d）

年龄/岁	EAR	RNI	UL	年龄/岁	EAR	RNI	UL
0 ~	—	200(AI)	1000	50 ~	800	1000	2000
0.5 ~	—	250(AI)	1500	65 ~	800	1000	2000
1 ~	500	600	1500	80 ~	800	1000	2000
4 ~	650	800	2000	孕妇(早)	+0	+0	2000
7 ~	800	1000	2000	孕妇(中)	+160	+200	2000
11 ~	1000	1200	2000	孕妇(晚)	+160	+200	2000
14 ~	800	1000	2000	乳母	+160	+200	2000
18 ~	650	800	2000				

2.钙的食物来源

乳及乳制品含钙丰富，吸收率高，是钙的重要来源。水产品中小虾米皮含钙特别多，其次是海带。此外，豆腐及豆制品、排骨、绿叶蔬菜等含钙量也很丰富，但有的蔬菜（如苋菜、菠菜、蕹菜等）同时含草酸较多，会影响钙的吸收。谷类里含一定量的钙，但同时又含较多的植酸和磷酸盐，故不是钙的良好来源。骨粉中含钙 20% 以上，吸收率约为 70% ，蛋壳粉也含有大量的钙，膳食中补充骨粉或蛋壳粉作为钙制剂可以改善钙的营养状况。但必须注意的是,无论是活性钙还是非活性钙,钙制剂都不能替代正常的食物来源,在使用时要正确选择,人体钙的主要来源还是应从膳食中摄取。硬水中含有相当数量的钙,也不失为一种钙的来源。常见食物中钙含量见表4-4。

表4-4　常见食物中钙含量(mg/100g)

食物名称	含量	食物名称	含量	食物名称	含量
虾皮	991	雪里蕻	230	枣	80
干酪	799	海蟹	208	鲫鱼	79
全脂奶粉	676	黄豆	191	西兰花	67
芝麻	620	苋菜	178	豌豆(干)	67
虾米	555	豆腐	164	大白菜	45
海带(干)	348	扇贝	142	大米	13
河虾	325	酸奶	118	牛肉(瘦)	9
荠菜	294	蛋黄	112	羊肉(瘦)	9
紫菜	264	牛奶(鲜)	104	鸡肉	9
黑木耳	247	小白菜	90	猪肉(瘦)	6

三、磷

磷是人体含量较多的元素之一,在人体中的量居矿物质的第二位。成人体内含磷600~700g,约占体重的1%,矿物质总量的1/4。其中85%~90%与钙一起以羟磷灰石结晶的形式储存在骨骼和牙齿中,10%与蛋白质、脂肪、碳水化合物及其他有机物结合构成软组织,其余则分布于骨骼肌、皮肤、神经组织和其他组织及膜的成分中。软组织和细胞膜中的磷,多数是有机磷酸酯,骨中的磷为无机磷酸盐。

(一)磷的生理功能

(1)磷是构成骨器和牙齿的重要材料。成人体内约有80%的磷以无机形式与钙结合形成难溶性无机磷酸盐,使骨骼和牙齿结构坚固,磷酸盐与胶原纤维共价结合,在骨骼沉积及骨骼的溶出中起决定性作用。

(2)磷是软组织结构的重要成分。骨骼以外的大部分磷,是以有机形式分布于软组织中,如很多结构蛋白质、细胞膜的类脂质、RNA 和 DNA 都含有磷。

(3)参与能量代谢。磷直接参与能量的储存和释放,机体在代谢过程中所释放出的能量,以高能磷酸键的形式贮存于三磷酸腺苷(ATP)和磷酸肌酸(CP)分子中,当机体需要时,高能有机磷酸释放出能量并游离出磷酸根。

(4)组成酶的成分。磷是许多酶系统的组成成分及激活剂,如焦磷酸硫胺素(TPP)、黄素单核苷酸(FMN)、烟酰胺腺嘌呤二核苷酸磷酸(NADP)等。

(5)维持细胞的渗透压和体液的酸碱平衡。磷与其他一些矿质元素相结合,共同维持着细胞的渗透压和体液的酸碱平衡。

（二）磷的吸收与代谢

磷的吸收部位在小肠,从膳食摄入的磷70%在小肠吸收。人体所能利用的磷,均为磷酸化合物。食物中的磷大部分是磷酸酯化合物,必须分解为游离的磷,然后以无机磷酸盐的形式被吸收。正常膳食中磷吸收率为60%～70%。维生素D可促进磷的吸收,当维生素D缺乏时会使血液中的无机磷酸盐降低,如佝偻病患者往往血钙正常而血清中的磷含量较低。合理的钙磷比例也对磷的吸收有利。钙、镁、铁、铝等金属离子及植酸可与磷酸形成难溶性盐类从而影响人体对磷的吸收。

磷的代谢过程与钙相似。体内磷的平衡取决于体内和体外环境之间磷的交换,即磷的摄入、吸收和排泄三者之间的相对平衡。磷的储留与钙和磷的摄取量有关,当每日钙的摄入量超过940mg时,增加膳食中磷的摄入量可使磷的储留量增加,钙摄入量较低时则磷的储留量亦较低。

磷的主要排泄途径是肾脏。未经肠道吸收的磷从粪便排出,这部分平均约占机体每日磷摄入量的30%,其余70%经由肾以可溶性磷酸盐形式从尿液中排出,少量也可由汗液排出。

（三）磷的缺乏与过量

1.磷的缺乏

磷广泛存在于食物中,几乎所有的食物中均含有磷,一般不会由于膳食的原因而引起磷的缺乏。但也有例外:如早产儿若仅喂以母乳,因人乳含磷量较低,不足以满足早产儿骨磷沉积的需要,可发生磷缺乏,出现佝偻病样骨骼异常。磷缺乏还可见于使用静脉营养过度而未补充磷的病人。在严重磷缺乏和磷耗竭时,可发生低磷血症。

磷缺乏主要引起厌食、贫血、肌无力、骨痛、佝偻病和骨软化、全身虚弱、对传染病的易感性增加、感觉异常、共济失调、精神错乱甚至死亡。这些严重症状常限于血清无机磷降至0.32mmol(10mg)/L以下才出现。

2.磷的过量与毒性

一般情况下,不易发生由膳食而引起的磷过量。在某些特殊情况下,摄入磷过多时,可发生细胞外液磷浓度过高,而表现为高磷血症,可能造成一些相应的危害。

（1）对骨骼的不良作用。肾性骨病又称肾性骨营养不良症,是由于钙、磷及维生素D代谢障碍,继发甲状旁腺机能亢进、酸碱平衡紊乱、慢性肾功能衰竭等引起的骨病。细胞外液无机磷浓度上升的结果,会减少尿钙丢失,降低肾脏$1,25-(OH)_2-D_3$的合成,从而减少血清中钙离子,导致甲状旁腺素释放增加,形成继发性甲状旁腺激素的升高,由此可引起骨骼中骨细胞与破骨细胞的吸收,引起肾性骨萎缩性损害。

（2）转移性钙化作用。高磷血症最明显的危害作用是引起非骨组织的钙化,当细胞外液中钙、磷浓度超过磷酸氢钙溶解度的极限时,这种情况便可能发生。虽然钙和磷都参与这种异位的矿物化,但钙的水平因受着强有力的调节作用,故影响不大,而细胞外液中磷的浓度升高,则成为浓度超饱和的主要原因。当肾功能衰竭而肾小球滤过障碍时,磷的清除率降低,血磷升高,使磷与血清钙结合而在组织中沉积。

(3)干扰钙的吸收。一般认为膳食中钙磷比值超过1:3即为高磷膳食。若钙的摄入偏低,如每天低于400mg,而磷的摄入远多于钙时,会影响钙被吸收的效率。根据DRIs要求,膳食中的钙:磷比值宜在(1~2):1之间。

(4)毒性。磷的毒性研究主要为急性毒性,可引起肝组织坏死和脂肪肝,主要损害网状组织。

(四)磷的参考摄入量及食物来源

1.磷的参考摄入量

2000年以前,我国和其他许多国家都未明确规定磷的供给标准。2000年中国营养学会公布了中国居民膳食营养素参考摄入量(DRIs),2013年进行了修订,中国居民膳食磷参考摄入量见表4-5。

表4-5 中国居民膳食磷参考摄入量(mg/d)

年龄/岁	EAR	RNI	UL	年龄/岁	EAR	RNI	UL
0 ~	—	100(AI)	—	50 ~	600	720	3500
0.5 ~	—	180(AI)	—	65 ~	590	700	3000
1 ~	250	300	—	80 ~	560	670	3000
4 ~	290	350	—	孕妇(早)	+0	+0	3500
7 ~	400	470	—	孕妇(中)	+0	+0	3500
11 ~	540	640	—	孕妇(晚)	+0	+0	3500
14 ~	590	710	—	乳母	+0	+0	3500
18 ~	600	720	3500				

2.磷的食物来源

磷在食物中分布很广,无论动物性食物或植物性食物都含有丰富的磷,动物的乳汁中也含有磷。磷是与蛋白质并存的,瘦肉、禽、蛋、鱼、乳及动物的肝、肾等均是磷的良好来源,海带、紫菜、芝麻酱、花生、干豆类、坚果、粗粮中含磷也较丰富。但在粮谷类食物中磷主要是以植酸磷的形式存在,若不经过加工处理,吸收利用率低。膳食中应注意钙与磷的比例,对需要高钙膳食的人,膳食钙:磷比值应宜在(1~2):1之间,1.5:1最适宜。常见食物含磷量见表4-6。

表4-6 常见食物中磷含量(mg/100g 可食部)

食物	含量	食物	含量	食物	含量
南瓜子仁	1159	玉米(黄)	218	豆腐	119
虾皮	582	猪肾	215	籼米	112
葵花子(炒)	564	羊肉(瘦)	196	牛奶	73
黄豆	465	鲫鱼	193	菠菜	47

食物	含量	食物	含量	食物	含量
银耳	369	猪肉(瘦)	189	土豆	40
花生(炒)	326	标准粉	188	甘薯(红)	39
猪肝	310	牛肉(瘦)	172	大白菜	31
核桃	294	鸡	156	橙	22
黑木耳	292	鸡蛋	130	蜜橘	18
香菇(干)	258	鸭	122	胡萝卜	16

四、钾

钾为机体最重要的阳离子之一。正常人体内钾总量约为 50mmol/kg,其中 98% 在细胞内,主要分布于肌肉、肝脏、骨骼以及红细胞中,2% 存在于细胞外液,其中约 1/4 存在于血浆中。正常人血清钾浓度为 3.5～5.5mmol/L。人体的钾主要来自食物,成人每日从膳食中摄入的钾为 2400～4000mg,儿童为 20～120mg/kg。

(一)钾的生理功能

(1)参与碳水化合物和蛋白质的代谢。葡萄糖和氨基酸经过细胞膜进入细胞合成糖原和蛋白质时,必须有适量的钾离子参与。估计 1g 糖原的合成约需 0.15mmol 钾,1g 蛋白质的合成需要 0.45mmol 钾。三磷酸腺苷的生成过程中也需要一定量的钾,如果钾缺乏,糖和蛋白质的代谢将受到影响。

(2)维持细胞内正常渗透压和酸碱平衡。钾是细胞内的主要阳离子,在细胞内渗透压的维持中起重要作用。钾离子能通过细胞膜与细胞外的 $H^+ - Na^+$ 交换,起到调节酸碱平衡的作用。

(3)维持神经肌肉的应激性和正常功能。血钾过低可导致应激性下降,肌肉无力及发生松弛性瘫痪,严重时可影响呼吸肌,出现呼吸衰竭;血钾过高时可出现肌肉无力、麻痹,严重时可发生瘫痪。

(4)维持心肌的正常功能。心肌细胞内外的钾浓度对心肌的自律性、传导性和兴奋性起着重要作用。钾缺乏时,心肌兴奋性增高;钾过高时又使心肌自律性、传导性和兴奋性受抑制;两者均可引起心律失常。

(5)其他功能。钾对水和体液平衡起调节作用。补钾对轻症高血压及某些正常血压有降压作用,可能与钾促进尿钠排出、抑制肾素血管紧张素系统和交感神经系统等因素有关。钾也有扩张血管的作用,能对抗食盐引起的高血压。

(二)钾的吸收与代谢

人体摄入的钾大部分由小肠吸收,吸收率为 90% 左右。吸收的钾通过钠泵将钾转入细胞内。钠泵即 $Na^+ - K^+ - ATP$ 酶,它可使 ATP 水解所获得的能量将细胞内的 3 个 Na^+ 转到细胞外,2 个 K^+ 交换到细胞内,使细胞内保持较高浓度的钾。

摄入人体的钾约90%由肾脏排出,每日排出量约280～360mg,因此,肾脏是维持钾平衡的主要调节器官。肾脏每日过滤钾600～700mmol(23459～27369 mg),但几乎全部在近端肾小管以及髓袢重吸收。每日所排出的钾是由远端部分肾小管所排泄。经粪便和汗液也可排出少量。人体每日钾的摄入量与排出量大致相等。

(三)钾的缺乏与过量

1.钾的缺乏

人体内钾总量减少可引起钾缺乏症,可在神经肌肉、消化、心血管、泌尿、中枢神经等系统发生功能性或病理性改变。主要表现为肌肉无力或瘫痪、心律失常、横纹肌肉裂解症及肾功能障碍等。正常人血清钾浓度为3.5～5.5mmol/L,血清钾浓度低于3.5mmol/L时称为低钾血症。

体内缺钾的常见原因是摄入不足或损失过多。正常进食的人一般不易发生摄入不足,但由于疾病或其他原因需长期禁食或少食,而静脉补液内少钾或无钾时,易发生摄入不足。损失过多的原因比较多,可经消化道损失,如频繁的呕吐、腹泻、胃肠引流、长期用缓泻剂或轻泻剂等;经肾损失,如各种以肾小管功能障碍为主的肾脏疾病,可使钾从尿中大量丢失;经汗丢失,见于高温作业或重体力劳动者,因大量出汗而使钾大量丢失。

2.钾的过量与毒性

体内钾过多,血钾浓度高于5.5mmol/L时,可出现毒性反应,称高钾血症。钾过多可使细胞外 K^+ 上升,静息电位下降,心肌自律性、传导性和兴奋性受抑制,细胞内碱中毒和细胞外酸中毒等。主要表现在神经肌肉和心血管方面。

体钾和血钾浓度增高的原因主要是摄入过多及排出困难。一般摄入含钾过多的食物不会导致钾过多,但是伴有肾功能不全则可发生。如果摄入量大于8000mg/d者也可发生高血钾症,一般多见于大量输入含钾药物或口服钾制剂等。排泄困难一般多见于严重肾功能衰竭、各种原因引起肾上腺皮质功能减退及各种原因引起醛固酮分泌减少的患者。此外,酸中毒、缺氧、大量溶血、严重组织创伤、中毒反应等也可使细胞内钾外移引起高钾血症。

(四)钾的参考摄入量及食物来源

1.钾的参考摄入量

钾需要量的研究不多。中国营养学会于2000年制订的中国居民膳食营养素参考摄入量(DRIs)中,参考国内外有关资料,提出了中国居民成年人膳食钾的适宜摄入量(AI)为2000 mg/d。其他人群参考摄入量见表4-7。

表4-7　中国居民膳食钾参考摄入量(mg/d)

年龄/岁	AI	PI - NCD	年龄/岁	AI	PI - NCD
0 ～	350	—	50 ～	2000	3600
0.5 ～	550	—	65 ～	2000	3600

续表

年龄/岁	AI	PI - NCD	年龄/岁	AI	PI - NCD
1 ~	900	—	80 ~	2000	3600
4 ~	1200	2100	孕妇(早)	+0	+0
7 ~	1500	2800	孕妇(中)	+0	+0
11 ~	1900	3400	孕妇(晚)	+0	+0
14 ~	2200	3900	乳母	+400	+0
18 ~	2000	3600			

2. 钾的食物来源

食物中含钾十分广泛,蔬菜和水果是钾的最好来源。每 100g 食物钾含量高于 800mg 以上的有赤豆、蚕豆、黄豆、冬菇、紫菜等。每 100g 谷类中含钾 100 ~ 200mg,豆类中 600 ~ 800mg,蔬菜和水果中 200 ~ 500mg,鱼类中含钾 200 ~ 300mg,肉类中含钾 150 ~ 300mg。常见食物中钾的含量见表 4 - 8。

表 4 - 8　常见食物中钾含量(mg/100g 可食部)

食物	含量	食物	含量	食物	含量
黄豆	1503	鲜蘑菇	312	小麦粉(标准粉)	190
赤小豆	860	菠菜	311	胡萝卜	190
绿豆	787	猪肉(瘦)	305	白萝卜	173
海带(干)	761	牛肉(瘦)	284	桃	166
金针菜	610	带鱼	280	柑橘	154
花生(炒)	563	香蕉	256	鸡蛋	154
羊肉(瘦)	403	鸡	251	茄子	142
马铃薯	342	韭菜	247	鲜羊奶	135
鲤鱼	334	鲜贝	226	苹果	119
芭蕉	330	菜花	200	牛奶	109

五、钠

钠是人体不可缺少的常量元素,性质非常活泼,自然界多以钠盐形式存在,食盐是人体获得钠的主要来源。一般情况下,成人体内钠含量为 6200 ~ 6900mg 或 95 ~ 106mg/kg,占体重的 0.15%,体内钠主要存在细胞外液,占总钠量的 44% ~ 50%,骨骼中含量高达 40% ~ 47%,细胞内液含量较低,仅 9% ~ 10%。正常人血浆钠浓度为 135 ~ 140mmol/L。

(一)钠的生理功能

(1)调节细胞外液的容量和渗透压。钠主要存在于细胞外液,是细胞外液中的主要阳离子,构成细胞外液渗透压,调节与维持体内水量的恒定。当钠量增高时,水量也增加;反之,钠量低时,水量减少。

(2)维持酸碱平衡。钠在肾小管重吸收时,与 H^+ 交换,清除体内酸性代谢产物(如 CO_2),保持体液的酸碱平衡。

(3)钠泵的构成成分。钠钾离子的主动运转,由 Na^+ , K^+ – ATP 酶驱动,使钠离子主动从细胞内排出,以维持细胞内外液渗透压平衡。钠对 ATP 的生成和利用、肌肉运动、心血管功能、能量代谢都有作用,钠不足均可影响其作用。此外糖代谢、氧的利用也需要钠的参与。

(4)维持正常血压。人群调查与干预研究证实,膳食钠摄入与血压有关。血压随年龄增加而增高,有人认为,这种增高中有 20% 可能归因于膳食中食盐的摄入。每摄入 2300mg 钠,可致血压升高 0.267kPa(2mmHg) ,中等程度减少膳食钠的摄入量,可使血压高于正常者(舒张压 10.7 ~ 11.91kPa)血压下降。

(5)增强神经肌肉兴奋性。体液中钠、钾、钙、镁等离子的浓度平衡对于维护神经肌肉的应激性都是必需的,体内充足的钠可增强神经肌肉的兴奋性。

(二)钠的吸收与代谢

人体钠的主要来源为食物。钠在小肠上部吸收,吸收率极高,几乎可全部被吸收。每日从肠道中吸收的氯化钠总量在 4400mg 左右。被吸收的钠,部分通过血液输送到胃液、肠液、胆汁以及汗液中。人体对钠摄入水平的适应性很大,肾脏可应付较宽范围的钠的摄入,以及摄入量的突然改变。体内钙的稳态平衡是通过肾素 – 血管紧张肽 – 醛固酮系统、血管加压素、心钠素、肠血管活性肽等调节体内基础钠水平,即通过控制肾小球的滤过率、肾小管的重吸收、远曲小管的交换作用以及激素的分泌来调节钠的排泄量,以保持钠平衡。

(三)钠的缺乏与过量

1.钠的缺乏

一般情况下人体不易缺乏钠,但在某些情况下,如禁食、少食、膳食钠限制过严、摄入量非常低时;高温、重体力劳动、过量出汗、胃肠疾病、反复呕吐、腹泻(泻剂应用)等使钠过量排出或丢失时;或某些疾病等造成体内钠含量降低,而又未能补充丢失的钠时,均可引起钠的缺乏。血浆钠小于 135mmol/L 时,即为低钠血症。

钠的缺乏在早期症状不明显,血钠过低时,则渗透压下降,细胞肿胀。当失氯化钠为 0.5g/kg 体重时,则使尿液中的氯化物含量减少,为轻度缺钠,主要症状有淡漠、倦怠、无神;当失氯化钠达 0.5 ~ 0.75g/kg 体重时,出现尿中无氯化物时为中度缺钠,患者出现呕心、呕吐、脉细弱、血压降低及痛性肌肉痉挛等症状;当失氯化钠达 0.75 ~ 1.2g/kg 体重时为重度至极重度缺钠,可出现表情淡漠、昏迷、外周循环衰竭,严重时可导致休克及急性肾功能衰竭而死亡。

2.钠的过量与毒性

正常情况下钠不在体内蓄积,但某些情况下,如由于肾功能受损时易发生钠在体内蓄积,可导致毒性作用。血浆钠大于 150mmol/L 时称为高钠血症。血钠过高可出现口渴、面部潮红、软弱无力、烦躁不安、精神恍惚、谵妄、昏迷、血压下降,严重者可致死亡。

急性过量摄入食盐(每天达 35 ~ 40g)可引起急性中毒,出现水肿、血压上升、血浆胆固醇升高等。此外,长期摄入较高量的食盐,有可能增加胃癌发生的危险性。

(四)钠的参考摄入量及食物来源

1.钠的参考摄入量

鉴于我国目前尚缺乏钠需要量的研究资料,也未见膳食因素引起的钠缺乏症的报道,尚难制订 EAR 和 RNI。中国营养学会于 2013 年制订的中国居民膳食营养素参考摄入量(DRIs)中,成年人的适宜摄入量(AI)为 1500 mg/d,预防高血压的钠的 PI – NCD 为 1500 mg/d。其他人群参考摄入量见表 4 – 9。

表 4 – 9   中国居民膳食钠参考摄入量(mg/d)

年龄/岁	AI	PI – NCD	年龄/岁	AI	PI – NCD
0 ~	170	—	50 ~	1400	1900
0.5 ~	350	—	65 ~	1400	1800
1 ~	700	—	80 ~	1300	1700
4 ~	900	1200	孕妇(早)	+0	+0
7 ~	1200	1500	孕妇(中)	+0	+0
11 ~	1400	1900	孕妇(晚)	+0	+0
14 ~	1600	2200	乳母	+0	+0
18 ~	1500	2000			

2.钠的食物来源

钠普遍存在于各种食物中,一般动物性食物钠含量高于植物性食物,但人体钠来源主要为食盐(钠)和加工、制备食物过程中加入的钠或含钠的复合物(如谷氨酸钠、碳酸氢钠等),以及酱油、盐渍或腌制肉或烟熏食品、酱咸菜类、发酵豆制品、咸味休闲食品等。常见食物中钠的含量见表 4 – 10。

表 4 – 10   常见食物中钠含量(mg/100g 可食部)

食物	含量	食物	含量	食物	含量
食盐	39311.0	羊肉(肥瘦)	80.6	茄子	5.4
味精	8160.0	鸭	69.0	番茄	5.0
酱油	5757.0	鸡	63.3	小米	4.3
海虾	302.2	白萝卜	61.8	甜椒	3.3
海蟹	260.0	猪肉(肥瘦)	59.4	小麦粉(标准粉)	3.1
河蟹	193.5	油菜	55.8	粳米(标一)	2.4

续表

食物	含量	食物	含量	食物	含量
河虾	133.8	大白菜	57.5	黄豆	2.2
鸡蛋	131.5	牛奶	37.2	赤豆	2.2
黄鱼	120.3	甘蓝	27.2	苹果	1.6
牛肉(肥瘦)	84.2	韭菜	8.1	柑橘	1.4

六、镁

镁是人体细胞内的主要阳离子,主要浓集于线粒体中,在线粒体内其含量仅次于钾和磷,在细胞外液中含量仅次于钠和钙居第三位。1934 年证实镁是人体必需的常量元素。镁是多种酶的激活剂,在能量和物质代谢中有重要作用。近年研究发现镁与第二信使 cAMP 的生成,与激素及生长因子、心肌细胞阳离子通道等多种生理功能有关。现在发现越来越多的疾病与镁耗竭有关。

正常成人体内含镁约 25g,其中 60% ~ 65% 存在于骨骼和牙齿中,27% 分布于软组织中,2% 存在于体液内。镁在软组织中以肝和肌肉浓度最高,血浆中镁浓度为 1 ~ 3mg/100mL。

(一)镁的生理功能

(1)促进骨骼生长。镁是组成骨的主要成分之一,是骨细胞结构和功能的必需元素,具有维持和促进骨骼、牙齿生长的作用。镁是与钙、磷一起构成骨骼和牙齿的成分,镁与钙既有协同作用又有拮抗作用,当钙摄入不足时,适量的镁代替钙,但当镁摄入量过多时,反而会阻止骨骼的正常钙化作用。

(2)激活多种酶的活性。镁作为多种酶的激活剂,参与人体 300 余种酶促反应。镁是体内一些高能磷酸键转移酶等的激活剂,如乙酰 CoA、醛缩酶、胆碱酯酶、胆碱乙酰化酶、碱性磷酸酶等,这些酶在能量和物质代谢中都是十分重要的。

(3)对激素的调节作用。血浆镁的变化可直接影响甲状旁腺激素的分泌。血浆镁增加时抑制甲状旁腺激素分泌,血浆镁浓度下降时则可兴奋甲状旁腺,促使少量的镁自骨骼、肾脏、肠道转移至血中,当镁浓度极端低时,甲状旁腺功能反而表现低下,但补充镁后即可恢复。

(4)维持体液酸碱平衡和神经肌肉兴奋性。镁是细胞内液的主要阳离子之一,与钙、钾、钠一起和相应的负离子协同维持体内酸碱平衡和神经、肌肉的应激性。镁与钙相互制约,保持神经肌肉兴奋与抑制的平衡。若血清镁浓度降低到镁、钙失去平衡,则会出现神经肌肉兴奋性增强、易激动、心律不齐,幼儿会发生癫痫、惊厥,甚至出现震颤性谵妄等。

(5)调节心血管功能。镁是心血管系统的保护因子,镁作用于周围血管系统会引起血管扩张,剂量大时会引起血压下降。软水地区居民心血管发病率要比硬水地区居民心血管发病率高,饮硬水地区的居民猝死率也低,这与硬水中含镁量高有关。

(6)调节胃肠道功能。镁是导泻剂,镁离子在肠腔中吸收缓慢,引起水分滞留而导泻。低浓度镁可减轻肠壁的压力和蠕动,有解痉作用。

(二)镁的吸收与代谢

食物中的镁在整个肠道中均可被吸收,但镁摄入后主要还是由小肠吸收,吸收率一般约为摄入的30%,大肠中吸收很少或不吸收。镁的吸收与膳食摄入量的多少密切有关,摄入少时吸收率增加,摄入多时吸收率降低。水对镁的吸收起极大作用。镁主动运输通过肠壁,其途径与钙相同。摄入量高时,二者在肠道竞争吸收,相互干扰。膳食磷酸盐和乳糖的含量、肠腔内镁的浓度及食物在肠内的过渡时间对镁的吸收都有影响。氨基酸会增加难溶性镁盐的溶解度,所以蛋白质可促进镁吸收。膳食纤维可降低镁的吸收,使血清、骨及肾的镁水平降低。空肠中镁的吸收依赖于活性维生素 D。

正常成人膳食中每日供应约200mg 的镁,每天排出 50~120mg 镁,占摄入量的1/3~1/2,镁大量从胆汁、胰液分泌到肠道,其中60%~70%随粪便排出,有些在汗液或脱落的皮肤中丢失,其余从尿排出。肾是排镁的主要器官,还起过滤和重吸收的作用。正常情况下,分泌的镁大多被肾小管重吸收,滤过的镁大约有65%被重吸收。吸收和排泄平衡时,摄入量的变动并不影响镁的内环境稳定。

(三)镁的缺乏与过量

1.镁的缺乏

引起镁缺乏的原因很多,如镁摄入不足、吸收障碍、丢失过多以及多种临床疾病等。食物中的镁充裕,且肾脏有良好的保镁功能,所以,因摄入不足而缺镁者罕见。镁缺乏多数由疾病引起镁代谢紊乱所致。但20 世纪90 年代在部分地区发现克山病患者有低镁血症,所以镁缺乏可能是克山病病因之一,目前对这一问题还存在较多争论。动物缺乏镁时表现食量减少、生长停滞、掉毛、皮肤损害、虚弱、水肿、血清镁水平低、神经肌肉过度兴奋、心跳无节律、器官钙化及退行性变性。当突然受到扰乱时发生阵挛、惊厥,严重时可致死亡。镁缺乏的临床症状以神经系统和心血管为主。在神经系统方面,常见肌肉震颤、手足搐搦、反射亢进、共济失调、有时听觉过敏、幻觉、严重时出现谵妄、精神错乱、定向力失常,甚至惊厥、昏迷等;在心血管系统方面,常见心动过速、有时出现心律失常,半数有血压升高,在手足搐搦发作时尤为明显,四肢厥冷而呈青紫色,自觉麻痛。

2.镁的过量与毒性

正常情况下,肠、肾及甲状旁腺等能调节镁代谢,一般不易发生镁中毒。用镁盐抗酸、导泻利胆、抗惊厥或治疗高血压脑病,亦不会发生镁中毒。以下几种情况有可能发生镁中毒:

(1)肾功能不全者,尤其是尿少者,接受镁剂治疗时,容易发生镁中毒。

(2)糖尿病酮症的早期,由于脱水,镁从细胞内溢出到细胞外,血镁常升高。

(3)肾上腺皮质功能不全、黏液水肿、骨髓瘤、草酸中毒、肺部疾患及关节炎等疾病时血镁升高。

（4）孕妇用镁剂治疗时,可导致婴儿因血镁突然增高而死亡。

（5）偶尔大量注射或口服镁盐也可引起高镁血症,尤其在脱水或伴有肾功能不全者中更为多见。血清镁高于 1.03mmol/L（2.5mg/dL）为高镁血症。

（四）镁的参考摄入量及食物来源

1.镁的参考摄入量

镁需要量的研究多采用平衡实验。我国对镁需要量的研究资料不多,2013 年中国营养学会制订的中国居民膳食营养素参考摄入量（DRIs）中成人镁的平均需要量（EAR）为 280mg/d,推荐摄入量（RNI）定为 330mg/d。对不同人群提出的膳食镁参考摄入量见表4 –11。

表4 –11　中国居民膳食镁参考摄入量（mg/d）

年龄/岁	EAR	RNI	年龄/岁	EAR	RNI
0 ～	—	20（AI）	50 ～	280	330
0.5 ～	—	65（AI）	65 ～	270	320
1 ～	110	140	80 ～	260	310
4 ～	130	160	孕妇（早）	+30	+40
7 ～	180	220	孕妇（中）	+30	+40
11 ～	250	300	孕妇（晚）	+30	+40
14 ～	270	320	乳母	+0	+0
18 ～	280	330			

2.镁的食物来源

自然界中的食物虽然普遍都含有镁,但食物中的镁含量差别却很大。镁主要存在于绿叶蔬菜、谷类、干果、蛋、鱼、肉、乳中。谷物中小米、燕麦、大麦、豆类和小麦含镁丰富,动物内脏含镁亦多。由于叶绿素是镁卟啉的螯合物,所以绿叶蔬菜是富含镁的。在糙粮、坚果中的镁量较为丰富,而肉类、淀粉类食物及牛乳中的镁含量属中等。除了食物之外,从饮水中也可以获得少量镁,但饮水中镁的含量差异很大,如硬水中含有较高的镁盐,软水中含量相对较低。常见含镁较丰富的食物见表4 –12。

表4 –12　镁含量较丰富的常见食物（mg/100g）

食物	含量	食物	含量	食物	含量	食物	含量
麸皮	382	黑豆	243	高粱米	129	稻米	54
南瓜子	376	莲子	242	绿苋菜	119	标准粉	50
山核桃	306	小麦胚芽	198	牛肉干	107	黄鱼	29
黑芝麻	290	芸豆	197	瓢儿菜	91	鲢鱼	23

续表

食物	含量	食物	含量	食物	含量	食物	含量
葵花子仁	287	黑米	174	金针菜	85	猪肉	16
杏仁	275	大麦	158	甜菜叶	72	牛奶	11
虾皮	265	黄玉米糁	151	毛豆	70	鸡蛋	10
荞麦	258	海参	149	木耳菜	62	苹果	4

七、铁

铁是人体必需的微量元素之一,也是体内含量最多的微量元素。膳食中的铁吸收率较低,易致缺乏,故这种营养素受到广泛的关注。成人体内含铁总量 3～5g,体内铁按其功能可分为功能铁和贮备铁两类,功能铁约占70%,它们大部分存在血红蛋白和肌红蛋白中,少部分存在含铁酶和运铁蛋白中。贮备铁约占总铁量的30%,主要以铁蛋白和含铁血黄素的形式存在于肝、脾和骨髓中。生物体内各种形式的铁都与蛋白质结合在一起,没有游离的铁离子存在。

(一)铁的生理功能

(1)参与体内氧的运输和组织呼吸过程。铁在体内的生理功能主要是作为血红蛋白、肌红蛋白、细胞色素等的组成部分而参与体内氧的运输、氧与二氧化碳的交换和组织呼吸过程。血红蛋白能与氧进行可逆性的结合,当血液流经氧分压较高的肺部时,血红蛋白能与氧结合成氧合血红蛋白,而当血液流经氧分压较低的组织时,氧合血红蛋白又将离解成血红蛋白和氧,以供组织利用,并将各组织中的二氧化碳送至肺部排出体外,从而完成氧与二氧化碳的运转、交换和组织呼吸的任务。

$$Hb(血红蛋白) + O_2 \Longleftrightarrow HbO_2(氧合血红蛋白)$$

肌红蛋白能在肌肉组织内转运并储存氧。细胞色素能在细胞呼吸过程中起转运电子的作用,从而对细胞呼吸和能量代谢具有重要的意义。

(2)维持正常的造血功能。铁在骨髓造血细胞中进入幼红细胞内,与卟啉结合形成高铁血红素,再与珠蛋白合成血红蛋白。缺铁可造成红细胞中血红蛋白的量不足,甚至影响DNA的合成及幼红细胞的增殖,还可使红细胞寿命缩短,自身溶血增加。

(3)与维持正常的免疫功能有关。免疫功能与体内铁的水平有关。研究发现缺铁可引起淋巴细胞的减少和自然杀伤细胞的活性降低,但当感染时,若存在过量的铁又往往会促进细菌的生长,对抵御感染不利。

(4)其他重要的功能。铁可催化促进 β - 胡萝卜素转化为维生素 A,参与嘌呤与胶原的合成、抗体的产生、脂类在血液中的转运以及药物在肝脏解毒等。

(二)铁的吸收与代谢

铁的吸收部位主要在十二指肠,其上皮细胞有调节铁吸收的作用。食物中的铁主要以

$Fe(OH)_3$络合物的形式存在，在胃酸作用下，还原为亚铁离子，再与肠内容物中的维生素C、某些糖及氨基酸形成络合物，在十二指肠及空肠的碱性溶液中，络合物仍维持溶解状态，有利于吸收。进入肠黏膜细胞中的铁，首先与脱铁蛋白结合形成铁蛋白，贮存于黏膜细胞中。当机体需要铁时，铁即从铁蛋白中释出，再与运铁蛋白的β-球蛋白结合，从而被带入血液循环，运往需要铁的组织中。失去铁的脱铁蛋白重新与新吸收的铁结合为铁蛋白，当肠黏膜细胞中铁蛋白量逐渐增高达到饱和时，铁的吸收相应减少，最后停止。当机体需铁量多时吸收增加，需铁少时吸收减少。

食物中的铁有血红素型铁与非血红素型铁两种类型，它们的吸收与利用各有不同。

1.血红素铁

血红素铁(haem iron)是与血红蛋白及肌红蛋白中的卟啉结合的铁，可被肠黏膜上皮细胞直接吸收，在细胞内分离出铁并与脱铁蛋白结合。此型铁不受植酸等膳食成分因素的干扰，且胃黏膜分泌的内因子有促进其吸收的作用，吸收率较离子铁高。

2.非血红素铁

非血红素铁(non-haem iron)又称离子铁，此类铁主要以$Fe(OH)_3$络合物的形式存在于食物中。与其结合的有机分子有蛋白质、氨基酸及其他有机酸等。此型铁必须先溶解，与有机部分分离，还原为亚铁离子后，才能被吸收。膳食中存在的磷酸盐、碳酸盐、植酸、草酸、鞣酸等可与非血红素铁形成难溶性的铁盐而阻止铁的吸收。此为谷类食物铁吸收低的主要原因。

从小肠吸收入血液中的Fe^{2+}，氧化为Fe^{3+}后，与运铁蛋白结合，将大部分铁运至骨髓，用于合成血红蛋白，少部分运至其他各组织细胞，用以合成各种组织细胞、各种含铁蛋白质，或以铁蛋白形式贮存。血液中的铜蓝蛋白(铁氧化酶)以及另一种黄色的铜蛋白(铁氧化酶Ⅱ)，催化Fe^{2+}氧化为Fe^{3+}加速铁的转运。

人体对食物中铁的吸收率很低，膳食中铁的吸收率平均约为10%，但各种食物间有很大的差异，一般动物性食物中铁的吸收率高于植物性食物，例如牛肉为22%、牛肝为14%~16%、鱼肉为11%，而玉米、大米、大豆、小麦中的铁吸收率只有1%~5%。所以，如果膳食中植物性食品较大时，铁的吸收率就可能不到10%。鸡蛋的铁的吸收率低于其他动物性食品，在10%以下。人乳中铁的吸收率最高，可达49%。

机体对铁具有贮存、再利用的代谢特点。贮存铁以铁蛋白形式贮存在肝、脾、骨髓及肠黏膜细胞中的铁总量，成年男子为1000mg，女子为300mg。红细胞因无细胞分裂能力，平均寿命120d，衰老的红细胞被破坏分解为胆红素、氨基酸及铁。铁又通过血液循环运输到红骨髓再合成新的红细胞，这样的铁每日20~25mg，除肠道分泌以及皮肤、消化道、尿道等的上皮脱落可造成约1mg/d铁的损失外，几乎不从其他途径丢失，即能满足身体对铁的需要，见图4-1。

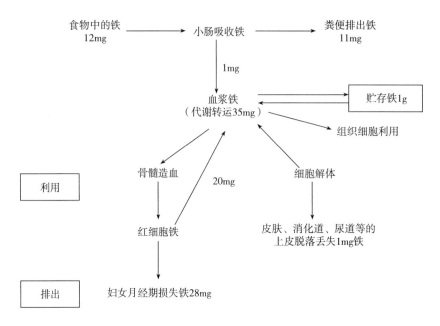

图 4 - 1 铁在体内的动态

生育期的妇女铁的损失比男性大,妇女在月经期共损失铁 15 ~ 28mg,孕妇每日给胎儿提供 1.3mg 铁,再加上胎盘及分娩失血约 175mg,因此孕妇、乳母铁的需要量比正常人明显增多。

(三)影响铁吸收的主要因素

(1)植物性食物中含有较多的磷酸盐、碳酸盐、植酸、草酸、鞣酸等可和铁形成难溶性铁盐,降低了铁的吸收率。

(2)维生素 C 有利于铁的吸收。维生素 C 能与铁形成小分子可溶性络合物,因而有利于铁的吸收。另外,由于 Fe^{2+} 的吸收率是 Fe^{3+} 的 3 倍,维生素 C 作为还原性物质,在肠道内将 Fe^{3+} 还原为 Fe^{2+} 而促进铁的吸收。

(3)肉、禽、鱼类食物中铁的吸收率较高,除了与其中含有一半左右(约 40%)的血红素铁有关外,也与动物肉中的一种叫"肉因子"的物质有关。此种"肉因子"为动物的细胞蛋白质,能显著地促进非血红素铁的吸收,但迄今并未确知"肉因子"的化学构造,促进机理尚不清楚。

(4)食物中的有些成分,如胱氨酸、半胱氨酸、赖氨酸、组氨酸、葡萄糖、果糖、柠檬酸、琥珀酸、脂肪酸、肌苷、山梨酸等能与铁螯合形成小分子可溶性单体,阻止铁的沉淀,因而有利于铁的吸收。

(5)食物中钙的含量充足,可与铁吸收的抑制因素如植酸根、草酸根等结合,利于铁的吸收,但大量的钙不利于铁的吸收,原因尚不明确。

(6)蛋黄中含有卵黄高磷蛋白,会干扰铁的吸收,其铁的吸收率仅为 3%。

(7)食物中另有一些成分可妨碍铁的吸收,如茶叶中所含的鞣酸在肠道内可与铁形成难溶性的复合物,对铁的吸收有明显抑制作用。

另外,铁的吸收也受体内铁的贮存量和需要程度的影响。在正常情况下,体内铁的储存量变动不大,每天吸收的铁主要用于血红素的合成,以补偿每天体内因红细胞破坏而降解的血红素。当铁贮存量多时,铁的吸收率降低;贮存量减少时,需要量增加,吸收率亦增加。如患缺铁性贫血时铁吸收率增高,而铁负荷过量和红细胞生成抑制时则吸收减少。胃肠吸收不良综合征也会影响铁的吸收。

影响铁吸收的因素很多,食物中铁的营养价值高低,除要考虑其铁的含量外,还要看铁的生物利用率以及食物中是否有铁吸收的抑制或促进因素存在。

(四)铁的缺乏与过量

1.铁的缺乏

铁缺乏可引起缺铁性(营养性)贫血,它是一种世界性的营养缺乏症,在我国患病率很高,处于生长阶段的儿童、青春期女青年、孕妇及乳母若膳食中的铁摄入不足就更易造成营养性贫血。如孕妇摄入铁不足将导致新生儿体内贮存铁相对较少,在一岁以内出现贫血。

体内缺铁可分三个阶段:第一阶段为铁减少期(ID),此时贮存铁减少,血清铁蛋白浓度下降,无明显症状;第二阶段为红细胞生成缺铁期(IDE),此时除血清铁蛋白下降外,血清铁(与运铁蛋白结合的铁)也下降,同时铁结合力上升(即运铁蛋白的饱和度下降),游离原卟啉浓度上升,但血红蛋白尚未降到贫血标准;第三阶段为缺铁性贫血期(IDA),血红蛋白和红细胞比容下降,红细胞色淡、大小不一,并出现缺铁性贫血的症状。

缺铁性贫血的症状有:皮肤黏膜苍白、易疲劳、头晕、畏寒、气促、心动过速、记忆力减退等。当体内血清铁浓度减低严重时,血中血红蛋白的含量减少。成年男子血红蛋白的正常值为(14 ± 1.3) g/dL,女子(12.5 ± 1.0) g/dL。

2.铁的过量与毒性

通过各种途径进入体内的铁量的增加,可使铁在人体内贮存过多,因而可导致铁在体内潜在的有害作用。体内铁的储存过多与多种疾病有关。一般情况下,铁的储备增加而不伴有组织损害时,称为含铁血黄素沉积症;如果人体内出现组织损害,特别在肝脏中有铁的大量增加时,称为血色病。血色病的主要症状有肝硬化、糖尿病、皮肤高度色素沉着以及心力衰竭等。另外,若大量摄食补铁剂或补铁的强化食品时,也可发生铁中毒。

(五)铁的参考摄入量及食物来源

1.铁的参考摄入量

铁一旦被吸收后可在体内反复利用。因此人体对铁的需要量不多,成人每日供给12~15mg 就能满足体内需要。中国营养学会于 2013 年制订的中国居民膳食铁参考摄入量(DRIs),成年男性的适宜摄入量(AI)为 12 mg/d,女性为 20 mg/d。建议的中国居民各年龄组膳食铁参考摄入量见表4－13。

表 4 – 13　中国居民膳食铁参考摄入量（mg/d）

年龄/岁	EAR		RNI		UL	年龄/岁	EAR		RNI		UL
	男	女	男	女			男	女	男	女	
0 ~	—		0.3(AI)		—	50 ~	9	9	12	12	42
0.5 ~	7		10		—	65 ~	9	9	12	12	42
1 ~	6		9		25	80 ~	9	9	12	12	42
4 ~	7		10		30	孕妇(早)	—	+0	—	+0	42
7 ~	10		13		35	孕妇(中)	—	+4	—	+4	42
11 ~	11	14	15	18	40	孕妇(晚)	—	+7	—	+9	42
14 ~	12	14	16	18	40	乳母	—	+3	—	+4	42
18 ~	9	15	12	20	42						

2.铁的食物来源

铁广泛存在于各种食物中,但分布极不均衡,吸收率相差也极大。动物性食物中含有丰富的铁,如动物肝脏、瘦猪肉、牛羊肉、禽类、鱼类、动物全血等不仅含铁丰富而且吸收率很高,是膳食中铁的良好来源,但鸡蛋和牛乳中铁的吸收率低。植物性食物中含铁量不高,且吸收率低,以大豆和小油菜、芹菜、萝卜缨、荠菜、毛豆等铁的含量较高。在我国的膳食结构中,植物性食物摄入比例较高,血红素铁的含量低,应注意多从动物性食物中摄取铁。另外,用铁质烹调用具烹调食物可在一定程度上对膳食起着强化铁的作用。常见食物中铁的含量见表 4 – 14。

表 4 – 14　常见食物中铁的含量（mg/100g 食部）

食物	含量	食物	含量	食物	含量
黑木耳(干)	97.4	虾米	11.0	小米	5.1
紫菜(干)	54.9	香菇(干)	10.5	大白菜	4.4
芝麻酱	50.3	荞麦(带皮)	10.1	蒜薹	4.2
桂圆	44.0	葡萄干	9.1	羊肉(瘦)	3.9
芝麻(黑)	22.7	猪血	8.7	毛豆	3.5
猪肝	22.6	黄豆	8.2	牛肉	3.4
口蘑(白蘑)	19.4	赤小豆	7.4	花生	3.4
扁豆	19.2	山核桃	6.8	菠菜	2.9
豆腐皮	13.9	绿豆	6.5	稻米	2.3
海参	13.2	鸡蛋黄	6.5	枣(干)	2.3

八、碘

碘是人体必需的微量元素,正常成人体内含碘 20 ~ 50mg,其中 70% ~ 80% 存在于甲状腺组织内,是甲状腺激素合成的必不可少的成分。其余分布在骨骼肌、肺、卵巢、肾、淋巴结、肝、睾丸和脑组织中。甲状腺中的含碘量随年龄、摄入量及腺体的活动性不同而有差异。

(一)碘的生理功能

碘在体内主要是参与甲状腺激素的合成,其生理作用也是通过甲状腺激素的作用表现出来的。甲状腺激素是机体最重要的激素之一,对机体的作用是多方面的,它不仅是调节机体物质代谢必不可缺的物质,对机体的生长发育也有着非常重要的作用。因此,一旦缺碘,就会给人体带来很大的危害。甲状腺激素的生理作用主要是:

(1)参与机体的能量代谢。甲状腺激素在蛋白质、脂肪、碳水化合物的代谢中,能促进生物氧化过程,调节能量的转换,使产热增加。甲状腺功能低下的人,由于产热减少、耗氧量少、基础代谢率低而畏寒;而甲状腺功能亢进(甲亢)的人,由于产热多而不耐热。碘缺乏引起的甲状腺激素合成减少会导致基本生命活动受损和体能下降,这个作用是终身的。

(2)促进机体的物质代谢。甲状腺激素有促进蛋白质的合成、调节蛋白质合成和分解的作用,因此,对人体的生长发育有着重要的生理意义。甲状腺激素对蛋白质代谢的作用会因体内甲状腺激素是否缺乏而不同,当体内缺乏碘时,甲状腺激素有促进蛋白质合成的作用;当体内甲状腺激素过多时,反而会引起蛋白质分解,即甲亢时会使蛋白质大量分解,出现负氮平衡。另外,甲状腺激素对蛋白质代谢的作用还会因蛋白质的摄入量而不同,当膳食中摄入的蛋白质不足时,甲状腺激素促进蛋白质合成;当膳食中摄入蛋白质充足时,则甲状腺激素促进蛋白质分解。

在碳水化合物和脂肪代谢中,甲状腺激素除能促进生物氧化过程外,还有促进碳水化合物的吸收、加速肝糖原分解、促进周围组织对碳水化合物的利用、促进脂肪的分解和氧化、调节血清中的胆固醇和磷脂的浓度等作用。因此,人体内碳水化合物和脂肪的代谢在甲状腺功能亢进时增强,减退时减弱。另外,研究表明,甲状腺激素还能促进维生素的吸收和利用,如促进烟酸的吸收利用以及促进 β - 胡萝卜素转变成维生素 A,并有活化许多重要的酶的作用,包括细胞色素酶系、琥珀酸氧化酶系等100多种,对生物氧化和代谢都有促进作用。

(3)促进生长发育。甲状腺激素能调控并维持动物体内细胞的分化与生长。发育期儿童的身高、体重、肌肉、骨骼的增长和性发育等都必须有甲状腺激素的参与,若缺碘可导致儿童的生长发育受阻。

(4)促进神经系统发育。碘是胎儿神经发育的必需物质,在胎儿或婴幼儿脑发育的一定时期内必须依赖甲状腺激素的参与。甲状腺激素能促进神经系统的发育、组织的发育和分化、蛋白质合成,这些作用在胚胎发育期和出生后的早期尤其重要。此时若缺乏甲状腺素,将对脑的发育造成严重的不可逆影响,直接影响到智力发育。

(5)垂体的支持作用。甲状腺激素对维持垂体正常的形态、功能和代谢是至关重要的。当血浆中甲状腺激素增多时,垂体即受到抑制,促使甲状腺激素分泌减少;当血浆中甲状腺激素减少时,垂体又能促进甲状腺激素分泌,对稳定甲状腺的功能很有必要,并对碘缺乏病的作用也很大。

(二)碘的吸收与代谢

人每日摄取的碘总量为 $100\sim300\mu g$,主要以碘化物的形式由消化道吸收,其中有机碘一部分可直接吸收,另一部分则需在消化道转化为无机碘后,才可吸收。肺、皮肤及黏膜也可吸收极微量的碘。

食物中的碘离子极易被吸收,进入胃肠道 1h 可被吸收大部分,3h 可全部被吸收,并迅速运至血液中,然后运送至全身,可分布于各组织中,如甲状腺、肾脏、唾液腺、乳腺、卵巢等,不过只有进入甲状腺的碘,才能合成甲状腺激素。

在代谢过程中,甲状腺激素分解而脱下的碘,一部分可重新利用。体内的碘主要经肾脏排出,尿液中排出的碘占排出总量的 90%,粪便中排出的约占 10%,哺乳妇女从乳汁中可排出一定量的碘,汗液中排出的量极少。

(三)碘的缺乏与过量

1.碘的缺乏

机体因缺碘而导致的一系列障碍统为碘缺乏病。人体碘的 80%～90% 来自食物,10%～20% 来自饮水,来自空气的碘小于 5%。由于环境、食物缺碘造成的碘缺乏病常呈地方性。地区和个体的某些因素能影响人体对碘的需要量,例如不少食物(如萝卜、甘蓝属蔬菜、黄豆、花生、核桃、木薯、栗子等)均含有可引起碘需要量增加的致甲状腺肿物质,易造成人体内碘的缺乏。处于内陆、山区的人群,一般远离海洋,水和土壤中含碘极少,因而食物含碘也不高,长期生活在缺碘环境中容易发生碘缺乏病。

碘缺乏的典型症状为甲状腺肿大,由于缺碘造成甲状腺素合成分泌不足,引起垂体促甲状腺激素代偿性合成分泌增多,从而刺激甲状腺组织增生、肥大。孕妇严重缺碘可影响胎儿神经、肌肉的发育并可导致胎儿死亡率上升。婴幼儿缺碘可引起生长发育迟缓、智力低下,严重者发生呆小症(克汀病),表现为智力落后、生长发育落后、聋哑、斜视、甲状腺功能减退、运动功能障碍等。

2.碘的过量与毒性

较长时间的高碘摄入也可导致高碘性甲状腺肿、碘性甲状腺功能亢进、乔本氏甲状腺炎等。碘过量通常发生在高碘地区以及在治疗甲状腺肿等疾病中使用过量的碘剂等情况。在我国的河北、日照等地的居民,曾因饮用深层高碘水或摄入高碘食物而引起甲状腺肿。这类甲状腺肿只要限制高碘食物的摄入即可预防。

(四)碘的参考摄入量及食物来源

1.碘的参考摄入量

人体对碘的需要量,取决于对甲状素的需要量。维持正常代谢和生命活动所需的甲状腺激素是相对稳定的,合成这些激素所需的碘量为 $50\sim75\mu g$。中国营养学会在 2013 年制订的中国居民膳食碘参考摄入量(DRIs)中,建议成年人的推荐摄入量(RNI)为 $120\mu g/d$;可耐受最高摄入量(UL)为 600 μg/d。建议的中国居民各年龄组膳食碘参考摄入量见表 4-15。

表 4-15　中国居民膳食碘参考摄入量(μg/d)

年龄/岁	EAR	RNI	UL	年龄/岁	EAR	RNI	UL
0 ~	—	85(AI)	—	50 ~	85	120	600
0.5 ~	—	115(AI)	—	65 ~	85	120	600
1 ~	65	90	—	80 ~	85	120	600
4 ~	65	90	200	孕妇(早)	+75	+110	600
7 ~	65	90	300	孕妇(中)	+75	+110	600
11 ~	75	110	400	孕妇(晚)	+75	+110	600
14 ~	85	120	500	乳母	+85	+120	600
18 ~	85	120	600				

2.碘的食物来源

人类所需的碘,主要采自食物,为每日总摄入量80%~90%,其次为饮水与食盐。食物碘含量的高低取决于各地区的生物地质化学状况。

海洋生物含碘量很高,如海带、紫菜、鲜海鱼、蚶干、蛤干、干贝、淡菜、海参、海蜇、龙虾等,其中干海带含碘可达 240mg/kg,而远离海洋的内陆山区或不易被海风吹到的地区,土壤和空气中含碘量较少,这些地区的食物含碘量不高。

陆地食品含碘量以动物性食品高于植物性食品,蛋、乳含碘量相对稍高(40~90μg/kg),其次为肉类,淡水鱼的含碘量低于肉类。植物含碘量是最低的,特别是水果和蔬菜。在碘缺乏地区采用碘强化措施是防治碘缺乏的重要途径,如在食盐中加碘、食用油中加碘及自来水中加碘等。食用碘盐是最方便、有效的预防缺碘的方法。常见食物中碘的含量见表 4-16。

表 4-16　常见食物中碘的含量(μg/100g 食部)

食物	含量	食物	含量	食物	含量
海带(干)	36240.0	鸡肉	12.4	橘子	5.3
紫菜	4323.0	牛肉	10.4	小米	3.7
贻贝	346.0	核桃	10.4	小麦粉	2.9
海鱼	295.9	松子仁	10.3	番茄	2.5
虾皮	264.5	小白菜	10.0	大米	2.3
海带(鲜)	113.9	黄豆	9.7	扁豆	2.2
虾米	82.5	青椒	9.6	牛奶	1.9
豆腐干	46.2	豆腐	7.7	鸡肝	1.3
鸡蛋	27.2	草鱼	6.4	马铃薯	1.2
猪肝	16.4	柿子	6.3	茄子	1.1

九、锌

锌作为人体必需的微量元素广泛分布于人体的所有组织和器官中。正常成人体内含锌 $2 \sim 3g$，其中 60% 在肌肉，30% 在骨骼，4% 在眼球色素层，2% 在肝中，0.5% 以下在血液中，而全血中的锌 $75\% \sim 85\%$ 分布于红细胞中，血浆含锌约占 10%，大部分为结合状态，其中 30% 与 α_2 – 巨球蛋白结合，60% 与白蛋白疏松地结合，7% 与氨基酸（组氨酸、半胱氨酸）结合，另一部分与运铁蛋白、金属硫团及核蛋白结合，游离锌约 2%。

（一）锌的生理功能

（1）酶的组成成分或酶的激活剂。锌是人体许多重要酶的组成成分，已知含有锌的酶不少于 80 种，主要有金属酶、碱性磷酸酶、乳酸脱氢酶、羧肽酶、胸腺嘧啶核苷激酶、超氧化物歧化酶等，而 RNA 聚合酶、DNA 聚合酶呈现活性也需锌的参与。

（2）促进生长发育与组织再生。锌可调节 DNA 及 RNA 复制、翻译和转录，与蛋白质和核酸的合成，细胞生长等各过程都有关。锌对胎儿的生长发育也非常重要。锌对于促进性器官和性机能的正常发育是必需的。

（3）维持正常味觉与食欲。锌可能通过参加构成一种含锌蛋白（即唾液蛋白）而对味觉与食欲发生作用。

（4）促进机体免疫功能。主要在于维持与保护免疫反应细胞的复制。缺锌时细胞免疫反应下降，T 辅助细胞功能缺陷，抗体反应降低以及迟发超敏反应下降，补充锌供给量可提高机体免疫功能。

（5）促进维生素 A 代谢及其他生理作用。锌在体内有促进视黄醛的合成和构型化的作用，参与肝中维生素 A 动员，维持血浆维生素 A 浓度的恒定，对于维持正常暗适应能力有重要作用。锌对于维护皮肤健康也是必需的。

（二）锌的吸收与代谢

锌主要在小肠内被吸收，然后与血浆中白蛋白或运铁蛋白结合，随血流入门静脉循环，分布于各器官和组织。锌吸收受膳食中含磷化合物（如植酸）的影响，而降低其吸收率；过量纤维素及某些微量元素也影响其吸收；铁过多可抑制锌吸收。锌的吸收率一般为 $20\% \sim 30\%$。锌在体内代谢后，主要通过胰腺分泌排出，仅小部分从尿中排出，汗液中也含锌。

（三）锌的缺乏与过量

1.锌的缺乏

儿童长期缺锌可导致侏儒症，主要表现为生长停滞。青少年除生长停滞外，还会出现性成熟推迟、性器官发育不全、第二性征发育不全等。如果孕妇发生锌的缺乏，可以不同程度地影响胎儿的生长发育，以致引起胎儿的种种畸形。不论儿童或成人缺锌，均可引起味觉减退及食欲不振，出现异食癖，还会出现皮肤干糙、免疫功能降低等症状。严重缺锌时，即使肝脏中有一定量维生素 A 储备，亦可出现暗适应能力降低。

2.锌的过量与毒性

人体一般来说不易发生锌中毒,但若盲目过量补锌或食用因镀锌罐头污染的食物和饮料等时均有可能引起锌过量或锌中毒。成人摄入2g以上的锌即可发生锌中毒,引起急性腹痛、腹泻、恶心、呕吐等症状。过量的锌还可干扰铜、铁和其他微量元素的吸收和利用,影响中性粒细胞和巨噬细胞活力,抑制细胞杀伤能力,损害免疫功能。大剂量的锌甚至可导致贫血、生长停滞和突然死亡。锌中毒症状通常在停止锌的接触或摄入后短期内即可消失。

(四)锌的参考摄入量及食物来源

1.锌的参考摄入量

膳食锌需要量的估计,要考虑生理过程中组织对锌的需要、补偿丢失和食物固有的性质,如吸收和利用率等因素。中国营养学会近年来参考国际上锌需要量的研究成果,结合中国居民膳食结构特点,在2013年制订的中国居民膳食锌参考摄入量(DRIs),建议成年男性推荐摄入量(RNI)为12.5 mg/d,女性为7.5 mg/d。建议的中国居民各年龄组膳食锌参考摄入量见表4-17。

表4-17 中国居民膳食锌参考摄入量(mg/d)

年龄/岁	EAR 男	EAR 女	RNI 男	RNI 女	UL	年龄/岁	EAR 男	EAR 女	RNI 男	RNI 女	UL
0 ~	—	—	2.0(AI)		—	50 ~	10.4	6.1	12.5	7.5	40
0.5 ~	2.8		3.5		—	65 ~	10.4	6.1	12.5	7.5	40
1 ~	3.2		4.0		8	80 ~	10.4	6.1	12.5	7.5	40
4 ~	4.6		5.5		12	孕妇(早)	—	+1.7	—	+2.0	40
7 ~	5.9		7.0		19	孕妇(中)	—	+1.7	—	+2.0	40
11 ~	8.2	7.6	10	9.0	28	孕妇(晚)	—	+1.7	—	+2.0	40
14 ~	9.7	6.9	11.5	8.5	35	乳母	—	+3.8	—	+4.5	40
18 ~	10.4	6.1	12.5	7.5	40						

2.锌的食物来源

动物性来源的食物如贝壳类海产品、红色肉类、动物内脏都是锌的极好来源,干酪、虾、燕麦、花生酱、花生等为锌的良好来源,干果类、谷物胚芽和麦麸也富含锌,一般植物性食物锌含量较低,过细的加工过程可导致大量的锌丢失,如小麦加工成精面粉大约丢失80%的锌。常见食物中锌的含量见表4-18。

表4-18 常用食物中锌的含量(mg/100g 可食部)

食物	锌含量	食物	锌含量	食物	锌含量
生蚝	71.20	螺蛳	10.29	南瓜子(炒)	7.12
海蛎肉	47.05	墨鱼(干)	10.02	葵花籽(炒)	5.91

续表

食物	锌含量	食物	锌含量	食物	锌含量
小麦胚芽	23.40	糌粑	9.55	猪肝	5.78
蕨菜(脱水)	18.11	火鸡腿	9.26	牛肉(瘦)	3.71
蛏子	13.63	口蘑	9.04	牛乳粉(全脂)	3.14
山核桃	12.59	松子	9.02	猪肉(瘦)	2.99
扇贝	11.69	香菇	8.57	花生仁(炒)	2.82
泥蚶	11.59	蚌肉	8.50	稻米(大米)	1.70
鱿鱼(干)	11.24	辣椒(红、尖、干)	8.21	小麦粉(标准粉)	1.64
山羊肉(冻)	10.42	兔肉(野)	7.81	鸡蛋(全)	1.00

十、硒

硒是人体必需微量元素的这一认识是 20 世纪后期营养学上最重要的发现之一。1957 年我国学者首先提出克山病与缺硒有关,并进一步验证和肯定了硒是人体必需的微量元素。成人体内含硒 14~21mg,分布于人体除脂肪以外的所有组织中。

(一)硒的生理功能

(1)硒是谷胱甘肽过氧化物酶的重要组成成分。硒参与谷胱甘肽过氧化物酶(GSH - Px)的构成,GSH - Px 具有清除自由基、抗氧化的作用,可保护细胞膜免受氧化损伤,维持细胞的正常功能。硒的生理功能主要是通过 GSH - Px 发挥抗氧化作用,硒与维生素 E 在抗脂类氧化作用中起协同作用,细胞膜中的维生素 E 主要是阻止不饱和脂肪酸被氧化为氢过氧化物,而 GSH - Px 是将产生的氢过氧化物迅速分解成羟基脂酸(图 4-2)。

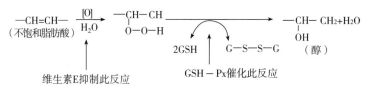

图 4-2　维生素 E 与 GSH - Px 协同抗氧化作用示意图

(2)参与甲状腺激素的代谢。硒是碘甲腺原氨酸脱碘酶(iodothyronine deiodinase, ID)的构成成分,有生理活性的甲状腺激素分子是 T_3,由 T_4 脱碘而成,硒可将甲状腺分泌的 T_4 转化为活性形式 T_3 而发挥重要的生理作用。

(3)保护心肌健康。硒能降低心血管病的发病率。动物实验证实,硒对心肌纤维、小动脉及微血管的结构及功能有重要作用。硒缺乏是克山病发病的基本因素,补硒能有效地预防克山病的发生。

(4)解除重金属的毒性。硒与金属的结合力很强。硒在胃肠道中可与铅、镉、汞等许多重金属结合,形成金属硒蛋白复合物并排出体外,起到排毒、解毒作用。

此外,硒还有促进生长、保护视觉器官及抗肿瘤的作用。

(二)硒的吸收与代谢

硒主要是在小肠(包括十二指肠、空肠和回肠)中被吸收,人体对食物中硒的吸收率一般为60%~80%。硒的吸收率因其存在的化学结构形式、化合物溶解度的大小等而不同,硒蛋氨酸较无机形式的硒更容易吸收,溶解度大的硒化合物比溶解度小的更容易吸收。硒吸收后通过与血浆蛋白结合转运到各组织器官中。

硒在人体内主要以两种形式存在,一种是硒蛋氨酸(selenomethionine,SeMet),以一种蛋氨酸类似的途径主动吸收,吸收率达90%以上,它在体内不能合成,直接由食物供给,作为机体内硒的储存形式存在,当膳食中缺少硒时,硒蛋氨酸可向机体提供人体所需的硒,另一种是硒蛋白中的硒半胱氨酸(selenocysteine,Sec),为具有生物活性的化合物。

经肠道吸收进入体内的硒,代谢后大部分经尿液排出,粪便中的硒主要是食物中未吸收的硒,此外,硒还可通过皮肤和毛发排出。

(三)硒的缺乏与过量

1.硒的缺乏

目前还没有人或动物单纯硒缺乏疾病报道,但有许多与硒缺乏相关疾病(如克山病和大骨节病)的报告。在硒水平适宜地区,从未见克山病和大骨节病病例发生,这些疾病只出现在我国从东北到西南的一条很宽的低硒地带内。

(1)克山病:是一种以多发性灶状心肌坏死为主要病变的地方性心肌病。病因虽未完全明了,但在多年防治工作中,我国学者发现克山病的发病与硒的营养缺乏有关,并且已用亚硒酸钠预防取得成功,于1973年首次提出并证明硒是人类的一种必需微量元素,这是近30年来微量元素研究的重要进展。通过大量测试发现克山病发病区的土壤、农作物中硒含量明显低于非病区(表4-19)。

表4-19　病区和非病区居民主粮中硒含量的差别

主粮	病区硒含量(1×10^{-6})	非病区硒含量(1×10^{-6})
玉米	0.005 ± 0.002	0.036 ± 0.056
水稻	0.007 ± 0.003	0.024 ± 0.038

(2)大骨节病:是一种地方性、多发性、变形性骨关节病。它主要发生于青少年,严重地影响骨发育和日后生活劳动能力。补硒可以缓解一些病状,对病人干骺端改变有促进修复、防止恶化的较好效果,但不能有效控制大骨节病发病率。因此,目前认为低硒是大骨节病发生的环境因素之一。

2.硒的过量与毒性

人类因食用含硒量高的食物和水,或从事某些常常接触到硒的工作时,可引起硒中毒。我国湖北恩施地区和陕西紫阳县水土中含硒量高,以致生长的植物含有大量硒,20世纪60年代发生过人吃高硒玉米而急性中毒的病例。居民从膳食摄入硒4.99mg/d而发生慢性硒中毒,中毒体征主要是头发脱落和指甲变形。病人出现恶心、呕吐、头发脱落、指甲变形、烦躁、疲乏和外周神经炎等症状。

(四)硒的参考摄入量及食物来源

1.硒的参考摄入量

中国营养学会在2013年制订的中国居民膳食硒参考摄入量(DRIs)中,建议成年人的推荐摄入量(RNI)为60 μg/d;可耐受最高摄入量(UL)为400 μg/d。建议的中国居民各年龄组膳食硒参考摄入量见表4-20。

表4-20　中国居民膳食硒参考摄入量(μg/d)

年龄/岁	EAR	RNI	UL	年龄/岁	EAR	RNI	UL
0 ~	—	15(AI)	55	50 ~	50	60	400
0.5 ~	—	20(AI)	80	65 ~	50	60	400
1 ~	20	25	100	80 ~	50	60	400
4 ~	25	30	150	孕妇(早)	+4	+5	400
7 ~	35	40	200	孕妇(中)	+4	+5	400
11 ~	45	55	300	孕妇(晚)	+4	+5	400
14 ~	50	60	350	乳母	+15	+18	400
18 ~	50	60	400				

2.硒的食物来源

动物性食品肝、肾、肉以及海产品含硒较丰富,粮食、豆类、蔬菜及水果中硒含量受产地地质环境的影响,不同地区土壤及水中硒含量差异较大,因而食物中硒含量也有很大区别,高硒地区的粮食、豆类和蔬菜中硒含量是克山病地区同类产品的1000倍。我国目前食物中的硒供给量一般存在不足。常见食物中硒的含量见表4-21。

表4-21　常用食物中硒的含量(μg/100g 可食部)

食物	锌含量	食物	锌含量	食物	锌含量
魔芋精粉	350.15	带鱼	36.57	杏仁	15.65
猪肾	156.77	腰果	34.00	桂圆(干)	12.40
松蘑(干)	98.44	羊肉(肥瘦)	32.20	猪肉(肥瘦)	11.97
普中红蘑	91.70	扁豆	32.00	牛肉(瘦)	10.55
牡蛎	86.64	南瓜子	27.03	猪蹄筋	10.27
珍珠白蘑(干)	78.52	鸡蛋黄	27.01	紫菜(干)	7.22
鲜贝	57.35	豆腐干(小香干)	23.60	黑豆	6.79
鸭肝	57.27	西瓜子	23.44	黄豆	6.16
小黄花鱼	55.20	大蒜(脱水)	19.30	大蒜(紫皮)	5.54
蘑菇(干)	39.18	猪肝	19.21		

十一、铜

铜是机体的组成成分和人体必需的微量元素之一,广泛分布于生物组织中。人体内的铜主要以含铜蛋白的形式存在,大多数属于含铜氧化酶。正常人体内的含铜总量为 $1.5 \sim 2.0 mg/kg$,估计人体内含铜总量范围为 $50 \sim 120mg$,其中 $50\% \sim 70\%$ 在肌肉和骨骼中,20% 在肝脏中,$5 \sim 10\%$ 在血液中,少量存在于铜酶中。各器官组织中的铜浓度,以肝、肾、心、头发和脑中最高,脾、肺、肌肉、骨次之,脑垂体、甲状腺和胸腺最低。

(一)铜的生理功能

铜参与铜蛋白和多种酶的构成,是体内许多氧化酶的组成成分,如胺氧化酶、亚铁氧化酶 Ⅰ(铜蓝蛋白)、亚铁氧化酶 Ⅱ、细胞色素 C 氧化酶、超氧化物歧化酶、多巴胺 β - 羟化酶等,它们在人体内发挥着重要的生理功能。

(1)维持正常造血功能。铜参与铁的代谢和红细胞生成,铜能促进铁的吸收、转运和储存。亚铁氧化酶 Ⅰ(铜蓝蛋白)和亚铁氧化酶 Ⅱ可氧化铁离子(Fe^{2+} 氧化为 Fe^{3+}),使铁离子结合到运铁蛋白,对生成运铁蛋白起重要作用,并可将铁从小肠腔和储存点运送到红细胞生成点,促进血红蛋白的形成。故铜缺乏时红细胞生成障碍,表现为缺铜性贫血。正常骨髓细胞的形成也需要铜,缺铜可引起线粒体中细胞色素 C 氧化酶活性下降,可引起贫血。

(2)促进结缔组织形成。铜主要通过赖氨酰氧化酶促进结缔组织中胶原蛋白和弹性蛋白的交联,以形成强壮、柔软的结缔组织。如铜缺乏,则影响胶原结构,可导致骨骼、皮肤和血管的病变。

(3)维持中枢神经系统正常功能。铜在中枢神经系统中的一些遗传性和偶发性神经紊乱的发病中有着重要的作用,如细胞色素氧化酶能促进神经髓鞘的形成。在脑组织中多巴胺 β - 羟化酶可催化多巴胺转变为神级递质肾上腺素。多巴胺 β - 羟化酶还与儿茶酚胺的生物合成有关。

(4)保护机体免受超氧阴离子的损伤。铜是超氧化物歧化酶(SOD)的成分,SOD 具有抗氧化作用,能催化超氧阴离子转变为过氧化物,过氧化物又通过过氧化氢酶或谷胱甘肽过氧化物酶作用进一步转变为水,从而保护细胞免受超氧阴离子的损伤。铜蓝蛋白是几种自由基的清除剂,并可保护特别容易被羟基氧化和破坏的不饱和脂肪酸,在体液中起抗氧化剂的作用。

(5)参与黑色素形成及维护毛发正常颜色和结构。酪氨酸酶为含铜酶,它能催化酪氨酸羟基化转变为多巴(Dopa,即 $3,4$ - 二羟苯丙氨酸),再转变为黑色素,为皮肤、毛发、眼睛所必需。先天性酪氨酸酶缺乏会引起毛发脱色,称为白化病。巯基氧化酶也属于含铜酶,它具有维护毛发正常结构及防止其角化的作用。

此外,铜对胆固醇代谢、葡萄糖代谢、免疫功能、激素分泌等也有影响。

(二)铜的吸收与代谢

铜主要在十二指肠被吸收,小肠末端和胃也可以吸收铜。据估计,人体铜吸收率与摄入量呈负相关关系,且受饮食中其他因素的影响,在12%~75%范围内波动。植物性食物中铜的吸收率约为33.8%,动物性食物中铜吸收率约为41.2%,某些膳食成分可能影响铜的吸收和利用,如锌、铁、钼、维生素C、蔗糖和果糖,但所需量都比较高。铜吸收后,被运至肝脏、骨骼等组织器官,用以合成铜蓝蛋白和含铜酶。

铜的主要排泄途径是通过胆汁到胃肠道,再与进入胃肠道的铜以及少量来自小肠细菌的铜一起由粪便中排出,由胆汁排泄入胃肠道的铜10%~15%可被重新吸收。

(三)铜的缺乏与过量

1.铜的缺乏

铜普遍存在于各种天然食物中,正常膳食即可满足人体对铜的需要,一般不易缺乏。铜的缺乏病主要发生于以下几种情况:①早产儿;②全面营养不良和长期腹泻;③伴有小肠吸收不良的病变;④长期完全肠外营养的病人;⑤长期使用螯合剂。机体缺铜可引起贫血、白细胞减少、红细胞形成受抑制、血管活力减退、运动障碍、心律不齐、中枢神经系统受损、胆固醇升高、皮肤毛发脱色和骨质疏松等症状,孕妇铜缺乏可导致胎儿心脏、血管发育受损和脑畸形。

2.铜的过量与毒性

过量铜可引起急、慢性中毒,铜过量多发生于饮用与铜容器或铜管道长时间接触的酸性饮料或误服大量铜盐引起的急性中毒。表现为恶心、呕吐、上腹部疼痛、腹泻、头痛、眩晕及口中有金属味等临床病状,严重者可出现昏迷状态,甚至死亡。

慢性铜中毒较为少见,主要见于Wilson's卷发症,是一种先天性铜代谢紊乱疾病,以中枢神经损伤为主,头发卷曲色浅为特征,它与铜在肝脏及其他组织中达到毒性水平的聚集有关,并非铜摄入量过多所致。

(四)铜的参考摄入量及食物来源

1.铜的参考摄入量

中国营养学会参考、借鉴近年来国外的情况,结合中国居民实际状况,在2013年制订的中国居民膳食铜参考摄入量(DRIs)中,建议成年人推荐摄入量(RNI)为0.8 mg/d;可耐受最高摄入量(UL)为8.0 mg/d。

2.铜的食物来源

铜广泛分布于各种食物中,如坚果、谷类、豆类、肝、肾、贝类等都是含铜丰富的食物。以牡蛎、贝类海产品食物以及坚果类中的含量最高;其次是动物的肝、肾;谷类胚芽部分,豆类等次之。植物性食物中铜的含量受其栽培土壤中铜含量以及加工方法的影响而有不同,蔬菜和乳类中铜的含量最低。常见含铜丰富的食物有酵母(鲜)、生蚝、松蘑(干)、牡蛎、鹅肝、杏干、白蘑、豆奶、青稞等。

十二、其他矿物质

（一）氯

氯是人体必需常量元素之一，在人体含量平均为 1.17g/kg，总量为 82～100g，主要以氯离子形式与钠、钾化合存在，其中氯化钾主要在细胞内液中，氯化钠主要在细胞外液中，少量氯分布在骨骼和结缔组织中。氯具有维持细胞外液的容量与渗透压、维持体液酸碱平衡、参与血液 CO_2 运输等功能。另外，氯离子还参与胃液中胃酸的形成。氯离子还可稳定神经细胞膜电位等，也可刺激肝功能。由于氯来源广泛，由饮食引起的氯缺乏很少见，但是大量出汗、肾功能改变等情况可引起氯缺乏，氯缺乏时易引起掉发和牙齿脱落，肌肉收缩不良，消化受损并影响生长发育等。

膳食氯几乎完全来源于氯化钠，仅少量采自氯化钾。因此食盐及其加工食品酱油，盐渍、腌制食品，酱、咸菜以及咸味食品等都富含氯化物。一般天然食品中氯的含量差异较大。天然水中也几乎都含有氯，估计日常从饮水中提供 40mg/d 左右，与从食盐来源的氯的量（约 6g）相比并不重要。

（二）氟

氟是人体所必需的微量元素，过量又可引起中毒。氟已被证实是唯一能降低儿童和成年人龋齿患病率和减轻龋齿病情的营养素。人体内约有 0.007% 的氟。

氟是牙齿的重要成分，氟被牙釉质中的羟磷灰石吸附后，在牙齿表面形成一层坚硬的氟磷灰石保护层。这一保护层具有抗酸性、抗腐蚀性作用，并能够抑制嗜酸细菌的活性和抵抗某些酶对牙齿的损害，进而预防龋齿的发生。氟能与骨盐（主要是羟磷灰石）结晶表面的离子进行交换，形成氟磷灰石而成为骨盐的组成部分，适量的氟有利于钙和磷的利用及在骨骼中的沉积，加速骨骼的形成，保护骨骼的健康，氟对老年人的骨质疏松有一定预防作用。

虽然在高等动物及人类尚未发现有确切或特异的氟缺乏症，但研究资料表明，含低氟量供水的地区龋齿发症率较高。老年人缺氟时，钙、磷的利用受到影响，可导致骨质疏松。过量氟会干扰钙、磷的代谢，造成骨骼组织的氟化钙异常的增加，逐渐出现骨的密度增加、骨膜增厚、并有韧带和骨骼的钙化，引起运动系统障碍，有的甚至导致残疾；过量的氟还会引起牙齿失去原有半透明的光泽、牙质变暗，被黄色的色素沉着，甚至引起牙齿发育不良、变形、变脆、破碎折断、缺损等。

一般情况下，动物性食品中氟含量高于植物性食品，海洋动物中氟含量高于淡水及陆地食品，鱼（鲱鱼 28.50mg/kg）和茶叶（37.5～178.0mg/kg）氟含量很高。人体中的氟从饮水中的摄入量也占一定的比例，我国不同地区的天然水源中氟含量不同，一般为 0.2～0.5mg/L。

（三）铬

铬是以 Cr^{3+} 的形式存在于人体的各部分，人体内铬含量为 5～10mg，主要存在于肝脏、脾脏、软组织和骨骼中。铬具有增强胰岛素的作用,在铬缺乏状态下胰岛素的功能降低,糖尿病患者补充铬后葡萄糖耐量受损得到改善。铬可调节蛋白质的代谢,具有促进蛋白质合成和生长发育等功能。

人体铬主要来自食物,而人体对铬的吸收率较低,某些人群可以缺铬。食物缺铬的原因主要是食品精制过程中铬被丢失。缺铬的另一主要原因是人体对铬消耗增加,如烧伤、感染、外伤和体力消耗过度,可使尿铬排出增加。因膳食因素所致铬摄取不足而引起的缺乏症未见报道。

铬的良好食物来源为谷类、肉类及鱼贝类,啤酒酵母及肝脏中铬含量较高且易于吸收;坚果类和豆类也含有较多的铬,蔬菜和水果含铬量很低。粮食经加工精制后,铬含量明显降低。

(四)锰

锰在人体内含量甚微,成年人仅 $10 \sim 20mg$,分布在身体的骨骼、脑、肝脏、肾脏、胰腺等组织中。锰在体内作为锰金属酶或锰激活酶发挥整理作用,在参与骨骼形成,氨基酸、胆固醇和碳水化合物代谢,维持脑功能以及神经递质的合成与代谢等诸多方面发挥重要作用。

锰缺乏会影响生长、骨骼畸形、共济失调、生殖机能紊乱,引起脂肪、糖代谢的紊乱,胆固醇合成障碍等。锰缺乏被认为是关节疾病、先天畸形等疾患的危险因素;据报道,较低的血锰浓度可导致癫痫、骨质疏松、唐氏综合征。

锰含量较多的食物有坚果、粗粮、叶菜类和鲜豆类,肉、蛋、乳、鱼等较低,茶叶中含量较高(各种品种平均为 $150\mu g/g$)。

(五)钼

人体各种组织均含钼,成人体内总量为 $9mg$,分布于全身各种组织和体液中,肝、肾中含量最高。钼以多种钼金属酶发挥其生理功能。钼是黄嘌呤氧化酶、醛氧化酶和亚硫酸盐氧化酶的辅基的必要成分,参与碳水化合物、脂肪、蛋白质、含硫氨基酸、核酸和铁的代谢。因此,钼被认为是人体必需微量元素之一。人体对钼的需要量很小,通常条件下人体不会发生钼缺乏,长期全肠外营养病人可能出现钼缺乏问题。

钼广泛存在于各种食物中,干豆和谷类以及坚果是钼的良好来源,蔬菜、水果和海产品中含量一般较低,动物肝、肾中含量最丰富。

(六)钴

钴元素是维生素 B_{12} 的重要组成成分之一。体内的钴主要以维生素 B_{12} 的形式发挥其生理作用,而维生素 B_{12} 则是血红细胞形成的一种重要因素。

动物内脏(包括肾、肝、胰等)含钴(维生素 B_{12})都比较丰富,其次是牡蛎、瘦肉。我国发酵豆制品中含维生素 B_{12} 也不少,如臭豆腐、红豆乳、豆豉、酱油、黄酱等。

(七)硼

硼是人体可能必需的微量元素。硼的功能主要是参与胚胎形成、骨骼发育、细胞膜功能和稳定、代谢调节以及免疫应答;硼在生物体中主要与氧结合;硼可能与钙、镁代谢和甲状旁腺的功能有关;硼是人和动物氟中毒的重要解毒剂。口服硼的毒性很低,人的急性中毒体征包括恶心、呕吐、腹泻、皮炎和嗜睡。

植物性食物,尤其是非柑橘类水果、叶菜、果仁和豆类富含硼,果酒、苹果汁和啤酒含硼量也很高,肉、鱼和乳类食品中含硼量少。

（八）硅

硅是高等动物所必需的微量元素,人体内含量 2～3g,是形成骨、软骨、结缔组织必需的成分,膳食硅摄入量一般在 14～62mg/d 范围,还没有从食物中摄入硅而导致有害人体健康的报告。

硅广泛存在于各类食物中,粗粮及谷类制品中含量丰富,通过正常膳食即可获得足够量的硅。

（九）镍

镍在植物和微生物中作为酶的辅因子或结构组分(如尿酶、氢化酶、CO 脱氢酶等)发挥生物学作用,包括水解和氧化还原反应和基因表达等,但在人体中的营养作用还未被确认。镍在人体中作用可能有:在蛋氨酸代谢中镍与维生素 B12 和叶酸有交互作用,或在同型半胱氨酸合成蛋氨酸及丙酰 CoA 转换成琥珀酰 CoA 时发挥作用,在补体系统中也可能发挥生理作用。

镍富含于巧克力、坚果、干豆、谷类及梨等。

十三、矿物质在食品加工中的变化

食品加工时矿物质的变化,随食品中矿物质的化学组成、分布以及食品加工的不同而异。其损失可能很大,也可能由于加工用水及所用设备不同等原因不但没有损失,反而可有增加。

（一）烫漂对食品中矿物质含量的影响

食品在烫漂或蒸煮时,若与水接触,则食品中的矿物质损失可能很大,这主要是因烫漂后沥滤的结果。至于矿物质损失程度的差别则与它们的溶解度有关。菠菜在烫漂时矿物质的损失如表 4-22 所示。值得指出的是在此过程中钙不但没有损失,似乎还稍有增加,至于硝酸盐的损失无论从防止罐头腐蚀和对人体健康来说都是有益的。

表 4-22 烫漂对菠菜矿物质的影响

名　称	含量（g/100g）		损失率（%）
	未烫漂	烫漂	
钾	0.9	3.0	50
钠	0.5	0.3	43
钙	2.2	2.3	0

续表

名 称	含量（g/100g）		损失率（%）
	未烫漂	烫漂	
镁	0.3	0.2	30
磷	0.6	0.4	36
硝酸盐	2.5	0.8	70

（二）烹调对食品中矿物质含量的影响

烹调对不同食品的不同矿物质含量影响不同,尤其是在烹调过程中,矿物质很容易从汤汁内流失。此外,马铃薯在烹调时的铜含量随烹调类型的不同而有所差别(表4－23)。铜在马铃薯皮中的含量较高,煮熟后含量下降,而油炸后含量却明显增加。

豆子煮熟后矿物质的损失非常显著(表4－24),其钙的损失与其他常量元素相同而与菠菜相反,至于其他微量元素的损失也与常量元素相同。

表4－23　烹调对马铃薯铜含量的影响

烹调类型	含量（mg/100g 鲜重）	烹调类型	含量（mg/100g 鲜重）
生鲜	0.21 ± 0.10	油炸薄片	0.29
煮熟	0.10	马铃薯泥	0.10
烤熟	0.18	马铃薯皮	0.34

表4－24　生熟豌豆的矿物质含量

名称	含量（mg/100g）		损失率（%）
	生	熟	
钙	13.5	69	49
铜	0.80	0.33	59
铁	5.3	2.6	51
镁	163	57	65
锰	1.0	0.4	60
磷	453	156	55
钾	821	298	64
锌	2.2	1.1	50

（三）碾磨对食品中矿物质含量的影响

谷类中的矿物质主要分布在其糊粉层和胚组织中,所以碾磨可使其矿物质的含量减少,而且碾磨越精,其矿物质的损失越多。矿物质不同,其损失率亦可有不同。关于小麦磨粉后某些微量元素的损失如表4－25所示。

由表4－25可见,当小麦碾磨成粉后,其锰、铁、钴、铜、锌的损失严重。钼虽然也集中在被除去的麦麸和胚芽中,但集中的程度比前述元素低,损失也较低。铬在麦麸和胚芽中的浓度与钼相近。硒的含量受碾磨的影响不大,仅损失15.9%。至于镉在碾磨时所受的影响似乎很小。

表 4-25　碾磨对小麦微量元素的影响

名称	小麦（mg/kg）	白面粉（mg/kg）	损失率（%）
锰	46	6.5	85.8
铁	43	10.5	75.6
钴	0.026	0.003	88.5
铜	5.3	1.7	67.9
锌	35	7.8	77.7
钼	0.48	0.25	48.0
铬	0.05	0.03	40.0
硒	0.63	0.53	15.9
镉	0.26	0.38	—

（四）大豆加工对矿物质含量的影响

大豆可加工成脱脂大豆蛋白粉,并进一步制成大豆浓缩蛋白与大豆分离蛋白。在上述加工过程中,大豆和大豆制品中的微量元素可有变化(表 4-26)。尽管表中所列数据来源不一,不能直接加以比较,但是可从中看出某些趋势。例如大豆加工与谷类碾磨不同,其微量元素除硅外无明显损失,而铁、锌、铝、锶等元素反而都浓缩了,这可能是大豆深加工后提高了蛋白质的含量,上述元素与蛋白质组分相结合,因而受到浓缩。

此外,食品中的矿物质还可因加工用水、设备,以及与包装材料接触而有所增加。尤其是食品加工时使用的食品添加剂更是食品中矿物质增加的重要原因。

表 4-26　大豆及大豆制品中矿物质的含量（mg/kg）

名称	大豆	脱脂大豆蛋白粉	大豆浓缩蛋白	大豆分离蛋白
铁	80	65	100	167
锰	28	25	30	25
硼	19	40	25	22
锌	18	73	46	110
铜	12	14	16	14
钡	8	6.5	3.5	5.7
硅	—	140	150	7
钼	—	3.9	4.5	3.8
碘	—	0.00	0.17	0.10
铝	—	7.7	7.7	18
锶	—	0.85	0.85	2.3

第二节　维生素

一、概述

维生素是促进人体生长发育和调节生理功能所必需的一类低分子有机化合物。维生素的种类很多,化学结构各不相同,在体内的含量极微,但它在体内调节物质代谢和能量代谢中起着十分重要的作用。

(一)维生素的共同特点

(1)维生素是人体代谢不可缺少的成分,均为有机化合物,都是以本体(维生素本身)的形式或可被机体利用的前体(维生素原)的形式存在于天然食品中。

(2)维生素在体内不能合成或合成量不足,也不能大量储存于机体的组织中,虽然需要量很小,但必须由食物供给。

(3)在体内不能提供热能,也不能构成身体的组织,但担负着特殊的代谢功能。

(4)人体一般仅需少量维生素就能满足正常的生理需要。若供给不足就要影响相应的生理功能,严重时会产生维生素缺乏病。

由此可见,维生素与其他营养素的区别在于它既不供给机体热能,也不参与机体组成,只需少量即可满足机体需要,但绝对不可缺少,如果缺乏维生素的任何一种,都会引起疾病。

随着对维生素更加广泛、深入的研究,已发现维生素还有许多新的功能作用,特别是对某些慢性非传染性疾病的防治方面,在这方面已有很多实验研究与人群流行病学调查研究的明确结果。维生素的这些作用表明,适宜的维生素摄入对人类维护健康,远离慢性疾病的困扰无疑是有利的。

(二)维生素的命名

在科学工作者没有完全确定各种维生素的化学结构之前,通常把维生素的命名按照它们被发现的顺序,依字母顺序排列,或根据它们所具有的营养作用的第一个词的开头字母命名。例如按照发现顺序的脂溶性维生素首先是维生素 A、维生素 D、维生素 E,水溶性维生素 B_1、维生素 B_2 和维生素 C。而维生素 K 的发现者是一位荷兰科学家,他把维生素 K 的抗出血作用按荷兰文称为"凝血因子"(koagalation factor)而命名。此外,也可以按其特有的生理和治疗作用命名,如抗脚气病维生素、抗癞皮病维生素、抗干眼病维生素等。

随着各种维生素化学结构的确定,人们经常使用其化学结构名称。虽然维生素的命名还没有取得一致,但更趋向于使用化学名称,尤其用于复合 B 族维生素。维生素的命名具体见表 4-27。

表 4 - 27　维生素命名

名称	以化学结构或功能命名	英文名称
维生素 A	视黄醇,抗干眼病维生素	vitammA,retinol
维生素 D	钙化醇,抗佝偻病维生素	vitaminD,calciferol
维生素 E	生育酚	vitaminE,tocopherol
维生素 K	叶绿醌,凝血维生素	vitaminK,phylloquinone
维生素 B_1	维生素 B_1,抗脚气病维生素	vitammB$_1$,thiamin
维生素 B_2	维生素 B_2	vitammB$_2$,riboflavin
维生素 B_3	泛酸	vitammB$_3$,pantothenic acid
维生素 PP	尼克酸,烟酸,抗癞皮病维生素	niacin,nicotinic acid,niaciamide
维生素 B_6	吡哆醇(醛,胺)	pyridoxine,pyridoxal,pyridoxamine
维生素 M	叶酸	folacin,folic acid,folate
维生素 H	生物素	biotin
维生素 B_{12}	钴胺素,氰胺素质,抗恶性贫血病维生素	cobalamin
维生素 C	抗坏血酸,抗坏血病维生素	ascorbic acid

(三)维生素的分类

各种维生素类化学结构差别很大,科学家们发现维生素的生理作用与它们的溶解度有很大关系,所以通常按照维生素的溶解性能不同将其分为脂溶性维生素和水溶性维生素以及类维生素物质三大类。

1.脂溶性维生素

包括维生素 A、维生素 D、维生素 E、维生素 K。脂溶性维生素的共同特点是:①化学组成仅含有碳、氢、氧;②不溶于水而溶于脂肪及有机溶剂(如苯、乙醚及氯仿等);③在食物中它们常与脂类共存,在酸败的脂肪中容易破坏;④在体内消化、吸收、运输、排泄过程均与脂类密切相关;⑤摄入后大部分储存在脂肪组织中;⑥大剂量摄入容易引起中毒;⑦如摄入过少,可缓慢出现缺乏症状。

2.水溶性维生素

包括 B 族维生素(维生素 B_1、维生素 B_2、维生素 PP、叶酸、维生素 B_6、维生素 B_{12}、泛酸、生物素等)和维生素 C。水溶性维生素的共同特点是:①自然界中几种维生素常共同存在,其化学组成除含有碳、氢、氧外,还含氮、硫、钴等元素;②易溶于水而不溶于脂肪及有机溶剂中,对酸稳定,易被碱破坏;③与脂溶性维生素比较,水溶性维生素及其代谢产物较易自尿中排出,体内没有非功能性的单纯的储存形式;④当机体饱和后,多摄入的维生素必然从尿中排出;反之,若组织中的维生素枯竭,则给予的维生素将大量被组织利用,故从尿中排出减少;⑤绝大多数水溶性维生素以辅酶或辅基的形式参与酶的功能;⑥水溶性维生素一般无毒性,但极大量摄入时也可出现毒性;⑦如摄入过少,可较快地出现缺乏症状。

3.类维生素物质

机体内存在的一些物质,尽管不认为是真正的维生素类,但它们所具有的生物活性却非常类似维生素,有时把它们列入复合维生素 B 族这一类中,通常称它们为类维生素物质,其中包括:胆碱、生物类黄酮(维生素 P)、肉毒碱(维生素 B_T)、辅酶 Q(泛醌)、肌醇、维生素 B_{17}(苦杏仁苷)、硫辛酸、对氨基苯甲酸(PABA)、维生素 B_{15}(潘氨酸)。

(四)维生素的缺乏

维生素的缺乏按其缺乏原因可分为原发性维生素缺乏和继发性维生素缺乏。原发性维生素缺乏是指由于膳食中维生素供给不足或其生物利用率过低引起;继发性维生素缺乏是指由于生理或病理原因妨碍了维生素的消化、吸收、利用,或因需要量增加、排泄或破坏增多而引起的条件性维生素缺乏。常见维生素缺乏的原因主要有以下几点。

(1)食物中维生素供给不足。许多因素可使食物中维生素的供应严重不足,如膳食调配不合理、有偏食习惯、个别地区食物品种单调等,都可导致从食物中摄取的维生素不足。另外也可由于食物运输、加工、储存、烹调不当使食物中维生素遭受破坏和损失。如食物加工过程中可导致维生素损失的因素主要有氧化、加热、光照、金属离子的存在、pH、酶等。维生素 C 在储存及烹调时最易破坏。我国膳食中蔬菜的维生素含量较多,但多以熟食为主,所以实际摄取量比按新鲜样品的计算值要小。

(2)吸收受障碍。多见于老年人,消化系统疾病或肝、胆疾病的患者,如老人胃肠道功能降低,对营养素(包括维生素)的吸收利用降低;肝、胆疾病患者由于胆汁分泌减少会影响脂溶性维生素的吸收;消化系统疾病患者长期腹泻,消化道或胆道梗阻者,可影响人体对维生素的吸收。

(3)人体需要量增加,但食物中的供给量未增加。生长期的儿童、妊娠和哺乳期的妇女,重体力劳动及特殊工种的工人,以及长期高热和患慢性消耗性疾患的病人等,对维生素的需要量会相对增高,比一般正常人要高。食物中维生素的供给量应随着人体需要量的增加而相应增加。

(4)长期用营养素补充剂者对维生素的需要量增加,一旦摄入量减少,也很容易出现维生素缺乏的症状。

维生素的缺乏按缺乏的程度又可分为临床维生素缺乏和亚临床维生素缺乏。当维生素缺乏出现临床症状时称为维生素的临床缺乏。维生素的轻度缺乏常不出现临床症状,但一般可使劳动效率降低和对疾病抵抗力的降低,称为亚临床维生素缺乏。由于维生素的亚临床缺乏引起的症状不具有明显特异性,往往被人们忽略,故应对此有高度警惕。

二、维生素 A

维生素 A,是人类最早发现的维生素。狭义的维生素 A 指视黄醇,广义包括维生素 A 和维生素 A 原,包括所有具有视黄醇生物活性的一大类物质,是指含有 β–白芷酮环的多烯基化合物。维生素 A 包括维生素 A_1（视黄醇）和维生素 A_2（3 - 脱氢视黄醇），二者的生理功能相似。维生素 A_1 主要存在于海鱼中，而维生素 A_2 主要存在于淡水鱼中，维生素 A_2 的生物活性为维生素 A_1 的 40%。棕榈酸视黄酯是视黄醇的主要储存形式。

视黄醇分子末端的—CH_2OH 在体内可氧化成—CHO，称视黄醛。11 - 顺式视黄醛在光的作用下转变为全反式视黄醛，是与视觉有密切关系的维生素 A 活性形式。视黄酸是视黄醛氧化的产物，它对细胞的增生和分化有重要作用。近年认为，它能阻止或延缓癌前病变，防止化学致癌作用，但它不能被还原为视黄醛，对视觉功能无作用。

类胡萝卜素主要来自植物，尤其是黄色、红色蔬菜水果含量最多。目前已发现约 600 种类胡萝卜素，仅约 1/10 是维生素 A 原，其中最重要的为 β - 胡萝卜素，它常与叶绿素并存。此外，还有 α - 胡萝卜素、γ - 胡萝卜素和隐黄素等，也属于维生素 A 原。

（一）维生素 A 的理化性质

维生素 A 为淡黄色结晶，胡萝卜素为深红色，其溶液呈黄色或橘黄色，均为脂溶性化合物。维生素 A 及其衍生物易被氧化和受紫外线破坏，油脂酸败过程中，其所含的维生素 A 会受到严重的破坏。食物中的磷脂、维生素 E、维生素 C 和其他抗氧化剂有提高维生素 A 稳定性的作用。烹调过程中胡萝卜素比较稳定，且加工、加热有助于胡萝卜素从细胞内释出，提高吸收率。

（二）维生素 A 的生理功能

维生素 A 在人体具有广泛而重要的生理功能，主要包括视觉功能、细胞增殖分化调节、细胞间信息交流和免疫应答等几个方面。

（1）视觉功能。维生素 A 与视网膜上的感光物质视紫红质的合成和再生有关。视网膜上有两种高度特异的感光视细胞，即视杆细胞与视锥细胞（图 4 - 3），视锥细胞与明视觉及色觉有关，视杆细胞与暗视觉有关，两者的感光物质不同，视锥细胞为视紫兰质，视杆细胞为视紫红质。在人体中后者数量多，前者数量少。视紫红质是视黄醛与带有赖氨酸残基的视蛋白相结合的复合物，当视网膜接受光线时，视紫红质发生一系列变化，经过各种中间构型终被漂白，此反应物刺激通过视神经纤维传到大脑，形成视觉称为"光适应"。由于在光亮处对光敏感的视紫红质被大量消耗，因此一旦由亮处到暗处，不能看见暗处物体。如视网膜处有足量视黄醛积存，即可被存在于细胞中的视黄醛异构酶，异构化为 11 - 顺式视黄醛，并与视蛋白结合形成视紫红质，从而恢复对光的敏感性，在一定照度下的暗处能够看见物体，称为"暗适应"。"暗适应"的快慢显然与体内维生素 A 营养水平有关。维生素 A 缺乏、暗适应能力下降，严重时可致夜盲症。除了视黄醛作为视网膜中的感光物质将光刺激转成神经信号，在脑产生视觉外，视黄酸还具有促进眼睛各组织结构的正常分化和正常视觉的作用。

（2）维护上皮细胞的形态完整和功能健全。维生素 A 是调节糖蛋白合成的一种辅酶，对上皮细胞的细胞膜起稳定作用，参与维持上皮细胞的形态完整和功能健全。维生素 A 营养良好时，人体上皮组织黏膜细胞中的糖蛋白的生物合成正常，分泌黏液正常，而缺乏时上

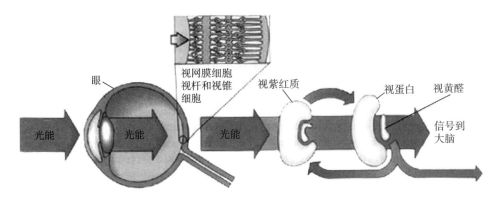

图 4 - 3　视黄醇参与视觉形成中的循环过程

皮不分泌糖蛋白,导致上皮细胞萎缩,皮肤干燥、粗糙,毛囊角质化,汗腺和皮脂腺萎缩。

（3）维持和促进免疫功能。类视黄醇对维护免疫功能是必需的,通过核受体对靶基因的调控,可以提高细胞免疫功能,促进免疫细胞产生抗体,以及促进 T 淋巴细胞产生某些淋巴因子。维生素 A 缺乏和边缘缺乏的儿童,感染性疾病发病风险和死亡率升高。

（4）促进生长发育和维护生殖功能。维生素 A 参与细胞的 RNA、DNA 的合成,对细胞的分化、组织更新有一定的影响。维生素 A 参与调节机体多种组织细胞的生长和分化,包括神经系统、心血管系统、眼睛、四肢和上皮组织等。维生素 A 缺乏时还会导致男性睾丸萎缩,精子数量减少、活力下降,也可影响胎盘发育。缺乏维生素 A 的儿童生长停滞、发育迟缓、骨骼发育不良,缺乏维生素 A 的孕妇所生的新生儿体重减轻。

（5）其他功能。维生素 A 与骨质代谢存在密切的关系,缺乏时可使破骨细胞数量减少,成骨细胞的功能失控,导致骨膜骨质过度增生,骨腔变小。其次,长骨的形成和牙齿的发育均会受到影响。

此外,类胡萝卜素也是人体内不可缺少的营养物质。β - 胡萝卜素不仅是食物中维生素 A 的良好来源,研究发现它在防癌方面和预防心血管疾病方面也有明显作用。β - 胡萝卜素是极好的抗氧化剂,在人体内能捕捉自由基,提高机体抗氧化防御能力,有助于提高正常机体的免疫功能。

（三）维生素 A 的吸收与代谢

食物中的维生素 A 大都以视黄醇酯的形式存在,它与类胡萝卜素经胃内的蛋白酶消化后从食物中释出,在小肠经胆汁和胰脂酶的作用,通过小肠绒毛上皮细胞被吸收。

维生素 A 主要以主动吸收的方式被机体吸收,其特点是必须有载体参加,并有能量消耗,吸收速度较快,吸收率高,为 70% ~90%。而胡萝卜素在肠道以扩散的方式被吸收,吸收率一般为 20% ~50%。胆盐可促进二者的吸收,磷脂有助于胡萝卜素的吸收。

维生素 A 以酯的形式主要储存在肝脏,肾脏中维生素 A 储存量约为肝脏的 1%,眼色素上皮中亦储存有维生素 A,其为视网膜备用库。

（四）维生素 A 的缺乏与过量

1.维生素 A 的缺乏

维生素 A 缺乏仍是许多发展中国家的一个主要的公共卫生问题,发生率相当高,在非洲和亚洲许多发展中国家的部分地区呈地方性流行。

夜盲症是指在黑暗中看不见物体,"暗适应"是指从亮处进入暗处,眼睛在黑暗中需要适应一段时间才能看到目标的生理现象。维生素 A 缺乏最早的症状是暗适应能力下降,严重者可致夜盲症,维生素 A 缺乏,视网膜上维持暗视觉的视紫红质生成障碍,影响视网膜对暗光的敏感度,导致暗适应能力降低甚至夜盲。

维生素 A 缺乏可引起干眼症,进一步发展可引起失明。儿童维生素 A 缺乏最重要的临床诊断体征是眼结膜毕脱氏斑(BI),其为脱落细胞的白色泡沫状聚积物,是正常结膜上皮细胞和杯状细胞被角化取代的结果。

维生素 A 缺乏除了引起眼部症状外,还会引起毛囊增厚(毛囊角质化),导致机体不同组织上皮细胞干燥、增生及角化,另外,维生素 A 缺乏时,血红蛋白合成代谢障碍,免疫功能低下,儿童生长发育迟缓,维生素 A 缺乏导致人类感染性疾病发病率和死亡率增加。

2.维生素 A 的过量与毒性

由于维生素 A 为脂溶性维生素,其在体内的排泄率不高,食入过量可在体内蓄积而导致中毒。主要表现为厌食、恶心、呕吐、肝脾肿大、长骨变粗及骨关节疼痛、过度兴奋、肌肉僵硬、皮肤干燥、瘙痒、鳞皮、脱发等。成人每天摄入 22500～150000μgRE(视黄醇当量),3～6个月后可出现上述症状,但大多数是由于摄入维生素 A 纯制剂或吃了某些野生动物肝、鱼肝而引起的,一般食物中摄入的维生素 A 不会引起中毒。通过食物食入大量胡萝卜素,除在皮肤脂肪积累使其呈黄色外,尚未发现有其他的毒性。

（五）维生素 A 的参考摄入量及食物来源

1.维生素 A 的参考摄入量

在计算膳食中维生素 A 的供给量时,除了应考虑维生素 A 本身外,还应考虑其前体物质类胡萝卜素(以 β - 胡萝卜素为主)。膳食或食物中全部具有视黄醇活性物质常用视黄醇当量(RE)来表示,包括已形成的维生素 A 和维生素 A 原的总量。它们常用的换算关系是:

1 个视黄醇当量(μgRE) =1μg 全反式视黄醇 =2μg 溶于油剂的纯品全反式 β - 胡萝卜素 =6μg 膳食全反式 β - 胡萝卜素 =12μg 其他膳食维生素 A 原类胡萝卜素。

视黄醇活性当量(RAE,μg) = 膳食或补充剂来源全反式视黄醇(μg) +1/2 补充剂纯品全反式 β - 胡萝卜素(μg) +1/12 膳食全反式 β - 胡萝卜素(μg) +1/24 其他膳食维生素 A 原类胡萝卜素(μg)。

中国营养学会于 2013 年制订的中国居民膳食营养素参考摄入量(DRIs)时,提出了中国居民膳食维生素 A 的推荐摄入量(RNI),成年男性为 800μgRAE/d,女性为 700μgRAE/d,可耐受最高摄入量(UL)为 3000μgRAE/d。

2.维生素 A 的食物来源

人体从食物中获得的维生素 A 主要有两类:一是来自动物性食物的维生素 A,多数以酯的形式存在于动物肝脏、鱼肝油、鱼卵、乳和乳制品(未脱脂)、禽蛋中;二是来自植物性食物中的胡萝卜素(主要是 β - 胡萝卜素),有色蔬菜尤其绿色和黄色蔬菜及部分水果中含量最多,如菠菜、韭菜、油菜、豌豆苗、红心甜薯、胡萝卜、青椒、南瓜、芒果及杏等都是胡萝卜素的丰富来源。孕妇、乳母和儿童要注意维生素 A 的供给。如果每人每日食入一个鸡蛋或每周食用一次猪肝,再加上每日 250g 富含胡萝卜素的黄绿色蔬菜就可使我们膳食中的维生素 A 摄入量有明显的改善。

三、维生素 D

维生素 D 为一组存在于动植物组织中的固醇类化合物,其中以维生素 D_3(胆钙化醇)和维生素 D_2(麦角骨化醇)最重要。动物皮下的 7 - 脱氢胆固醇及植物油或酵母中的麦角固醇经紫外线照射后可分别转化为维生素 D_3 和维生素 D_2。维生素 D_2 和维生素 D_3 的生理功能和作用机制是完全相同的,二者都具有维生素 D 的生理活性,常被统称为维生素 D。平常所说的维生素 D 的活性以维生素 D_3 为参考标准。维生素 D_3 的计量单位有两种,即重量单位和国际单位,$1\mu g$ 维生素 D_3 相当于 40 国际单位(IU)。$1,25 - (OH)_2 - D_3$ 是维生素 D 的活性形式,具有类固醇激素的作用。

(一)维生素 D 的理化性质

维生素 D 为白色晶体,溶于脂肪及脂溶剂,对热、碱较稳定。在 130℃ 加热 90min,其活性仍能保存,故通常的烹调加工不会造成维生素 D 的损失。维生素 D 油溶液中加入抗氧化剂后更稳定。维生素 D 在酸性环境中易分解,故脂肪酸败可引起其中维生素 D 的破坏。过量辐射线照射可形成少量具有毒性的化合物。

(二)维生素 D 的生理功能

(1)维持血液中钙、磷的正常浓度。维生素 D 与甲状旁腺激素共同作用,维持血钙水平的稳定,包括促进钙吸收和骨吸收,其主要调节因子是 $1,25 - (OH)_2 - D_3$、甲状旁腺激素、降钙素及血清钙和磷的浓度。当血钙浓度降低时,甲状旁腺通过钙受体识别钙浓度降低分泌甲状旁腺激素,维生素 D 可促进肾小管对钙、磷的重吸收,并将钙从骨骼动员出来,在小肠促进结合蛋白质的合成,增加钙的吸收;当血钙过高时,促进甲状旁腺产生降钙素,并阻止骨骼脱钙,增加钙、磷从尿中的排泄量。促进骨骼和牙齿的钙化过程,维持骨骼和牙齿的正常生长。

(2)参与某些蛋白质转录的调节。维生素 D 参与钙转运蛋白和骨基质蛋白的转录以及细胞周期蛋白转录的调节,增加体内特殊细胞的分化(例如破骨细胞前体物、肠细胞和角化细胞等)。$1,25 - (OH)_2 - D_3$ 可促进皮肤表皮细胞的分化并阻止其增殖,对皮肤病具有潜在的治疗作用。

(3)发挥激素样作用参与体内免疫调节功能。1,25-(OH)$_2$-D$_3$可诱导巨噬细胞的混合和分化,也可抑制活化T-淋巴细胞中白细胞介素Ⅱ的产生,维生素D这种激素作用可能参与体内免疫调节,已成功地被用于治疗银屑病及其他皮肤病。

(三)维生素 D 的吸收与代谢

人类从两个途径获得维生素D,即经口从食物摄入与皮肤内7-脱氢胆固醇经紫外线照射合成。经口摄入的维生素D在小肠,主要在空肠、回肠与脂肪一起被吸收,在皮肤里形成的维生素D可直接被吸收到循环系统。两者又均被维生素D$_3$结合蛋白(DBP)转送至肝。在肝脏转变成25-羟胆钙化醇(25-OH-D$_3$)。25-羟胆钙化醇由肝输送至肾,转变成1,25-(OH)$_2$-D$_3$。血钙偏低,甲状旁腺素(PTH)、降钙素、催乳激素都可使其合成增多。维生素D主要贮存在脂肪组织和骨骼肌中,肝、大脑、肺、脾、骨和皮肤也有少量存在。

维生素D分解代谢主要在肝脏,代谢物经胆汁进入小肠,大部分由粪便排出。大约占摄取量的4%由尿排出。

(四)维生素 D 的缺乏与过量

1.维生素 D 的缺乏

膳食供应不足或人体日照不足是维生素D缺乏的主要原因。若日照充足、户外活动正常,一般情况下不易发生维生素D的缺乏。

儿童佝偻病。婴幼儿缺乏维生素D可引起佝偻病,以钙、磷代谢障碍和骨样组织钙化障碍为特征。佝偻病儿童主要表现为低钙血症,典型的骨骼病变为骨骼畸形,如方头、鸡胸、漏斗胸、肋骨串珠,"O"型腿和"X"型腿等,此外,神经、肌肉、造血、免疫等器官的功能也可受到影响。

骨质软化症。成人维生素D缺乏会使已成熟的骨骼脱钙,表现为骨质软化症,特别是孕妇和乳母及老年人容易发生,常见的症状是肌肉乏力,脊柱、肋骨、臀部、腿部疼痛和骨骼触痛,骨软化和易断裂、易变形,上述症状通常活动时加剧,严重时骨骼脱钙而引起骨质疏松症和骨质软化症,发生自发性或多发性骨折。

骨质疏松症。骨质疏松是慢性退行性疾病,其特征为骨密度降低、骨骼的微观结构破坏,包括易脆性和骨折风险增加等,是威胁老年人健康的主要疾病之一。

手足痉挛症。缺乏维生素D、钙吸收不足、甲状旁腺功能失调或其他原因造成血清钙水平降低时可引起手足痉挛,表现为肌肉痉挛、小腿抽筋、惊厥等。

2.维生素 D 的过量与毒性

通常经食物摄入的维生素D一般不会过量,但摄入过量含维生素D营养补充剂(如过量服用鱼肝油),可引起维生素D过多症甚至中毒。文献中已有因喝强化过量维生素D的牛乳,而发生维生素D中毒的报道。维生素D中毒的临床症状为食欲不振、恶心、呕吐、头痛、发热、烦渴等,如不及时纠正,可影响儿童的生长发育,出现高钙血症、高尿钙症,使钙沉积于肾、心血管、肺、肝、脑和皮下,可导致肾功能减退,高尿钙症严重者可死于肾功能衰竭。严重的维生素D中毒可导致死亡。

(五)维生素 D 的参考摄入量及食物来源

1.维生素 D 的参考摄入量

维生素 D 既可由膳食提供,又可经暴露日光的皮肤合成,因此很难估计维生素 D 的总摄入量。中国营养学会于 2013 年制订的中国居民膳食营养素参考摄入量(DRIs)时,提出了中国居民膳食维生素 D 的推荐摄入量(RNI),成年人为 $10\mu g/d$,可耐受最高摄入量(UL)为 $50\mu g/d$。

2.维生素 D 的食物来源

希望从食物中获得足够的维生素 D 是不容易的,坚持户外活动,经常接受充足的日光照射,是预防维生素 D 缺乏的最安全、有效的方法。食物中维生素 D 主要存在于鱼肝油、海水鱼(如沙丁鱼)、动物肝脏、奶油以及蛋黄等动物性食品中。近年来,我国许多城市和地区使用维生素 A、维生素 D 强化牛乳,使维生素 D 缺乏症发病率明显减少,但应注意适量饮用,防止摄入过量而中毒。常见食物中维生素 D 含量见表 4 - 28。

表 4 - 28 常见食物中维生素 D 含量(μg(IU)/100g 可食部)

食物名称	含量	食物名称	含量
鱼干(红鳟鱼、大马哈鱼)	15.6(623)	黄油	1.4(56)
奶酪	7.4(296)	香肠	1.2(48)
蛋黄(生鲜)	5.4(217)	牛内脏	1.2(48)
沙丁鱼(罐头)	4.8(193)	猪肉(熟)	1.1(44)
香菇(干)	3.9(154)	海鲈鱼干	0.8(32)
猪油	2.3(92)	干酪	0.7(28)
全蛋(煮、煎)	2.2(88)	奶油(液态)	0.7(28)
全蛋(生鲜)	2.0(80)	牛肉干	0.5(20)

四、维生素 E

维生素 E 又名生育酚,属于脂溶性维生素,是一组具有 α - 生育酚活性的化合物。食物中存在着 α、β、γ、δ 四种不同化学结构的生育酚和四种生育三烯酚,各种食物中它们的含量有很大差别,生理活性也不相同,其中以 α - 生育酚的活性最强,含量最多(约 90%)。如以 α - 生育酚活性作为 100,则 β - 生育酚为 25 ~ 50,γ - 生育酚为 10 ~ 35,δ - 生育酚为 20,所有生育三烯酚为 30。故通常以 α - 生育酚作为维生素 E 的代表进行研究。

α - 生育酚有两个来源,即来自食物的天然 d - α - 生育酚和人工合成的 dl - α - 生育酚,人工合成 dl - α - 生育酚的活性相当于天然 d - α - 生育酚活性的 74%。

膳食中维生素 E 的活性以 α - 生育酚当量 (α - TE,mg)来表示,规定 1mg α - TE 相当于 1mg d - α - 生育酚的活性。1 个国际单位(IU)维生素 E 的定义是 1mg dl - α - 生育酚乙酸酯的活性,换算关系如下:

$$1\text{mg } d-\alpha-\text{生育酚} = 1.49 \text{ IU 维生素 E}$$

$$1\text{mg } d-\alpha-\text{生育酚乙酸酯} = 1.36 \text{ IU 维生素 E}$$

$$1\text{mg } dl-\alpha-\text{生育酚} = 1.1 \text{IU 维生素 E}$$

$$1\text{mg } dl-\alpha-\text{生育酚乙酸酯} = 1.0 \text{ IU 维生素 E}$$

$$\alpha-\text{生育酚当量}(\alpha-\text{TE,mg}),\text{膳食中总 }\alpha-\text{TE 当量}(\text{mg}) =$$

$$1\times\alpha-\text{生育酚}(\text{mg}) + 0.5\times\beta-\text{生育酚}(\text{mg}) + 0.1\times\gamma-\text{生育酚}(\text{mg})$$

$$+0.02\times\delta-\text{生育酚}(\text{mg}) + 0.3\times\alpha-\text{三烯生育酚}(\text{mg})。$$

（一）维生素 E 的理化性质

$\alpha-$生育酚为黄色油状液体,溶于乙醇、脂肪和脂溶剂,不溶于水。对热和酸稳定,遇碱可发生氧化。维生素 E 对氧十分敏感,容易被氧化破坏,一般烹调时损失不大,但油炸时活性明显降低,在酸败的油脂中易被破坏。

（二）维生素 E 的生理功能

（1）抗氧化作用。维生素 E 是极为重要的抗氧化剂,它与其他抗氧化物质以及抗氧化酶(包括超氧化物歧化酶、谷胱甘肽过氧化物酶等)一起构成了体内抗氧化系统,能清除体内的自由基并阻断其引发的链反应,可防止生物膜(包括细胞膜、细胞器膜)和脂蛋白中多不饱和脂肪酸、细胞骨架及其他蛋白质的巯基受自由基和氧化剂的攻击。维生素 E 还可与过氧化物反应,预防过氧化脂质的产生,从而维持了细胞膜的完整性和机体的正常功能。

维生素 E 可防止维生素 C、维生素 A、$\beta-$胡萝卜素等的氧化,与硒也有相互配合进行协同的抗氧化作用。

（2）保持红细胞的完整性。膳食中长期维生素 E 摄入不足,可导致人体中红细胞数量的减少,并使其脆性增加,寿命缩短。维生素 E 还可抑制血小板凝集,降低心肌梗死和脑卒中的危险性。

（3）预防衰老。血及组织中脂类过氧化物(内脂褐质)水平随着人们年龄的增长而不断增加。脂褐质俗称老年斑,是细胞内某些成分被氧化分解后的沉积物,补充维生素 E 可减少细胞中的脂褐质的形成。维生素 E 还可改善皮肤的弹性,延迟性腺萎缩,提高免疫能力,在预防和延缓衰老方面具有一定的作用。

（4）与生殖机能有关。维生素 E 缺乏时可使雄性动物精子的形成被严重抑制,雌性动物孕育异常。在临床上常用维生素 E 治疗先兆性流产和习惯性流产。

此外,维生素 E 还可抑制体内胆固醇合成限速酶,从而降低血浆中胆固醇的水平;抑制肿瘤细胞的生长和增殖,维持正常的免疫功能;对神经系统和骨骼肌具有保护作用等。

（三）维生素 E 的吸收与代谢

食物中的维生素 E 以微胶粒的形式在小肠中段被吸收,其通过被动扩散进入肠黏膜细胞,胆盐等可溶性微粒可辅助维生素 E 的吸收,吸收率一般为 20%～25%。中链甘油三酯可促进其吸收,而多不饱和脂肪酸则抑制维生素 E 的吸收。

血中的维生素 E 可与各种脂蛋白结合后转运,部分可通过红细胞转运。维生素 E 存在于脂肪细胞的脂肪滴、所有细胞的细胞膜和血循环的脂蛋白中,主要储存在脂肪组织、肌肉和肝脏中。维生素 E 主要从粪便排出,少量经尿排泄。

(四)维生素 E 的缺乏与过量

1.维生素 E 的缺乏

维生素 E 缺乏在人类中较为少见,但可出现在低体重的早产儿、血 β - 脂蛋白缺乏症和脂肪吸收障碍的患者中。缺乏维生素 E 时可出现视网膜退变、蜡样质色素积聚、溶血性贫血、肌无力、神经退行性病变、小脑共济失调和震动感觉丧失等。

2.维生素 E 的过量与毒性

维生素 E 的毒性相对较小,大多数成人都可以耐受每日口服 100 ~ 800mg 的维生素 E,而没有明显的毒性症状和生化指标改变。有证据表明,人体长期摄入 1000mg/d 以上的维生素 E 有可能出现中毒症状,如视觉模糊、头痛和极度疲乏等。

(五)维生素 E 的参考摄入量及食物来源

1.维生素 E 的参考摄入量

维生素 E 的需要量受许多膳食因素的影响。随着多不饱和脂肪酸(PUFA)在体内含量的增加,需要大量的维生素 E 防止其氧化,食物中 PUFA 比例增加,使维生素 E 在肠道内的吸收受到抑制。美国建议成年人维生素 E(mg)与 PUFA(g)的比值为(0.4 ~ 0.6):1。

中国营养学会于 2013 年制订的中国居民膳食营养素参考摄入量(DRIs)时,提出了成年人膳食维生素 E 的适宜摄入量(AI)为 14 mg α - TE/d,可耐受最高摄入量(UL)为 700 mg α - TE/d。

2.维生素 E 的食物来源

维生素 E 只能在植物中合成。植物的叶子和其他绿色部分均含有维生素 E,绿色植物中的维生素 E 含量要高于黄色植物。各种植物油、谷物的胚芽、豆类、蔬菜以及蛋黄等食物中含大量维生素 E。肉、乳、奶油、鱼肝油中也有存在。此外,在人体的肠道内还可以合成,所以正常情况下,人体不会缺乏维生素 E。个别情况如一些黄疸型肝硬化患者,由于脂肪吸收障碍,引起血液中维生素 E 浓度降低,而出现肌肉萎缩等现象,则需要设法补充。常见食物中维生素 E 含量见表 4 - 29。

表 4 - 29　常见食物中维生素 E 含量(mg/100g 可食部)

食物名称	含量	α - TE	食物名称	含量	α - TE
葵花籽油	54.6	38.35	豆腐皮	20.63	1.12
玉米油	50.94	14.42	黄豆	18.9	0.9
核桃(干)	43.21	25.04	杏仁	18.53	0.82
花生油	42.06	17.45	花生仁(生)	18.09	9.73
榛子(干)	36.43	0.71	黑豆	17.63	0.97
松子仁	32.79	29.22	花生仁(炒)	17.97	8.32

续表

食物名称	含量	α – TE	食物名称	含量	α – TE
腐竹	27.84	1.43	山核桃(熟)	14.08	31.47
茶油	27.9	1.45	南瓜子仁	13.25	3.67
葵花籽(炒)	26.46	74.5	鱿鱼(干)	9.72	9.72
色拉油	24.01	9.25	河虾	5.33	0.06

五、维生素 B_1

维生素 B_1 是由 1 个含硫的嘧啶环和 1 个含氨基的噻唑环通过 1 个亚甲基连接形成,化学名称为维生素 B_1。因发现其与预防和治疗脚气病有关,又称为抗脚气病维生素、抗神经炎维生素,是第一个被发现的 B 族维生素。

(一)维生素 B_1 的理化性质

维生素 B_1 为白色结晶,易溶于水,在干燥和酸性溶液中稳定,在碱性环境,尤其在长时间煮烧时维生素 B_1 则迅速分解破坏。还原性物质亚硫酸盐、二氧化硫等能使维生素 B_1 失活,当使用亚硫酸盐作防腐剂或用二氧化硫熏蒸谷仓时,维生素 B_1 被分解破坏。

(二)维生素 B_1 的生理功能

(1)参加细胞中的碳水化合物代谢。维生素 B_1 是碳水化合物代谢中羧化辅酶的重要成分。焦磷酸硫胺素(TPP)是维生素 B_1 的活性形式,是碳水化合物代谢中氧化脱羧酶的辅酶,参与碳水化合物代谢中在线粒体内 α – 酮酸的氧化脱羧反应和转酮醇作用。维生素 B_1 若缺乏时,碳水化合物代谢至丙酮酸阶段就不能进一步氧化,造成丙酮酸在体内堆积,降低能量供应,影响人体正常的生理功能,并对机体造成广泛损伤。因此,维生素 B_1 是体内物质代谢和热能代谢的关键物质。

(2)维持神经、肌肉特别是心肌的正常功能。维生素 B_1 促进神经细胞膜对兴奋的传导作用,对神经生理活动有调节作用,神经组织能量不足时,出现相应的神经肌肉症状,如多发性神经炎、肌肉萎缩及水肿,甚至会影响心肌和脑组织功能。

此外,维生素 B_1 还对心脏活动、维持食欲、胃肠道的正常蠕动及消化液的分泌方面有重要作用。

(三)维生素 B_1 的吸收与代谢

维生素 B_1 主要在空肠被吸收,摄入量少时靠主动转运吸收,大量摄入时靠被动扩散,巴比妥类和乙醇可降低其吸收率。吸收后的维生素 B_1 在空肠黏膜细胞内经磷酸化转变成焦磷酸酯,在血液中主要以焦磷酸酯的形式由红细胞完成体内转运。

机体中维生素 B_1 的总储存量约 30mg,以肝脏、肾脏、心脏和脑组织中含量最高,约一半存在于肌肉中。代谢产物为嘧啶和噻唑及其衍生物,主要从尿中排出,不能被肾小管重吸收。

（四）维生素 B_1 的缺乏与过量

1.维生素 B_1 的缺乏

（1）维生素 B_1 缺乏的原因：维生素 B_1 为水溶性维生素，在体内储存量较少，若膳食中长期缺乏维生素 B_1 或长期食用碾磨过分精细的米和面，又缺少杂粮和其他副食补充时易引起缺乏。缺乏的原因主要有以下几种：

① 维生素 B_1 摄入不足，如长期食用精白米、面或加工过细使食物中的维生素 B_1 损失或破坏较多。

② 机体处于特殊生理状态，如妊娠、哺乳、高温环境等应激状态、甲状腺功能亢进等病理状态，机体对维生素 B_1 的需要量增加。

③ 机体对维生素 B_1 的吸收或利用障碍，如长期腹泻、肝肾疾病及酗酒影响焦磷酸硫胺素的合成。

④ 烹调食用不当，如捞米饭时弃米汤，导致维生素 B_1 损失较多。

（2）维生素 B_1 缺乏的症状：维生素 B_1 缺乏症又称脚气病，主要损害神经、血管系统，早期症状有头痛、乏力、烦躁、食欲不振等。依其典型症状临床上可分为干性脚气病、湿性脚气病、混合型脚气病等。

① 干性脚气病：以多发性周围神经炎症状为主，表现为踝及足麻木和灼烧感，跟腱及膝反射异常。

② 湿性脚气病：多以水肿和心脏症状为主。由于心血管系统障碍，出现水肿，右心室可扩大，有心悸、气短、心动过速，如处理不及时，常致心力衰竭。

③ 混合型脚气病：既有神经炎，又有心力衰竭和水肿的脚气病。

④ 婴儿脚气病：多发生于出生数月的婴儿，发病初期食欲不振、呕吐、兴奋、腹泻、便秘、水肿、心跳加快、呼吸急促甚至呼吸困难。病情急、发病突然，误诊时可致患儿死亡。

此外，长期酗酒发生的 Wernicke's–Korsakoff 综合征也与维生素 B_1 缺乏有关，影响中枢神经系统，表现为精神错乱、近期记忆丧失、共济失调、眼肌麻痹、眼球震颤甚至昏迷。

2.维生素 B_1 的过量与毒性

由于摄入过量的维生素 B_1 很容易从肾脏排出，因此罕见人体维生素 B_1 的中毒报告。有研究表明，每日口服 500mg，持续 1 个月，未见毒性反应，但也有资料显示如摄入量超过推荐量的 100 倍，发现有头痛、抽搐、衰弱、麻痹、心律失常和过敏反应等症状。

（五）维生素 B_1 的参考摄入量及食物来源

1.维生素 B_1 的参考摄入量

由于维生素 B_1 在能量代谢，尤其是碳水化合物代谢中的重要作用，其需要量常取决于能量的摄入，因此传统上按每 4184kJ（1000kcal）能量消耗为单位，来确定维生素 B_1 的需要量，但目前认为用每日摄入量表示，能更好地评价维生素 B_1 的营养状况。根据国内外研究结果，中国营养学会于 2013 年制订的中国居民膳食维生素 B_1 参考摄入量（DRIs），建议成年男性的推荐摄入量(RNI)为 1.4 mg/d,女性为 1.3 mg/d。

2.维生素 B_1 的食物来源

维生素 B_1 广泛存在于天然食物中,但其含量随食物的种类及贮存、加工、烹调等条件的影响而有很大的差异。谷物是维生素 B_1 的主要来源,多存在于种子的外皮及胚芽中。粮谷类的精加工可使维生素 B_1 有不同程度的损失,加工及烹调造成维生素 B_1 的损失率为30%~40%。此外,黄豆、干酵母、花生、动物内脏、蛋类、瘦猪肉、新鲜蔬菜等也含有较多的维生素 B_1。有些食物如淡水鱼贝类含有硫胺素酶,能分解破坏硫胺素,不宜生吃,应加热使之破坏后再食用。

六、维生素 B_2

维生素 B_2 又名核黄素,由异咯嗪加核糖醇侧链组成,在自然界中主要以磷酸酯的形式存在于黄素单核苷酸(FMN)和黄素腺嘌呤二核苷酸(FAD)两种辅酶中。

(一)维生素 B_2 的理化性质

纯净的核黄素为黄棕色晶体,味苦。微溶于水,在 27.5℃ 时,每 100mL 可溶解 12mg。在中性和酸性溶液中稳定,但在碱性环境中会因加热而破坏。游离的核黄素对光敏感,特别是在紫外线照射下可发生不可逆的降解而失去生物活性。食物中的核黄素一般为与磷酸和蛋白质结合的复合化合物,对光比较稳定。

(二)维生素 B_2 的生理功能

维生素 B_2 在体内是以黄素单核苷酸(FMN)和黄素腺嘌呤二核苷酸(FAD)两种形式参与氧化还原反应,同时也参与维生素 B_6 和烟酸的代谢。

(1)参与体内生物氧化与能量代谢。维生素 B_2 在体内构成黄素酶的辅基,这些酶为电子传递系统中的氧化酶及脱氢酶。维生素 B_2 以黄素单核苷酸(FMN)和黄素腺嘌呤二核苷酸(FAD)的形式与相关酶蛋白结合形成黄素蛋白,黄素蛋白是机体中许多酶系统的重要辅基的组成成分,通过呼吸链参与体内氧化还原反应和能量代谢,是生物氧化过程中传递氢的重要物质,保证物质代谢尤其是蛋白质、脂肪、碳水化合物代谢正常进行,并促进生长、维护皮肤和黏膜的完整性。

(2)参与维生素 B_6 和烟酸的代谢。FMN 和 FAD 分别作为辅酶参与维生素 B_6 转变为磷酸吡哆醛、色氨酸转变为烟酸的过程,对于维持维生素 B_6 在体内的正常代谢、利用食物中的色氨酸来补充体内对烟酸的需要具有重要的作用。

(3)参与体内的抗氧化防御系统。由维生素 B_2 形成的 FAD 作为谷胱甘肽还原酶的辅酶,被谷胱甘肽还原酶及其辅酶利用,参与体内的抗氧化防御系统,并有利于稳定其结构,还可将氧化型谷胱甘肽转化为还原型谷胱甘肽,维持体内还原型谷胱甘肽的正常浓度。

(4)与体内铁的吸收、储存和动员有关。维生素 B_2 缺乏时铁的吸收、储存和动员常会受到干扰,严重时可导致缺铁性的贫血。

另外，维生素 B_2 还可与细胞色素 P_{450} 结合，参与药物代谢，提高机体对环境的应激适应能力；维生素 B_2 作为甲基四氢叶酸还原酶的辅酶，参与同型半胱氨酸代谢；还被认为是视黄醛色素的组成成分，视网膜有维生素 B_2 依赖性的光感受体存在，推测维生素 B_2 也参与暗适应过程；与肾上腺皮质的分泌功能有关。

（三）维生素 B_2 的吸收与代谢

食物中大部分维生素 B_2 是以黄素单核苷酸（FMN）和黄素腺嘌呤二核苷酸（FAD）辅酶形式与蛋白质结合形成复合物，即以黄素蛋白的形式存在，在消化道内经蛋白酶、焦磷酸酶水解为维生素 B_2，在小肠上部被吸收。胃酸是促进维生素 B_2 吸收的重要因素，吸收量与其在肠腔中浓度成比例。维生素 B_2 在大肠内也可被吸收。吸收的维生素 B_2 在肠壁（部分在肝脏、血液中）磷酸化。

维生素 B_2 在体内大多数以辅酶形式贮存于血、组织及体液中。体内组织储存维生素 B_2 的能力很有限，当人体摄入大量维生素 B_2 时，肝、肾中维生素 B_2 量常明显增加，并有一定量维生素 B_2 以游离形式从尿中排泄。动物试验发现，标记的维生素 B_2 在 24h 内有 81% 留于体内，10% 排于尿，3% 排于粪。影响维生素 B_2 排泄的因素很多，除维生素 B_2 的摄入量外，当蛋白质摄入量减少时，维生素 B_2 排出增加。此外，哺乳动物还通过乳汁排出维生素 B_2，从汗中排出的维生素 B_2 约为摄入量的 3%。

（四）维生素 B_2 的缺乏与过量

1.维生素 B_2 的缺乏

维生素 B_2 是维持人体正常生长所必需的物质。人体缺乏维生素 B_2 的主要原因为膳食供应不足、食物的供应限制、储存和加工不当而导致的维生素 B_2 的破坏和损失。酗酒、胃肠道功能紊乱（如腹泻、感染性肠炎、过敏性肠综合征等）也可引起人体中维生素 B_2 的缺乏。

维生素 B_2 缺乏主要表现在眼、口腔、皮肤的非特异性炎症反应。如角膜血管增生、眼对光敏感并易于疲劳、视物模糊、夜间视力降低、眼睑炎、眼部发红、发痒和流泪；口角干裂、口角糜烂、舌炎、舌肿胀并呈青紫色；脂溢性皮炎、轻度红斑、鼻周皮炎、男性阴囊皮炎等等，称为"口腔生殖系统综合征"。长期缺乏维生素 B_2 还可导致儿童生长迟缓，轻中度缺铁性贫血，妊娠期缺乏可致胎儿骨骼畸形。维生素 B_2 缺乏往往伴有其他 B 族维生素的缺乏，可能是影响烟酸和维生素 B_6 的代谢有关；由于维生素 B_2 缺乏影响铁的吸收，故维生素 B_2 缺乏可继发缺铁性贫血。

2.维生素 B_2 的过量与毒性

从膳食中摄取高量维生素 B_2 的情况未见报道。有人一次性服用 60mg 并同时静脉注射 11.6mg 的维生素 B_2，未出现不良反应，可能与人体对维生素 B_2 的吸收率低有关，机体对维生素 B_2 的吸收有上限，大剂量摄入并不能无限增加机体对维生素 B_2 的吸收。此外，过量吸收的维生素 B_2 也很快从尿中排出体外。

（五）维生素 B_2 的参考摄入量及食物来源

1. 维生素 B_2 的参考摄入量

因为维生素 B_2 参与体内的能量代谢，因此其需要量与热能的需要量、蛋白质的需要量以及机体代谢状况有关。生长迅速，创伤恢复，怀孕与哺乳期蛋白质的需要量增加，维生素 B_2 的需要量也应随之增加。

膳食模式对维生素 B_2 的需要量有一定影响，低脂肪、高碳水化合物膳食可使机体对维生素 B_2 需要量减少，高蛋白、低碳水化合物膳食或高蛋白、高脂肪、低碳水化合物膳食可使机体对维生素 B_2 需要增加。中国营养学会于 2013 年制订的中国居民膳食维生素 B_2 参考摄入量（DRIs）中，建议成年男性的推荐摄入量（RNI）为 1.4 mg/d，女性为 1.2 mg/d。

2. 维生素 B_2 的食物来源

肠中细菌可以合成一定量的维生素 B_2，但数量不多，主要还须依赖于食物中的供给。维生素 B_2 广泛存在于动植物食物中，但由于来源和收获、加工贮存方法的不同，不同食物中维生素 B_2 的含量差异较大。乳类、蛋类、各种肉类、动物内脏中维生素 B_2 的含量丰富，主要以 FMN 和 FAD 的形式与食物中蛋白质结合，绿色蔬菜、豆类中也有。粮谷类的维生素 B_2 主要分布在谷皮和胚芽中，碾磨加工可丢失一部分维生素 B_2，植物性食物中维生素 B_2 的量都不高。我国以植物性食品为主，摄取量偏低，维生素 B_2 的摄入尚不能满足人们身体的需要，较易发生维生素 B_2 的缺乏。常见食物中维生素 B_2 含量见表 4 - 30。

表 4 - 30　常见食物中维生素 B_2 含量（mg/100g 可食部）

食物名称	含量	食物名称	含量	食物名称	含量
猪肝	2.08	菠菜	0.11	大白菜	0.05
麸皮	0.30	猪肉（瘦）	0.10	馒头	0.05
鸡蛋	0.272	鲫鱼	0.09	挂面	0.04
黄豆	0.20	梗米（标一）	0.08	茄子	0.04
核桃	0.14	小麦粉（标准）	0.08	土豆	0.04
牛肉	0.14	豆角	0.07	柑橘	0.04
牛乳	0.14	籼米（标一）	0.06	米饭（蒸）	0.03
花生仁	0.13	梨	0.06	豆腐	0.03
油菜	0.11	海虾	0.05	胡萝卜	0.03

七、维生素 B_6

维生素 B_6 属水溶性维生素，是蛋白质代谢中氨基酸脱羧酶和转氨酶的重要辅助成分，实际上包括吡哆醇（PN）、吡哆醛（PL）、吡哆胺（PM）三种衍生物，均具有维生素 B_6 的生物活性，这三种形式间通过酶可互相转换。维生素 B_6 参与大约 100 余种酶反应，在氨基酸代谢、糖异生作用、脂肪酸代谢和神经递质合成中起重要作用，还与机体免疫功能有关。

（一）维生素 B_6 的理化性质

吡哆醛、吡哆醇和吡哆胺性质相似，三种化合物都是白色结晶，易溶于水和乙醇，酸性溶液中稳定，在碱性溶液中易被分解破坏，对光敏感。吡哆醛和吡哆胺不耐热，而吡哆醇较耐热，在食品加工和储存中稳定性较好。最常见的维生素 B_6 制剂是盐酸吡哆醇。

（二）维生素 B_6 的生理功能

维生素 B_6 主要以 5 - 磷酸吡哆醛（PLP）的形式作为转氨基反应中的辅酶并参与近百种酶系的代谢反应。

（1）参与氨基酸代谢。PLP 是催化许多氨基酸反应酶的辅助因子，这些酶在蛋白质代谢中具有重要作用。它作为 100 余种酶的辅酶参与转氨基、脱羧、转硫、侧链裂解及脱水等反应，在氨基酸和合成与分内代谢上起着重要作用。

（2）参与糖原与脂肪酸代谢。维生素 B_6 是糖原磷酸化反应中磷酸化酶的辅助因子，PLP 参与催化肌肉与肝脏中的糖原转化为 1 - 磷酸葡萄糖，维生素 B_6 还参与亚油酸合成花生四烯酸的过程，并参与胆固醇的合成与转运。

（3）维生素 B_6 参与一碳单位和同型半胱氨酸代谢。PLP 是丝氨酸转羟甲基酶的辅酶，该酶参与一碳单位代谢，在 DNA 合成中发挥作用，一碳单位代谢障碍可造成巨幼红细胞贫血。维生素 B_6 在同型半胱氨酸代谢的转硫途径中作为关键酶——胱硫醚 - β - 合成酶（CBS）的辅酶，维生素 B_6 缺乏将导致 CBS 活性降低，引起同型半胱氨酸堆积，形成高同型半胱氨酸血症。近年发现，高同型半胱氨酸血症为心血管疾病的危险因素，补充维生素 B_6 能降低血浆同型半胱氨酸水平。

（4）参与烟酸的形成。在色氨酸转化成烟酸的反应中，需要 PLP 作为辅酶。

（5）调节神经递质的合成和代谢。在神经系统中，维生素 B_6 参与的酶促反应可使某些神经递质（如 5 - 羟色胺、多巴胺、牛磺酸、去甲肾上腺素）的水平升高。

此外，维生素 B_6 还可促进维生素 B_{12}、铁和锌的吸收；维生素 B_6 参与造血，缺乏时可能造成具有红细胞贫血；维生素 B_6 可促进体内抗体的合成，缺乏时抗体的合成减少，机体抵抗力下降。

（三）维生素 B_6 的吸收与代谢

维生素 B_6 多以 5 - 磷酸盐的形式存在于食物中，在人体内经非特异性磷酸酶水解后在小肠上段被吸收，在血浆和红细胞中转运并被肝脏摄取，在肝脏吡哆醇激酶催化其转化为各自的磷酸化形式而参与多种酶反应。

维生素 B_6 以 5 - 磷酸吡哆醛的形式与多种蛋白质结合存在于组织中，肝脏和肌肉组织中含量较高，人体内维生素 B_6 的总体池约为 $1000\mu mol$，肌肉中的含量占体池总量的 80% 以上，血液中仅有约 $1\mu mol$。

正常情况下，肝脏是 5 - 磷酸吡哆醛分解为 4 - 吡哆酸的主要器官，人体主要以 4 - 吡哆酸的形式从尿中排出维生素 B_6，经粪便亦可排出少量。

（四）维生素 B$_6$ 的缺乏与过量

1.维生素 B$_6$ 的缺乏

单纯的维生素 B$_6$ 缺乏比较少见，通常与其他 B 族维生素如维生素 B$_2$、维生素 PP 缺乏同时存在。除了膳食摄入不足外，某些药物（如异烟肼、环丝氨酸、青霉胺、免疫抑制剂等）都可与吡哆醛或磷酸吡哆醛形成复合物而诱发维生素 B$_6$ 缺乏症。

维生素 B$_6$ 缺乏的典型临床症状是脂溢性皮炎，可导致眼、鼻与口腔周围皮肤脂溢性皮炎，并可扩展至面部、前额、耳后、阴囊及会阴处。临床可见有口炎、舌炎、唇干裂，并出现神经精神症状，如易急躁、抑郁及人格行为改变等。此外，维生素 B$_6$ 的缺乏还会引起机体的免疫功能受损、消化系统紊乱等；幼儿缺乏维生素 B$_6$ 可导致体重下降、生长不良、肌肉萎缩，出现烦躁、抽搐、癫痫样惊厥、呕吐、腹痛以及脑电图异常等临床症状。受维生素 B$_6$ 缺乏影响的孕妇，还会影响胎儿脑细胞的发育。

2.维生素 B$_6$ 的过量与毒性

肾功能正常时服用维生素 B$_6$ 几乎不产生毒性。长期大量应用维生素 B$_6$ 制剂可致严重的周围神经炎，出现神经感觉异常，进行性步态不稳，手、足麻木，停药后症状虽可缓解，但仍可感觉软弱无力。孕妇接受大量的维生素 B$_6$ 后，可致新生儿产生维生素 B$_6$ 依赖综合征。

（五）维生素 B$_6$ 的参考摄入量及食物来源

1.维生素 B$_6$ 的参考摄入量

人体对维生素 B$_6$ 的需要量主要受膳食中的蛋白质含量、肠道细菌合成维生素 B$_6$ 的量、机体生理状况及药物使用状况等因素的影响。中国营养学会于 2013 年制订的中国居民膳食维生素 B$_6$ 参考摄入量（DRIs）中，建议成年人推荐摄入量（RNI）为 1.4 mg/d，可耐受最高摄入量（UL）为 60 mg/d。

2.维生素 B$_6$ 的食物来源

维生素 B$_6$ 广泛存在于各种动植物食品中，但一般含量不高。含量最高的是干果、酵母及鸡肉、鱼肉等白色肉类，其次是豆类和肝脏，水果和蔬菜中的含量较低。

八、维生素 C

维生素 C，又称抗坏血酸、抗坏血病维生素，是人体内重要的水溶性抗氧化营养素之一。它是一种不饱和的多羟基化合物，以内酯形式存在，在 2 位与 3 位碳原子之间烯醇羟基上的氢可游离（H$^+$），所以具有酸性。植物和多数动物可利用六碳糖合成维生素 C，但人体不能合成，必须靠摄食供给。自然界存在还原型和氧化型两种抗坏血酸，都可被人体利用。它们可以互相转变，但当氧化型（DHVC）一旦生成二酮基古洛糖酸或其他氧化产物，则活性丧失。

（一）维生素 C 的理化性质

维生素 C 为无色或白色晶体，易溶于水，微溶于乙醇。固态的维生素 C 性质相对稳定，溶液中的维生素 C 性质不稳定,在有氧、光照、加热、碱性物质、氧化酶及痕量铜、铁存在时则易被氧化破坏。因此食物在加碱处理、加水蒸煮、蔬菜长期在空气中放置等情况下维生素 C 损失较多,而在酸性、冷藏及避免暴露于空气中时损失较少。

（二）维生素 C 的生理功能

维生素 C 同大多数 B 族维生素不一样,它不是某种酶的组成分,但它是维持人体健康不可缺少的物质,它在体内有多种功能。

（1）参加体内的多种氧化－还原反应,促进生物氧化过程。维生素 C 可以氧化型也可以还原型存在于体内,所以既可作为供氢体,又可作为受氢体,能可逆地参与机体内的氧化还原反应。体内具有氧化型谷胱甘肽,可使还原型抗坏血酸氧化成脱氢抗坏血酸,而脱氢抗坏血酸又可被还原型谷胱甘肽还原成还原型抗坏血酸,以使维生素 C 在体内氧化还原反应过程中发挥重要作用。

维生素 C 是机体内一种很强的抗氧化剂,可使细胞色素 C、细胞色素氧化酶及分子氧还原,并与一些金属离子螯合,虽然不是辅酶,但是可以增加某些金属酶的活性。维生素 C 可直接与氧化剂作用,以保护其他物质免受氧化破坏。它也可还原超氧化物、羟基、次氯酸以及其他活性氧化剂,这类氧化剂可能影响 DNA 的转录或损伤 DNA、蛋白质或膜结构。维生素 C 在体内是一个重要的自由基清除剂,能分解皮肤中的色素,防止发生黄褐斑等,发挥抗衰老的作用,并能阻止某些致癌物的形成。有些化学物质对机体的损害,都涉及自由基的作用,如氧、臭氧、二氧化氮、酒精、四氯化碳及抗癌药中的阿拉霉素对心脏的损伤。人眼中的晶体在光的作用下,也可产生氧的自由基,为白内障产生的原因之一。维生素 C 作为体内水溶性的抗氧化剂,可与脂溶性抗氧化剂有协同作用,在防止脂类过氧化作用上起一定的作用。体内产生的自由基在正常情况下为体内维生素 C 等抗氧化剂所清除,所以大量的维生素 C 可以阻止这种过氧化作用的破坏。

（2）促进组织中胶原的形成,保持细胞间质的完整。胶原主要是存在于骨、牙齿、血管、皮肤等中,使这些组织保持完整性,并促进创伤与骨折愈合。胶原还能使人体组织富有弹性,同时又可对细胞形成保护,避免病毒入侵。在胶原的生物合成过程中,α－肽链上的脯氨酸和赖氨酸要经过羟化形成羟脯氨酸和羟赖氨酸残基后才能进一步形成胶原的正常结构。维生素 C 能活化脯氨酸羟化酶和赖氨酸羟化酶,促进脯氨酸和赖氨酸向羟脯氨酸和羟赖氨酸转化。毛细血管壁膜以及连接细胞的纤维组织也是由胶原构成,也需有维生素 C 的促进作用。因此,维生素 C 对促进创伤的愈合、促进骨质钙化、保护细胞的活性并阻止有毒物质对细胞的伤害、保持细胞间质的完整、增加微血管的致密性及降低血管的脆性等方面有着重要的作用。

（3）提高机体的抵抗力,并具有解毒作用。维生素 C 作为抗氧化剂可促进机体中抗体的形成,提高白细胞的吞噬功能,增强机体对疾病的抵抗力。维生素 C 还与肝内、肝外的毒物及药物的代谢有关,维生素 C 使氧化型谷胱甘肽还原为还原型谷胱甘肽,还原型谷胱甘肽可解除重金属或有毒药物的毒性,并促使其排出体外。

（4）与贫血有关。维生素 C 能利用其还原作用,促进肠道中的 Fe^{3+} 还原为 Fe^{2+},有利于非血红素铁的吸收,因而对缺铁性贫血有一定作用,缺乏则易引起贫血,严重会引起造血机能障碍。另外,叶酸在体内必须转变成有生物活性的四氢叶酸才能发挥其生理作用,维生素 C 能促进叶酸形成四氢叶酸,有效降低婴儿患巨幼红细胞性贫血的可能性。

（5）防止动脉粥样硬化。维生素 C 可促进胆固醇的排泄,防止胆固醇在动脉内壁沉积,并可溶解已有的粥样沉积,有效防治动脉粥样硬化。

（6）防癌。维生素 C 可阻断致癌物亚硝胺在体内的合成,可维持细胞间质的正常结构,防止恶性肿瘤的生长蔓延。

（三）维生素 C 的吸收与代谢

进入人体中的维生素 C 在消化道主要以主动转运的形式吸收,小部分以被动扩散形式吸收。绝大部分的维生素 C 是在小肠上段被迅速吸收,并通过血液循环输送至全身各组织器官中。在口腔和胃中也有少量的维生素 C 吸收。维生素 C 的吸收量与其摄入量有关,摄入量为 30 ~ 60mg 时吸收率可达 100%,摄入量为 90mg 时吸收率降为 80% 左右,摄入量为 1500mg、3000mg 和 12000mg 时,吸收率分别下降至 49%、36% 和 16%。未被吸收的维生素 C 在小肠下段降解,剂量太大时,可引起渗透性腹泻。

维生素 C 被吸收后,分布到体内所有的水溶性结构中,其中肾上腺和眼视网膜中的含量最高,肝、肾、脾、胰等中也含有一定数量的维生素 C。吸收后的维生素 C 可转运至细胞内并储存,不同的细胞,维生素 C 的浓度相差很大。

维生素 C 经肾重吸收和排泄,汗液、粪便中也排出少量。尿中排出量常受摄入量、体内储存量以及肾功能的制约。当大量维生素 C 摄入而体内维生素 C 代谢池达饱和时,尿中排泄量与摄入量呈正相关。当血液中抗坏血酸浓度较低时,肾小管中细胞主动地再吸收维生素 C,以减少其从尿中排出;反之,血中浓度增高,如大于 1.4mg/dL,由于肾小管细胞的重吸收达到了它的极限,而不再吸收,尿中排出量急剧的增加。维生素 C 从尿中排出除了还原型抗坏血酸之外,还有多种代谢产物,如二酮古乐糖酸、草酸盐、抗坏血酸 – α – 硫酸酯、2 – O – 甲基 – 抗坏血酸等。

（四）维生素 C 的缺乏与过量

1.维生素 C 的缺乏

人体内由于缺乏必需的古洛糖酸内酯氧化酶,不可能使六碳糖转化成维生素 C,因此必须从饮食中获得维生素 C。如从饮食中得到的维生素 C 不能满足需要,可致维生素 C 不足或缺乏。维生素 C 缺乏症称之为坏血病。

坏血病的早期症状是倦怠、疲乏、急躁、呼吸急促、牙龈疼痛出血、伤口愈合不良、关节肌肉短暂性疼痛,易骨折等。典型症状是牙龈肿胀出血、牙床溃烂、牙齿松动,毛细血管脆性增加。严重者可导致皮下、肌肉和关节出血及血肿形成,出现贫血,肌肉纤维衰退(包括心肌),心脏衰竭,严重内出血,而有致猝死的危险。

儿童(特别是 5 ~ 24 月龄婴幼儿)由于喂养缺乏维生素 C 的食物易引起坏血病,尤须重视。

2.维生素 C 的过量与毒性

维生素 C 虽然较易缺乏,但也不能过量补充。过量的维生素 C 对人体有副作用,如恶心、腹部不适、腹泻、破坏红细胞。维生素 C 在体内分解代谢的最终产物是草酸,长期服用过量维生素 C 可出现草酸尿以至造成尿路 pH 下降而导致尿路结石。

(五)维生素 C 的参考摄入量及食物来源

1.维生素 C 的参考摄入量

成人每日摄取 10mg 可避免坏血病,但此值并不能使体内有维生素 C 储留。以同位素标记的维生素 C 所进行的代谢研究发现,人体平均每日有 33~61.5mg 被分解,如要补充代谢分解量,则每日需供给 60mg 才可满足。中国营养学会于 2000 年制订的中国居民膳食维生素 C 参考摄入量(DRIs)中,建议成年人的推荐摄入量(RNI)为 100 mg/d,可耐受最高摄入量(UL)为 2000 mg/d。

2.维生素 C 的食物来源

维生素 C 主要食物来源为新鲜蔬菜与水果,如西兰花、韭菜、菠菜、番茄、辣椒等深色蔬菜,以及柑橘、山楂、猕猴桃、鲜枣、柚子等水果维生素 C 含量均较高。野生的苋菜、苜蓿、刺梨、沙棘、酸枣等含量尤其丰富。常见维生素 C 含量较丰富的食物见表 4-31。

表 4-31　维生素 C 含量较丰富的常见食物(mg/100g 可食部)

食物	含量	食物	含量	食物	含量
酸枣	900	番石榴	68	草莓	47
枣(鲜)	243	豌豆苗	67	木瓜(番木瓜)	43
白菜(脱水)	187	中华猕猴桃	62	荔枝	41
野苋菜	153	菜花(花椰菜)	61	蒜苗	35
辣椒(红、小)	144	苦瓜	56	橙子	33
苜蓿	118	红果(大山楂)	53	柿子	30
大蒜(脱水)	79	西蓝花	51	柑橘	28
芥蓝(甘蓝菜)	76	大白菜(白梗)	47	葡萄	25

九、叶酸

叶酸化学名为蝶酰单谷氨酸(PteGlu),是蝶酸和谷氨酸结合构成的一类化合物总称,属 B 族维生素,在植物绿叶中含量丰富,因最初从菠菜叶中分离出来而得名。

(一)叶酸的理化性质

叶酸为黄色或橙黄色结晶性粉末,无臭,无味,微溶于热水,不溶于乙醇、乙醚及其他有机溶剂。叶酸的钠盐易溶于水,但在水溶液中容易被光照破坏,产生蝶啶和氨基苯甲酰谷氨酸盐。在酸性溶液中对热不稳定,而在中性和碱性环境中却很稳定。

（二）叶酸的生理功能

食物中的叶酸进入人体后被还原成具有生理作用的活性形式四氢叶酸,四氢叶酸在体内许多重要的生物合成中作为一碳单位的载体发挥着重要的作用。

（1）作为一碳单位的载体发挥重要作用。叶酸能够携带不同氧化水平的一碳单位,包括各种来源的甲基、亚甲基、甲炔基、甲酰基和亚胺甲基等,参与嘌呤和胸腺嘧啶的合成,进一步合成 DNA 和 RNA。

（2）参与氨基酸代谢。叶酸在甘氨酸和丝氨酸、组氨酸和谷氨酸、同型半胱氨酸和蛋氨酸之间的相互转化过程中充当一碳单位的载体。

（3）参与血红蛋白及甲基化合物的合成。叶酸参与血红蛋白、肾上腺素、胆碱、肌酸等重要物质的合成。叶酸缺乏时,影响红细胞成熟,血红蛋白合成减少,导致巨幼红细胞贫血。

（三）叶酸的吸收与代谢

膳食中的叶酸在小肠上部经蝶酰多谷氨酸水解酶(PPH)作用,以单谷氨酸盐的形式被吸收。吸收方式为通过载体介导的主动过程,其最适 pH 值为 $5.0 \sim 6.0$。当大量摄入单谷氨酸盐时,则主要以简单扩散方式吸收。

叶酸的生物利用率一般在 $40\% \sim 60\%$ 之间,不同的食物吸收率差别较大,一般还原型叶酸吸收率较高,叶酸结构中谷氨酸分子越多则吸收率越低。维生素 C 和葡萄糖可促进叶酸吸收,锌作为叶酸结合酶的辅助因子,对叶酸的吸收也起着重要的作用。乙醇、抗惊厥药及口服避孕药可降低结合酶的活性,故影响叶酸的吸收。

人体内叶酸总量 $5 \sim 6mg$,其中一半左右储存在肝脏,且 80% 以 5 – 甲基四氢叶酸的形式存在。叶酸的排出量很少,主要通过尿及胆汁排出。

（四）叶酸的缺乏与过量

1.叶酸的缺乏

在正常情况下,人体所需叶酸除从食物摄取外,人体中的肠道细菌也能合成部分叶酸,一般不会产生叶酸的缺乏,但在一些情况下,如膳食供应不足、吸收障碍、生理需要量增加、酗酒等也会造成体内叶酸的缺乏。

叶酸缺乏首先将影响细胞增殖速度较快的组织,尤其是更新速度较快的造血系统。叶酸缺乏时红细胞中核酸合成障碍,从而影响红细胞的发育和成熟,表现为红细胞成熟延缓、细胞体积增大、不成熟的红细胞增多,同时引起血红蛋白的合成减少、脆性增加,称为巨幼红细胞贫血。另外,还可出现皮炎、腹泻、精神衰弱、萎靡不振等症状,还可诱发动脉粥样硬化及心血管疾病。儿童叶酸缺乏可使生长发育不良。叶酸缺乏还可使同型半胱氨酸向蛋氨酸转化出现障碍,进而导致同型半胱氨酸血症。

孕妇在孕早期缺乏叶酸是引起胎儿神经管畸形的主要原因。神经管闭合是在胚胎发育的第 $3 \sim 4$ 周,叶酸的缺乏可引起神经管未能闭合而导致脊柱裂和无脑畸形为主的神经管畸形。所以孕妇应在孕前 1 个月至孕后 3 个月内注意补充叶酸摄入,可通过叶酸补充剂进行补充,但也不宜大剂量服用,叶酸过量会影响锌的吸收而导致锌缺乏,使胎儿发育迟缓、低出生体重儿增加,还可诱发惊厥。

2.叶酸的过量与毒性

肾功能正常者,长期大量服用叶酸很少发生中毒反应,偶尔可见过敏反应。个别病人长期大量服用叶酸可出现厌食、恶心、腹胀等胃肠道症状。大量服用叶酸时,可出现黄色尿。口服叶酸可很快改善巨幼红细胞性贫血,但不能阻止因维生素 B_{12} 缺乏所致的神经损害的进展,而且继续大剂量服用叶酸,可进一步降低血清中维生素 B_{12} 含量,反而使神经损害向不可逆转方向发展。

(五)叶酸的参考摄入量及食物来源

1.叶酸的参考摄入量

人体需要的叶酸主要来自食物,由于食物叶酸的生物利用率仅为50%,而叶酸补充剂与膳食混合时生物利用率为85%,为前者的1.7倍,故膳食叶酸当量(DFE)的计算公式为:

$$膳食叶酸当量(DFE,\mu g) = 天然食物来源叶酸(\mu g) + 1.7 \times 合成叶酸(\mu g)$$

中国营养学会于2013年制订的中国居民膳食叶酸参考摄入量(DRIs)中,建议成年人的推荐摄入量(RNI)为 400 μgDFE/d;可耐受最高摄入量(UL)为 1000 μgDFE/d。

2.叶酸的食物来源

叶酸在自然界中广泛存在于动物性食物和植物性食物中。深色绿叶蔬菜、胡萝卜、动物肝脏、蛋黄、豆类、南瓜、杏等都富含叶酸。据报道,100g 猪肝中含有 425.1μg 叶酸,100g 菠菜中含有 34μg 叶酸;有些野菜中的叶酸含量非常高;有些水果,如橘子、草莓等,也含有较多的叶酸;100g 西红柿中叶酸的含量为 132μg,其他如小白菜、油菜等蔬菜,都含有相当量的叶酸。食物经长时间储存后烹调则叶酸损失较多。

十、烟酸

烟酸,又称尼克酸、维生素 B_5、维生素 PP、抗癞皮病因子,是具有烟酸生物活性的吡啶 – 3 – 羧酸衍生物的总称,主要包括烟酸和烟酰胺(也叫尼克酰胺),它们具有同样的生物活性。

(一)烟酸的理化性质

烟酸为无色针状晶体,味苦,溶解于水及酒精,不溶于乙醚。烟酰胺晶体呈白色粉状,烟酰胺的溶解性要明显增强于烟酸。烟酸在酸、碱、光、氧或加热条件下都较稳定,在高压下 120℃ 加热 20 分钟也不被破坏,是维生素中最稳定的一种。所以在一般加工烹调时损失极小,但会随水流失。

(二)烟酸的生理功能

(1)参与细胞内生物氧化还原全过程。烟酸在体内以辅酶 I (NAD)、辅酶 II (NADP) 的形式作为脱氢酶的辅酶在生物氧化中起递氢体作用,参与葡萄糖酵解、丙酮酸盐代谢、戊糖的生物合成和脂肪、氨基酸、蛋白质及嘌呤的代谢,在碳水化合物、脂肪和蛋白质的氧化过程中起重要作用。

(2)烟酸是葡萄糖耐量因子(GTF)的重要成分,有增强胰岛素效能的作用,增加葡萄糖的利用及促进葡萄糖转化为脂肪。

(3)维持神经系统、消化系统和皮肤的正常功能,缺乏时可发生癞皮病。

(4)扩张末梢血管和降低血清胆固醇水平。

(三)烟酸的吸收与代谢

食物中的烟酸主要以辅酶Ⅰ和辅酶Ⅱ的形式存在,经胃肠道的酶解作用产生烟酰胺,烟酸和烟酰胺均能经胃肠道迅速吸收,并在肠黏膜细胞内转化为辅酶Ⅰ和辅酶Ⅱ。在血液中,烟酸的主要转运形式为烟酰胺,其来源于肠黏膜和肝脏中辅酶Ⅰ的酶解。机体组织细胞可摄取烟酸或烟酰胺合成辅酶Ⅰ或辅酶Ⅱ,并可利用色氨酸合成烟酸。烟酸在肝内甲基化形成 N - 甲基烟酰胺,并与 2 - 吡啶酮等代谢产物一起从尿中排出。

(四)烟酸的缺乏与过量

1.烟酸的缺乏

烟酸缺乏可引起癞皮病。癞皮病最早报道于 18 世纪的西班牙,主要发生在以玉米或高粱为主食的人群,表现为损害皮肤、口、舌、胃肠道黏膜以及神经系统。癞皮病起病缓慢,常有前期症状,如体重减轻、疲劳乏力、记忆力差、失眠等,如不及时治疗,则可出现皮肤、消化系统、神经系统症状,表现为皮炎(dermatitis)、腹泻(diarrhoea)和痴呆(dementia),由于此三系统症状英文名词的开头字母均为"D"字,故又称癞皮病为"3D"症状。

癞皮病以皮肤症状最具特征性,主要表现为裸露皮肤及易摩擦部位对称性出现似曝晒过度引起的灼伤、红肿、水泡及溃疡等,皮炎处皮肤会变厚、脱屑,并发生色素沉着,也有因感染而糜烂。口、舌部症状表现为杨梅舌及口腔黏膜溃疡,常伴有疼痛和烧灼感。胃肠道症状可有食欲不振、恶心、呕吐、腹痛、腹泻等。神经症状可表现为失眠、衰弱、乏力、抑郁、淡漠、记忆力丧失,严重时甚至可出现幻觉、神志不清或痴呆症。烟酸缺乏常与维生素 B_1、维生素 B_2 的缺乏同时存在。

2.烟酸的过量与毒性

目前尚未见到因食源性烟酸摄入过多而引起中毒的报告。所见烟酸的毒副作用多系临床大剂量使用烟酸治疗高脂血症病人所致。当口服剂量为 30 ~ 1000mg/d,有些人出现血管扩张的症状,如头晕眼花、颜面潮红、皮肤红肿、皮肤瘙痒等。除血管扩张外,还可伴随胃肠道反应,如恶心、呕吐、腹泻等。当口服剂量为 3 ~ 9g/d 时,可引起黄疸和血清转氨酶升高。严重者可出现肝炎、肝性昏迷、脂肪肝等。

(五)烟酸的参考摄入量及食物来源

1.烟酸的参考摄入量

烟酸或烟酰胺的来源除食物含有外,还可在体内由色氨酸转变为烟酸。一般说来,60mg 色氨酸相当于 1mg 烟酸。食物中烟酸的当量为烟酸及色氨酸转换而得的烟酸之和,但转换能力因人而异,晚期孕妇转换能力3倍于正常妇女。雌激素可刺激色氨酸氧化酶,它是色氨酸转为烟酸过程中的速率限制酶,故孕妇及口服药者转换能力较强。蛋白质摄入增加时烟酸的摄入可相应减少。另外,由于烟酸与能量的代谢有着密切的关系,能量增加时烟酸的需要量也增加,所以,在估计人体对烟酸的需要量时应考虑能量的消耗情况及蛋白质的摄入情况。

膳食中烟酸供给量采用烟酸当量(NE)表示:

$$烟酸当量(NE,mg) = 烟酸(mg) + 1/60 色氨酸(mg)$$

中国营养学会于2013年制订的中国居民膳食烟酸参考摄入量(DRIs)中,建议男性的推荐摄入量(RNI)为15 mgNE/d,女性为12mgNE/d。

2.烟酸的食物来源

烟酸广泛存在于动植物食物中,动物的肝、肾、肉和植物中的坚果是烟酸的良好来源。豆类和全谷中含量也十分丰富,乳类、绿叶蔬菜亦含有一定数量的烟酸。全谷碾磨过度,会使烟酸损失较多。玉米中的烟酸以结合形式存在,人体不能利用,因此,曾在以玉米为主食的地区广泛流行癞皮病,如在烹调时加入小苏打,可使烟酸由结合型转为游离型,供人体利用。

十一、其他维生素

(一)维生素K

维生素K是含有2-甲基-1,4萘醌基团,具有维生素K生物活性的一组化合物。植物来源的维生素K为叶绿醌(K_1),是人类维生素K的主要来源;细菌来源的维生素K为甲萘醌类(K_2);动物组织既含有叶绿醌又含有2-甲基萘醌(K_3),其水溶性衍生物在肝脏甲基化,形成人体内具有生物活性的MK-4。

具有维生素K活性的化合物对形成凝血酶原等凝血有关的蛋白质是必需的,其缺乏的主要症状为凝血障碍。血凝过程中的许多凝血因子的生物合成有赖于维生素K的存在,如凝血因子Ⅱ(凝血酶原)、凝血因子Ⅶ(转变加速因子前体)、凝血因子Ⅸ(凝血酶激酶组分)和凝血因子Ⅹ,四种凝血因子的功能是防止出血和形成血栓。它们依赖维生素K将其分子中特异性谷氨酸残基羧化为γ-羧基谷氨酸(Gla),与钙结合后,启动凝血机制,维生素K正是参与羧化过程的羧化酶的重要辅酶。维生素K缺乏时,上述凝血因子的合成、激活受到显著抑制,可发生凝血障碍,引起各种出血。

维生素K水平与骨矿物质密度值呈正相关,如给实验动物补充维生素K可增加钙储留,减少尿钙量。维生素K还参与细胞的氧化还原过程,并可增加肠道蠕动,促进消化腺分泌,增强总胆管括约肌的张力。

维生素K缺乏不常见,主要见于新生儿、慢性胃肠疾患、长期控制饮食和使用抗生素的患者。由于人乳维生素K含量低,新生儿胃肠功能差,据认为维生素K缺乏可能是造成小儿颅内出血的重要原因。天然形式的维生素K_1和维生素K_2不产生毒性,甚至大量服用也无毒。

成人维生素 K 的适宜摄入量(AI)为 $80\mu g/d$。人体中维生素 K 的来源有两方面:一方面由肠道细菌合成,占 50% ~ 60%;另一方面来自于食物,占 40% ~ 50%。维生素 K 广泛分布于植物性食物和动物性食物中,绿叶蔬菜中的含量最高,其次是乳及肉类,水果及谷类含量低。

(二)维生素 B_{12}

维生素 B_{12} 含有金属元素钴,是唯一含有金属元素的维生素,又称钴胺素、抗恶性贫血维生素。维生素 B_{12} 是一种能预防和治疗恶性贫血的维生素。

维生素 B_{12} 的生理功能主要有:①作为蛋氨酸合成酶的辅酶参与蛋氨酸的合成;②促进叶酸变为有活性的四氢叶酸;③参与甲基丙二酸 - 琥珀酸异构化过程;④对维持神经系统的功能有重要作用。

膳食维生素 B_{12} 的缺乏较少见,维生素 B_{12} 缺乏主要的原因为膳食中缺乏、内因子缺乏以及其他慢性腹泻引起的吸收障碍。素食者由于长期不吃肉食而较常发生维生素 B_{12} 的缺乏。老年人和胃切除患者由于胃酸过少,不能分解食物中蛋白 - 维生素 B_{12} 复合体也可引起维生素 B_{12} 的吸收不良。维生素 B_{12} 的缺乏可影响到体内的所有细胞,尤其对细胞分裂快的组织影响最为严重,主要表现为巨幼红细胞型贫血及神经系统的损害。维生素 B_{12} 缺乏与叶酸缺乏一样可以引起高同型半胱氨酸血症,还可能与阿尔茨海默病、抑郁症、衰老和认知能力下降等疾病的发生或疾病的严重程度有关。

维生素 B_{12} 的最低需要量即维持正常机体正常功能的必须的摄入量为每日 $0.1\mu g$,成年人的推荐摄入量(RNI)为 $2.4~\mu g/d$。膳食中的维生素 B_{12} 主要来源于动物性食品,主要食物来源为肉类、动物内脏、鱼、禽、贝壳类及蛋类,尤其是肝脏,含量可达 $10\mu g/100g$;乳及乳制品中含量较少;植物性食品基本不含维生素 B_{12}。

(三)泛酸

泛酸又称维生素 B_3、遍多酸、抗皮炎维生素,是一种二肽衍生物,广泛存在于自然界。泛酸存在两种立体异构体,但仅有 R - 对映体具有生物活性,并且是天然存在的,通常称为"D(+) -泛酸"。

泛酸的生理功能主要是其衍生物 4 - 磷酸泛酰巯基乙胺作为辅酶 A(CoA)和酰基载体蛋白(ACP)的活性成分。泛酸在机体组织内与巯乙胺、焦磷酸及 3′ - 磷酸腺苷结合成为辅酶 A 而起作用的。辅酶 A 是糖、脂肪、蛋白质代谢供能所必需的辅酶。泛酸在脂肪的合成和分解中起着十分重要的作用,与皮肤、黏膜的正常功能、动物毛皮的色泽及对疾病的抵抗力有很大的关系。

人类泛酸缺乏的现象极为少见,但摄入量低时很可能使一些代谢过程减慢,引起不明显的临床症状,例如过敏、焦躁不安、精神忧郁等。泛酸基本上无毒性,每天服用 $10g$,并不会引起症状。泛酸的适宜摄入量(AI)为 $5.0~mg/d$。

泛酸在动植性食物中分布很广。动物性食物中以动物肝脏、肾脏、肉类、鱼、龙虾、蛋中尤为丰富;植物性食物中的绿色蔬菜、小麦、胚芽米、糙米等含量也很高。

(四)生物素

生物素又称维生素 B_7、维生素 H、辅酶 R,共有 8 种同分异构物,但只有 d−(+)−生物素能在自然界找到,并且具有酶的活性,一般也称为 D−生物素。

生物素的主要功能是以侧链的羧基与酶蛋白的赖氨酸残基 $\varepsilon - NH_2$ 结合,作为各种羧化酶的辅酶而发挥作用。此外,生物素对细胞生长、体内葡萄糖稳定、DNA 合成和唾液酸受体蛋白的表达都有作用,但目前还不清楚生物素的这些作用是否与其辅酶功能有一定的联系。

生物素广泛存在于各种动植物食物中,人体的肠道细菌亦能合成,且生物素对光、热、空气及中等程度的酸碱都较为稳定,在一般的烹调和加工过程中损失很少,所以很少会发生生物素的缺乏。生物素的缺乏,主要常见于长期生食鸡蛋者。在生蛋清中存在一种糖蛋白——抗生物素蛋白,可与生物素结合而使其失活,抑制生物素在肠道中的吸收,但经加热处理可破坏抗生物素蛋白,重新利用生物素。生物素的缺乏主要表现为以皮肤为主的症状,可见毛发变细、失去光泽、皮肤干燥、鳞片状皮炎、红色皮疹等。在 6 个月以下婴儿,可出现脂溢性皮炎。

生物素的毒性很低,用大剂量的生物素治疗脂溢性皮炎未发现蛋白代谢异常或遗传错误及其他代谢异常。

生物素的适宜摄入量(AI)为 $40\mu g/d$。不同来源生物素的可利用度不同,玉米和大豆中的生物素可全部利用,小麦中的则难以利用。动物组织、蛋黄、番茄、酵母、花菜等是生物素的良好来源。肠内细菌也可合成部分生物素,并且可以在结肠内被吸收。

(五)胆碱

胆碱是一种含氮的有机碱性化合物,为强有机碱,1849 年首次从猪胆汁中分离出来,故命名为"胆碱"。

胆碱是卵磷脂的组成成分,也存在于神经鞘磷脂之中,两者是构成细胞膜的必要物质,同时又是细胞间多种信号的前体物质。胆碱是机体可变甲基(活性甲基)的重要组成部分,参与体内酯转化过程。体内酯转化过程具有重要的生理意义,可参与肌酸的合成、肾上腺激素的合成并可甲酯化某些物质使之从尿排出。同时胆碱又是乙酰胆碱的前体,加速合成及释放乙酰胆碱这一重要的神经传导递质,能促进脑发育和记忆能力,并能调节肌肉组织的运动等。胆碱还能促进脂肪的代谢,并降低血清胆固醇。

胆碱从食物中吸收入血,随血液循环被大脑吸收利用,是大脑发育的必需物质,具有重要的营养意义。

胆碱广泛存在于动植物体内,特别是在肝脏、花生、莴苣、花菜等中含量较高,人体也能合成胆碱。另外,胆碱耐热,在加工和烹调过程中的损失很少,干燥环境下,即使长时间储存食物中胆碱的含量也几乎没有变化,所以不易造成胆碱的缺乏病。若长期摄入缺乏胆碱的膳食可发生胆碱缺乏,主要表现出肝、肾、胰腺的病变,记忆紊乱和生长障碍等症状。不育症、生长迟缓、骨质异常、造血障碍和高血压也与胆碱的缺乏有关。

我国推荐的每日膳食中胆碱的适宜摄入量(AI)成年男性为500mg/d,成年女性为400mg/d,可耐受最大摄入量(UL)为3000mg/d。

十二、类维生素物质

近年来,人们在食物中又发现了一些"其他微量有机营养素",其含量比维生素多,机体可自身合成一部分,具有维生素的一些特点,但功能尚不太明确,所以将这一类物质称为类维生素(quasi‐vitamins)。

(一)生物类黄酮

生物类黄酮多指具有2‐苯基苯并吡喃基本结构的一系列化合物,也包括具有3‐苯基苯并吡喃基本结构的化合物,其主要结构类型包括黄酮类、黄烷酮类、黄酮醇类、黄烷酮醇、黄烷醇、黄烷二醇、花青素、异黄酮、二氢异黄酮及高异黄酮等。多呈黄色,是一类天然色素。对热、氧、干燥和适中酸度相对稳定,在一般的加工过程中损失较少,但遇光易被破坏。生物类黄酮具有多种生理功能。

(1)调节毛细血管透性,增强毛细血管壁的弹性,可防止毛细血管和结缔组织的内出血,从而建立起一个抗传染病的保护屏障。

(2)抗氧化作用。生物类黄酮与超氧阴离子反应可阻止自由基反应的引发,与铁离子络合可阻止羟自由基的生成,与脂质过氧化基反应可阻止脂质过氧化过程,抑制动物脂肪的氧化,含有类黄酮的蔬菜和水果不易受氧化破坏。

(3)抗肿瘤作用。有对抗自由基、致癌、促癌因子的作用,保护细胞免受致癌物的损害,并能抑制癌细胞生长。

(4)具有降血脂、降胆固醇、止咳平喘祛痰及抗肝脏毒的作用。

类黄酮种类较多,功能上也有差异,多作为防治与毛细血管脆性和渗透性有关疾病的补充药物,如防治牙龈出血、眼视网膜出血、脑内出血、肾出血、月经出血过多、静脉曲张、溃疡、痔疮、习惯性流产、运动挫伤、X射线照伤及栓塞等。

动物不能合成类黄酮。类黄酮广泛存在于蔬菜、水果、谷物等植物中,并多分布于植物的外皮器官,即接受阳光多的部位。其含量随植物种类不同而异,一般叶菜类、果实中含量较高,根茎类含量较低。水果中的柑橘、柠檬、杏、樱桃、木瓜、李、越橘、葡萄、葡萄柚,蔬菜中的花茎甘蓝、青椒、莴苣、洋葱、番茄及饮料植物中的茶叶、咖啡、可可等含量较高。果酒和啤酒也是人体生物类黄酮的重要来源。

生物类黄酮的吸收、储留及排泄与维生素C非常相似,约50%可经肠道吸收而进入体内,未被吸收的部分在肠道被微生物分解随粪便排出,过量的生物类黄酮则主要由尿排出。生物类黄酮的缺乏症状与维生素C缺乏密切相关,若与维生素C同服极为有益。

（二）肌醇

肌醇是广泛存在于食物中的一种物质,结构类似于葡萄糖。纯的肌醇为一种稳定的白色结晶,能溶于水而有甜味,耐酸、碱及热。在动物细胞中,它主要以磷脂的形式出现,有时则称为肌醇磷脂。在谷物中则常与磷酸结合形成六磷酸酯(即植酸),而植酸能与钙、铁、锌结合成不溶性化合物,干扰人体对这些化合物的吸收。大豆中的肌醇则为游离状态。

肌醇的作用主要在于其亲脂性,可促进脂肪代谢,降低血胆固醇,可与胆碱结合,预防动脉硬化及保护心脏,还可促进机体产生卵磷脂,而卵磷脂则有助于将肝脏脂肪转移到细胞,可使实验动物避免脂肪肝的发生。此外,肌醇在细胞膜的通透性、线粒体的收缩、精子的活动、离子的运载及神经介质的传递等方面也有作用。

由于肌醇广泛存在于人类的食物中,人体细胞也能够合成肌醇,未发现人类有肌醇缺乏症,但对于一些不以牛乳蛋白作为蛋白质来源的配方食品以及以治疗为目的而设计的配方食品,在肌醇很低或没有肌醇时,可能对健康有影响,其缺乏的主要症状为生长缓慢与脱毛。

人每天从食物中摄入 300~1000mg 肌醇,另外,人体还能在细胞中通过葡萄糖合成足以供自身需要的肌醇。肾是肌醇分解代谢的主要器官,但从尿中排泄不多,平均约 37mg,可糖尿病人的排泄量远远超出此量。肌醇的丰富来源为动物的肾、脑、肝、心、酵母及麦芽,还有柑橘类水果。其良好来源为瘦肉、水果、全谷、坚果、豆类、牛乳及蔬菜。

（三）肉碱

肉碱分布于各种组织,尤以线粒体内含量居多。按国际分类,肉碱也可归为胆碱类。肉碱有三个光学异构体,即左旋肉碱、右旋肉碱和消旋肉碱,其中只有左旋肉碱具有生理活性。左旋肉碱 （L－camitine）又称肉毒碱,成人体内可以合成,但婴儿体内不能合成或合成速度不能满足自身需要。

L－肉碱是动物组织中的一种必需辅酶,在线粒体脂肪酸的 β－氧化及三羧酸循环中起重要作用,它可将脂肪酸以酯酰基形式从线粒体膜外转移到膜内,也可将脂肪酸、氨基酸和葡萄糖氧化的共同产物乙酰 CoA 以乙酰肉碱的形式通过细胞膜,所以,L－肉碱在机体中具有促进三大能量营养素氧化的功能。L－肉碱还可促进乙酰乙酸的氧化,可能在酮体利用中起作用。当机体缺乏 L－肉碱时,脂肪酸 β－氧化受抑制,会导致脂肪浸润,补充 L－肉碱,能改善脂肪代谢紊乱、降血脂、治疗肥胖症以及纠正脂肪肝等。

L－肉碱能提高疾病患者在练习中的耐受力;参与心肌脂肪代谢过程,有保护缺血心肌的作用;是精子成熟的一种能量物质,具有提高精子数目与活力的功能;还有缓解动物败血症休克的作用。

植物性食品 L－肉碱含量较低,同时合成肉碱的两种必需氨基酸(赖氨酸和蛋氨酸)含量亦低。动物性食物含量较高,含 L－肉碱丰富的食物有酵母、乳、肝及肉等动物食品。L－肉碱能在人体的肝脏中合成,在正常情况下人体不会缺乏,但在婴儿、青春期以及成人的特定生理条件下,可因合成数量不足而导致缺乏。许多个体处于缺乏或边缘性缺乏状态,其血液和组织中L-肉碱水平较低,主要见于禁食、素食、剧烈运动、肥胖者以及吃未强化肉碱的配方食品的婴儿等。苯丙酮尿症(PKU)患者,由于其摄入的天然蛋白质只占总摄入量的20%,因此这些患者血中L-肉碱水平远远低于正常人群,故应予以补充。婴儿也常常需要补充L-肉碱,因为婴儿合成L-肉碱的能力仅为成人的12%,出生18个月后,婴儿肝脏合成能力仅为其体内需要量的30%。

目前有关L-肉碱研究的最新报道认为,L-肉碱有减轻神经紧张、促进心血管病人康复、增强免疫力、加速蛋白质合成、促进伤口愈合、保护细胞膜的稳定性等作用。西方有些营养学家甚至把L-肉碱当作一种维生素,作为日常饮食中的添加剂加以推荐。我国卫生部也将L-肉碱列入营养强化剂,但2013年中国营养学会公布的中国居民膳食营养素参考摄入量中未作规定。

(四)辅酶Q

辅酶Q是多种泛醌的集合名称,是一种像脂质一样的物质,其化学结构同维生素E、维生素K类似,有较长的多个异戊间二烯构成的侧链。

辅酶Q存在于一切活细胞中,以细胞线粒体内的含量最多,因侧链的疏水作用,它能在线粒体内膜中迅速扩散,是呼吸链中的一个重要的参与物质,是产能营养素释放能量所必需的。辅酶Q有减轻维生素E缺乏症的某些症状的作用,而维生素E和硒能使机体组织中保持高浓度的辅酶Q。人体组织中只发现了辅酶Q_{10},它还能抑制血脂过氧化反应,保护细胞免受自由基的破坏,在临床上用于治疗心脏病、高血压及癌症等。另外,辅酶Q_{10}还是有效的免疫调节剂,能显著增强体内的噬菌率,增强体液、细胞介导的免疫力。

辅酶Q类化合物广泛存在于微生物、高等植物和动物中,其中以大豆、小麦(特别是麦芽)、植物油及许多动物组织的含量较高。

(五)对氨基苯甲酸

对氨基苯甲酸(PABA)是叶酸的组成成分,对人和高等动物来说,PABA是作为叶酸的主要部分而起作用的。它作为辅酶对蛋白质的分解、利用以及对红细胞的形成都有极其重要的作用。此外,如果动物小肠内很少合成叶酸,此时PABA具有叶酸活性。

PABA是黄色结晶状物质,微溶于水,如小肠中环境有利,人体能自己制造。磺胺类药物是PABA的拮抗物,长期服用可引起PABA的缺乏,也引起叶酸的缺乏,症状如疲倦、烦躁、抑郁、神经质、头痛、便秘及其他消化系统症状。

PABA对人类基本无害,但连续大剂量使用可能有恶心、呕吐等毒性作用。其丰富来源为酵母、肝脏、鱼、蛋类、大豆、花生及麦芽等。

十三、维生素在食品加工中的变化

在加热过程中,维生素等低分子营养素虽然没有像蛋白质变性、脂肪水解、碳水化合物糊化等那样复杂的理化改变,但都会随着这些高分子营养素的复杂变化而被游离出来,受到高温、氧化、光照等不同因素的破坏,而造成损失,且维生素自身会以脂溶或水溶的形式随脂或随水流失。维生素损失程度的大小按其种类分,大致的顺序为:维生素 C > 维生素 B_1 > 维生素 B_2 > 其他 B 族维生素 > 维生素 A > 维生素 D > 维生素 E。

一般说来,水溶性维生素对热的稳定性比较差,遇热易分解破坏。脂溶性维生素对热比较稳定,但是却很容易被氧化破坏,特别是高温紫外线照射下,氧化速度加快,其次,在酸性、碱性溶液中也会被破坏。

(一)脂溶性维生素的变化

维生素 A 对氧和光很敏感,在高温和有氧存在时容易损失。如果把带有维生素 A 的食物隔绝空气进行加热,它们在高温下也比较稳定。如果在 144℃ 下烘烤食品,维生素 A 的损失较少。

通常在烹调过程中,无论是维生素 A 还是胡萝卜素均较稳定,几乎没有损失。当加水加热时,一般损失最多也不超过 30%。短时间烹调食物,肴馔中的维生素 A 损失率不超过 10%,与脂肪一起烹调可大大提高维生素 A 原的吸收利用率。

维生素 D 对热、氧、碱均较稳定,但对光很敏感。油脂的氧化酸败可以影响维生素 D 的含量。

维生素 E 对氧敏感,特别是在碱性情况下加热食物,可以使 α – 维生素 E 完全遭到破坏。在大量油脂中烹调食物,脂肪中所含的维生素 E 有 70% ~ 90% 被破坏。在烹调中即使使用很少量的酸败油脂(酸败的程度甚至不能被品尝出来),就足以破坏正常油脂中或食物中大部分的维生素 E。

维生素 K 对酸、碱、氧化剂、光和紫外线照射都很敏感。

在阳光暴晒下,食物中的脂溶性维生素损失较严重。北方人喜欢在秋季、冬季晒干菜(包括动植物原料),脂溶性维生素均遭到不同程度的破坏。

(二)水溶性维生素的变化

水溶性维生素易溶解于水中,在酸性环境中比较稳定,但是大部分水溶性维生素在碱性条件下不稳定,不耐热和光。因此,这类维生素易被破坏。

维生素 B_1 主要含于谷类和豆类食品中,这类食品在烹饪时因受高温或碱的作用,会使维生素 B_1 大量破坏,如炸油条时,维生素 B_1 几乎全部被破坏,做面条时加碱对维生素 B_1 破坏也很大。食品在干燥的条件下,维生素 B_1 的耐热性增加;相反,在有水或潮湿的条件下,维生素 B_1 易被破坏,其损失率增加。例如,干酵母和干谷类的维生素 B_1 在 120℃ 条件下加热 24h,所含的维生素 B_1 量并不降低,而水煮食品维生素 B_1 的损失率可达 25%,蒸或烤约损失 10%。另外,食物中含有维生素 B_1 分解酶和耐热性维生素 B_1 分解因子,维生素 B_1 分解酶对热不稳定,加热可以使其失去活性,而降低对维生素 B_1 的分解能力。因此,在烹调过程中酶对维生素 B_1 的破坏甚微。

维生素 B_2 对热比较稳定,水煮、烘烤、冷冻时损失都不大,在水溶液中短时高压加热也不破坏。当在 120℃ 下加热 6h 时仅有少量破坏,但在碱性环境和阳光照射下易被破坏(如将牛乳在日光下照射 2h,一半以上核黄素可被破坏),其破坏程度随着温度和 pH 值增加而增加。

烟酸是比较稳定的一种水溶性维生素。它易溶于水,因而易随水流失。在高温油炸或加碱的条件下,食物中游离型的烟酸可损失一半左右。

维生素 C 是维生素中最不稳定的一种,不耐热,易被氧化,例如,萝卜、西红柿、水果中的维生素 C 比较稳定,一旦切开或切碎暴露在空气中,维生素 C 就会被氧化破坏。一般来说,含维生素 C 的食物烹调时间越长,损失就越大,不同的烹调方式对维生素的保存率也不同,如表 4 - 32 所示。

表 4 - 32　几种蔬菜烹调后维生素的保存率

食物名称	烹调方法	维生素 C 保存率 (%)	胡萝卜素保存率 (%)
绿豆芽	水洗,油炒 9 ~ 13min	59	—
马铃薯	去皮,切丝,油炸 6 ~ 8min	54	—
马铃薯	去皮,切块,加水小火 20min	71	—
马铃薯	去皮,油炒 5 ~ 16min,再加水煮 5 ~ 6 min	98	—
胡萝卜	切片,油炒 6 ~ 12 min	—	79
胡萝卜	切片,加水炖 20 ~ 30 min	—	93
大白菜	切块,油炒 12 ~ 18 min	57	—
小白菜	切块,油炒 11 ~ 13 min	69	94
油菜	切段,油炒 5 ~ 10min	64	75
菠菜	切段,油炒 9 ~ 10min	84	87
韭菜	切段,油炒 5min	52	94
番茄	去皮,切块,油炒 3 ~ 4 min	94	—
辣椒	切丝,油炒 15min	28	90

第五章　其他膳食成分

第一节　水

一、概述

水是一切生物体的重要组成部分,是人类赖以维持最基本生命活动的物质,对维持机体的正常功能和代谢具有重要作用。水在体内不仅构成身体的成分,而且还具有调节生理功能的作用。人体组织成分中含量最多的是水。分布于细胞、细胞外液和机体的各种组织中。体内所有的组织中都含有水,水约占体重的 2/3,但水在体内的分布并不均匀,一般在代谢活跃的组织和器官中水的含量较多,如血液含水 90%,肌肉含水 70%,骨骼含水 22%。体内的水还可因年龄、性别和体型的胖瘦而存在明显个体差异。新生儿含水最多,约占体重的 80%;婴幼儿次之,约占体重的 70%;随着年龄的增长会逐渐减少,10~16 岁以后,减至成人水平;成年男子约为体重的 60%,女子为 50%~55%;40 岁以后随肌肉组织含量的减少,含水量也逐渐减少,一般 60 岁以上男性含水量为体重的 51.5%,女性为 45.5%。另外,水的含量还随体内脂肪含量的增加而减少,因脂肪组织的含水量较低,仅为 10%~30%,而肌肉的含水量可高达 70%,所以,肥胖者体内含水占体重的 45%~50%,而瘦者体内含水可达 70%。

水是人体除氧气以外赖以生存的最重要的物质。体内贮存的碳水化合物耗尽,蛋白质失去一半时,人体仍可维持生命,在绝食时只要不缺水,可维持生命十数天。人若缺水,仅能维持生命几天,当体内失水 10% 时,即无法生存。从这一意义来看,水比食物对维持生命更为重要。所以,水是一种重要的营养素。一般情况下,因为水在自然界中广泛存在,相对比较容易得到,人们往往忽视了它的重要性,实际上水的重要性甚至超过其他营养素。人体内所有生命现象和物质代谢过程都有水的参与,如消化作用,血液循环,物质交换,组织合成,都是在水溶液中完成的。体内有许多有毒物质也是随水排出的。

体内的水除一部分以自由状态存在外,大部分以结合形式存在,与蛋白质、多糖和脂类等组成胶体溶液。

二、水的生理功能

(一)机体的重要成分

水是人体含量最大和最重要的部分,成人体内水分含量约占体重的 2/3。水广泛分布在组织细胞内外,构成人体的内环境。

(二)促进体内物质代谢

人体内所有的物质代谢过程都有水的参与。水的溶解力很强,并有较大的电解力,可使水溶物质以溶解状态和电解质离子状态存在,并具有较大的流动性。可作为营养素的溶剂,有利于将其吸收和在体内运送;还可作为代谢产物的溶剂,有利于将其及时排出体外;难溶或不溶于水的物质,如脂类及某些蛋白质能分散于水中成为胶体溶液,水作为体内胶态系统的主要成分,有利于它的形成和稳定。所以,水在消化、吸收循环、排泄过程中,能促进营养物质的运送和废物的排泄,使人体内新陈代谢和生理化学反应得以顺利进行。此外,水还直接参与体内的水解、氧化及还原等过程。

(三)调节和维持体温

水对体温的调节和维持,与它的理化性质密切相关。水的比热高(1g 水升高或降低1℃需要约 4.2J 的热量),流动性大,体液和血液中水的含量也大。大量的水能吸收体内物质代谢过程中产生的热能,而使体内温度变化不大,并通过体液交换和血液循环,将体内代谢产生的热运送到体表散发到环境中,使机体能维持均匀而恒定的温度。水的蒸发热也高(在 37℃时蒸发 1g 水可带走 2.4kJ 的热量),所以,体热可随着水分经皮肤的蒸发和排汗而散热,这对在高温环境中的机体具有重要的生理意义。

(四)润滑作用

在关节、胸腔、腹腔和胃肠道等部位,都存在一定量的水分,对器官、关节、肌肉、组织能起到缓冲、润滑和保护的作用,如关节腔内的滑液能减少活动时的摩擦,口腔中的唾液可使食物容易吞咽,泪液防止眼球干燥。

(五)维持体液正常渗透压及电解质平衡

正常情况下,体液在血浆、组织间液及细胞内液这三个区间,通过溶质的渗透作用维持着动态的平衡,即渗透压平衡。机体摄入水不足、水丢失过多或者摄入盐过多时,细胞外液的渗透压就会增高,通过神经系统、激素、肾脏等调节机制,启动饮水行为、肾脏重吸收及离子交换来调节水和电解质平衡,可使水摄入增多、排出减少,从而维持体液的正常渗透压。

三、水的缺乏与过量

(一)水的缺乏

水摄入不足或丢失过多,可引起机体失水。机体缺水可使细胞外液电解质浓度增加,形成高渗;细胞内水分外流,引起脱水,可使血液变得黏稠;机体组织中的蛋白质和脂肪分解加强,氮、钠和钾离子排出增加;因黏膜干燥而降低对传染病的抵抗力。

一般情况下,失水达体重的 2% 时,可感到口渴、食欲降低、消化功能减弱、出现少尿;失水达体重 10% 以上时,可出现烦躁、眼球内陷、皮肤失去弹性、全身无力、体温脉搏增加、血压下降;失水超过体重 20% 以上时,会引起死亡。

缺水比饥饿更难维持生命,饥饿时消耗体内绝大部分的脂肪和一半以上的蛋白质仍可生存,但体内损失 10% 的水分就能导致严重的代谢紊乱。高温季节时的缺水后果比低温时严重得多。

（二）水的过量

如果水摄入量超过水排出的能力，可出现体内水过量或引起水中毒。这种情况多见于疾病（如肾、肝、心脏疾病）时发生，当严重脱水且补水方法不当时也可发生。水摄入和排出均受中枢神经系统控制，水排出经肾、肺、皮肤及肠等多种途径调节，正常人一般不会出现水中毒。

四、水的需要量及来源

（一）水的需要量

正常情况下，机体每日水的摄入量和排出量大致相等，约2500mL，使水的出入保持着动态平衡。影响人体需水量的因素很多，如代谢情况、年龄、体重、气温、体力活动等都会使人体对水的需求量产生很大差异。一般正常人每日每公斤体重需水量约为40mL，即60kg体重的成人每天需水量为2500 mL，婴儿的需水量为成人的3~4倍，在夏季或高温作业、剧烈运动等情况下需水量会有较大的增加。

消化道、呼吸道、皮肤和肾脏是机体排水的四条途径，但以肾脏最为重要。肾脏的排尿作用是机体排出水分最主要的途径，一般人每日尿量的排出与饮食情况、生活环境、劳动强度等多种因素密切相关，如饮水过多，排尿可增加，出汗过多则尿量可减少。正常生理情况下，每日尿量1000~1900mL。通过尿液排出体内过多的水分外，重要的在于排出了许多代谢废物，每日约有50g的固体物质随尿排出，这就需要至少500 mL以上的水才能将这些物质排出体外，若尿量过少，就会使废物储留体内从而造成不良后果，导致尿毒症。

中国营养学会建议我国男性饮水适宜摄入量（AI）为1.7L/d，女性为1.5L/d，根据饮水量占总水摄入量的比例（56%），我国男性总水适宜摄入量（AI）为3.0L/d，女性为2.7L/d。

（二）水的来源

饮水、食物中所含的水和体内生物氧化所产生的水为体内水的三个主要来源。普通成人每日饮水和从食物中所获得的水，平均均为2500mL左右，蛋白质、脂肪、碳水化合物三大产热营养素生物氧化所产生的内水为300mL左右，其中饮水量可因机体需要量及气温等环境的影响而有较大的变动。机体内应维持正常的水平衡，这种平衡一旦被破坏，就会带来严重后果。

第二节　膳食纤维

1970年前营养学中没有"膳食纤维"这个名词，而只有"粗纤维"。粗纤维曾被认为是对人体不起营养作用的一种非营养成分。营养学家考虑的是粗纤维吃多了会影响人体对食物中的营养素（尤其是微量元素）的吸收，然而通过近年来的调查与研究，发现并认识到这种"非营养素"与人体健康密切相关,它在预防人体的某些疾病方面起着重要的作用,同时也认识到"粗纤维"的概念已不适用,因而将"粗纤维"一词废弃,改为"膳食纤维"。膳食纤维分为两类,一类为可溶性的,一类为不可溶性的,这两类膳食纤维对人体的某些慢性非传染性疾病起着预防和保健作用。因此,也可以说"膳食纤维"是食物中具有保健功能的"功效成分"。

一、膳食纤维的概念及主要成分

(一)膳食纤维的定义

由于膳食纤维所包含的组分非常复杂,而所用的检测方法至今尚未标准化,因此它的准确定义也未能确定,其大致的定义如下:膳食纤维主要是不能被人体利用的多糖,即不能被人类的胃肠道中消化酶所消化的,且不被人体吸收利用的多糖。这类多糖主要来自植物细胞壁的复合碳水化合物,也可称之为非淀粉多糖,即非 α - 葡聚糖的多糖。近年来又有人建议将不可利用的低聚糖或称为抗性低聚糖也包括在膳食纤维的成分之中。

(二)膳食纤维的主要成分

非淀粉多糖是膳食纤维的主要成分,它包括纤维素、半纤维素、果胶及亲水胶体物质(如树胶及海藻多糖等),另外还包括植物细胞壁中所含有的木质素。

近年来又将一些非细胞壁的化合物,包括一些不被人体消化酶所分解的物质(如抗性淀粉及抗性低聚糖)、美拉德反应的产物以及来源于动物的不被消化酶所消化的物质[如氨基多糖(也称甲壳素)等]也列入膳食纤维的组成成分之中。这类物质在人类的膳食中含量虽少,但均具有一定的生理活性。

二、膳食纤维分类

膳食纤维包括一大类具有相似生理功能的物质,按溶解性可将膳食纤维分为可溶性膳食纤维和不溶性膳食纤维。可溶性膳食纤维主要是植物细胞壁内的储存物质和分泌物、部分半纤维素、部分微生物多糖和合成类多糖(如果胶、魔芋多糖、瓜儿胶、阿拉伯胶等);不溶性膳食纤维包括纤维素、不溶性半纤维素和木质素,还包括抗性淀粉、一些不可消化的寡糖、美拉德反应的产物、植物细胞壁的蜡质与角质和不被消化的细胞壁蛋白,以及虾、蟹等甲壳类动物表皮中所含的甲壳素。

(1)纤维素。纤维素在化学结构上与淀粉相似,是以 β - 1,4 - 糖苷键连接的直链聚合物,不能被人类肠道淀粉酶所分解。草食动物由于其瘤胃中微生物能产生纤维素酶,故可利用纤维素供能。

(2)半纤维素。与纤维素一样主要以 β - 1,4 - 糖苷键连接,也存在 β - 1,3 - 糖苷键,根据主链和支链上所含单糖的不同可分为木聚糖、半乳聚糖、甘露聚糖和阿拉伯糖的多聚体。有的还含有半乳糖醛酸和葡萄糖醛酸。

(3)木质素。虽然木质素包括在粗纤维和不可利用碳水化合物的范畴内,但它并不是真正的碳水化合物,而是苯基－丙烷衍生物的复杂聚合物,它与纤维素、半纤维素共同构成植物的细胞壁。

(4)果胶。果胶的主链成分为半乳糖醛酸酯,典型的侧链为半乳糖和阿拉伯糖,是存在于蔬菜和水果软组织中的无定形物质。它可在热溶液中溶解,而在酸性溶液中遇热形成凝胶,在食品加工中作为增稠剂使用。

(5)抗性淀粉(RS)。包括改性淀粉和经过冷却加热处理的淀粉。抗性淀粉在生理功能上与膳食纤维极为相似,故归入膳食纤维。它属于不溶性膳食纤维,但同时兼具可溶性膳食纤维的优点,可用做葡萄糖的缓释剂,用于降低餐后血糖。有动物研究表明,在体内和体外试验中抗性淀粉都可促进益生菌的生长,增加大肠双歧杆菌的数目。

(6)不可消化寡糖。具有生理调节作用的不可消化寡糖(NDO)是由 3 ~ 9 个单糖聚合成的短链多糖,这些低聚糖可能由相同或不同的单体聚合并经不同的键连接而成。NDO是某些植物如豆科籽实、谷物中的天然成分。此外,NDO 还可以作为饲料和食品中的功能性添加剂,例如可以通过部分水解菊粉制备低聚果糖(FOS),由乳糖制备低聚半乳糖(TOS)。NDO 的生理功能和化学性质均取决于其化学组成。NDO 大多可溶于水、乙醇及体液,但在体内 pH 条件下却相当稳定。NDO 的营养功能源于其独特的发酵品质,也被称为双歧因子。纤维素、半纤维素不具有类似的功能,这可能是由于异质性造成的,NDO 对外源微生物的非特异性刺激作用可以阻止不良微生物区系的建立。

(7)树胶和黏胶。是由不同的多糖及其衍生物组成。阿拉伯胶、瓜尔胶属于这类物质,可用作食品加工中的稳定剂。

三、膳食纤维的营养功能

(一)膳食纤维的理化特性

(1)持水性。膳食纤维的化学结构中含有很多亲水基团,因此具有很强的吸水膨胀能力。膳食纤维吸水膨胀可填充胃肠道,增加饱腹感。不同膳食纤维的持水性也不同,可溶性膳食纤维比不溶性膳食纤维持水性强。

可溶性膳食纤维吸水后,重量能增加到原自身重量的 30 倍,并能形成溶胶和凝胶,增强胃肠中内容物的黏度,延缓胃中食糜的排空速度。可溶性膳食纤维可使胃排空时间明显延长,而不溶性膳食纤维则无此作用。

(2)结合和交换阳离子。膳食纤维化学结构中包含一些羧基、醛酸基及羟基类侧链基团,呈现弱酸性阳离子交换树脂的作用,可与钙、锌、镁等阳离子结合,使钠离子与钾离子交换,特别是与有机离子进行可逆的交换。

(3)发酵特性。膳食纤维能被肠内微生物不同程度地发酵分解。不同来源的膳食纤维被分解的程度也不同,这与其持水性、多糖结构等有关。

(4)吸附螯合有机化合物。膳食纤维表面带有很多活性基团,可以吸附螯合胆汁酸、胆固醇、变异原等有机分子,其中对胆汁酸的吸附能力以木质素较强,纤维素弱些。同时,膳食纤维还能吸附肠道内的有毒物质,并促使它们排出体外。

(二)膳食纤维的生理作用

(1)增加饱腹感,降低对其他营养素的吸收。膳食纤维进入消化道内,在胃中吸水膨胀,增加胃的蠕动,延缓胃中内容物进入小肠的速度,也就降低了小肠对营养素的吸收速度。同时使人产生饱胀感,对糖尿病和肥胖症患者减少进食有利。

从胃进入小肠的膳食纤维,几乎不能被消化酶分解,便继续向肠道下部移动。其间,膳食纤维对肠内容物的水合作用、脂质的乳化作用、消化酶的消化作用都产生一定的影响,对食物块的消化以及营养素的吸收都有一定的阻碍,其中能形成高黏度溶胶和凝胶的水溶性膳食纤维的这种作用更强。

与阳离子有结合能力的膳食纤维能使无机盐在肠道的吸收受阻,而具有离子交换能力的藻酸(属可溶性膳食纤维)等能吸附钠盐,随粪便排出体外,从而具有降低血压的作用。

(2)降低血胆固醇,预防胆结石。膳食纤维能阻碍中性脂肪和胆固醇的吸收,对饮食性高脂血症有预防作用。膳食纤维可减少胆汁酸的再吸收量,改变食物消化速度和消化道分泌物的分泌量,起到预防胆结石的作用。

(3)调节血糖和预防 2 型糖尿病的作用。可溶性膳食纤维的黏度能延缓葡萄糖的吸收,可抑制血糖的上升,改善耐糖量。膳食纤维还能增加组织细胞对胰岛素的敏感性,降低对胰岛素的需要量,从而对糖尿病预防具有一定效果。

(4)改变肠道菌群。进入大肠的膳食纤维能部分地、选择性地被肠内细菌分解与发酵,从而改变肠内微生物菌群的构成与代谢,诱导有益菌大量繁殖。

(5)促进排便。由于微生物的发酵作用而生成的短链脂肪酸能降低肠道 pH 值,这不仅能促进有益菌的繁殖,而且这些物质能刺激肠黏膜,从而促进粪便排泄。由于膳食纤维吸水,可增加粪便体积和重量,促进肠道蠕动,减少粪便硬度,增加排便频率,减轻直肠内压力,降低粪便在肠中停留的时间,可以预防憩室症与便秘,以及长时间便秘引起的痔疮和下肢静脉曲张,同时也减轻了泌尿系统的压力,缓解膀胱炎、膀胱结石和肾结石等泌尿系统疾病的症状。由于膳食纤维的通便作用,可以使肠内细菌的代谢产物,以及一些由胆汁酸转换成的致癌物(如脱氧胆汁酸、石胆酸和突变异原物质等)能随膳食纤维排出体外。

有研究表明,不同类型的膳食纤维具有不同的辅助治疗作用。来源于水果、蔬菜、谷物的不溶性膳食纤维可用于治疗便秘,燕麦和亚麻籽中的水溶性膳食纤维可降低胆固醇,而小麦麸中的纤维在预防结肠癌方面比其他纤维都有效。

四、膳食纤维的参考摄入量及食物来源

(一)膳食纤维的参考摄入量

世界卫生组织提出,成年人每日应摄入的总膳食纤维量为 27 ~ 40g。我国膳食调查证明,我国每人每日平均摄入的膳食纤维已由过去的 26g 下降至 17.4g,原因是人们吃得越来越精,很多人只吃精加工的米面,对粗粮很少问津,只注意蛋白质的摄入量,对水果蔬菜的

摄入不太重视。膳食纤维摄入量的减少导致原来在发达国家常见的"富贵病"在我国的发病率日益上升,成为威胁我国人民健康的大敌。

过量摄入膳食纤维会有一些副作用,如腹泻、腹胀、腹痛,较少见的副作用有肠道内形成纤维粪石引起肠梗阻,需要手术治疗,这一点对老年人或极度消瘦的病人应该特别注意,所以应提倡逐步增加膳食纤维的摄入量。同时,摄入过多的膳食纤维会影响维生素和微量元素的吸收。另外,患有急性慢性肠炎、伤寒、痢疾、结肠憩室炎、肠道肿瘤、消化道出血、肠道手术前后、肠道狭窄、食道静脉曲张等疾病的人应控制膳食纤维的摄入量。

我国目前尚未提出明确的膳食纤维推荐摄入量标准。中国营养学会 2013 年推出的DRIs 中,中国成人其他膳食成分特定建议值(SPL)适宜摄入量(AI)为 25g/d。

(二)膳食纤维的食物来源

膳食纤维主要存在于谷、薯、豆类、蔬菜及水果中,谷物食品含膳食纤维最多,全麦粉含 6%、精面粉含 2%、糙米含 1%、精米含 0.5%、蔬菜含 3%、水果含 2% 左右,但由于加工方法、食入部位及品种的不同,膳食纤维的含量也不同。粗粮、豆类高于细粮;胡萝卜、芹菜、荠菜、菠菜、韭菜等高于西红柿、茄子等;菠萝、草莓、荸荠高于香蕉、苹果等;同种蔬菜边皮含纤维量高于中心部位,同种水果果皮纤维量高于果肉。如果食用时将蔬菜的边皮或水果的外皮去掉的话,就会损失部分膳食纤维。水果汁和渣应一起食用,一个柑橘的膳食纤维量约等于橘汁的 6 倍。所以人们应合理搭配粗细粮,多吃蔬菜及水果,这样膳食纤维供给一般就能满足人体需要。

第六章　不同人群的营养

第一节　孕妇与乳母营养

妇女在妊娠、哺乳期,由于胎儿生长发育和分泌乳汁的需要,营养素需要量都较平常增高。母体营养状况的好坏直接影响胎儿的正常发育和健康,也影响到其分娩后分泌乳汁的质量和数量以及婴儿的健康成长。若孕妇和乳母营养供给不足,而还要满足胎儿发育和分泌乳汁的需要,势必加剧孕妇和乳母营养不足的程度,甚至发生营养缺乏症,如缺铁性贫血、骨质软化等。孕妇营养不良还会引起流产、早产以及胎儿大脑发育不全或畸形。所以,孕期和哺乳期的营养对母体、胎儿及婴幼儿的正常发育具有十分重要的意义。

一、孕妇营养

(一)孕期的生理特点

妊娠是一个非常复杂、变化极其协调的生理过程,也是胚胎和胎儿在母体内发育生长的过程。从开始妊娠至妊娠终止,整个过程称为妊娠期,约 40 周。妊娠期,在胎盘产生的激素的作用下,为适应胎儿生长发育,母体各系统必须进行一系列的适应性生理变化。

(1)代谢改变。孕期的代谢活动在大量雌激素、黄体酮及绒毛膜促乳腺生长素等激素的影响下,使母体的合成代谢增加、基础代谢率升高。对碳水化合物、脂肪和蛋白质的利用也有所改变,能源物质(如糖)通过胎盘的贮存和转运至胎儿。孕晚期(8~10 个月)蛋白质分解物排出较少,以利于合成组织所需的氮储留。

(2)消化系统功能改变。消化液分泌减少,胃肠蠕动减慢,常出现胃肠胀气及便秘。对某些营养素如铁、钙、叶酸、维生素 B_{12} 吸收能力增强,机理尚不清楚,孕早期常有恶心,呕吐等妊娠反应。

(3)肾功能改变。肾脏负担加重。孕妇和胎儿的代谢产物均要由孕妇经肾脏排出,因此孕妇肾小球滤过功能代偿性增强,在孕早期增加约 50%。由于有效血浆流量及肾小球滤过率的增加,使尿中葡萄糖、氨基酸和水溶性维生素的代谢终产物排出量增加,但是如滤过负荷的增强超过肾曲小管的重吸收能力,就会出现妊娠糖尿。尿中钙的排出量比孕前减少。

(4)水代谢与血容量变化。妊娠过程中母体含水量约增加 7L,血容量增加 40%,但红细胞却只增加了 20%~30%,血红蛋白浓度亦下降,常出现生理性贫血。

(5)体重增长。健康妇女若不限制饮食,孕期一般增加体重 10.0~12.5kg。体重增长包括两大部分,一是妊娠的产物,包括胎儿、胎盘和羊水,另一部分是母体组织的增长,包括血液和细胞外液的增加,子宫和乳腺的发育,以及母体为泌乳而储备的脂肪和其他营养物质。一般孕早期(1~3个月)增重较少,孕中期(4~7个月)和孕晚期(8~10个月)则每周稳定地增加350~400g。

许多流行病学资料显示,孕期体质量的增长过多或过少均不利,不同孕妇孕期的适宜增重量应有所不同。母亲孕前的身高和体质量是影响其适宜增重量的重要因素。一般孕前消瘦者孕期体质量增长值应高于正常体质量的妇女,而矮小并超重或肥胖的妇女则较低。若以体质指数(BMI)作为指标,则不同BMI妇女孕期增重的推荐值见表6-1。

表6-1 按孕前BMI推荐的孕妇体重适宜增长范围

BMI	推荐的体重增长范围/kg
低(<19.8)	12.5~18.0
正常(19.8~26.0)	11.5~16.0
低(>26~29)	7.0~11.5

(二)孕期的营养需要

1.能量

孕妇的能量需要除日常基础代谢、食物特殊动力作用以及日常生活和劳动等方面消耗外,还由于以下三方面情况而额外增加能量的消耗:①胎儿新生组织的形成及增长;②维持胎儿代谢的能量需要;③妊娠过程基础代谢增高。但在妊娠三个阶段能量需求是不一样的,一般在孕早期(1~3个月),由于生成新组织及胎儿生长速度较慢(1g/d左右),基础代谢与正常人相似,所需能量基本不变或略有增高,在孕中期(4~6个月)、孕晚期(7~9个月),由于母体基础代谢比孕前增加10%~20%,母体新组织形成及胎儿生长速度较快(10g/d左右),而且脂肪、蛋白质蓄积过程也加速,孕妇基础代谢明显增加,因此,所需能量也要相应增加。

中国营养学会于2013年制订的中国居民膳食营养素参考摄入量中建议:孕妇自孕中期,即怀孕4个月开始每日增加能量1.26MJ(300kcal),孕晚期每日增加能量1.88MJ(450kcal)。WHO建议:孕早期每天增加0.63MJ(150kcal),中后期每日增加1.46 MJ(350 kcal)。

2.蛋白质

孕期对蛋白质的需要量增加,以满足母体、胎盘和胎儿生长的需要。母体在妊娠过程中约增加蛋白质910g,其中足月胎儿体内含蛋白质为400~500g,占胎儿自身体重的15%,为孕妇整个妊娠期蛋白质储留量的45%左右。

如果孕妇蛋白质缺乏,不仅对胎儿的生长发育有影响,还会使母体发生妊娠毒血症,以及出现贫血和营养性水肿等。因此,孕妇应摄入多种食物,使氨基酸摄入达到平衡,同时应增加优质蛋白质的摄入量。但是,也应注意到蛋白质摄入过多的危害,蛋白质摄入过多除了造成浪费外,还增加孕妇肝、肾负担,反而不利于母体健康和胎儿发育。

中国营养学会于2013年制订的中国居民膳食营养素参考摄入量中建议,蛋白质RNI:孕中期每天增加15g,孕晚期每天增加25g,并应保证有1/3以上的优质蛋白质。

3.脂类

在妊娠过程中,脂类的变化是非常大的,全过程平均增加脂肪2~4kg,供母体某些部位的储备及胎儿组织的形成(胎儿体内的脂肪占其体重的 5% ~15%)。脂质对胎儿脑及神经系统的形成和发育至关重要,因脂质占大脑及神经组织干重的 50% ~60% ,如果缺乏脂类将会推迟脑细胞的分裂与增殖,同时会影响脂溶性维生素的吸收。但是,由于孕期的血脂比非孕期增高,因此,脂肪的摄入也不宜过多,一般认为,孕妇脂肪摄入控制在占全日总能量的 20% ~30% 是比较合适的,其中还必须有一定比例的植物油。

4.矿物质

由于孕期的生理变化、血浆容量和肾小球滤过率的增加,使得血浆中矿物质的含量随妊娠的进展逐步降低。孕期膳食中可能缺乏的主要是钙、铁、锌、碘。

(1)钙:是妊娠期间孕妇需要补充的最重要的营养素之一。我国孕妇缺钙的现象比较普遍,常在怀孕 5 月左右开始发生小腿抽搐,可能与血钙降低有关。孕妇钙摄入不足时,可加速母体骨骼中钙盐的溶出。

中国营养学会于 2013 年制订的中国居民膳食营养素参考摄入量中,推荐钙的 RNI 为孕早期为 800mg/d,孕中期后为 1000mg/d。因此,孕妇应增加含钙丰富的食物,膳食中摄入不足时可补充一些钙制剂。

(2)铁:妊娠期除母体自身铁的生理消耗(0.8 ~1.0mg)以及生成红细胞所需外,胎儿、胎盘的生长发育均需要铁。缺铁性贫血是个普遍存在的营养问题,在妇女中较多见。据 1998 年我国育龄妇女贫血情况调查,孕妇贫血患病率平均为 42.1% ,不同孕期铁缺乏症患病率差异有显著性,孕末期更高。由于孕早期的妊娠反应影响进食,孕 20 周起血容量迅速增加,如果膳食中铁摄入不足,就容易引起缺铁性贫血,因此,在此期间通过食物或铁剂补铁更为重要。

中国营养学会于 2013 年制订的中国居民膳食营养素参考摄入量中,推荐铁的 RNI 为:孕早期 20mg/d,孕中期 24mg/d,孕晚期为 29mg/d。

(3)锌:锌是人体很重要的一种微量元素,它与 DNA、RNA 聚合酶及蛋白质的生物合成关系密切,缺锌会引起生长发育停滞和代谢障碍。动物实验表明:缺锌可引起胎鼠多种畸形,脑体积小,脑细胞数目少。据报道,在埃及、伊朗等缺锌地区,先天性功能不足型侏儒症和中枢神经畸形发病率明显高于其他地区。

中国营养学会于 2013 年制订的中国居民膳食营养素参考摄入量中,推荐锌的 RNI 在孕期三个阶段为 9.5mg/d,UL 为 40mg/d。锌最好来自动物肉类。

(4)碘:碘是合成甲状腺素所必需的元素,可促进蛋白质的合成并促进胎儿的生长发育,对大脑的正常发育非常重要。孕妇甲状腺功能旺盛,对碘的需要高于非孕妇女,应增加膳食中碘的摄入量。孕妇碘缺乏可致胎儿甲状腺功能低下,从而引起以严重智力发育迟缓和生长发育迟缓为主要表现的呆小症。

中国营养学会于 2013 年制订的中国居民膳食营养素参考摄入量中,推荐妊娠各个时期碘的 RNI 为 230μg/d,UL 为 600μg/d。

5.碳水化合物

碳水化合物中的葡萄糖是胎儿代谢所必需的,而且需要量较大。如果碳水化合物供给不足,母体不得不以氧化脂肪和蛋白质来供能。在饥饿状况下孕妇容易出现酮症,特别是孕期体重增加较少的孕妇更容易患此症。因此,为避免酮症发生,即使在妊娠反应严重的情况下,孕妇每天至少也要摄入150～200g碳水化合物。一般孕中期之后碳水化合物的摄入量以占总能量的55%～60%为宜,由于孕妇容易便秘,故应保证有一定量的膳食纤维。

6.维生素

许多维生素在血液中的浓度在孕期是降低的,这与孕期的正常生理调整有关,并不一定是需要量增加的反映。孕期特别需考虑的维生素为维生素 A、维生素 D、维生素 C 及 B 族维生素。

(1)维生素 A:孕妇缺乏维生素 A 与胎儿宫内发育迟缓、低出生体重及早产有关。摄入足够的维生素 A 可维持母体健康及胎儿的正常生长,并可在肝脏中有一定量的贮存。

中国营养学会于 2013 年制订的中国居民膳食营养素参考摄入量中,推荐维生素 A 的 RNI 为:孕早期 $700\mu gRAE/d$,孕中期和孕晚期 $770\mu gRAE/d$。

(2)维生素 D:维生素 D 对调节母体和胎儿的钙磷代谢有重要作用,妊娠期对维生素 D 的需要增加,除多晒阳光外,还应补充富含维生素 D 的食物。维生素 D 缺乏与孕妇骨质软化症及新生儿低钙血症和手足搐搦有关。

中国营养学会于 2013 年制订的中国居民膳食营养素参考摄入量中,推荐维生素 D 的 RNI 在孕期三个阶段为 $10\mu g/d$。

(3)维生素 C:胎儿生长需要大量的维生素 C,维生素 C 对母体和胎儿都十分重要。孕期为保证胎儿的需要,会消耗母体的含量,母血维生素 C 下降 50% 左右。

中国营养学会于 2013 年制订的中国居民膳食营养素参考摄入量中,推荐维生素 C 的 RNI 为:孕早期 $100mg/d$,孕中期和孕晚期 $115mg/d$。孕妇应保证蔬菜和水果的供应。

(4)B 族维生素:由于维生素 B_1 和维生素 B_2 主要与能量代谢有关,孕妇热能的需要量增加,则维生素 B_1 和维生素 B_2 的需要量也增加。维生素 B_1 还与食欲、肠蠕动和乳汁分泌有关,维生素 B_1 缺乏时,孕妇易发生便秘、呕吐、肌肉无力、分娩困难。维生素 B_1 和维生素 B_2 由于参与体内碳水化合物代谢,且不能在体内长期贮存,因此足够的摄入量十分重要。维生素 B_1 的 RNI 为孕早期 $1.2mg/d$,孕中期 $1.4mg/d$,孕晚期 $1.5mg/d$。维生素 B_2 的 RNI 为孕早期 $1.2mg/d$,孕中期 $1.4mg/d$,孕晚期 $1.5mg/d$。烟酸的 RNI 为整个孕期 $12mgNE/d$。维生素 B_6 对核酸代谢及蛋白质合成有重要作用,RNI 为整个孕期 $2.2mg/d$。当维生素 B_{12} 缺乏时,同型半胱氨酸转变成蛋氨酸障碍而在血中蓄积,形成同型半胱氨酸血症,还可导致四氢叶酸形成障碍而诱发巨幼红细胞贫血,同时可引起神经损害,其RNI 为 $2.9\mu g/d$。

快速生长胎儿的 DNA 合成,胎盘、母体组织和红细胞增加等均需要足够的叶酸,孕妇对叶酸的需要量大大增加。孕早期叶酸缺乏已被证实是导致胎儿神经管畸形的主要原因。孕期叶酸缺乏可引起胎盘早剥或新生儿低出生体重。在受孕前和孕早期补充叶酸400μg/d则可有效预防大多数神经管畸形的发生及复发。叶酸的 RNI 为整个孕期 600μg/d。

(三)孕妇营养不良的后果

1.对孕妇自身的影响

妇女在孕前如果营养不良,没有足够的营养素储备,加上多数孕妇在怀孕早期往往出现妊娠反应,如恶心、呕吐、食欲减退,孕后又没能及时补充额外增加的营养需要,往往会出现营养不良。孕妇营养不良对自身的影响主要表现为以下几个方面:

(1)导致营养缺乏病或加重营养不良的程度。如缺钙引起骨质疏松或骨质软化,缺铁引起贫血,缺叶酸引起巨幼红细胞性贫血等。

(2)出现妊娠合并症。一般认为,妊娠毒血症与多种营养素缺乏有关。研究表明,蛋白质供给不足容易导致合并妊娠毒血症(妊娠高血压综合征),尤其是缺锌的孕妇,此病的患病率明显上升。

(3)加重妊娠反应。营养不良孕妇通常体质较弱,在某种程度上营养不良与妊娠反应互为因果,妊娠反应加重进一步使孕妇营养状况恶化。

(4)增加产伤和感染机会。有研究表明,长期蛋白质供给不足,易发生产伤,而缺锌则容易引起感染且愈合缓慢。

2.对胎儿、婴儿的影响

孕妇营养不良对胎儿、婴儿的影响是至关重要的。主要表现为以下几个方面:

(1)先天性疾病、先天畸形。母体营养不良可使胎儿细胞分化迟滞,进一步引起细胞数目减少和某些器官分化不全,最后导致器官变小甚至畸形。对人的直接观察发现:孕妇缺钙和维生素 D 可使胎儿骨骼、牙齿发育不好,从而导致婴儿先天性佝偻病及低钙抽搐;缺维生素 A 引起婴儿角膜软化;最典型的是缺碘引起克汀病及脑缺损。还有人对唇裂、腭裂婴儿的母亲进行回顾性营养调查,结果发现她们中 40% 有不同程度的营养缺乏,其中 60% 存在不同程度的贫血。虽然营养不良可引起畸形,但反过来则不然,因为环境、化学有害物质、放射线等多种因素均可致畸。

(2)新生儿体重低下。母体营养不良可致婴儿出生体重低下,有很多调查研究表明新生儿体重与母体营养状况密切相关。例如,我国 1961～1962 年经济困难时期与经济好转后的 1964～1965 年进行比较:足月低体重儿(体重 <2500g)前者为 9.1% ,后者为 3.6% ,统计学上有显著性差异。还有资料表明,孕妇孕前体重在 47kg 以下,妊娠期体重增加少于7kg 者,其所生婴儿有 40% 是足月小样儿(足月分娩的低体重儿)。

(3)胎儿、新生儿死亡率上升。母体营养不良可导致胎儿畸形和新生儿体重低下,两者均是导致新生儿死亡率上升的重要因素。

(4)对骨骼和牙齿发育的影响。胎儿的骨骼和牙齿在妊娠期就已开始钙化。妊娠期间母体的营养及婴儿期营养合理与否,对今后牙齿是否整齐、坚固及骨骼发育有一定的影响,其中特别是钙、磷充足的供给量及其合适的比例至关重要。

（5）中枢神经系统发育受阻。孕妇营养不良,不仅影响婴儿的体质,而且还影响到其智力发展。因为脑细胞在增殖期缺乏营养,其数目就会下降,这在以后是无法弥补的。有报道称,怀孕12周胎脑对母亲的代谢是很敏感的,此时孕妇营养不良可导致小儿头围小及智力发育迟缓。因为,营养不良可使脑内 DNA 合成速度下降,影响脑细胞增殖和髓鞘的形成。人类研究也表明,胎儿期营养不良者到学龄前期有30%出现精神或智力不正常、反应迟钝、记忆力差等现象。

（四）孕妇的合理膳食

1.孕早期膳食

因为孕早期能量及营养素的 RNI 与孕前基本相同或略高,但常发生早孕反应(恶心、呕吐、厌食、厌油、偏食),所以配食要以减少呕吐为原则,即易消化、少油腻、味清淡、少吃多餐,烹调使用碘盐。轻度呕吐者,稍加休息后再设法进食;呕吐严重者多吃些蔬菜、水果等成碱性食物,以防止酸中毒,同时应给予充足的 B 族维生素和维生素 C 以减轻妊娠反应;妊娠反应严重到完全不能进食者,应请医生处理。孕期常吃富含叶酸的食物如动物肝、蛋类、豆类、酵母、绿叶蔬菜、水果及坚果类等,每天保证摄入400g 各种蔬菜,且其中1/2 以上为新鲜绿叶蔬菜,可提供约200μgDFE 叶酸。

2.孕中期膳食

孕妇的妊娠反应已消失,食欲明显好转。胎儿发育迅速,孕妇的子宫、胎盘和乳房迅速发育,因此在孕中期孕妇的能量和各种营养素的需要量骤增。与前3个月相比,食物的摄取量有一定增加,增加豆类、豆制品和动物性食品的比例,同样要注意多吃水果、新鲜绿叶菜、果仁等,烹调使用碘盐。从营养学角度看,孕妇没有特别不能吃的食物,只是对那些有刺激作用相对身体有可能带来不良影响的食物要加以限制,即:限制咸、辣食品;少吃刺激性强的食品,如咖啡、浓茶等;不可任意服用营养制剂。

3.孕晚期膳食

可在孕中期膳食基础上作适当调整。最好以增加副食来满足其对营养素的需要,适当减少进食量,除要注意多吃水果、新鲜绿叶菜、果仁外,还应该多喝乳类,经常选用海产品、动物内脏等,烹调使用碘盐。

4.分娩期膳食

分娩是指成熟胎儿及其附属物脱离母体至体外的过程,这个过程因人而异,长短不一,从几个小时到几十个小时不等。原则上,第一产程(从子宫有规律收缩到宫口完全开放)可选用细软或流质食物,一般以淀粉类为主,如挂面、饼干、藕粉、面包等。第二产程(从宫口开放到胎儿娩出),因时间短,如有必要可给予果汁、蛋汤等流质食品,第二产程过长者可从静脉输入葡萄糖以保证能量的需要。

二、乳母营养

(一)乳母的营养需要

1. 能量

哺乳期妇女虽然有脂肪的储备,但由于产后基础代谢增高(折合能量增加 250 ~ 300kcal)、分泌乳汁及哺育婴儿等能量消耗,因此,能量的 RNI 应相应增加。100mL 人乳约含能量 70kcal,产乳效率为 80% ,即母体约摄入 90kcal 能量才能分泌 100mL 乳汁。假定每日平均产乳量为 850mL,那么母体需耗能约为 800kcal。母体分泌乳汁量大致为,产后 2 周至 3 个月期间为 400 ~ 500mL/d;4 ~ 7 个月为 500 ~ 1000mL/d 。

中国营养学会于 2013 年制订的中国居民膳食营养素参考摄入量中,建议乳母的能量需要量在孕前基础上增加 500kcal/d。

2. 蛋白质

乳母蛋白质供给不足会引起乳汁分泌量减少、质量下降,消耗母体机体组织的蛋白质。母乳喂养的新生儿和 6 个月内婴儿的营养基本从母乳中摄取。母乳蛋白质含量为 1.2% ,膳食蛋白转化为乳汁蛋白的效率为 70% ,一般每日泌乳量约为 850mL,即分泌 850mL 乳汁,母体需消耗蛋白质 1.3g。

考虑到膳食蛋白质利用率的不同、个体差异以及 30% 的安全系数,中国营养学会于 2013 年制订的中国居民膳食营养素参考摄入量中,建议乳母蛋白质 RNI 比孕前增加 25g/d,且应多吃含优质蛋白质的食品,如蛋、乳、瘦肉、肝、鱼类等。

3. 脂类

乳的脂肪含量在一天之内和每次哺乳期间均有变化,当每次哺乳临近结束时,乳中脂肪含量较高,有利于控制婴儿的食欲。乳母膳食中脂肪的构成可影响乳汁中脂肪成分,如人乳中各种脂肪酸的比例随母体膳食脂肪酸摄入状况而改变。中国营养学会推荐,乳母膳食脂肪的摄入量以其能量占总热能的 20% ~ 30% 为宜。

4. 无机盐

人乳中钙含量稳定,一般为 34mg/100 mL。当膳食摄入钙不足时不会影响乳汁的分泌量及乳汁中的钙含量,但可消耗母体的钙储存,母体骨骼中的钙将被动用。乳母膳食钙推荐摄入量(RNI)比一般女性增加 200mg/d,总量达到 1000mg/d。铁不能通过乳腺输送到乳汁,人乳中铁含量极少。乳母膳食铁推荐摄入量(RNI)比一般女性增加4mg/d,总量达到24mg/d。锌的推荐摄入量(RNI)为12mg/d,比一般女性增加 4.5mg/d。

5. 维生素

授乳期各种维生素需要都增加,脂溶性维生素不易通过乳腺,故乳汁中脂溶性维生素受膳食中脂溶性维生素的影响较小,值得注意的是,乳汁中维生素 D 很少,故婴儿应注意补充维生素 D 或晒太阳。中国营养学会于 2013 年制订的中国居民膳食营养素参考摄入量中建议乳母维生素 A 的 RNI 为 1300μgRAE/d,维生素 D 的 RNI 为 10μg/d。

水溶性维生素大多数能自由通过乳腺,但有一定的饱和度。乳母维生素 C、维生素 B_1、叶酸的需要量都明显增加。其 RNI 分别为:150mg/d、1.5mg/d 和 550μgDFE/d。

6. 水分

乳母每天摄入的水量与乳汁分泌量密切相关,水分不足,会影响乳汁分泌量。乳母每天应多喝水,在每天的食物中还应增加肉汤、骨头汤和粥等含水较多的食物以供给水分。有调查显示,大豆、花生加上各种肉类,如猪腿、猪排骨或猪尾煮汤,鲫鱼汤,黄花菜鸡汤,醋、猪脚和鸡蛋煮汤均能促进乳汁分泌。

(二)乳母的合理膳食

由于乳母对各种营养素的需要量都增加,所以,膳食构成要选用营养价值较高的食物合理搭配,除增加一般食物量以外,要特别注意增加瘦肉、果仁、豆类、豆制品、乳、蛋、水产品等。在蔬菜水果中要多吃胡萝卜、苦瓜、橘子、橙子等。烹调使用碘盐。应保证蛋白质和钙的供应。选用动物性食物和大豆制品作为蛋白质来源,有利泌乳。适当选用骨粉或乳类食物供给足够的钙。注意供给新鲜水果和蔬菜,并且要有足够的数量,保证维生素、无机盐及部分水分供应。注意供给肉、骨头汤、鸡鸭汤、鲫鱼汤,这些汤滋味鲜美,可供给足够的水分,炖汤时,可在汤中加两滴醋,有利钙溶出。注意整个哺乳期营养供给的均匀性,不要只注意产后第一个月的饮食,以后就减少到与平时一样,这将影响乳汁的质量。每日进食5~6次,即三餐之外应有2~3次加餐,进食量和餐次可根据泌乳量作适当调整。

乳母膳食应每日供应以下食品:牛乳 250g、蛋类 200g、畜禽鱼等肉类 200g、豆制品100g、新鲜蔬菜及水果 500g、食糖 20g、烹饪油 30g、谷类 450~500g。

第二节　婴幼儿营养

出生后至满 2 周岁阶段,构成生命早期 1000 天关键窗口期中 2/3 的时长,该阶段的良好营养和科学喂养是儿童近期和远期健康最重要的保障。生命早期的营养和喂养对体格生长、智力发育、免疫功能等近期及后期健康持续产生至关重要的影响。婴幼儿时期是人的一生中生长发育最重要的时期之一,该期生长发育迅速,对营养的需要较成年人高,其营养状况对人体的身体素质具有非常重要的影响。

一、婴幼儿的生理特点

营养与膳食对婴幼儿的生长发育极为重要。婴儿期是人的一生中生长发育最快的时期,在生后第一年中身长增加 20~25cm,增加出生时身长的 40%~50%,体重增加6~7kg,约为出生时的 2 倍。第二年内身长约增加 10 cm,体重增加 2~3kg。2 岁以后,生长速度急剧下降,并保持相对稳定,平均每年身高增加 4~5cm,体重增加 1.5~2kg。大脑发育也极为迅速,出生 5 个月以后脑重由初生时的 350g 增至 600g 左右,到 1 周岁时,达 900~1000g,2 岁时,就已基本完成了脑细胞分化。因此,婴幼儿期需要足够的营养来满足迅速生长发育的需要,年龄越小对热能和各种营养素的要求越高。

婴幼儿时期,体格生长和脑发育虽然旺盛,但消化器官未发育成熟,口腔黏膜和胃肠壁黏膜柔嫩,血管丰富,易损伤。出生后的 6 ~ 8 个月开始出牙,最晚 2 ~ 2.5 岁时出齐,此时咀嚼能力较差,胃容量小。体内各种消化酶的活性较低,消化功能比成人弱,故膳食供给必须结合消化功能特点,合理喂养,可避免营养不良及消化功能紊乱。

二、婴幼儿的营养需要

(一)能量

婴幼儿对能量的需要除维持基础代谢、食物特殊动力作用和体力活动外,生长所需能量为小儿所特有的,所需能量与生长速度成正比,每增加 1g 新的体组织,需能量 20 ~ 29kJ(4.4 ~ 5.7kcal)。1 岁以内增长最快,此项所需能量占总能量的 25% ~ 30%,1 岁以后,占总能量的 15% ~ 16%。

中国营养学会于 2013 年制订的中国居民膳食营养素参考摄入量中建议:0 ~ 0.5 岁(不分性别)0.38MJ/(kg 体重·d)(90kcal/d);0.5 ~ 1 岁(不分性别)0.33MJ/(kg 体重·d)(80kcal/d);1 ~ 2 岁男孩为 3.77MJ/d(900kcal/d),女孩为 3.35MJ/d(800kcal/d);2 ~ 3 岁男孩为 4.60MJ/d(1100kcal/d),女孩为 4.181MJ/d(1000kcal/d)。若非母乳喂养应在此基础上增加 20%。

(二)蛋白质

婴幼儿处于生长发育的旺盛时期,需要正氮平衡以保证正常生长发育。婴幼儿年龄愈小生长愈快,对蛋白质的需要量愈多,一般以蛋白质供能占摄入总能量的 15% 为宜。

半岁前的婴儿,正是大脑继续发育的关键时期,神经脑细胞数还在继续增加,而脑细胞增加与机体其他组织的增长一样,需要足够的蛋白质。如果蛋白质缺乏,必然使脑细胞数目减少,即使以后补足蛋白质,也只能矫正脑细胞的大小,不能使脑细胞的数目增加,造成终身缺陷。

蛋白质在人体内只有被消化成氨基酸才能被机体吸收、利用,因此必须考虑供给的蛋白质中必需氨基酸含量及相互间比值,是否适合婴幼儿需要。婴幼儿的必需氨基酸需要量较成人高,婴幼儿蛋白质需要量按每日每千克体重计算:母乳喂养为 1.6 ~ 2.2g,人工喂养(牛乳)为 3 ~ 4g,因牛乳蛋白质价值较母乳差。大豆蛋白质所含氨基酸也很丰富,可用于婴儿喂养,还可补充鸡蛋、鱼类等动物蛋白,应注意氨基酸的互补作用。

中国营养学会于 2013 年制订的中国居民膳食营养素参考摄入量中建议婴幼儿蛋白质RNI 为:0 ~ 0.5 岁 9g/d(AI);0.5 ~ 12 岁为 20g/d;1 ~ 3 岁为 25g/d。

(三)脂肪

婴幼儿处于生长旺盛时期,按单位体重需要的热能比成人高。脂肪不仅能供给丰富的热能,也是脂溶性维生素及必需脂肪酸的主要来源。婴幼儿脂肪供能占总摄入能量的 25% ~ 30%,必需脂肪酸对婴幼儿生长发育、髓鞘形成和脑发育有极重要作用,其每日摄入量占总热量适宜比例,6个月龄以内45%~50%;6月龄~2岁为35%~40%;2岁以上为30%~35%。

(四)碳水化合物

碳水化合物是促进婴幼儿生长发育所必需的营养素,如葡萄糖、果糖、蔗糖、乳糖等均为发育所必需。碳水化合物能防止脂肪氧化,保护蛋白质,乳糖又可助钙吸收。早期给婴幼儿添加适量淀粉,可以刺激唾液淀粉酶的分泌。碳水化合物供给的能量一般应占总能量的50%。

婴幼儿的食物中含碳水化合物不足,会出现血糖降低,同时也会有其他营养素缺乏的表现,使体内蛋白质消耗增加,营养不良的发生。若碳水化合物供给过多时,则引起婴儿增长快,貌似肥胖,肌肉松弛,抵抗力差,易受感染,发病较多。此外,会引起肠内发酵作用,产生较多的低脂肪酸,刺激肠蠕动增加,导致腹泻。

婴儿在出生头几个月能消化蔗糖、果糖、葡萄糖,但缺乏淀粉酶,对淀粉不易消化,故3~4个月内不应给予米面等含淀粉多的食物。随着年龄增长,消化功能逐渐完善,其他淀粉类食物(如粥、面条等)可逐渐增加。

(五)矿物质

1.钙

初生婴儿体内的钙约占体重的0.8%,到成人时,则为1.5%~2.0%。可见在婴幼儿成长过程中,需要存留的钙量很多,必须从膳食中供给。如摄入不足或长期缺乏时,会发生佝偻病、手足搐搦症等。

含钙丰富食物很多,但谷类食物含有植酸,某些蔬菜含有草酸,不利于钙吸收,故选用食物时,尽量避免选用含有这种酸类的食物。人乳与牛乳相比较,前者含钙量低,然而吸收率却较高。一般认为,钙、磷比值为1:2最好。

2.铁

铁缺乏会引起缺铁性贫血,在婴幼儿及学龄前儿童中发病率较高,2002年我国2岁以内婴幼儿贫血患病率为2.2%。因此,铁在婴幼儿营养中占十分重要的地位。乳类仅含微量的铁,新生儿体内含铁约300mg,主要是在胚胎期储存的,当出生6个月时,若有足量的母乳喂养,则婴儿不会因缺铁而贫血,然而人工喂养的婴儿,即以牛乳喂养者,必须及时添加辅食,最好在3~4个月龄时,添加含铁的食物,如肝泥、瘦肉末等,其中肝泥中铁的吸收率可达22%。

3.锌

目前婴儿锌缺乏多为边缘性的,主要表现为生长发育迟缓,食欲不佳、异食癖等。主要原因是膳食中锌摄入不足或利用不良。为预防婴幼儿锌缺乏,对婴幼儿膳食增加含锌较高的各种动物性食品,如猪肉、猪肝、鱼、海产品等。

婴幼儿各元素参考摄入量见表6-2。

表 6 - 2　婴幼儿期常量元素和微量元素推荐摄入量（RNI）和适宜摄入量（AI）

年龄/岁	钙（mg/d）	磷（mg/d）	钾（mg/d）	钠（mg/d）	镁/（mg/d）	铁/（mg/d）
0 ~ 0.5	200（AI）	100（AI）	350（AI）	170（AI）	20（AI）	0.3（AI）
0.5 ~ 1	250（AI）	180（AI）	550（AI）	350（AI）	65（AI）	10
1 ~ 3	600	300	900（AI）	700（AI）	140	9

年龄/岁	碘/（μg/d）	锌/（mg/d）	硒（μg/d）	铜（μg/d）	氟（mg/d）	铬（μg/d）
0 ~ 0.5	85（AI）	2.0（AI）	15（AI）	0.3（AI）	0.01（AI）	0.2（AI）
0.5 ~ 1	115（AI）	3.5	20（AI）	0.3（AI）	0.234（AI）	4.0（AI）
1 ~ 3	90	4.0	25	0.3	0.6（AI）	15（AI）

（六）维生素

与婴幼儿生长有关的主要维生素有维生素 A、维生素 D 及 B 族维生素和维生素 C。

1.维生素 A

维生素 A 对婴幼儿的主要功能是促进生长发育,维护上皮组织,间接增加抵抗力。如果膳食中经常缺乏维生素 A,则小儿体重增长慢,易患干眼症等,但也不能摄入过量,过多会引起中毒。小儿时期最常用来补充维生素 A 和维生素 D 的是鱼肝油,有些家长常误解为是营养品,多吃无妨,因此往往出现过量食用而中毒。

2.维生素 D

维生素 D 对生长期的婴幼儿极为重要。缺乏时会发生佝偻病、手足搐搦症,但也不能过量食用,过多也会中毒,表现为呕吐、便秘、血钙过高,甚至发生肾及其他脏器钙盐沉着,引起肾功能严重损害。因此,补充维生素 D 要注意用量。

3.维生素 B 族

维生素 B_1、维生素 B_2 参与能量和物质代谢,长期缺乏,影响生长发育,应注意食物选择。如果缺乏维生素 B_1 时会引起婴儿型脚气病,症状比成人重,严重时会造成死亡,引起缺乏主要原因与哺乳期母亲的膳食质量有直接关系。维生素 B_2 则因我国膳食习惯,动物性食物食用少,也容易缺乏,应引起注意。

4.维生素 C

维生素 C 主要存在于新鲜水果和蔬菜中,婴幼儿主食是乳类,母乳中维生素 C 的含量,每 100mL 中含约 4.3mg,用母乳喂养婴儿不易缺乏。牛乳中含量低,经煮沸饮用,含量则更少,所以人工喂养儿需补充含维生素 C 的辅食,如绿叶蔬菜的菜汁、番茄汁等。

婴幼儿维生素参考摄入量见表 6 - 3。

表 6 - 3　婴幼儿期维生素参考摄入量（DRIs）

年龄/岁	维生素 A RNI（μgRAE/d）	维生素 D RNI（μg/d）	维生素 E AI（mgα - TE/d）	维生素 B_1 RNI（mg/d）	维生素 B_2 RNI（mg/d）
0 ~ 0.5	300（AI）	10（AI）	3	0.1（AI）	0.4（AI）
0.5 ~ 1	350（AI）	10（AI）	4	0.3（AI）	0.5（AI）
1 ~ 3	310	10	6	0.6	0.6

续表

年龄/岁	维生素 B₆ RNI(mg/d)	维生素 B₁₂ RNI(μg/d)	维生素 C RNI(mg/d)	叶酸 RNI(μgDFE/d)	烟酸 RNI(mgNE/d)
0~0.5	0.2(AI)	0.3(AI)	40(AI)	65(AI)	2(AI)
0.5~1	0.4(AI)	0.6(AI)	40(AI)	100(AI)	3(AI)
1~3	0.6	1.0	60	160	6

三、婴幼儿的喂养指南

(一)母乳喂养

母乳是婴儿最适宜的食物,尤其对6个月以下的婴儿,故应大力提倡母乳喂养。

1. 母乳的营养成分

健康母亲的乳汁是适合于婴儿营养需要的食物,倘若新生儿在胎儿期有足够的营养素储存,出生后又能得到充足的阳光照射,那么在其出生后头4个月,可靠母乳供给全部营养素,而不会出现营养不良。同时母乳由母亲直接供给,不易污染。母乳不足时可用牛、羊乳代替,但其营养成分不相同。母乳营养成分见表6-4。

表6-4 母乳的营养成分

营养成分	单位	母乳	营养成分	单位	母乳
水	g/100g	88	锌	mg/100g	0.4
蛋白质	g/100g	0.9	碘	mg/100g	0.003
酪蛋白	g/100g	0.4	维生素 A	mg/100mL	0.053
乳球蛋白	g/100g	0.2	维生素 B₁	mg/100mL	0.016
脂肪	g/100g	3.8	维生素 B₂	mg/100mL	0.036
乳糖	g/100g	7.0	烟酸	mg/100mL	0.147
钙	mg/100g	34	维生素 C	mg/100mL	4.3
钠	mg/100g	15	维生素 D	mg/100mL	0.00006
钾	mg/100g	55	叶酸	mg/100mL	0.052
镁	mg/100g	4	维生素 E	mg/100mL	0.2
铜	mg/100g	0.04	维生素 K	mg/100mL	0.0015
铁	mg/100g	0.05	能量	kJ(kcal)	290(70)

2. 母乳喂养的优点

(1)母乳中营养素齐全,能满足婴儿生长发育的需要。母乳含优质蛋白质,虽然蛋白质总量低于牛乳,但其中的白蛋白比例高,酪蛋白比例低,在胃内形成较稀软之凝乳,易于消化吸收;另外,母乳中含有较多的牛磺酸,利于婴儿生长发育需要;含丰富的必需脂肪酸,母乳中所含脂肪高于牛乳,且含有脂酶而易于婴儿消化吸收,母乳含有大量的亚油酸及

α－亚麻酸,可防止婴儿湿疹的发生,母乳中还含有花生四烯酸和 DHA,可满足婴儿脑部及视网膜发育的需要;含丰富的乳糖,有利于益生菌的生长,从而有利于婴儿肠道的健康;母乳中钙含量低于牛乳,但利于婴儿吸收并能满足其需要;母乳及牛乳铁均较低,但母乳中铁的吸收率可达 75%;母乳中钠、钾、磷、氯均低于牛乳,但足够婴儿的需要;乳母膳食营养充足时,婴儿头 6 个月内所需的维生素(如维生素 B_1、维生素 B_2 等)基本上可从母乳中得到满足;维生素 D 在母乳中含量较少,但若能经常晒太阳亦很少发生佝偻病。

(2)母乳中含有丰富的免疫物质,可增加母乳喂养儿的抗感染能力。母乳喂养具有抗感染的作用,人工喂养及混合喂养的婴儿因肠道和呼吸道感染而死亡的危险性数倍于母乳喂养的婴儿。母乳中已检出许多免疫活性成分,它们在婴儿胃肠道内相对稳定而且能抵抗消化作用,因此能在婴儿自身的免疫系统尚未成熟期间发挥抗感染作用。母乳中的免疫物质包括免疫球蛋白、吞噬细胞、乳铁蛋白、溶菌酶、乳过氧化氢酶、补体因子 C_3 及双歧杆菌因子等。

(3)不易发生过敏。由于牛乳所含蛋白质与人体蛋白质有一定的差异,当其通过婴儿形态和功能尚不完善的肠黏膜而被吸收后,可作为一种过敏源而引起过敏反应,表现为肠道持续少量出血或婴儿湿疹,尤其是用未经充分加热的牛乳喂养的婴儿,而母乳喂养则很少出现过敏反应。

(4)哺乳行为可增进母子间情感的交流,促进婴儿智力发育。哺乳是一个有益于母子双方身心健康的活动。哺乳有利于婴儿智力及正常情感的发育和形成,同时有利于母亲子宫的收缩和恢复。

(二)6 月龄内婴儿母乳喂养指南

6 月龄内是一生中生长发育的第一个高峰期,对能量和营养素的需要高于其他任何时期,但婴儿消化器官和排泄器官发育尚未成熟,功能不健全,对食物的消化吸收能力及代谢废物的排泄能力仍较低。母乳既可提供优质、全面、充足和结构适宜的营养素,满足婴儿生长发育的需要,又能完美地适应其尚未发育成熟的消化能力,并促进其器官发育和功能成熟。

喂养原则如下:

(1)产后尽早开奶,坚持新生儿第一口食物是母乳。初乳富含营养和免疫活性物质,有助于肠道功能发展,并提供免疫保护;婴儿出生后第一口食物应是母乳有利于预防婴儿过敏,并减轻新生儿黄疸、体重下降和低血糖的发生。

(2)坚持 6 月龄内纯母乳喂养。纯母乳喂养能满足婴儿 6 月龄内所需要的全部液体、能量和营养素,母乳有利于肠道健康微生态环境建立和肠道功能成熟,降低感染性疾病和过敏发生的风险;母乳喂养营造母子情感交流的环境,给婴儿最大的安全感,有利于婴儿心理行为和情感发展。

(3)顺应喂养,建立良好的生活规律。母乳喂养应顺应婴儿胃肠道成熟和生长发育过程,从按需喂养模式到规律喂养模式递进,3 月龄以前的婴儿应按需喂养,不要强求喂奶次数和时间,随着月龄增加,婴儿胃容量逐渐增加,喂奶次数减少,应逐渐建立起规律哺喂的良好饮食习惯。

(4)生后数日开始补充维生素 D,不需补钙。人乳中维生素 D 含量低,婴儿不能通过母乳获得足量的维生素 D,婴儿出生后数日就应开始每日补充维生素 D10μg(400IU),适宜的阳光照射会促进皮肤中维生素 D 的合成。纯母乳喂养能满足婴儿骨骼生长对钙的需求,不需额外补钙,推荐新生儿出生后补充维生素 K,特别是剖宫产的新生儿。

(5)婴儿配方奶是不能纯母乳喂养时的无奈选择。由于婴儿患有某些代谢性疾病、乳母患有某些传染性或精神性疾病,乳汁分泌不足或无乳汁分泌等原因,不能用纯母乳喂养婴儿时,建议首选适合于6月龄内婴儿的配方奶粉,不宜直接用普通液态奶、成人奶粉、蛋白粉、豆奶粉等喂养婴儿。任何婴儿配方奶都不能与母乳相媲美,只能作为纯母乳喂养失败后无奈的选择,或者6月龄后对母乳的补充。

(6)监测体格指标,保持健康生长。身长和体重是反映婴儿喂养和营养状况的直观指标,疾病、喂养不当、营养不足会使婴儿生长缓慢或停滞。6月龄内婴儿应每半月测一次身长和体重,并选用世界卫生组织的《儿童生长曲线》判断婴儿是否得到正确、合理喂养,婴儿生长有自身规律,过快、过慢生长都不利于儿童远期健康,不宜追求参考值上限。

(三)7～24 月龄婴幼儿喂养指南

7～24 月龄婴幼儿胃肠道等消化器官的发育、感知觉以及认知行为能力的发展,单一的母乳喂养已经不能完全满足其对能量以及营养素的需求,同时要逐步体验和适应多样化的食物,从被动接受喂养转变到主动进食,顺应婴幼儿需求喂养,有助于健康饮食习惯的形成,并具有长期而深远的影响。

(1)继续母乳喂养,满6月龄起添加辅食。母乳仍然可以为满6月龄婴幼儿提供部分能量、优质蛋白质、钙等重要营养素,以及各种免疫保护因子等。婴儿满6月龄时,胃肠道等消化器官发育已相对完善,可消化母乳以外的多样化食物,而且婴儿的口腔运动功能、味觉、嗅觉、触觉等感知觉,以及心理、认知和行为能力也准备好接受新的食物,此时开始添加辅食,不仅能满足婴幼儿的营养需求,也能满足其心理需求,并促进其感知觉、心理及认知和行为能力的发展。

(2)从富含铁的泥糊状食物开始,逐步添加达到食物多样。婴幼儿铁的摄入主要来自于辅食,因而婴幼儿最先添加的辅食应该是富铁的高能量食物,如铁强化的婴儿米粉、肉泥等,在此基础上逐渐引入其他不同种类的食物以提供不同的营养素。辅食添加的原则:每次只添加一种新食物,由少到多、由稀到稠、由细到粗,循序渐进。每引入一种新的食物应适应2～3天,密切观察是否出现呕吐、腹泻、皮疹等不良反应,适应一种食物后再添加其他新的食物。

(3)提倡顺应喂养,鼓励但不强迫进食。父母及喂养者有责任为婴幼儿提供多样化,且与其发育水平相适应的食物,应顺应婴幼儿的需求进行喂养,帮助婴幼儿逐步达到与家人一致的规律进餐模式,学会自主进食,遵守必要的进餐礼仪,营造良好的进餐环境。尊重婴幼儿对食物的选择,耐心鼓励和协助婴幼儿进食,但绝不强迫进食。

(4)辅食不加调味品,尽量减少糖和盐的摄入。辅食应保持原味,不加盐、糖以及刺激性调味品,保持淡口味,有利于提高婴幼儿对不同天然食物口味的接受度,减少偏食挑食的风险;淡口味食物也可减少婴幼儿盐和糖的摄入量,降低儿童期及成人期肥胖、糖尿病、高血压、心血管疾病的风险。

(5)注重饮食卫生和进食安全。选择新鲜、优质、无污染的食物和清洁水制作辅食,制作过程保持清洁卫生,生熟分开;不吃剩饭,妥善保存和处理剩余食物。

(6)定期监测体格指标,追求健康生长。适度、平稳生长是最佳的生长模式,每3个月一次定期监测并评估婴幼儿的身长、体重、头围等体格生长指标,有助于判断其营养状况,并可根据体格生长指标的变化及时调整营养和喂养。

(四)人工喂养与混合喂养

由于各种原因不能用母乳喂养婴儿,而完全采用牛乳、羊乳、马乳等动物乳及其制品,或非乳类代乳制品喂养婴儿时称人工喂养。由于母乳不足或母亲因工作或其他原因不能按时给婴儿哺乳时,采用牛乳或其他代乳品作为补充或部分替代,称混合喂养。

人工喂养时应尽量采用牛乳、羊乳或配方乳粉等乳制品,乳类的营养价值高于豆类、谷类等代乳品。

1.婴儿配方乳粉

婴儿配方乳粉是依据母乳的营养素含量及其组成模式进行调整而生产的。增加了脱盐乳清粉;添加与母乳同型的活性顺式亚油酸,增加适量 α-亚麻酸;按4:6比例添加α-乳糖与β-乳糖;脱去牛乳中部分Ca、P、Na盐;强化维生素A、维生素D及适量其他维生素;强化牛磺酸、核酸;婴儿配方乳粉缺乏母乳特有的免疫因子及其他活性物质,故仍不能取代母乳。

对牛乳过敏的婴儿,可用大豆蛋白作为蛋白质来源。

婴儿配方乳使用时可按产品说明书进行调制和喂哺。对母乳不足者可作为部分替代物每日喂1~2次,最好在每次哺乳后加喂一定量。6月前可选用蛋白质12%~18%的配方奶粉,6个月后可选用大于18%的配方乳粉。对不能用母乳喂养者可完全用配方乳粉替代。

2.牛乳

牛乳的蛋白质和矿物质含量比母乳高2~3倍,而乳糖含量仅为母乳的60%,因此使用牛乳喂养时需要将其稀释,并加入一定量的糖,使其成分接近母乳,以帮助蛋白质的消化并减轻肾脏的负担。一般新生儿鲜牛乳与水的比例为2:1,两周后改为3:1,再逐渐增至4:1,1~2个月后可采用不稀释的全乳。

无鲜牛乳时,也可用全脂乳粉加水冲调后喂养婴儿,但不宜长期用脱脂乳粉、脱脂牛乳及炼乳喂养正常婴儿,因脱脂牛乳脂肪含量在1%以下,能量不足。甜炼乳含蔗糖40%左右,稀释后糖含量仍很高而蛋白质含量相对过低,易引起蛋白质营养不良。

四、婴幼儿的合理膳食

断乳后的幼儿,牙齿尚没有长全,咀嚼力差,肠胃消化力弱,这时如饮食和营养措施不当,会影响消化吸收,致使营养素摄入不足,阻碍生长发育。这个时期是小儿健康易出问题时期,因此要保证营养素的供给充足,同时还要注意儿童的生理、心理发育特点,培养他们良好的饮食习惯。

(一)平衡膳食

营养素来自食物,所选用的食物应含足量的营养素,而且各种营养素之间应保持合适的比例,如蛋白质、脂肪、碳水化合物三大营养素之间要有一定比例。每日膳食中应包括谷类、乳类、肉类、鱼类、蔬菜、水果类食物,并在同一类中的各种食物中轮流选用,做到膳食多样化,避免重复,这样既增加食欲,又可达到营养素之间取长补短的作用。

(二)易于消化

幼儿的咀嚼和消化功能低于成人,在选择中要避免选用过粗、过硬以及小儿无法消化的食物,如油炸花生米、黄豆等食物。应多选用质地细软,容易消化的饭菜,随着年龄增长可逐渐增加食物种类。

(三)适当增加餐次、合理烹调

根据儿童活泼好动的特点,适当增加餐次,一日三餐两点为宜。注意色香味美,增进食欲。食物要切碎、煮烂,用煮、蒸、炖等烹调方法。

(四)注意饮食卫生

为儿童制备膳食,必须新鲜可口,不用变质食品,餐具干净,常消毒。

(五)饮食习惯的培养

小儿饮食习惯的好坏,关系着小儿营养状况。饮食习惯好,良好的营养食品才能被更好地吸收利用,所以培养小儿养成良好饮食习惯,是保证营养的一个重要问题。因此在幼儿期要养成不偏食、不挑食、少吃零食的习惯;培养儿童细嚼慢咽,定点、定量的习惯;吃饭时要保持精神愉快。

第三节　儿童与青少年营养

满2周岁至不满18岁的未成年人(简称为2~17岁儿童)一般分为两个阶段,2~5岁为学龄前儿童,6~17岁为学龄儿童与青少年。该期生长发育不如婴幼儿期旺盛,但仍处于快速发育的过程,活动能力加强,智力发育迅速,是逐渐形成个性和培养良好习惯、品德的重要时期。

一、学龄前儿童的营养

学龄前儿童是指满2周岁后至满6周岁前的儿童,2~5岁是儿童生长发育的关键时期,也是良好饮食习惯培养的关键时期。

(一)学龄前儿童的生理特点

2~5岁儿童生长发育速率与婴幼儿相比略有下降,但仍处于较高水平。学龄前儿童生长发育较平稳,每年体重增加约2kg,身高增长5~7cm,四肢增长较躯干迅速;学龄前儿童神经系统发育逐渐完善,1岁时脑重量达900g,为成人脑重的60%,4~6岁脑组织进一步发育,达到成人脑重的86%~90%;尽管3岁时儿童乳牙已出齐,但学龄前儿童消化器官尚未完全发育成熟,特别是咀嚼和消化能力远不如成人,易发生消化不良,尤其是对固体食物需要较长时间适应。2~5岁儿童生活自理能力不断提高,自主性、好奇心、学习能力和模仿能力增强,是饮食行为和生活方式形成的关键时期,是培养良好饮食习惯的重要阶段。

(二)学龄前儿童的营养需要

1.能量

2~5岁儿童时期生长发育旺盛,基础代谢率高,活泼好动,因此能量需要相对高于成人。中国居民膳食营养素参考摄入量中建议:学龄前儿童男孩为4.62~5.86MJ/d(1100~1400kcal/d),女孩为4.18~5.44 MJ/d(1000~1300kcal/d)。

2.蛋白质

2~5岁儿童正在生长发育时期,各内脏器官和肌肉系统发育较快,需要供给足够的蛋白质。中国居民膳食营养素参考摄入量中建议学龄前儿童蛋白质RNI为25~30g/d。

3.脂肪

2~5岁儿童每日膳食中脂肪的推荐摄入量应占总热量的30%~35%,不仅能满足儿童所需的必需脂肪酸,而且有利于脂溶性维生素的吸收。

4.碳水化合物

2~5岁儿童每日膳食中碳水化合物的推荐摄入量应占总热量的50%~60%,膳食纤维可促进肠蠕动,防止幼儿便秘。蔗糖等纯糖摄取后被迅速吸收,易于以脂肪的形式储存,易引起肥胖、龋齿和行为问题,因此,学龄前儿童不宜摄入过多的糖和甜食。

5.矿物质

钙、磷、铁、锌、碘以及其他微量元素对正在发育中儿童都很重要,应格外重视。钙是组成骨骼、牙齿的重要材料,为满足儿童骨骼发育,每日需在体内储留75~150mg钙,钙也为维持神经、肌肉正常活动所必需,故儿童每日钙的供给量为600~800mg。随着儿童肌肉组织的发育和造血功能的完善,儿童对铁的需要相对高于成人。据国内外营养调查,儿童缺铁性贫血相当普遍,故必须注意铁的供给。中国营养学会推荐儿童每日铁供给量9~10mg;锌供给量学龄前儿童为4.0~5.5mg。儿童对碘的需要量虽很少,但碘对儿童体格发育和智力发育有着重要作用,每日碘供给量90μg。

6.维生素

维生素对维护儿童健康,促进生长,提高机体对疾病的抵抗力,防止营养缺乏病都是不可缺少的。中国居民膳食营养素参考摄入量中建议学龄前儿童维生素A的RNI为310~

360μgRAE/d，维生素 D 的 RNI 为 10μg/d，维生素 B$_1$、维生素 B$_2$、维生素 C 的 RNI 分别为 0.6～0.8mg/d、0.6～0.7mg/d、40～50mg/d。

(三)学龄前儿童的合理膳食原则

足量食物、平衡膳食、规律就餐是 2～5 岁儿童获得全面营养和良好消化吸收的保障，《中国居民膳食指南》推荐的学龄前儿童的合理膳食原则有以下几点。

1.规律就餐,自主进食不挑食,培养良好饮食习惯

2～5 岁儿童每天应安排早、中、晚三次正餐，在此基础上还至少有两次加餐，一般安排在上午、下午各 1 次，晚餐时间比较早时，可在睡前 2 小时安排一次加餐。加餐以奶类、水果为主，配以少量松软面点，晚间加餐不宜安排甜食，以预防龋齿。2～5 岁儿童处于培养良好饮食行为和习惯的关键阶段，家长应适当、正确地引导和纠正挑食、偏食的不良饮食习惯，培养自主进餐的习惯，培养其自信心和独立能力。

2.每天饮奶、足量饮水,正确选择零食

奶及奶制品中钙含量丰富且吸收率高，是儿童钙的最佳来源，每天饮用 300～400mL 奶或相当量奶制品，可保证 2～5 岁儿童钙摄入量达到适宜水平。2～5 岁儿童新陈代谢旺盛，活动量多，水分需要量大，建议每天饮水以白开水为主，每天应少量多次饮水(上午、下午各 2～3 次)，避免喝含糖饮料。2～5 岁儿童零食选择应尽可能与加餐相结合，以不影响正餐为宜，宜选择新鲜、天然、易消化的食物，少选油炸食品和膨化食品。

3.食物应合理烹调,易于消化,少调料、少油炸

从小培养儿童清淡口味，有助于形成一生的健康饮食习惯。在烹调方式上，宜采用蒸、煮、炖、煨等烹调方式，尽量少用油炸、烤、煎等方式，在 2～5 岁儿童烹调加工食物时，应尽可能保持食物的原汁原味，不宜过咸、油腻和辛辣，尽可能少用或不用味精、鸡精、色素、糖精等调味品，可选天然香辛料(如葱、蒜、洋葱、柠檬、醋、香草等)和新鲜蔬果汁(如番茄汁、南瓜汁、菠菜汁等)进行调味。

4.参与食物选择与制作,增进对食物的认知与喜爱

在保证安全的情况下，应鼓励儿童参与家庭食物的选择和制作，帮助儿童了解食物的基本常识和对健康的重要意义，增加对食物的认知，对食物产生心理认同和喜爱，减少对某些食物的偏见，从而学会尊重和爱惜食物。

5.经常户外活动,保障健康生长

2～5 岁儿童每天应进行至少 60min 的体育活动，最好是户外游戏或运动。建议每天结合日常生活多做锻炼(玩耍、散步、爬楼梯、收拾玩具等)，适量做较高强度的运动和户外活动，包括有氧运动(骑小自行车、快跑等)、伸展运动、肌肉强化运动(攀爬、健身球等)、团体活动(跳舞、小型球类游戏等)，减少静态活动(看电视、玩手机、电脑或电子游戏)。

二、学龄儿童与青少年的营养

学龄儿童与青少年是指 6 岁到不满 18 岁的未成年人。学龄儿童正处于在校学习阶段,生长发育迅速,对能量和营养素的需要量相对高于成年人。学龄儿童期是学习营养健康知识、养成健康生活方式、提高营养健康素养的关键时期。

（一）学龄儿童的生理特点

学龄期儿童生长迅速,每年体重增加 2~3kg,身高每年可增加 4~7cm。各系统器官的发育快慢不同,各内脏器官和肌肉系统发育较快,神经系统不断完善,智力发育迅速,处于学习阶段,活动量加大,各种营养素的需要量相对亦高。

人体 50% 的体重、15% 的身高在青春发育中获得,此时,体内脂肪开始积累,骨骼增长加速,上下肢比躯干长的快,肩宽和骨盆宽开始增大,从少年体态开始转变为青年、成年人体态。随着第二特征和性器官发育的成熟,生长速度逐渐减慢。青春发育期中,心理和智力发展也达高峰,性意识和情感生活日益丰富,独立思考和独立工作的能力加强,社会交往增多。青春期开始的时间,生长发育的速度和持续时间受遗传和环境因素尤其是营养状况的影响,个体差异较大。在青春发育期中,性别的区分也很突出,男性肌肉细胞和骨骼系统的发育均较女性显著,肌力增大,活动量较大,持续时间较长。脂肪组织的积累则以女性为多,女性平均增加 23%,男性仅为 19%。

（二）学龄儿童的营养需要

1.能量

学龄儿童时期生长发育旺盛,基础代谢率高,活泼好动,因此能量需要相对高于成人。中国居民膳食营养素参考摄入量中建议:学龄儿童男孩为 6.69~11.92MJ/d(1600~2850kcal/d),女孩为 6.07~9.62 MJ/d(1450~2300kcal/d)。

2.蛋白质

学龄儿童正处于生长发育时期,各内脏器官和肌肉系统发育较快,需要供给足够的蛋白质。如膳食中蛋白质不足,将影响肌肉增长,学习能力、机体抗病能力,尤其是女青年受其影响更加明显,因为女性生长发育过程较男性更早、更快,内分泌变化大。青少年蛋白质供能量应占总热量的 12%~15%。中国居民膳食营养素参考摄入量中建议学龄儿童蛋白质 RNI:男孩为 35~75 g/d,女孩为 35~60g/d。

3.碳水化合物

糖类是供应机体活动的主要热量来源,尤其是对于喜好运动需要较高热量的青少年,足够的糖类供应可以调节蛋白质的消耗,以使蛋白质能更好地发挥建造和修补身体组织的功能。此阶段每日膳食中碳水化合物的推荐摄入量应占总热量的 50%~60%。

4.矿物质

钙是骨骼和牙齿的主要成分,学龄儿童骨骼生长发育非常迅速,10~14 岁其增长达到高峰。因此学龄儿童需钙量明显超过成年人,如果此时期钙供给不足或钙磷比例不适当,仍可发生佝偻病和骨质疏松症。中国营养学会推荐学龄儿童钙的 RNI 为 1000mg/d。学龄儿童生长发育快,肌肉组织细胞数量直线增加,血容量增大,女青少年还有月经失血等因素,使青少年对铁的需要量增加,11~17 岁男青少年铁的 RNI 为 15~16mg/d,女青少年为 18mg/d。锌参加 DNA、蛋白质的合成,有助于机体细胞分裂,促进体格、大脑的发育和性腺器官的成熟。因此,对于生长发育和性器官发育最旺盛的少女,锌的摄入量显得格外重要,每日应保证供给锌 RNI 男性为 $7 \sim 11.5\mu g$,女性为 $7.0 \sim 8.5\mu g$。青少年甲状腺机能增强,需要更多的碘合成甲状腺素,以调节体内代谢并促进生长发育,青少年碘 RNI 为 $90 \sim 120 \ \mu g/d$。

5.维生素

维生素 A、维生素 D、B 族维生素和维生素 C 对学龄儿童生长发育均有重要作用。维生素 A 的 RNI 为男性 $500 \sim 820\mu gRAE/d$,女性 $500 \sim 700\mu gRAE/d$;维生素 D 的 RNI 为 $10\mu g/d$;维生素 C 的 RNI 为 $65 \sim 100mg/d$;维生素 B_1、维生素 B_2 和烟酸,男性的每日供给量分别是 $1.0 \sim 1.6mg$,$1.0 \sim 1.5mg$ 和 $11 \sim 16mgNE$,女性分别是 $1.0 \sim 1.3mg$,$1.0 \sim 1.2mg$ 和 $10 \sim 13mgNE$。

(三)学龄儿童的合理膳食原则

1.认识食物,学习烹饪,提高营养科学素养

儿童期是学习营养健康知识、养成健康生活方式、提高营养健康素养的关键时期。他们不仅要认识食物,参与食物的选择和烹调,养成健康的饮食行为,更要积极学习营养健康知识,传承我国优秀饮食文化和礼仪,提高营养健康素养。家庭、学校和社会要共同努力,开展儿童少年的饮食教育。家长要将营养健康知识融入儿童少年的日常生活,学校可以开设符合儿童少年特点的营养与健康教育相关课程,营造校园营养环境。

2.三餐合理,规律进餐,培养良好饮食习惯

儿童应做到一日三餐,包括适量的谷薯类、蔬菜、水果、禽畜鱼蛋、豆类坚果,以及充足的奶制品。两餐间隔 $4 \sim 6h$,三餐定时定量,每次进餐时间 $20 \sim 30min$,餐后休息 $0.5 \sim 1h$ 再开始学习和体力活动,体力活动后休息 $10 \sim 20min$ 再进餐,晚餐离睡前 $1.5 \sim 2h$。早餐提供的能量应占全天总能量的 $25\% \sim 30\%$、午餐占 $30\% \sim 40\%$、晚餐占 $30\% \sim 35\%$。要每天吃早餐,保证早餐的营养充足,早餐应包括谷薯类、禽畜肉蛋类、奶类或豆类及其制品和新鲜蔬菜水果等食物。三餐不能用糕点、甜食或零食代替。做到清淡饮食,少吃含高盐、高糖和高脂肪的快餐。

学生在考试期间,应加强营养的质和量,多供给优质蛋白质和脂肪,特别是卵磷脂和维生素 A、维生素 B_1、维生素 B_2 和维生素 C,以满足复习和考试期间学生高级神经系统紧张活动下的特殊消耗。

3.合理选择零食,禁止饮酒,足量饮水,不喝含糖饮料

零食是指一日三餐以外吃的所有食物和饮料,不包括水,儿童可选择卫生、营养丰富的食物作为零食,如水果、能生吃的新鲜蔬菜、奶制品、大豆及其制品或坚果。油炸、高盐或高糖的食品不宜做零食。要保障充足饮水,每天 $800 \sim 1400ml$,首选白开水,不喝或少喝含糖饮料,更不能饮酒。

4.不偏食、挑食,不暴饮暴食,保持适宜体重增长

儿童应做到不偏食、挑食,不暴饮暴食,正确认识自己的体型,保证适宜的体重增长。营养不良的儿童,要在吃饱的基础上,增加鱼禽蛋肉、豆制品等富含优质蛋白质食物的摄入。超重肥胖会损害儿童的体格和心理健康,要通过合理膳食和积极的身体活动预防超重肥胖。对于已经超重肥胖的儿童,应在保证体重合理增长的基础上,控制总能量摄入,逐步增加运动频率和运动强度。

5.增加户外活动,保证每天至少活动 60min

有规律的运动、充足的睡眠与减少静坐时间可促进儿童生长发育、预防超重肥胖的发生,并能提高他们的学习效率。儿童少年要增加户外活动时间,做到每天累计至少 60min 中等强度以上的身体活动,其中每周至少 3 次高强度的身体活动(包括抗阻力运动和骨质增强型运动),视屏时间每天不超过 2h,越少越好。

第四节 中年人与老年人营养

一、中年人的营养

(一)中年人的生理特点

在生理上,中年即是生理功能全盛时期,也是开始进入衰老的过渡时期,身体经历着从旺盛到稳定、开始衰老的巨大变化过程,中年与青年相比有以下特点:

(1)基础代谢率随年龄增高逐渐下降 10% ~20%,肌肉等实体组织随年龄增高而减少,脂肪组织随年龄增加而增多。

(2)消化、循环系统功能渐减退,易出现消化系统疾病,例如慢性胃炎、溃疡病等,体内抗自由基的能力逐渐减弱,心血管内壁渐失去弹性,易患心血管疾病、肿瘤等。

(3)人体功能衰退,在 40 岁以后视力、听力降低,味觉、嗅觉、触觉等感觉器观较不灵敏,情绪不稳,妇女开始进入围绝经期,容易出现内分泌紊乱、骨质疏松等问题。

(二)中年人的营养需要

老年病的发生与发展大多与营养因素有关,中年时期若能达到合理营养,对延长中年期、抗衰老和延寿有重要意义。中年人的营养要求如下:

1.能量

根据不同性别和不同劳动强度,中年人对能量摄入要适当,随年龄增高,应适当减少能量摄入,45~50 岁减少 5%,50~59 岁减少 10%,以维持标准体重为原则。超重者应注意适当控制能量摄入,并增加活动以消耗过多能量,减少脂肪蓄积。

2.蛋白质

在保证蛋白质供给量的基础上,适当选择优质蛋白质的供应,如畜肉、鱼、乳、豆类等,以适应高强度的劳动和活动所需。蛋白质供能量比为 12%,约 1.0g/kg 体重为宜,优质蛋白质应占蛋白质来源的 30% 左右。

3.脂肪和碳水化合物

脂肪供能量比维持在 25% ~30% 为宜,胆固醇的摄入量以每天不超过 500mg 为宜。

还应少食食糖,主食不应过精过细,以避免水溶性维生素及膳食纤维摄入不足。

4.其他营养素

中年人应注意膳食中铁、钙的摄入,以预防缺铁性贫血及骨质疏松症的发生。还应注意摄入足量的维生素 E、β-胡萝卜素以及维生素 C,以减少过氧化物质对机体的损害。

(三)中年人的合理膳食

中年人存在与营养有关的问题有肥胖症、高血压、高脂血症、心脑血管疾病、糖尿病、肿瘤、骨质疏松症等,这些疾病的发生往往与膳食结构不合理、营养素摄入不平衡有相关关系。中年人的合理营养应该做到每日增加膳食蛋白质的摄入,少食糖及脂肪类食品,食不过饱,控制体重,多食蔬菜、水果以增加维生素和膳食纤维的摄入,每日饮牛乳或豆乳 1 杯,补充钙质。主食应粗细搭配,避免食加工过精的食品,食盐应少食,每日不超过 6g。膳食安排以三餐制为宜,早餐能量占总能量的 20%、午餐占 40%、晚餐占 30%。

二、老年人的营养

《中国居民膳食指南》所指老年人为 65 岁以上的人群,80 岁以上的老年人为高龄老人。膳食营养是保证老年人健康的基石,与老年人生活质量、家庭、社会经济、医疗负担都有密切关系,对实现成功老龄化、促进社会稳定、和谐发展也有重要影响。

(一)老年人的生理特点

(1)代谢功能降低。老年人的代谢速率减慢,代谢量减少,基础代谢较中年人相比降低 15%~20%。合成代谢下降,分解代谢增加,合成代谢与分解代谢失去平衡,引起细胞功能下降。

(2)体成分改变。细胞量下降,突出表现在肌肉组织的重量减少而出现肌肉萎缩;体水分减少,主要是细胞内液减少;骨组织矿物质减少骨质密度下降,骨质疏松发生率增多,易骨折;肌肉萎缩、瘦体组织量减少、体脂肪量增加;加上骨量丢失、关节及神经系统退行性病变等问题,使得老年人身体活动能力减弱,对能量、营养素的需求发生改变。

(3)感觉器官功能的改变。随着年龄增加,老年人器官功能可出现不同程度的衰退,视觉、听觉、触觉、嗅觉及味觉等感官反应迟钝,常常无法反映身体对食物、水的真实需求,影响对食物的喜好程度而减少摄取量,口味也因此加重,容易摄取过多调味太重的食物。

(4)消化系统功能的改变。由于牙齿缺损、咀嚼和消化吸收能力下降。消化系统消化液、消化酶及胃酸分泌量的减少,致使食物的消化吸收受到影响,常发生消化不良症状;由于肠胃蠕动减慢,易造成便秘;心脏功能的降低及脑功能、肾功能及肝代谢能力均随年龄增高而有不同程度的下降。

(5)心血管系统功能的改变。由于老化,血管壁逐渐增厚变狭窄而失去弹性,使得心脏输出血量减少,血流阻力增加,血流速度减慢,致使血压逐渐升高,增加心脏的负荷。老年人脂质代谢能力降低,易出现甘油三酯、总胆固醇和低密度脂蛋白胆固醇升高而高密度脂蛋白胆固醇下降的现象。

老年人既容易发生营养不良、贫血、肌肉衰减、骨质疏松等与营养缺乏和代谢相关的疾病,又是心血管疾病、糖尿病、高血压等慢性病的高发人群。很多人多病共存,长期服用多种药物,很容易造成食欲不振,影响营养素吸收,加重营养失衡状况。

(二)老年人的营养需要

1.热能

由于基础代谢下降、体力活动减少和体内脂肪组织比例增加,老年人的热能需要量相对减少。65 岁以后,应较青年时期减少 20%,80 岁后减少 30%。65~80 岁轻体力劳动老年人 RNI 为男性 8.58MJ/d(2050kcal/d),女性 7.11 MJ/d(1700kcal/d);80 岁以上轻体力劳动老年人 RNI 为男性 7.95MJ/d(1900kcal/d),女性 6.28 MJ/d(1500kcal/d)。老年人的日常活动量和体内代谢状况个体差异较大,亦可按具体情况决定能量摄入量,一般可根据体重变化来衡量能量摄入量是否合适。老年人的理想体重可按下列公式计算:

老年男性的理想体重(kg) = 身高(cm) − 105

老年女性的理想体重(kg) = 身高(cm) − 100

若实际体重在理想体重 ±10% 以内为正常, ±10% ~ ±20% 以内为超重或减轻, ±20% 以上为肥胖或消瘦。

2.蛋白质

老年人由于分解代谢大于合成代谢,故易出现负氮平衡。因此蛋白质的摄入量应量足质优。蛋白质应占总热能的 12% ~ 14% 为宜,65 岁及以上老年人蛋白质 RNI 为男性 55g/d,女性 55g/d。

3.脂肪

老年人对脂肪的消化能力差,故脂肪的摄入不宜过多,一般脂肪供热占总热能的 20% 为宜,以富含多不饱和脂肪酸的植物油为主。

4.碳水化合物

由于老年人糖耐量低,胰岛素分泌量减少且对血糖的调节能力低,易发生血糖升高,因此老年人不宜食用含蔗糖高的食品,以防止血糖升高进而血脂升高,也不宜多食用水果、蜂蜜等含果糖高的食品。应多吃蔬菜增加膳食纤维的摄入,以利于增强肠蠕动,防止便秘。

5.矿物质

钙的充足对老年人十分重要。因为老年人对钙的吸收能力下降,体力活动减少又降低了骨骼钙的沉积,故老年人易发生钙的负平衡,骨质疏松较多见。65 岁以上老年人钙的 RNI 为 1000mg/d。因为老年人对铁的吸收利用能力下降,造血功能减退,血细胞含量减少,因此易发生缺铁性贫血。我国 65 岁以上老年人铁的 RNI 为 12mg/d。注意选择含血红素铁高的食物。硒为抗氧化剂,老年人应注意膳食补充。此外,微量元素锌、铜、铬也同样重要。老年人食盐摄入量应小于 6g/d,高血压、冠心病患者以 5g/d 以下为宜。

6.维生素

为调节体内代谢和增强抗病能力,各种维生素的摄入量都应达到我国的推荐摄入量。

维生素 E 为抗氧化的重要维生素,当缺乏维生素 E 时,体内细胞可出现一种棕色的色素颗粒,成为褐色素,是细胞某些成分被氧化分解后的沉积物,随着衰老过程在体内堆积,成为老年斑。补充维生素 E 可减少细胞内褐色素的形成。65 岁以上老年人摄入维生素 E 的 AI 为 $14mg\alpha - TE/d$。充足的维生素 C 可防止老年血管硬化,使胆固醇代谢易于排出体外,增强抵抗力,因此应充分保证供应,65 岁以上老年人维生素 C 的 RNI 为 $100mg/d$。

此外,维生素 A、维生素 B_1、维生素 B_2 等也同样重要。

(三)老年人的合理膳食

为了使老年人获得合理的营养,达到平衡膳食的目的,应提供符合老年人供给量标准的膳食,满足机体的营养需要。要经常注意老年人的体重变化,防止能量过剩引起肥胖。

1.少量多餐细软,预防营养缺乏

食物多样,制作细软,少量多餐,预防营养缺乏。不少老年人牙齿缺损,消化液分泌和胃肠蠕动减弱,容易出现食欲下降和早饱现象,造成食物摄入量不足和营养素缺乏,因此老年人膳食更应注意合理设计、精准营养。对于高龄老人和身体虚弱以及体重出现明显下降的老人,应特别要注意增加餐次,除三餐外可增加 2~3 次加餐,保证充足的食物摄入。食量小的老年人,应注意在餐前和餐时少喝汤水,少吃汤泡饭。对于有吞咽障碍和 80 岁以上老人,可选择软食,进食中要细嚼慢咽,预防呛咳和误吸;对于贫血,钙、维生素 D、维生素 A 等营养缺乏的老年人,建议在营养师和医生的指导下,选择适合自己的营养强化食品。

2.主动足量饮水,积极户外活动

老年人身体对缺水的耐受性下降,要主动饮水,每天的饮水量达到 1500~1700ml,首选温热的白开水。户外活动能够更好地接受紫外光照射,有利于体内维生素 D 合成和延缓骨质疏松的发展。一般认为老年人每天户外锻炼 1~2 次,每次 1h 左右,以轻微出汗为宜,或每天至少行走 6000 步。注意每次运动要量力而行,强度不要过大,运动持续时间不要过长,可以分多次运动。

3.延缓肌肉衰减,维持适宜体重

骨骼肌肉是身体的重要组成部分,延缓肌肉衰减对维持老年人活动能力和健康状况极为重要。延缓肌肉衰减的有效方法是吃动结合,一方面要增加摄入富含优质蛋白质的瘦肉、海鱼、豆类等食物,另一面要进行有氧运动和适当的抗阻运动。老年人体重应维持在正常稳定水平,不应过度苛求减重,体重过高或过低都会影响健康。从降低营养不良风险和死亡风险的角度考虑,70 岁以上的老年人的 BMI 应不低于 $20kg/m^2$ 为好。血脂等指标正常的情况下,BMI 上限值可略放宽到 $26kg/m^2$。

4.摄入充足食物,鼓励陪伴进餐

老年人每天应至少摄入 12 种及其以上的食物。采用多种方法增加食欲和进食量,吃好三餐。早餐宜有 1~2 种以上主食、1 个鸡蛋、1 杯奶,另有蔬菜或水果。中餐、晚餐宜有 2 种以上主食,1~2 个荤菜,1~2 种蔬菜,1 个豆制品。饭菜应色香味美、温度适宜。老年人应积极主动参与家庭和社会活动,主动与家人或朋友一起进餐或活动,积极快乐享受生活。

适当参与食物的准备与烹饪,通过变换烹饪方法和食物的花色品种,烹制自己喜爱的食物,提升进食的乐趣,享受家庭喜悦和亲情快乐。对于孤寡、独居老年人,建议多结交朋友,或者去集体用餐地点(社区老年食堂、助餐点、托老所用餐),增进交流,促进食欲,摄入更多丰富食物。对于生活自理有困难的老年人,家人应多陪伴,采用辅助用餐、送餐上门等方法,保障食物摄入和营养状况。家人应对老年人更加关心照顾,陪伴交流,注意饮食和体重变化,及时发现和预防疾病的发生和发展。

第五节　特殊环境人群营养

特殊环境人群指处于特殊生活、工作环境和从事特殊职业的各种人群,包括处于高温、低温、缺氧环境、有毒物质、噪声、放射作业环境下生活或工作的人群,以及运动员、脑力劳动者等从事特殊职业的人群。但事实上,同一个人群可能处于几种特殊环境,比如高原生活者既可能处于低温环境又可能处于缺氧环境,同一种环境(比如高温)既可能在生活中出现,也可能在工作中出现。

由于这些人群长期处于物理或化学因素的刺激下,或高强度的体力或脑力应激状态中,他们体内的代谢会发生对机体不利的变化,如果不注意其营养和提高机体的抵抗力,他们适应这些不利环境的能力就会降低,而且容易发生疾病。

一、高温环境人群营养

高温环境通常由自然热源(如太阳光)和人工热源(如锻造场、锅炉房等)引起,前者一般是指在热带或酷暑(35℃以上)的生活环境,后者为32℃以上的工作环境,相对湿度大于80%、环境温度大于30℃的环境亦可视为高温环境。

高温环境下可引起人体代谢和生理状况发生一系列变化,如机体代谢增加,体内蓄热,体温升高,中枢神经系统兴奋性降低等。由于炎热大量出汗而随之丢失大量水分、氨基酸、含氮物质、维生素和矿物质等营养物质,加上食欲下降和消化功能降低又限制了营养素的摄取,如果长期在热环境下作业得不到及时的营养补充,势必会影响机体的营养状况,降低耐热及工作能力。

(一)高温环境人群的生理特点

1.高温环境下机体营养素的丢失增多

(1)水和无机盐的丢失。在高温环境下人体的排汗量随环境的温度、劳动强度和个体差异而有所不同。一般为1.5L/h,最高达4.2L/h。由于汗液中99%以上是水分,约0.3%为无机盐,因此大量出汗引起水和无机盐的丢失,严重的可导致体内水与电解质的紊乱。汗液中矿物质主要为钠盐,占汗液无机盐总量的54%~68%(一般通过排汗损失氯化钠可达15~25g/d),其次是钾盐,占19%~44%,还有钙、镁、铁、锌、铜、硒等。

(2)水溶性维生素的丢失。高温环境下大量出汗可造成水溶性维生素的大量丢失,最容易丢失是维生素 C,其次是维生素 B_1。有文献报道,每升汗液中维生素 C 含量可达 10mg,维生素 B_1 0.14mg,若每日出汗 5L,则从汗液丢失的维生素 C 及维生素 B_1 分别为 50 mg 和 0.7mg,而丢失的核黄素也不少,甚至比随尿排出的还多。此外,其他 B 族维生素 也有不同程度的丢失。

(3)氮的排出量增加。在高温条件下人体大量出汗造成可溶性含氮物的丢失,汗液中 可溶性氮含量为 0.2 ~ 0.7g/L,其中主要是氨基酸,此外还有肌酐、肌酸、尿素、氨等含氮 物,由于失水和体温升高引起体内蛋白质的分解代谢增强,使尿氮排出量增加。因而在高 温环境下机体易出现负氮平衡。

2.高温对消化系统的影响

由于在高温条件下机体水分丢失可使唾液、胃液等消化液的分泌减少;由于氯化钠的 丢失,影响了胃液中盐酸的生成,从而使胃液的酸度降低,使得食物的消化吸收及胃的排空 受影响;此外由于高温的刺激通过中枢神经系统调节使摄水中枢兴奋从而对摄食中枢产生 抑制性影响。因此,在高温条件下机体的消化功能减退且食欲下降。

3.能量代谢的改变

高温条件下机体的热能消耗增加。主要是由于在高温条件下机体通过大量出汗、心动 过速等进行体温调节,此过程可引起热能消耗增加;同时,持续在高温环境下工作和生活, 体温上升引起机体基础代谢率增高,耗氧量加大,热能消耗也增加。

(二)高温环境下的营养需要

1.水和无机盐

高温条件下机体丢失大量水分和无机盐,如不及时补充,不仅影响活动能力,也可造成 体内热蓄积,发生中暑,危及健康。

水分的补充以能补偿出汗丢失的水量、保持机体内水的平衡为原则。根据高温作业者 口渴程度、劳动强度及具体生活环境建议补水量范围为:中等劳动强度、中等气象条件时日 补水量为 3 ~5L。补水方法宜少量多次。

无机盐的补充以食盐为主,出汗量少于 3L/d 者,补食盐量约 15g/d,出汗量大于 5L/d 者,则需补充 20 ~25g/d。所补食盐主要以菜汤、咸菜或盐汽水等分配于三餐之中,含盐饮 料中氯化钠浓度以 0.1% 为宜。随汗液流失的其他无机盐可通过食(饮)用富含无机盐的 蔬菜、水果、豆类及饮料来补充。

2.水溶性维生素

根据高温环境下机体水溶性维生素的代谢特点,建议维生素 C 的摄入量为 150 ~200mg/d,维生素 B_1 为 2.5 ~3 mg/d,维生素 B_2 为 2.5 ~3.5mg/d。日常膳食调配过程 中,注意选择含这些维生素较多的食物,必要时可口服维生素制剂。

3.蛋白质及热能

高温环境下机体易出现负氮平衡,因此蛋白质的摄入量需适当增加,但不宜过多,以免 加重肾脏负担。由于汗液中丢失一定数量的必需氨基酸,尤其是赖氨酸损失较多,因此补充蛋白质时优质蛋白质比例不应低于50%。热能的供给以原供给量为基础,环境温度在30~40℃之间,每上升1℃,热能供给应增加0.5%。

(三)高温环境下人群的合理膳食

高温环境下人群的能量及营养素的供给要适当增加,但高温环境下人群的消化功能及食欲下降,由此形成的矛盾需通过合理膳食的精心安排来加以解决。

(1)合理搭配、精心烹制谷类、豆类及动物性食物鱼、禽、蛋、肉,以补充优质蛋白质及B族维生素。

(2)补充含矿物质尤其是钾盐和维生素丰富的蔬菜、水果和豆类,其中水果中的有机酸可刺激食欲并有利于食物胃内消化。

(3)以汤作为补充水及无机盐的重要措施。由于含盐饮料通常不受欢迎,故水和盐的补充以汤的形式较好,菜汤、肉汤、鱼汤可交替选择,在餐前饮少量的汤还可增加食欲。对大量出汗人群,宜在两餐进膳之间补充一定量的含盐饮料。

二、职业性接触有毒、有害物质人群的营养

职业接触有毒、有害物质种类繁多,其中有许多是有毒、有害的化学物质,如农药、粉尘、铅、汞、三氯甲烷、四氯化碳、苯、苯胺、硝基苯等。这些化学毒物长期、少量进入机体,将会引起各种毒性反应,破坏机体的生理机能,干扰营养素在体内的代谢,甚至发生特定靶器官或靶组织的严重病变,危害人体健康。而机体的营养状况与化学毒物的作用及其结果均有密切联系。合理的营养措施,能提高机体各系统对毒物的耐受和抵抗力,增强对有毒、有害物质的代谢解毒能力,减少毒物吸收并促使其转化为无毒物质排出体外,利于康复和减轻症状。

(一)铅作业人员的营养

铅作业常见于冶金、印刷、玻璃、蓄电池等工业。铅及其化合物均具有一定毒性,在接触铅的作业环境下,铅经消化道、呼吸道进入人体后,作用于全身,尤其对神经系统和造血系统产生危害。主要病变是:阻滞血红蛋白的合成过程,引起贫血;对自主神经及酶系统作用,引起平滑肌痉挛;直接损害肝细胞,引起肝脏病变。

铅作业人员的饮食原则,应参照驱除体内的铅,减少铅在肠道的吸收,修补铅对机体损害的需要,提供合理营养,增强机体免疫力,减少铅对机体的损害。膳食营养调整如下:

1.补充优质蛋白质

铅进入机体后会影响蛋白质代谢并引起贫血及神经细胞变性。机体蛋白质营养不良则可降低机体的排铅能力,增加铅在体内的蓄积和机体对铅中毒的敏感性。膳食中充足的蛋白质尤其是含硫氨基酸丰富的优质蛋白质,有利于增强机体的解毒能力并促进血红蛋白的合成。建议蛋白质适宜的摄入量应占总热能的14%~15%,其中有1/2为优质蛋白质。

2.调整饮食中钙磷比例(即呈碱食品及呈酸食品的比例)

钙和铅在人体内有相似的代谢过程,在机体内能影响钙储存和排出的因素都同样会影

响铅的储存和排出。当体液反应呈碱性时,铅多以溶解度很小的正磷酸铅[$Pb_3(PO_4)_2$]的形式沉积于骨组织中,这种化合物在骨组织内呈惰性不表现出毒性症状;当机体体液反应呈酸性时,机体内铅多以磷酸氢铅[$PbHPO_4$]的游离形式出现在血液中。当膳食为高磷低钙的呈酸食品如谷类、豆类、肉类等食品时,有利于骨骼内沉积的正磷酸铅转化为可溶性的磷酸氢铅进入血液,并进一步排出体外,常用于慢性铅中毒时的排铅治疗,而膳食为高钙低磷的呈碱性食品如蔬菜、水果、乳类等食物时,则有利于血中磷酸氢铅浓度较高时,形成正磷酸铅进入骨组织,以缓解铅的急性毒性。

3.补充各类维生素

维生素 C 具有保护巯基酶中巯基(—SH)的作用,有助于机体对铅的解毒作用,在肠道中维生素 C 还能与铅结合成不溶性的抗坏血酸铅盐,降低铅在体内的吸收。专家建议职业接触铅人员维生素 C 的摄入量应达 150～200mg/d。其他如维生素 B_1、维生素 B_2、维生素 B_6、维生素 B_{12}、叶酸等对于改善症状和促进生理功能的恢复也有一定效果,因而铅作业人员膳食调配时要适当补充这些营养素。

4.适当限制膳食脂肪的摄入

高脂膳食会增加铅在小肠的吸收,因此铅作业人员脂肪的供热比不宜超过25%。

(二)苯作业人员营养

苯及其化合物苯胺、硝基苯均是脂溶性并可挥发的有机化合物,苯作业时,苯主要经过呼吸道进入人体。长期接触低浓度苯可引起慢性中毒,主要表现是神经系统和造血功能受到损害。

苯作业人群的饮食营养原则,应在平衡膳食的基础上,根据苯对机体造成的损伤和营养紊乱,针对性地进行营养和膳食调配。其膳食营养调整如下:

1.增加优质蛋白质的供给

苯作业人员对蛋白质(特别是优质蛋白质)的需要量增加,这主要是由于:苯在体内的解毒需要谷胱甘肽,膳食中含硫氨基酸是体内谷胱甘肽的来源;苯的生物转化需要一系列酶,而酶的数量、活性与机体蛋白质的营养状况有关;修补苯对造血系统引起的损伤也需要一定数量的蛋白质。因而有专家建议苯作业人员每日至少应摄入90g 蛋白质,其中优质蛋白质应占50%。

2.适当限制膳食脂肪的摄入

由于苯是脂溶性物质,对脂肪亲和力强,高脂膳食容易引起苯在体内蓄积,增加机体对苯的易感性,甚至导致体内苯排出速度减慢。故膳食中脂肪摄入应加以限制,供热比不超过25%(一般为15%～20%)。

3.适当补充各类维生素

各类维生素尤其是 B 族维生素及维生素 C,在苯作业人群中普遍缺乏。维生素 C 具有解毒作用,能稳定血管舒缩,维持血管壁的通适性,对防止出血与缩短凝血时间有一定效果,故建议苯作业人员维生素 C 的摄入量应在原推荐摄入量基础上补充 150mg/d。

维生素 B_6、维生素 B_{12}、烟酸、叶酸等,对苯引起的造血系统损害有改善作用,维生素 B_1 还能改善神经系统的功能,因而饮食供给应适量增加。此外,苯作业人员应补充富含维生素 K 的食物及通过其他途径补充维生素 K,因维生素 K 参与体内氧化过程,使谷胱甘肽有明显增加,以利解毒。

4.矿物质

苯作业人员应选择含铁丰富的食物,以供造血系统的需要,同时可补充铁、钙制剂。

三、运动员的营养

人体在运动时,机体的物质代谢过程加强,热能和各营养素的消耗增加,体内的激素效应与酶反应过程随之活跃,加之酸性代谢产物堆积、失水、电解质紊乱等因素,使机体的内环境发生了剧烈的变化,这一切变化还需在运动后得到迅速的恢复,这就要靠营养物质来补偿和调整。因而,运动员在营养上有着特殊的要求。

(一)运动员的营养需要

1.能量

运动时的主要能源是碳水化合物和脂肪,二者的供能比例取决于运动强度、持续时间和饮食情况。研究发现,当运动强度达到最大需氧量的 75% 或以上时,碳水化合物氧化供能的比例增大,当运动强度降为最大需氧量的 65% 或以下时,脂肪的供能比例增加。同时发现在运动开始阶段,碳水化合物供能的比例大,随着运动时间的延长,脂肪供能的比例逐步增加。

食物中能量充足是合理营养的首要条件。运动员营养标准的规定,因其运动项目、身高体重、气候条件、运动量和运动强度的不同,每日平均要求的能量也就有所差异。大多数运动项目的运动员所需能量集中在 14644 ~ 16736KJ(3500 ~ 4 000kcal/d)。

2.蛋白质

运动员摄取的蛋白质应当适宜,因为蛋白质的食物特殊动力作用较高,氧化时耗氧较多而对运动不利。同时,摄取大量蛋白质在代谢过程中还会增加肝脏、肾脏的负担。另有研究发现,膳食中摄入的含硫氨基酸过多,会加速骨质中的钙的丢失而导致骨质疏松。

3.脂肪

运动员饮食中适宜的脂肪量应为总能量的 30% 左右,缺氧及耐力运动如登山马拉松长跑等项目运动员的脂肪供应量应减为 20% ~ 25%,冰上运动及游泳运动项目运动员的脂肪供应则应占总能量的 35%。

4.碳水化合物

糖原的消耗主要见于亚极限强度(运动强度达最大摄氧量的 65% ~ 85%)并且持续时间在 40min 以上的运动,以及连续数日高强度的耐力性训练或比赛。糖原耗尽时可出现低血糖现象,导致大脑功能降低,同时影响体力耐力和速度的恢复。因此,对于运动员体内糖原储备量的保障是非常重要的。

一般认为在平时训练中,运动员不需要过多补充糖分。耐力性项目运动员由于能量消耗较大,为了加速机体疲劳的消除和体内糖原储备的恢复,训练前后补充一定量的糖还是必要的。在运动员的平衡膳食中,碳水化合物的供给量应为总能量的50%~55%,大强度耐力训练者供给量可为总能量的60%~70%。短时间的极限运动比赛前一般不需要额外补充糖分。

5.维生素

运动员对维生素的需要量随运动项目、运动量及生理状况的不同而有较大差异。多年来的营养调查表明,运动员容易发生缺乏或不足的维生素有维生素 B_1、维生素 B_2、维生素 C和维生素 A。研究显示,运动员在不缺乏维生素时,过多补充维生素对运动能力无益。相反,脂溶性维生素在体内蓄积过多还会造成一定的毒害作用。

6.矿物质

运动员在常温下训练时,矿物质的需要量略高于正常人,但在高温下运动或长时间运动时,矿物质的需要量则有所增加。

7.水

运动员的水分需要量因运动量和出汗情况而定。在日常训练无明显出汗的情况下,日需水量为2000~3000mL。大量出汗时,应当遵循少量多次的原则,以避免大量水分同时进入血流而引起胃部不适,并增加心脏、肾脏的负担。美国膳食协会建议在一次耐力性运动前 2h 饮水 500 mL,前 15min 内再饮水 500 mL。如果运动的持续时间超过 1h,特别是在炎热、潮湿的环境下,在运动期间补充液体是必要的,每隔 30min 补液 150~250 mL 的效果较好。补液时的液体温度在 10~13℃ 比较适合,并有利于降低体温。

(二)运动员的合理膳食

1.保持热量平衡

运动员食物的热能供给量,应保证训练、比赛和各种活动的需要,应维持摄入与消耗的平衡。据报道,中等或小运动量的体育运动能促进食欲,而剧烈运动后的食欲常受到抑制,应注意大运动量后的热能供给。

2.提供平衡膳食和多样食物

膳食中的蛋白质、碳水化合物和脂肪的供给,应根据不同运动项目及训练周期的需要,采取适宜的比例。保证足够的维生素、矿物质和水的供给。剧烈运动会造成体内酸性代谢产物堆积,为保持酸碱平衡,增加碱储备,运动员应多摄入蔬菜、水果等碱性食物。

膳食中应含有肉、鱼、禽、蛋、豆等高蛋白质食物,乳及乳制品、蔬菜、水果、谷类食物(包括米、面和适量杂粮)以及脂肪和糖等纯热能食物。一个参加集训的运动员,当其热能消耗量为 14.63~18.39MJ 时,一日的基本食物中应有 300~400g 肉类、250~500 mL 牛乳、500g 上的蔬菜、300~400g 主食、少量的豆腐或其他豆制品等。热量不足或过多时可用主食、油脂或甜食等调剂。

3.食物的体积小且易于消化吸收

由于紧张的训练和比赛,运动员的交感神经常处于兴奋状态,加之运动后的疲劳,其消化功能减弱。所以,运动员的食物要求浓缩、发热量高且体积小,一日总重量不超过2.5kg。这样既为运动训练提供充足的能量,又不致加重胃肠负担。

正常情况下,普通膳食的胃排空时间为3~4h,精神紧张和疲劳可使胃的排空时间延缓到5~6h。各种食物消化时间不同,总的来说,碳水化合物消化较快,脂肪较慢。不同的烹调方法可改变食物的消化时间,如中熟的鸡蛋比熟鸡蛋易消化,炸肉排比炖肉排难消化等。

4.合理的膳食制度

运动员应定时进餐,饮食有节,不喝烈酒,不吃刺激性食物。运动员的进餐次数除日常基本3餐外,最好增加1~2次点心,这对于热能消耗量大的青少年运动员尤为重要。研究表明,增加进餐次数,不仅有利于运动员身体健康,而且可提高工作效率。

进餐时间与活动时间或比赛时间应有一定间隔,特别是早、中、晚三餐正餐。一般应在运动结束后休息30min以上再进餐,大运动量后要休息45min以上。进餐后,一般应间隔1.5~2h才能运动。禁止空腹进行紧张或长时间的训练和比赛。加餐不强调间隔时间,但要求食物易于消化吸收,不增加消化器官负担。

各餐食物的热量和质量分配,应根据运动员一天活动的情况来安排。原则上是运动前的一餐食物量不要过多,易于消化,少含脂肪和粗纤维。运动后的一餐食物量可多一些,但晚餐不宜过多,也不宜有难消化的和刺激性大的食物。

早餐应摄入较充分的蛋白质和维生素,这有利于整个上午生理机能保持较高水平。晚餐的脂肪和蛋白质不宜过多。一日三餐的热能分配见表6-5。

表6-5　一日各餐的热量分配(%)

早餐	午餐	晚餐	加餐
30~35 运动	35~40	25~30	—
35~40	30~35 运动	25~30	—
30~35	35~40	15~20 运动	5~10

5.食物的烹调加工要合理

要选择新鲜的食物,在烹调加工时应避免营养素的损失,并做到色、香、味俱佳,以利增加食欲。

6.营养品的补充

运动员在获得质量良好的平衡膳食的情况下,没有必要再额外补充营养品。在预防营养不足的同时,也应注意营养过度的不良影响。

四、脑力劳动者营养

脑力劳动者是指以脑力劳动为主的人群,其工作性质决定了他们必须经常用大脑去分析、思维和记忆事情。脑细胞对其能量物质的供应失调非常敏感,中枢神经系统对缺氧的耐受力很差,尤其在大脑的高级中枢部位,不能耐受 3~5min 的严重缺氧。

(一)脑力劳动者的营养需要

1.能量

在脑力劳动过程中,日常饮食所提供的能量完全可满足机体需要,但要注意与其能量消耗量保持平衡。

2.蛋白质

脑力劳动者在记忆、思考的过程中要消耗大量的蛋白质,同时脑组织在代谢中也需要大量的蛋白质来更新自己。膳食中提供优质、充分的蛋白质是保证大脑皮质处于较好生理功能状态的重要前提。

3.脂肪

脑力劳动者应经常有计划地食用含有不饱和脂肪酸的食物。人脑所需要的脂类主要是脑磷脂、卵磷脂和不饱和脂肪酸,它们有补脑作用,能使人精力充沛,工作和学习效率提高。n-3 系列脂肪酸对神经系统更为重要,如 EPA、DHA 缺乏时对脑功能影响较大。

4.碳水化合物

碳水化合物分解成葡萄糖后进入血循环成为血糖,后者是膳食中提供脑组织活动的唯一能源。大脑对血糖极为敏感,如果血糖降低,脑的耗氧量也下降,轻者感到疲倦,重者会发生低血糖反应昏倒。血糖浓度下降时,就会对于认知行为产生影响和损害,糖酵解也是维持神经递质代谢、激活 Na^+-K^+ 原所必需的。

5.维生素

水溶性维生素(如维生素 B_1、维生素 B_2、维生素 B_6、维生素 B_{12}、叶酸和维生素 C)以及某些脂溶性维生素(维生素 A、维生素 D、维生素 E)都可直接或间接地对神经组织和细胞的多种代谢产生种种影响。在人体和动物实验中,水溶性维生素严重不足时,可以使记忆受损害,补充维生素后,可以恢复到正常水平,多种神经生物学变化,可以伴随维生素缺乏的改善和治疗而恢复。紧张的思维和用眼活动将增加机体对 B 族维生素、维生素 C 及维生素 A 的需要量。

6.矿物质

磷是组成脑磷脂和卵磷脂的重要部分,参与神经信号传导和细胞膜的生理活动,是细胞内能量代谢必不可少的矿物质,能提高脑的记忆力和集中注意力,钙能调节神经递质的释放、神经元细胞膜的兴奋性,对脑的记忆力和注意力也具有促进作用。锌、铁是人体必需的微量元素,在体内具有重要的生理功能,它们与脑发育密切相关,缺铁和缺锌使儿童注意力分散、智商低，成人缺铁也影响脑的功能。

（二）脑力劳动者容易出现的营养问题

脑力劳动者往往长期在室内伏案工作，阳光、空气都不如室外，脑力活动强度大，精神紧张，用眼机会多，视力下降快，颈部和腰部肌肉容易疲劳，血流缓慢，各内脏器官，特别是脑组织的氧和葡萄糖等营养物质的供应可能不太充足，容易引起脑细胞疲劳，工作效率降低，久而久之会产生头晕、失眠、记忆力下降等神经衰弱症状，同时，长时间静坐工作，能量消耗少，易出现脂肪代谢障碍，导致高脂血症、动脉硬化、糖尿病、肥胖症、高血压、高尿酸血症、骨关节炎等慢性疾病。由于他们接触电脑、手机等电器机会较多，故提高其免疫力、增强抗辐射能力显得十分重要。

（三）脑力劳动者的合理膳食

1.提供充足的碳水化合物食物

脑力劳动者必须保证碳水化合物供给充足，不可忽视谷类摄入，尤其是早餐不可少。

2.提高蛋白质比例

脑细胞在代谢中需要大量蛋白质来更新，增加食物中蛋白质的含量，能够增加大脑皮层的调节功能。注意选用优质蛋白质，如大豆、乳、蛋或鱼、瘦牛肉、羊肉、虾等，最好每日能搭配这些食品 3 种以上。

3.增加磷脂食物的供应

脑内最多的脂类为卵磷脂，它构成并维护脑细胞膜及各种细胞器膜的完整性。经常摄入含磷脂类丰富的食物，可以使人感到精力充沛，使工作和学习效率提高。含磷脂丰富的食物品种有很多，除大豆、蛋黄外，花生米、核桃仁、松子、葵花籽、芝麻等，也富含卵磷脂。

4.供应多种维生素

多吃些蔬菜，水果是有益的，特别是含维生素 A、维生素 B_1 和维生素 PP 丰富的蔬菜非常重要，它们对提高视力、保证碳水化合物代谢必不可少。

5.控制总能量和脂肪

脑力劳动者宜吃一些含蛋白质、卵磷脂、维生素、矿物质丰富的食物，并注意少吃脂肪和甜食。

第七章 营养与慢性病

人体所需的各种营养素由食物供给,食品是保证营养的物质基础。任何一种天然食物不可能包括所有的营养素,进入体内的营养素还涉及消化、吸收、利用等种种因素,在代谢过程中各营养素又必须比例适宜才能协同作用,相互制约,发挥最大的营养效能。人体健康在很大程度上取决于合理营养。营养不当,无论是缺乏或过剩都属营养失调,并引起疾病。

随着国民经济的发展,人们的饮食和生活方式发生了很大的变化,充足多样的膳食减少了营养缺乏病的发生率,但高能量、高脂肪、高动物性食物的摄入又导致了慢性疾病发生率的增长。大量研究资料表明,人类慢性疾病的发生、发展与膳食选择行为存在密切联系,合理的膳食结构对于预防疾病,乃至促进某些疾病的康复都起着不可忽略的重要作用。

第一节 营养与肥胖

肥胖症是指体内能量摄入超过能量消耗,导致脂肪堆积过多,表现为脂肪细胞增多和/或细胞体积增大、体重增加、与其他组织失去正常比例的一种状态,达到危害健康程度的慢性代谢性疾病。肥胖既是一个独立的疾病,又是 2 型糖尿病、心血管病、高血压、中风和多种癌症的危险因素,被世界卫生组织列为导致疾病负担的十大危险因素之一。

随着社会经济发展、生活水平提高,体力劳动少的人群中,肥胖正逐渐成为日常保健的现实问题。肥胖增加机体脏器的负担,同时又加速衰老进程;心血管疾病、糖尿病、肝胆疾病、骨关节炎及痛风症等发病率均明显增高;应激反应能力下降,抗感染能力降低。尽管我国肥胖问题远不如西方国家突出,但随着生活水平逐渐提高,肥胖增多趋势非常明显。

一、肥胖症的诊断标准与分类

(一)诊断方法与诊断标准

1.身高标准体重法(成人)

$$身高标准体重(kg) = 身高(cm) - 105$$

$$肥胖度 = \{[实际体重(kg) - 身高标准体重(kg)]/身高标准体重(kg)\} \times 100\%$$

这是 WHO 推荐的肥胖衡量方法,其判断标准为:肥胖度 ≥10% 为超重;20% ~29% 为轻度肥胖;30% ~49% 中度肥胖;≥50% 为重度肥胖。

2.体质指数(BMI,body mass index)

$$体质指数 BMI = 体重(kg)/[身高(m)]^2$$

体质指数是 WHO 推荐的成人的测量指标,中国成人判断超重和肥胖程度的标准为:BMI < 18.5 为体重过低,18.5 ~ 23.9 为正常范围,24.0 ~ 27.9 为超重,≥28 为肥胖。

3.皮褶厚度

用皮褶厚度测量仪或皮褶计测量人体肩胛下角部、上臂肱三头肌、腹部脐旁 1cm 处、髂骨上嵴等部位,其中前三个部位可分别代表个体肢体、躯干和腰腹等部位的皮下脂肪堆积情况。皮褶厚度一般需要与身高标准体重结合起来判定,判定方法如下:凡肥胖度≥20%,两处的皮褶厚度≥80 百分位数,或其中一处皮褶厚度≥95 百分位数时为肥胖;凡肥胖度 < 10%,无论两处的皮褶厚度如何,均为正常体重。

(二)肥胖的分类

1.遗传性肥胖

遗传性肥胖主要指遗传物质(染色体、DNA)发生改变而导致的肥胖,常有家族性肥胖倾向。

2.单纯性肥胖

单纯性肥胖主要指无内分泌疾病或找不出可能引起肥胖的特殊病因的肥胖症,单纯由于营养过剩所造成的全身性脂肪过量积累。单纯性肥胖者占肥胖症总人数的 95% 以上。

3.继发性肥胖

由于其他疾病原因而导致的肥胖,常见的病因有:脑部肿瘤、外伤、炎症等后遗症,丘脑综合征候群等;脑垂体前叶功能减退、垂体瘤等;糖尿病前期,胰腺瘤等;肾上腺皮质增生或腺瘤使肾上腺皮质功能亢进,皮质醇分泌过分引起的"柯兴氏综合征";甲状腺功能减退,并常伴有黏液性水肿;性腺功能减退等。

二、肥胖的病因

肥胖的病因复杂,但无论是遗传还是内分泌因素,都是通过营养代谢使人产生肥胖。

(一)饮食因素

肥胖的基本原因是从饮食中摄入的热能超过身体消耗的热能。人体所摄入的食物不论蛋白质、脂肪或碳水化合物,只要所含的总热能过多,体内消耗不完,多余的能量必然转化为脂肪贮存起来,使体脂增加。此外,人们的饮食习惯和膳食组成对体脂消长也有影响。那些晚餐安排得十分丰富而又过食的人,要比一般人易于发胖。

(二)体力活动

体力活动是决定能量消耗多少的最重要的因素,同时也是抑制机体脂肪积聚的一种最强有力的"制动器",所以肥胖现象很少发生在重体力劳动者或经常积极进行体育运动的人群中间。人们在青少年时期,由于体力活动量大、基础代谢率高,肥胖现象较少出现,但是一到中年以后,由于其活动量和基础代谢率的下降,尤其是那些生活条件较好,同时又不注意积极进行力所能及的体力活动的人,过多的能量就会转变为体脂储存起来,而导致肥胖。

（三）遗传因素

肥胖具有遗传倾向。肥胖在某些家族中特别容易出现，有60%～80%的严重肥胖者有家族发病史。据统计资料发现，父母双方肥胖者，其子女有70%～80%的人表现为肥胖；父母一方肥胖者，其子女有50%可能肥胖。

（四）内分泌代谢紊乱

内分泌腺分泌的激素参与调节机体的生理机能和物质代谢，例如甲状腺、肾上腺、性腺、垂体等分泌的激素直接或间接地调节物质代谢。如果内分泌腺机能失调，或滥用激素药物，将引起脂肪代谢异常而使脂肪堆积，出现肥胖。

三、肥胖的危害

（一）高血压

随着体质指数的增加，收缩压和舒张压水平也较高。肥胖者血液中甘油三酯和胆固醇水平升高，血液的黏滞系数增大，动脉硬化与冠心病发生的危险性增高；肥胖者周围动脉阻力增加，血压升高，易患高血压病。

（二）肥胖与糖尿病

体重超重、肥胖和腹部脂肪蓄积是2型糖尿病发病的重要危险因素。腹部脂肪增多和体质量增加可加重糖尿病的危险性，随着体质量的下降，葡萄糖耐量改善，胰岛素分泌减少，胰岛素抵抗性减轻。肥胖持续的时间越长，发生2型糖尿病的危险性越大；中心型脂肪分布比全身型脂肪分布的人患糖尿病的危险性更大；儿童青少年时期开始肥胖、18岁后体重持续增加和腹部脂肪堆积者患2型糖尿病的危险性更大。由于肥胖患者的胰岛素受体减少和受体缺陷，因而出现胰岛素抵抗和空腹胰岛素水平较高的现象，并对葡萄糖的转运、利用和蛋白质合成产生影响。

（三）心血管疾病

流行病学研究显示，肥胖是心血管疾病发病和死亡的独立危险因素。体质指数与心血管疾病发病呈正相关。高血压、糖尿病和血脂异常都是冠心病和其他动脉粥样硬化性疾病的重要危险因素，而超重和肥胖导致这些危险因素聚集，大大促进了动脉粥样硬化的形成。

（四）癌症

流行病学研究显示，与内分泌有关的癌症如乳腺癌、卵巢癌、宫颈癌、子宫内膜癌、前列腺癌及某些消化系统癌症如结肠直肠癌、胆囊癌、胰腺癌和肝癌的发病率与超重和肥胖存在正相关，但究竟是肥胖本身还是促进体重增长的膳食成分（如脂肪）与癌症的关系更为重要，尚须进一步研究。

（五）对呼吸系统的影响

胸壁、纵隔等脂肪增多，使胸腔的顺应性下降，引起呼吸运动障碍，表现为头晕、气短、少动嗜睡，稍一活动即感疲乏无力，称为呼吸窘迫综合征。

（六）对消化系统的影响

肥胖者易出现便秘、腹胀等症状。肥胖者的胆固醇合成增加，从而导致胆汁中的胆固醇增加，使患胆石症的危险性增高。

（七）其他影响

睡眠呼吸暂停症、内分泌及代谢紊乱、胆囊疾病和脂肪肝、骨关节病和痛风等的发生都与肥胖有联系。另外，肥胖者在进行手术时发生麻醉意外和术后感染的风险性增高。

四、肥胖的预防

预防肥胖要根据不同的病因采取不同的对策。遗传性肥胖不易治疗；内分泌紊乱所引起的肥胖应先治愈内分泌疾病，才能根本消除肥胖症；对于热能摄入超过热能消耗所致的单纯性肥胖的防治，主要是通过膳食调整和增加体力活动以达到减肥的目的。

（一）膳食调整

1.控制总热量的摄入

膳食供能量必须低于机体实际耗能量，并辅以适当的体力活动，以增加其能量消耗，促进脂肪分解。按照我国人民膳食结构特点，最简便易行的方法是禁忌甜食和适当减少主食。减轻体重必须是缓慢而有计划地进行，切忌操之过急。以每周减轻体重不超过 1kg 为宜，使之达到标准体重，并经常重视维持能量平衡，防止再度肥胖。

2.控制脂肪的摄入量

每日除烹调用油外，应尽量减少油腻食品，少食动物油，多食植物油，每日脂肪摄入量应占总热量的 25% 以下。

3.蛋白质要保证

减肥期间要保证蛋白质的摄入量，每日供给 1g/kg 体重。优质蛋白质要占总蛋白质的 1/3～1/2。若以植物蛋白质为主，则应按每日 1.2～1.5 g/kg 体重供给。

4.膳食纤维素要提高

控制热能期间要多进食低热能和体积大的蔬菜、水果。这些食物由于含纤维素多，可增加饱腹感，减少脂肪和胆固醇的吸收，同时又可提供丰富的维生素和无机盐，以弥补营养成分的不全面。

5.饮食要清淡

要控制食盐摄入，以防止水分潴留。

总之，膳食调整要从合理营养的角度出发，节食减肥的关键是限制糖和脂肪的摄取。减肥食谱应为高蛋白、低脂肪和低糖的饮食。同时要保证各种营养素齐全，避免产生各种营养素缺乏症。每日三餐的膳食应合理安排，早吃好，午吃饱，晚吃少。睡前不吃东西，平日不吃零食。不能盲目、无节制地节食，也不需控制机体的摄水量。此外，肥胖病的预防不仅是中老年人的事，更重要的是，从幼儿就要注意培养良好的饮食习惯，摄取合理的营养。

(二)运动减肥

运动减肥是通过增加体内能耗而达到减重的目的。应根据肥胖程度和个体的体质,选择较适宜的运动项目和运动量。运动频率一般为每周4~5次,运动时间每次不少于30分钟,运动减肥应选择有氧运动的耐力性项目,如长跑、慢跑、骑车、打球、爬山、游泳或跳舞等,因为中等或低强度运动可持续的时间长,运动中主要靠燃烧体内脂肪提供能量。

近年来的研究认为,增加体力活动和适当限制饮食相结合是减肥的最好处方。因为,通过增加活动来控制能量平衡,减少的是脂肪,而仅靠减少饮食量则会减少瘦体重(LBA)。此外,运动不仅增加机体能量消耗,还可增强心血管和呼吸系统的功能,加强肌肉代谢能力,对促进人体健康有利。

第二节 营养与心血管疾病

心血管疾病(cardiovascular disease,CVD)是一组以心脏和血管异常为主的循环系统疾病,主要包括动脉粥样硬化、冠心病、高血压、脑血管疾病、周围末梢动脉血管疾病、风湿性心脏病、先天性心脏病、深静脉血栓和肺栓塞等,是危害人类健康的严重疾病,也是造成死亡的主要原因之一。心血管病与营养有密切关系,这些病通常可经过膳食调整,合理营养来预防其发生与发展。其形成是一个慢性过程,在周围环境多因素作用下,尤其是在长期膳食失衡导致体内的碳水化合物、脂肪、胆固醇等代谢异常而发生了一系列的病理变化。

一、营养与高血压

高血压是指动脉血压持续升高到一定水平而导致对健康产生不利影响或引发疾病的一种状态。按病因种类,高血压可分为原发性高血压和继发性高血压,高血压患者中约90%为原发性高血压,约10%为继发性高血压。继发性高血压是指继发于某一种疾病或某一种原因之后发生的血压升高。原发性高血压真正的病因目前尚未完全阐明,但与遗传、年龄、营养和环境有关。在营养因素中,高热能、高盐等都可能导致高血压。

1999年,WHO和国际高血压学会(ISH)在高血压治疗指南中将高血压定义为:未服用抗高血压药情况下,收缩压≥140mmHg和或/舒张压≥90mmHg。我国1999年第四次修订的高血压诊断标准与目前国际上的血压分类基本一致,血压水平的定义和分类见表7-1。

表7-1 血压水平的定义和分类(WHO/ISH)

类别	收缩压(mmHg)	舒张压(mmHg)
理想血压	<120	<80
正常血压	<130	<85
正常高值	130~139	85~89
高血压	≥140	≥90

续表

类别	收缩压(mmHg)	舒张压(mmHg)
1级高血压(轻度)	140～159	90～99
2级高血压(中度)	160～179	100～109
3级高血压(重度)	≥180	≥110
单纯收缩期高血压	≥140	<90

(一)膳食营养因素与高血压

1.食盐

食盐摄入与高血压呈显著正相关,食盐摄入高的地区,高血压发病率也高。食盐摄入过多,导致体内钠潴留,而钠主要存在于细胞外,使胞外渗透压增高,水分向胞外移动,细胞外液包括血液总量增多,血容量的增多造成心输出量增大,血压增高。限制食盐摄入可降低高血压发病率。

2.钾

膳食钾有降低血压的作用。钾对血压的影响主要是钾可增加尿中钠的排出,使血容量降低,血压下降。在低钠摄入时,高钾对血压的影响并不大。

3.钙

膳食中钙摄入不足可使血压升高,高钙膳食有利于降低血压,可能和钙摄入高时的利尿作用有关,此时钠的排出增多;此外,高钙时血中降钙素的分泌增加,降钙素可扩张血管,有利于血压的降低。

4.脂肪与碳水化合物

脂肪与碳水化合物摄入过多,导致机体能量过剩,使身体变胖、血脂增高、血液的黏滞系数增大、外周血管的阻力增大,血压上升。增加多不饱和脂肪酸的摄入和减少饱和脂肪酸的摄入都有利于降低血压。

5.维生素C

维生素C可改善血管的弹性,降低外周阻力,有一定的降压作用,并可延缓因高血压造成的血管硬化的发生,预防血管破裂出血的发生。

6.膳食纤维

膳食纤维具有降低血清甘油三酯和胆固醇的作用,有一定的降压作用,还可延缓因高血压所引起的心血管合并症。

7.超重和肥胖

60%以上的高血压病人伴有超重或肥胖,超重和肥胖是高血压的重要危险因素,特别是向心性肥胖是高血压的重要指标。体质指数与血压呈明显的正相关,即使体质指数正常的人群中,血压水平也随体质指数的增加而增高。肥胖导致高血压的机制可能与肥胖引起高血脂、脂肪组织增加导致心输出量增加、交感神经活动增加以及胰岛素抵抗增加等因素有关。减轻体重已成为降血压的重要措施。

(二)原发性高血压的饮食预防

1.限制总热能的摄入

限制能量摄入的目的是控制体重在标准范围内,体重每降低12.5kg,收缩压可降低10mmHg(1333Pa),舒张压降低7mmHg(999Pa)。对于体重超标准者,热能要比正常体重者减少20%~30%,使每周体重减轻1kg为宜。在饮食中还要注意三餐热能的合理分配,特别应注意晚餐中能量不宜过高。

2.限制脂类的摄入

限制脂肪的摄入量,增加不饱和脂肪酸的比例,可降低血清甘油三酯与胆固醇水平,降低血液的黏滞系数,防止动脉粥样硬化,防止血管狭窄,降低血液阻力,防止血压升高。其中的必需脂肪酸还有利于血管活性物质的合成,对降低血压、防治血管破裂有一定作用。

3.限钠补钾

食盐的摄入越低越有利于预防高血压,但为照顾口味,正常人每天食盐的摄入可控制在6g,高血压患者盐的摄入量应控制在1.5~3.0g。大多数蔬菜水果都含有丰富的钾,尤以龙须菜、豆苗、莴笋等含量较高,增加蔬菜水果的摄入,可提高钾的摄入水平,增加钠的排出量,有利于预防高血压的发生。

4.增加钙的摄入量

高钙时血中降钙素的分泌增加,降钙素可扩张血管,有利于血压的降低,因此增加钙的摄入量也有利于预防高血压的发生。

5.限制精制糖的摄入

精制糖可升高血脂,导致血压升高,且易出现合并症,因此应限制摄入。可在总碳水化合物摄入量不变的情况下,适当增加淀粉类食物的比例。

6.补充足量维生素C

大剂量维生素C可使胆固醇氧化为胆酸排出体外,改善心脏功能和血液循环,有助于高血压病的防治。

7.限制刺激性食物,提倡戒烟、禁酒、适量饮茶

长期大量吸烟,可引起小动脉的持续收缩,小动脉壁增厚而逐渐硬化,产生高血压、动脉粥样硬化,并增加并发症的严重性。吸烟的高血压者发生脑血管意外的危险性比不吸烟者高4倍。大量饮酒也可引起血压升高,应严格控制。茶叶中除含有多种维生素和微量元素外,还含有茶碱和黄嘌呤等物质,有利尿和降压作用,可适当饮用,通常以饮清淡的绿茶为宜。

在注意合理营养的同时,应积极参加体育锻炼。众多的研究均表明,长期有规律的有氧健身锻炼能改善和增强心血管机能,延缓和推迟心血管结构和机能的老化,并对脂代谢有良好影响,可有效地防治心、脑血管疾病,起到强身健体和延年益寿之目的。问题在于,当心血管系统已出现了病理性变化,那么健身锻炼的项目和强度都将受到限制。所以,应尽早参加健身锻炼,不要等到心血管功能明显老化或已出现病理性变化时再想到锻炼。

二、营养与高脂血症

(一)高脂血症的诊断标准与分类

血脂是血清中胆固醇(totad cholestrol,TC)、甘油三酯(Triglyceride,缩写为 TRIG 或 TG)以及类脂(如磷脂)等的总称。甘油三酯和胆固醇不能直接在血液中被转运,也不能直接进入组织细胞,必须与特殊的蛋白质和极性类脂一起组成脂蛋白,才能在血液中被运输,并进入组织细胞。脂蛋白主要由胆固醇、甘油三酯、磷脂和蛋白质组成。血浆脂蛋白分为乳糜微粒(chylo micron,CM)、极低密度脂蛋白(very low density lipoprotein,VLDL)、中密度脂蛋白(intermediate density lipoprotein,IDL)、低密度脂蛋白(low density lipoprotein,LDL)和高密度脂蛋白(high density lipoprotein,HDL)。不同脂蛋白的组成、密度、来源及在致动脉硬化中的作用见表7-2。

表7-2　血浆脂蛋白的组成、来源和特性

种类	乳糜微粒 CM	极低密度脂蛋白 VLDL	中密度脂蛋白 IDL	低密度脂蛋白 LDL	高密度脂蛋白 HDL
密度/(g/mL)	< 0.950	0.950~1.006	1.006~1.019	1.019~1.063	1.063~1.210
合成部位	小肠	肝脏、小肠	血液循环、肝脏	肝脏	肝脏、小肠
功能	将食物中外源性甘油三酯及胆固醇从小肠转运至其他组织	转运内源性甘油三酯至外周组织,经脂酶水解后释放游离脂肪酸	低密度脂蛋白前体	胆固醇的主要载体,经 LDL 受体介导而被外周组织摄取和利用	促进胆固醇从外周组织移去,转运胆固醇至肝脏或其他组织再分布
致动脉硬化作用	0	+	+ + +	+ + + +	高密度脂蛋白胆固醇与动脉粥样硬化性心血管疾病负相关
主要成分	甘油三酯	甘油三酯	甘油三酯、胆固醇	胆固醇	胆固醇、磷脂
主要载脂蛋白	AI、AII、AIV、B$_{48}$、E	B$_{100}$、E、C	B$_{100}$、E	B$_{100}$	AI、AII

注　表中"+"表示作用强度,"+"越多,作用越强。

高脂血症就是指各种原因导致的血液内总胆固醇(TC)和甘油三酯(TG)以及相关脂蛋白的升高,高密度脂蛋白胆固醇(HDL-C)的降低也是一种血脂代谢紊乱。血脂升高与很多疾病相关,如高血压、冠心病、中风、糖尿病等。我国高脂血症的诊断标准见表7-3。

表7-3　中国高脂血症的诊断标准(1997年)

判断	血浆总胆固醇(TC)		血浆甘油三酯(TG)	
	mmol/L	mg/L	mmol/L	mg/L
合适水平	< 5.2	< 2000	< 1.7	< 1500
临界高值	5.23~5.69	2010~2090	2.3~4.5	2000~4000
高脂血症	>5.72	>2000	>1.7	>1500
低高密度脂蛋白胆固醇血症	< 0.91	< 350		

根据血脂异常成分不同,高脂血症常分为以下三类:

(1)高胆固醇血症:血清总胆固醇水平≥5.72mmol/L。

(2)高甘油三酯血症:血清甘油三酯水平≥1.70mmol/L。

(3)混合型高脂血症:血清总胆固醇和血清甘油三酯水平均增高。

按病因,高脂血症可分为原发性高脂血症和继发性高脂血症。继发性高脂血症是指由于其他疾病所引起的血脂异常。可引起血脂异常的疾病主要有肥胖、糖尿病、肾病综合征、甲状腺功能减退症、肾功能衰竭、肝脏疾病、系统性红斑狼疮、糖原累积症、骨髓瘤、脂肪萎缩症、急性卟啉病、多囊卵巢综合征等。此外,某些药物如利尿剂、非心脏选择性β-受体阻滞剂、糖皮质激素等也可能引起继发性血脂异常。除了不良生活方式(如高能量、高脂和高糖饮食、过度饮酒等)与血脂异常有关,大部分原发性高脂血症是由于单一基因或多个基因突变所致。由于基因突变所致的高脂血症多具有家族聚集性,有明显的遗传倾向,特别是单一基因突变者,故临床上通常称为家族性高脂血症。

(二)膳食营养因素与高脂血症

1.能量

如果长期摄入过多能量,将导致肥胖和在体内储留大量脂类物质,进而引起胆固醇升高。

2.膳食脂肪和脂肪酸

高膳食脂肪可升高血脂,不同脂肪酸对血脂的影响也不同。

(1)饱和脂肪酸:可以显著升高血浆总胆固醇和低密度脂蛋白胆固醇的水平。

(2)单不饱和脂肪酸:有降低血清总胆固醇尿、甘油三酯和低密度脂蛋白胆固醇水平的作用,同时可升高血清高密度脂蛋白胆固醇水平。

(3)多不饱和脂肪酸:包括n-6的亚油酸和n-3的α-亚麻酸以及长链的二十碳五烯酸(EPA)和二十二碳六烯酸(DHA),可使血清中总胆固醇和低密度脂蛋白胆固醇水平显著下降,并且不会升高甘油三酯。

(4)反式脂肪酸:如人造奶油,可使低密度脂蛋白胆固醇水平升高,高密度脂蛋白胆固醇水平降低。

3.碳水化合物

摄入大量碳水化合物,将使葡萄糖代谢增强,细胞内ATP增加,从而促进脂肪合成。进食大量糖类,特别是高能量密度、缺乏纤维素的双糖和单糖类,可使血清极低密度脂蛋白胆固醇、甘油三酯、总胆固醇、低密度脂蛋白胆固醇水平升高;高碳水化合物还可使血清高密度脂蛋白胆固醇水平下降;膳食纤维具有调节血脂的作用,可降低血清总胆固醇、低密度脂蛋白胆固醇水平,可溶性膳食纤维比不溶性膳食纤维的作用更强,前者主要存在于大麦、燕麦、豆类、水果中。

4.矿物质元素

镁对心血管系统有保护作用,具有降低胆固醇、降低冠状动脉张力、增加冠状动脉血流量等作用;缺钙可引起血胆固醇和甘油三酯升高,补钙后则使血脂恢复正常;缺锌可引起血脂代谢异常,缺锌可升高总胆固醇、低密度脂蛋白胆固醇水平,补充锌后可升高高密度脂蛋白胆固醇;缺铬可使血清胆固醇增高,并使高密度脂蛋白胆固醇下降。

5.维生素

维生素 C 可促进胆固醇降解并转变为胆汁酸而降低血清总胆固醇水平,通过增加脂蛋白脂酶活性,加速血清极低密度脂蛋白胆固醇、甘油三酯降解,同时维生素 C 的抗氧化作用可以防止脂质的过氧化反应。维生素 E 也是抗氧化剂,同样能抑制细胞膜脂质的过氧化,并能增加低密度脂蛋白胆固醇的抗氧化能力,减少氧化型低密度脂蛋白胆固醇的产生,缺乏维生素 E 可使低密度脂蛋白胆固醇水平升高,维生素 E 还能影响胆固醇分解代谢中的酶的活性,促进胆固醇的转运和排泄,从而对血脂水平发挥调节作用。

(三)高脂血症的膳食预防

为指导我国血脂异常的防治工作,由国家心血管病中心、中华医学会心血管病学分会、中华医学会糖尿病学分会、中华医学会内分泌学分会以及中华医学会检验医学分会组成血脂指南修订联合委员会共同完成《中国成人血脂异常防治指南(2016 年修订版)》于 2016年 10 月 24 日在《中国循环杂志》和《中华心血管病杂志》同时正式颁布。

(1)限制总能量摄入、减轻体重。控制饮食和加强体育锻炼相结合,使能量摄入与能量消耗维持平衡,是最有效、最经济、最安全的肥胖防治方法。

(2)减少膳食脂肪。血脂正常者脂肪摄入量控制在总能量的 25% ,有肥胖、血脂异常及高血脂家族史者,应控制在 20% 。限制饱和脂肪酸,增加多不饱和脂肪酸摄入量;严格限制胆固醇摄入量,每日应小于 300mg;烹调油每天不超过 25g,限制食用油煎炸食物。

(3)减少钠盐。每人每日食盐用量不超过 6g,应从幼年起就养成吃少盐膳食的习惯。

(4)限制低分子糖的摄入。碳水化合物占总能量的 55% ~ 60% ,以复杂碳水化合物为主,限制甜食、糕点、含糖饮料的摄入。

(5)增加膳食纤维摄入量,全天膳食纤维摄入量不少于 30g。

(6)戒酒。

三、营养与冠心病

动脉粥样硬化的发病是多因素的,除了年龄、性别、遗传以外,更重要地还是与环境因素,特别是与营养因素有关。营养通过影响血浆脂类和动脉壁成分,直接作用于动脉粥样硬化发生和发展的不同环节上,也可通过影响高血压病、糖尿病以及其他内分泌代谢失常而间接导致动脉粥样硬化及其并发症的发生。动脉粥样硬化与这些疾病常常表现为互为因果关系。当动脉粥样硬化病变累及冠状动脉和脑动脉,可引起心绞痛、心肌梗死、脑缺血、脑血栓形成或破裂出血。

冠心病(coronary heart disease,CHD)是冠状动脉粥样硬化性心脏病的简称,是因冠状动脉粥样硬化,心肌血液供应发生障碍引起的心脏病。冠心病人通常血脂较高,其病因主要是脂质代谢紊乱而导致的动脉粥样硬化。当冠状动脉内膜脂质沉着,粥样斑块形成,可使冠状动脉管腔变小、狭窄,心脏血供不足,造成心肌缺血、坏死,引起心绞痛、心肌梗死,或由于冠状动脉硬化,使心肌的血供长期受到障碍,引起心肌萎缩、变性、纤维组织增生,出现心肌硬化或纤维化。

(一)膳食营养因素与冠心病

1.脂肪

脂肪总摄入量(尤其是饱和脂肪酸)与动脉粥样硬化发病率和死亡率呈显著正相关,膳食脂肪可促进胆固醇的吸收,使血胆固醇升高,饱和脂肪酸对血胆固醇的升高影响明显,而多不饱和脂肪酸及单不饱和脂肪酸有降低血胆固醇的作用。富含 n - 3 系列不饱和脂肪酸(主要为 EPA、DHA)的鱼油可抑制血浆肾素活性,有降血胆固醇、血甘油三酯的含量,抗血小板凝集,降低血压等作用。饱和脂肪酸(SFA)(如月桂酸、肉豆蔻酸和棕榈酸)具有较强的升高血胆固醇的作用;单不饱和脂肪酸(MUFA)(如橄榄油和茶油)能降低血胆固醇的浓度;多不饱和脂肪酸(PUFA)n - 3 和 n - 6 系列不饱和脂肪酸均有降低血胆固醇的作用。

2.胆固醇

体内的胆固醇直接来源于膳食的占30% ~40%,其余主要在肝脏内合成。人群调查发现膳食胆固醇摄入量与动脉粥样硬化发病率呈正相关。

3.能量与碳水化合物

膳食中总能量摄入大于机体对能量的消耗则引起单纯性肥胖,同时可使血甘油三酯升高引起高甘油三酯血症。碳水化合物对血脂的影响主要与种类有关,果糖的作用大于葡萄糖,膳食纤维有降低血胆固醇的作用,尤其是果胶作用明显。

4.蛋白质和氨基酸

适当的蛋白质摄入不影响血脂,但在动物实验中发现,高蛋白膳食可促进动脉粥样硬化的形成。牛磺酸具有保护心脑血管功能的作用。

5.维生素

维生素 C 可参与胆固醇代谢形成胆酸的羟化反应从而增加胆固醇的排出,使血液胆固醇水平降低;维生素 C 还可促进胶原蛋白的合成而使血管的韧性增加,弹性增强,减缓动脉粥样硬化对机体的损伤;同时维生素 C 也是一种重要的抗氧化剂,可捕捉自由基,防止不饱和脂肪酸的脂质过氧化反应,减少氧化型低密度脂蛋白的形成。维生素 E 同样具有抗氧化的作用,并可提高对氧的利用率,使机体对缺氧耐受力增高,增强心肌代谢及应激能力。烟酸有防止动脉硬化的作用。烟酸在药用剂量下有降低血清胆固醇和甘油三酯,促进末梢血管扩张等作用。维生素 B_6 与构成动脉管壁的基质成分酸性黏多糖的合成以及脂蛋白脂酶的活性有关,缺乏时可引起脂质代谢紊乱和动脉粥样硬化。

6.矿物质

镁、钙与血管的收缩和舒张有关,钙有利尿作用,有降压效果,镁能使外周血管扩张。

锌铜比值高时,冠心病发病率高,铜缺乏可影响弹性蛋白和胶原蛋白的关联而引起的心血管损伤,也可使血胆固醇含量升高。过多的锌则降低血中高密度脂蛋白含量。食盐过量可使血压升高,促进心血管病发生。过量铁可引起心肌损伤、心律失常和心衰等,应用铁螯合剂可促进心肌细胞功能形成,从而促进脂质的氧化修饰和心肌损伤。碘可减少胆固醇在动脉壁的沉着,硒对心肌有保护作用,钒有利于脂质代谢。可见膳食中种类齐全、比例适当的常量和微量元素有利于减少心血管疾病。

(二)冠心病的饮食预防

(1)控制热能:膳食总热量不宜过高,以维持正常体重为佳。超过正常标准体重者,应减少每日进食的总热量。

(2)控制脂肪及胆固醇:脂肪应控制在总热量的25%以下,且以植物脂肪为主,如玉米油、花生油、豆油、麻油、茶油等,这些脂肪含不饱和脂肪酸较多,能促进血浆胆固醇转化为胆酸,防止动脉粥样硬化的形成。应避免经常食用过多的动物性脂肪和含饱和脂肪酸的植物油,如肥肉、猪油、奶油、椰子油、可可油等。

高血胆固醇是形成动脉粥样硬化的一个重要因素。应避免经常食用高胆固醇食物,如鱿鱼、牡蛎、蟹黄、蛋黄、动物内脏等。

(3)调整膳食中蛋白质的构成:适当降低动物蛋白的摄入,提高植物蛋白的摄入,对冠心病患者是有益的。植物蛋白应占总蛋白摄入量的50%以上,大豆蛋白及其制品是较理想的蛋白质来源。

(4)供给充足的维生素和矿物质:冠心病患者保证有充分的维生素供给是十分必要的,如维生素C、烟酸、维生素E等。同时,增加钙、钾、镁、锌、碘、铜、铁等矿物质,有降低血胆固醇和改善心肌功能的作用。上述维生素和矿物质在谷类、豆类、蔬菜、水果、虾蟹、海藻类植物(如海带、紫菜)、坚果(如花生)、瘦肉、牛乳、禽蛋等食品中都有。

(5)保证膳食纤维素供给,减少精制糖摄入:膳食纤维素可促进粪便的排泄,这样既可减少膳食中脂肪和胆固醇的吸收,又可促进胆酸的排泄。提高膳食中的纤维素还可增加饱腹感,避免饮食过量而产生高血糖和高血脂。鼓励多吃各类杂粮,限制蔗糖、果糖等的摄入,增加蔬菜、水果摄入量。

(6)控制饮酒量。

(7)少吃多餐,细嚼慢咽,防止加重心脏负担。

(8)防止情绪波动。

四、脑卒中

脑卒中(Stroke)又称为脑血管意外或中风,是一种突然起病的脑血液循环障碍性疾病,是指患有脑血管疾病的病人,因各种诱发因素引起脑内动脉狭窄,闭塞或破裂,而造成急性脑血液循环障碍,临床上表现为一次性或永久性脑功能障碍的症状和体征,脑卒中分为缺血性脑卒中和出血性脑卒中。

（一）膳食因素与脑卒中

脑卒中发病的主要危险因素有高血压病、冠心病、糖尿病、高脂血症、吸烟、饮酒、肥胖等。颈内动脉或椎动脉狭窄和闭塞的主要原因是动脉粥样硬化。另外，结缔组织疾病或动脉炎可引起动脉内膜增生和肥厚，颈动脉外伤，肿瘤压迫颈动脉，小儿颈部淋巴结炎和扁桃体炎伴发的颈动脉血栓，以及先天颈动脉扭曲等，均可引起颈内动脉狭窄和闭塞。颈椎病骨质增生或颅底陷入压迫椎动脉，也可造成椎动脉缺血。

（二）脑卒中的饮食预防

（1）大力宣传心脑血管疾病的两级预防，尤其重视以及预防。

（2）合理膳食，防止超重和肥胖。以清淡、少油腻、易消化的柔软平衡膳食为主，应限制动物脂肪以及含胆固醇较高的食物。

（3）积极治疗高血压、糖尿病、冠心病和高脂血症。

（4）对高危人群和家庭重点宣传和指导，建立膳食营养监测档案，帮助制定饮食营养防治计划，定期随访。

第三节　营养与糖尿病

糖尿病（diabetes mellitus）是一种体内胰岛素相对（或绝对不足）或靶细胞对胰岛素敏感性降低，或胰岛素本身存在结构上的缺陷而引起的碳水化合物、脂肪和蛋白质代谢紊乱的慢性疾病。长期的高血糖及伴随的蛋白质、脂肪代谢异常会引起心脑肾神经血管等组织结构和功能的异常，甚至会造成器官功能衰竭而危及生命。糖尿病的临床表现为多饮、多食、多尿和体重减少（即"三多一少"），可使一些组织或器官发生形态结构改变和功能障碍，并发酮症酸中毒、肢体坏疽、多发性神经炎、失明和肾功能衰竭等。

随着社会经济的发展、人们生活方式的改变（能量摄入增加和运动减少等）及人口老龄化，糖尿病（主要是 2 型糖尿病）发病率在全球范围内呈逐年增高趋势，尤其在发展中国家增加速度将更快。糖尿病现已成为继心血管疾病和肿瘤之后，第三位威胁人们健康和生命的非传染性疾病。国内对其病征通常称作"高血糖"，与高血压、高血脂一同称为"三高"，是需要健康管家进行慢性病健康管理的主要病种之一。

一、糖尿病分类与诊断标准

（一）糖尿病的分类

1997 年提出关于修改糖尿病诊断和分类标准的建议，得到 WHO 糖尿病专家委员会同意，并且 WHO 于 1999 年公布了新的分类标准。

1.1 型糖尿病（β细胞破坏）

1 型糖尿病是一种自体免疫疾病，自体免疫疾病是由于身体的免疫系统对自身做出攻击而成的。糖尿病患者的免疫系统对自身分泌胰岛素的胰脏β细胞做出攻击并杀死他们,结果胰脏并不能分泌足够的胰岛素。1 型糖尿病多发生于青少年,因胰岛素分泌缺乏,依赖外源性胰岛素补充以维持生命,此类糖尿病的患病率约占总糖尿病病例的 10%。

儿童糖尿病也是 1 型糖尿病常见发病对象,儿童 1 型糖尿病患者起病多数较急骤,几天内可突然表现明显多饮、多尿、每天饮水量和尿量可达几升,胃纳增加但体重下降。年幼者常见遗尿、消瘦,应引起家长注意。发病诱因常为感染、饮食不当。婴幼儿患病特点常以遗尿的症状出现,多饮多尿容易被忽视,有的直到发生酮症酸中毒后才来就诊。

2.2 型糖尿病(胰岛素抵抗伴胰岛素不足)

胰岛素是人体胰腺β细胞分泌的身体内唯一的降血糖激素。胰岛素抵抗是指体内周围组织对胰岛素的敏感性降低,外周组织如肌肉、脂肪对胰岛素促进葡萄糖的吸收、转化、利用发生了抵抗。

2 型糖尿病是成人发病型糖尿病,多在 35 ~ 40 岁之后发病,占糖尿病患者 90% 以上。病友体内产生胰岛素的能力并非完全丧失,有的患者体内胰岛素甚至产生过多,但胰岛素的作用效果却大打折扣,因此患者体内的胰岛素缺乏是一种相对缺乏。

2 型糖尿病有更强的遗传性和环境因素,并呈显著的异质性。目前认为发病原因是胰岛素抵抗(主要表现为高胰岛素血症,葡萄糖利用率降低)和胰岛素分泌不足的合并存在,其表现是不均一的,有的以胰岛素抵抗为主伴有胰岛素分泌不足,有的则是以胰岛素分泌不足伴有或不伴有胰岛素抵抗。

临床观察胰岛素抵抗普遍存在于 2 型糖尿病中,高达 90% 左右。糖尿病可导致感染、心脏病变、脑血管病变、肾功能衰竭、双目失明、下肢坏疽等症状而成为致死致残的主要原因。糖尿病高渗综合征是糖尿病的严重急性并发症,初始阶段可表现为多尿、多饮、倦怠乏力、反应迟钝等。随着机体失水量的增加病情急剧发展,出现嗜睡、定向障碍、癫痫样抽搐、偏瘫等类似脑卒中的症状,甚至昏迷。

3.妊娠期糖尿病(GDM)

妊娠糖尿病是指妇女在怀孕期间患上的糖尿病或糖耐量异常者,不包括已患糖尿病又合并妊娠者。临床数据显示有 2% ~ 3% 的女性在怀孕期间会发生糖尿病,患者在妊娠之后糖尿病自动消失。妊娠糖尿病更容易发生在肥胖和高龄产妇人群中。有将近 30% 的妊娠糖尿病妇女以后可能发展为 2 型糖尿病。

4.其他特殊类型的糖尿病(继发性糖尿病)

由于胰腺炎、癌、胰大部切除等引起者应结合病史分析考虑。病员有色素沉着,肝脾肿大,糖尿病和铁代谢紊乱佐证,应注意鉴别,但较少见。其他内分泌病均各有特征,鉴别时可结合病情分析一般无困难。应激性高血糖或妊娠糖尿病应予随访而鉴别。一般于应激消失后 2 周可以恢复,或于分娩后随访中判明。

(二)诊断和鉴别诊断

1997 年美国糖尿病协会(ADA)提出了新的糖尿病诊断标准,如果血糖升高达到下列两条标准中的任意一项时,即空腹血糖>7.0mmol/L或者餐后2h血糖>11.1mmol/L,就可诊断患有糖尿病。

血糖升高是诊断糖尿病的主要根据,应注意单纯空腹血糖正常不能排除糖尿病的可能性,应加测餐后血糖,必要时应做葡萄糖耐量试验(OGTT)。血糖应取静脉血浆用葡萄糖氧化酶法测定,静脉血浆葡萄糖浓度比全血血糖高约15%,OGTT的葡萄糖负荷量成人为75g/kg,儿童1.75g/kg,总量不超过75g,服糖前及服糖后30min、60min、120min、180min测定血糖。尿糖阳性是诊断糖尿病的重要线索,但尿糖不作为糖尿病诊断指标。糖尿病、糖耐量减退和空腹血糖调节受损的诊断标准见表7-4。

表7-4　糖尿病、糖耐量减退和空腹血糖调节受损的诊断

项目	静脉血糖	
	空腹血糖(FPG) (mmol/L)	(口服葡萄糖75g)餐后2h (mmol/L)
正常人	<6.1	<7.8
糖尿病人	≥7.0	≥11.1(或随机血糖)
糖耐量减退(IGT)	<7.0	7.8~11.1
空腹血糖调节受损(IFG)	6.1~7.0	<7.8

注　空腹状态指至少8h没有进食热量;随机血糖指不考虑上次用餐时间,一天中任意时间的血糖,不能用来诊断空腹血糖受损(IFG)或糖耐量异常(IGT)。

二、糖尿病的病因

糖尿病不是单一疾病,而是复合病因引起的综合征,是包括遗传及环境因素在内的多种因素共同作用的结果。

1.遗传因素

不论1型或2型糖尿病均有遗传性因素。糖尿病患者的父母患病率11%,三代直系亲属中患病率为6%,主要系基因缺陷所致。人类第六对染色体短臂上的HLA-D基因,决定了1型糖尿病的遗传易感性。

2.肥胖

80%的糖尿病患者有肥胖的病史。我国调查资料显示,超重者糖尿病患病率是非肥胖者的5倍。超重和肥胖者均有高胰岛素血症和胰岛素抵抗。

3.不合理的膳食结构

高能量、高脂肪、低膳食纤维饮食不仅是肥胖和高脂血症的饮食营养原因,这样的饮食习惯还会引起胰岛素抵抗。

4.运动减少

体力活动减少是肥胖发病的原因,也是发生胰岛素抵抗和糖尿病的重要因素。

5.吸烟

长期大量吸烟易发生血红蛋白糖化,同样的体重指数,吸烟者内脏脂肪量、空腹血糖和胰岛素水平均高于不吸烟者。

三、糖尿病的饮食营养预防

1.适宜的能量摄入,防止肥胖

合理控制总能量,以维持理想体重为宜。为了控制体重,肥胖者需要减少能量摄入,消瘦者则应增加能量摄入。

2.膳食三大营养素比例合理

碳水化合物占饮食总热量的55%～60%,应以多糖类食物为主,经常选用血糖生成指数较低的食物,尽量避免使用单、双糖。脂肪占总热量20%～25%,不超过饮食总能量的30%,饱和脂肪酸的摄入量不应超过饮食总能量的10%,不宜摄入反式脂肪酸,食物中胆固醇摄入量应低于200mg/d。蛋白质占总热量15%,其中优质蛋白质(包括大豆蛋白)不少于30%。

3.膳食纤维

膳食纤维有降低空腹血糖和餐后血糖以及改善葡萄糖耐量的作用,并可控制脂类代谢紊乱。建议糖尿病病人的饮食中要增加膳食纤维的摄入量,每天不少于30g。

4.维生素和矿物质

增加富含维生素 C、维生素 E、B 族维生素的食物;在保证矿物质基本供给量的基础上,可适当增加铬、锌、硒等元素的摄入;由于糖尿病病人易患骨质疏松,还应注意补充维生素 D、钙和磷;此外,为防止和减轻高血压、高血脂、动脉硬化及肾功能不全,应限制钠盐的摄入。

5.其他防治方案

禁烟酒,酒精可能诱发使用磺脲类或胰岛素治疗的患者出现低血糖;进食要定时定量,要和药物相配合,预防低血糖;合理选择食物烹调方法,忌煎炸和熏烤食物;糖尿病患者应坚持饮食治疗,树立抗病信心,要学会应用食物交换份法并熟悉常用食物的血糖生成指数。

第四节　营养与肿瘤

肿瘤是严重危害人类健康和生命的常见病之一。许多研究表明,环境因素可能是肿瘤发病的重要因素,其中饮食习惯、营养素摄入不足或摄入过多、营养素间不平衡以及饮食中的添加剂和污染物等都是重要的方面。目前认为可能与人及实验动物肿瘤发生有关的营养因素为:蛋白质、碳水化合物、脂肪、维生素、热量、膳食纤维、抗脂肪肝物质(胆碱、蛋氨酸、叶酸及维生素 B_{12})、植物中非营养素的活性化学物质、微量元素等。受营养影响的肿瘤主要为食管癌、胃癌、肝癌、大肠癌、乳腺癌、肺癌、膀胱癌等。有学者估计,女性肿瘤死亡的60%、男性肿瘤死亡的30%～40%与营养有关。

一、膳食营养因素与肿瘤

（一）脂类

目前较一致的看法是高脂肪饮食能增加肺、直肠、前列腺及乳腺癌的发生。研究及流行病学调查表明，高脂肪饮食地区人群中癌症发病率高，脂肪摄入量与几种癌症的发病率及死亡率呈正相关，如结肠癌多发于西欧和北美，而亚洲、非洲低发。日本目前饮食逐渐欧化，结肠癌发病率逐渐升高，发病率与膳食脂肪摄取量呈正相关，主要与动物脂肪摄取量有关，与植物油摄取量无相关关系。乳腺癌发病率与脂肪总摄入量和动物脂肪摄取量亦有明显正相关。

（二）维生素

1.类胡萝卜素及视黄醇类

一些流行病学调查结果表明，维生素 A 或类胡萝卜素的摄入量和肿瘤发生为负相关，包括胃癌、食管癌、肺癌、宫颈癌、膀胱癌、喉癌、结肠癌等。

维生素 A 对肿瘤的作用，主要是防止上皮组织癌前病变发展成癌变。大剂量天然维生素 A 有毒性作用，且在体内主要分布于肝脏，限制了其实际应用。现人工合成的视黄醇类已有近百种，其中全反式视黄酸于体内分布均匀，毒性小。

2.维生素 C

癌症发生可能与维生素 C 缺乏有关。膳食维生素 C 含量高，有可能降低胃、口腔、咽部、食管、肺、胰腺、子宫等部位发生癌的危险性。

（1）维生素 C 与肿瘤发生的关系：一些流行病学资料显示：食管癌、胃癌高发区居民维生素 C 摄入量较低；人群中癌症的发病率与每日摄入维生素 C 的平均值成反比；一些临床检验资料证明：肿瘤周围组织维生素 C 浓度高，而病人体内储存的维生素 C 减少；癌症病人血液中维生素 C 含量低于正常人。以上均说明人体癌症的发生可能与维生素 C 缺乏有关。

（2）维生素 C 与宿主对肿瘤的抵抗力：有的学说认为：细胞间质的高黏性是阻碍癌细胞突破周围组织的第一道屏障。这种高黏性由长链聚合物透明质酸形成，可因透明质酸酶的解聚作用而破坏。透明质酸酶则可被"生理学的透明质酸酶抑制剂"（PHI）所抑制，而PHI 的产生则需补充维生素 C，维生素 C 可以合成适量的透明质酸酶抑制剂（PHI）而增强细胞间质的黏性，防御肿瘤细胞的侵袭。维生素 C 尚可增强机体的免疫系统，有利于增强机体对肿瘤的抵抗力。

维生素 C 可阻断亚硝胺类化合物的体内合成。国内实验证明维生素 C 可抑制甲基苄胺与亚硝酸钠在体内合成亚硝胺，从而减少肿瘤发生。

3.维生素 E

维生素 E 可阻断亚硝胺合成，并降低一些化学物质的致癌作用。维生素 E 含量高的膳食可能降低肺癌及宫颈癌的发生。对胃癌、结肠癌、直肠癌及乳腺癌的作用结论尚不一致。

4.B 族维生素

维生素 B_2 缺乏可增强化学致癌物的致癌作用。实验证明,不论用何种方法造成动物缺乏维生素 B_2,用偶氮染料诱发肝肿瘤时,肝肿瘤生长速度加快,肿瘤发生率高。叶酸、维生素 B_{12}、胆碱、蛋氨酸都是抗脂肪肝物质或甲基供体,参与 DNA 的甲基化,而 DNA 的甲基化异常是癌的特性。有资料证明这类物质摄入不足或缺乏与癌症的危险性有关。叶酸和蛋氨酸含量高的膳食可能降低结肠、直肠癌的危险性。

(三)微量元素

1.碘

膳食和饮水含碘量低,可引起单纯性甲状腺肿,甲状腺肿又可引起甲状腺肿瘤。甲状腺肿流行区,甲状腺癌的发病率较高。低碘饮食还可诱发与激素有关的乳腺癌、子宫内膜癌和卵巢癌的发生。一些国家的资料证明,乳腺癌的发病率与甲状腺肿瘤的发病率差异平行。

2.硒

高硒使多种化学致癌物诱发动物肝癌、皮肤癌和淋巴肉瘤的作用受到限制。硒可对抗某些化学致癌物的机理,可能与硒参与抗氧化作用有关。硒本身并无抗氧化能力,它是谷胱甘肽过氧化物酶的必需组分,因而可阻止过氧化物生成。流行病学资料表明,消化道癌患者血清硒水平明显低于健康人,血清硒含量与肿瘤死亡率呈负相关。

3.锌

分析了中国香港居民食管癌患者的血、头发、食管癌组织和无癌食管样品中锌含量并与其他病人(其他类型肿瘤或非肿瘤患者)及正常人比较,食管癌患者血中锌含量显著较低,头发中含量亦低。因此锌缺乏可能与食管癌发生有关。

(四)热量、蛋白质

1.热量

体重超重的人较体重正常或体重轻的人更容易患癌症,肿瘤死亡率也较高。大多数实验结果证实,限制热量摄入,可减少动物自发性肿瘤的发生率,延长肿瘤发生潜伏期,并可抑制移植性肿瘤的建立,减慢生长速度。如不限制膳食热量,而强迫动物不断运动以促进热量的消耗,也可以抑制化学致癌物对实验动物的诱癌作用。

虽然限制热量可以抑制人和动物肿瘤的发生,但不能考虑用限制热量的办法作为控制人的肿瘤生长的实际措施,因为限制膳食必然减少身体的营养素供给,造成机体衰弱、抵抗力下降,肿瘤却仍能发展。所以应提倡增加体力活动,以控制体重使之平衡。

2.蛋白质

膳食中蛋白质含量低,会促进人和动物肿瘤的发生,若提高蛋白质含量或补充某些氨基酸,可抑制动物肿瘤的发生。

研究发现,食管癌高发区,一般都是土地贫瘠、居民营养欠佳、蛋白质和热量摄入不足的地区。营养不平衡、蛋白质和热量缺乏被认为是食管癌的发病因素之一。

（五）膳食中其他成分

近年来膳食纤维与大肠癌的关系引起很大注意。调查研究表明，膳食中纤维低会促进大肠癌的发生。对23个国家妇女食肉量与大肠癌关系的研究表明，食肉量与大肠癌发病呈正比关系，证明少渣食物增加大肠癌的危险。美国一些地区，随着牛肉消费量增加，谷物消费量减少，大肠癌发病率20年内上升35%。我国近年来结肠癌、直肠癌发病率也在上升。十几项病例对照研究结果显示膳食纤维可能预防乳腺癌，还有几项病例对照研究结果显示膳食纤维可能使胰腺癌危险性下降。

二、食品中致癌因素

（一）食品中自然致癌物

1.霉菌毒素

霉菌毒素是食品中重要的一类致癌物。霉菌在适宜的温度、湿度下在食品中生长、产毒。曲霉菌属、青霉菌属、镰刀菌中都有产毒菌株，其中黄曲霉毒素 B_1 毒性和致癌性最强。

目前有60多个国家制订了食品和饲料中黄曲霉毒素限量标准和法规。我国食品中黄曲霉毒素 B_1 允许量标准为：玉米、花生仁、花生油不得超过 $20\mu g/kg$，其他粮食、豆类不得超过 $5\mu g/kg$，婴儿代乳食品不得检出。不论我国还是世界其他国家，都重视逐渐降低食品中黄曲霉毒素限量标准，使之达到尽可能低的水平，以保障人畜的健康。

黄曲霉毒素可使鱼类、大鼠、猴及家禽等多种动物诱发实验性肝癌。不同动物的致癌剂量差别很大，以大白鼠最为敏感。根据计算，黄曲霉毒素 B_1 比二甲基亚硝胺诱发肝癌能力大75倍，因此黄曲霉毒素属极强的化学致癌物质。它不仅主要致动物肝癌，在其他部位也可致肿瘤，如胃癌、肾癌、直肠癌及乳腺、卵巢、小肠等部位肿瘤。黄曲霉毒素尚能在灵长类动物诱发肝癌。

2.N‐亚硝基化合物

N‐亚硝基化合物是另一类重要致癌物。此类化合物可在动物体内、人体内、食品及环境中由其前体物（胺类、亚硝酸盐及硝酸盐）合成。人体主要在胃内合成，受感染的膀胱、肠道内也可合成。维生素C、维生素E或富含维生素C的水果蔬菜可阻断其合成。

人类接触亚硝基化合物可能通过：①食物、水及空气中由前体物已合成的亚硝基化合物；②分别摄入前体物硝酸盐、亚硝酸盐和胺类而在体内合成亚硝基化合物；③体内形成前体物后在体内合成亚硝基化合物。

综合已调查结果，认为肉类、鱼类、酒类及发酵食品中的亚硝基化合物较为重要。肉制品如用硝酸盐或亚硝酸盐作防腐剂，则多可测出亚硝基化合物，含量多在 $5\mu g/kg$ 以下，个别香肠类制品可高达 $165\mu g/kg$。咸肉经油煎后，肉及煎出的油中亚硝基化合物每千克可增加数十微克。鱼类食品中，盐腌干鱼也含有亚硝基化合物，尤其以粗盐腌制或用硝酸盐、亚硝酸盐作为保藏剂者，其含量个别可高达每千克数十至数百微克。乳制品中乳粉，尤其是干酪,可查出亚硝基化合物,多为痕迹量,最高量为5μg/kg。发酵食品中酱油、醋、酒、啤酒、酸菜等均可查出亚硝基化合物,除啤酒及酸菜外一般含量皆在5μg/kg以下。啤酒中亚硝基化合物主要来自麦芽,麦芽中亚硝胺含量与烘干方法有关,如直接火烘则麦芽亚硝胺含量较高,如间接火烘则麦芽亚硝胺含量较低。人体内内源性合成的亚硝基化合物为每天0~700μg。除食品中含有亚硝基化合物外,香烟、农药、化妆品、车间空气、药品、工业品中也有亚硝基化合物存在。

N-亚硝基化合物致癌性很强,经研究的200多种N-亚硝基化合物中,约80%以上有致癌性。亚硝基化合物可以诱发大鼠、小鼠和地鼠的所有器官及组织的肿瘤,其中以肝、食管、胃等器官为主。

减少人体接触N-亚硝基化合物的措施为:①制定食品中硝酸盐、亚硝酸盐使用量及残留量标准。②含蛋白质丰富的易腐食品,如肉类、鱼类、贝壳类,以及含硝酸盐较多的蔬菜,尽量低温储存以减少胺类及亚硝酸盐的形成。③烘烤啤酒麦芽和干燥豆类食品尽量用间接加热以减少亚硝胺形成。制定啤酒中亚硝胺最高允许量标准。④多选食含维生素C、维生素E丰富的食物及新鲜水果等,以阻断体内亚硝基化合物形成。少食用腌菜、酸菜。⑤胡椒、辣椒等香料与盐等分开包装,以减少加工肉内亚硝基化合物的量。⑥曝晒粮食及饮水,使已形成的亚硝基化合物光解破坏,并减少细菌及霉类,以避免促进亚硝基化合物合成作用。⑦使用钼肥可增产,并可减少农作物中硝酸盐聚集。⑧注意口腔卫生,减少唾液中亚硝酸盐量。

3.蕨类(羊齿植物)

蕨类可使牛产生膀胱癌,大鼠产生膀胱癌和小肠腺癌,豚鼠产生膀胱肿瘤,小鼠产生肺腺瘤,鹌鹑产生小肠腺癌等。近年来,土耳其及巴西家畜食管和胃肿瘤发病率高,归因于蕨类中的致癌物质。日本胃癌发病率高,曾有人认为与日本人喜食蕨类有关,但流行病学调查未能证实。蕨类对人类危害,可能因直接食用蕨类,也可能是间接的,奶牛如食蕨类,其乳汁中可含有毒性物质。如用此乳喂小牛,小牛骨髓所发生的损害与直接食蕨类所造成的损害相似。通过乳及乳制品带给人类健康的危害更为重要。

4.黄樟素、异黄樟素及二氢黄樟素

国际癌症研究机构(IARC)已确认黄樟素、异黄樟素及二氢黄樟素对动物有致癌性。在某些芳香油类中常含有黄樟素,甚至是某些挥发油的主要成分,如樟脑油和桉叶油中可能含有黄樟素,桂皮和茴香中也可含有少量。

5.苏铁素

苏铁素为一种糖苷,存在于苏铁果实及壳中。苏铁在我国广东、广西、福建及云南等省有种植,茎内淀粉、种子及有的种属的幼叶可食用或酿酒,叶及种子尚可入药。日本冲绳的居民将苏铁果实作为日常食品,但用水多次漂洗以除去毒性物质,如未经处理喂给大鼠则显示其强致癌性。苏铁素在动物体内代谢可产生N-亚硝基化合物。苏铁素尚能诱发小鼠、豚鼠、地鼠和鱼的实验性肿瘤。国际癌症研究机构也确认苏铁素为对动物有致癌性的

94 种物质之一。

6.槟榔

我国云南、广西、广东部分地区居民有嚼槟榔习惯。调查显示这与口腔、喉、食管和胃肿瘤发生有关。印度人主要是女性有嚼槟榔习惯,因此,女性上消化道肿瘤发病率高于男性。

7.酒精性饮料

饮酒能增加某些癌症的危险性,如饮酒又吸烟则可产生协同作用。世界卫生组织认为过量饮酒与口腔、喉及食管癌有关。最近一些报告显示,酒精还可能和咽、结肠、直肠和乳腺癌有关。饮酒与癌的关系可能是酒精本身或是酒含有致癌物,如威士忌酒可含致癌性多环芳烃及亚硝胺;滤酒时如用石棉,则石棉可混入酒中,石棉是人类的致癌物。啤酒可含有亚硝胺,国内外均已有报告。酗酒常易使人发生肝硬化,有的学者认为先导致肝硬化,再发展成肝癌。长期慢性酒精中毒者常合并营养不良,而缺乏某些维生素又是某些肿瘤发生的因素,故饮酒造成营养不良也许是诱发肿瘤的原因。

(二)食品污染物中致癌物

食品污染物中有多种致癌物质,如多环芳烃类、某些有致癌作用的农药和容器包装材料及设备中某些潜在的致癌性因素等。食品添加剂使用也应注意防癌,如滑石粉问题尤应注意。有人认为日本胃癌发病率高与日本人所吃的米(在碾米时表面涂有混着滑石粉的葡萄糖)有关。我国各地糖果加工尤其是软糖加工过程中使用滑石粉。

(三)食品烹调加工过程中的致癌物

食品在烹调加工过程中除可能受致癌物质污染外,烹调加工过程本身亦可产生致癌物质。如食品成分热解或热聚可产生多环芳烃类,鱼、肉经烹调后可形成亚硝胺等,食品中脂类物质高温加热亦可产生致癌物质。1977 年日本人首先发现鱼、肉经高温加热的表面烧焦部分有很强的致突变作用。其后又经一些系统研究,发现蛋、乳、动物内脏、干酪和豆腐均可产生致突变物质,系由蛋白质、氨基酸热解产生,其中色氨酸热解产生的物质致突变性最强。谷氨酸、赖氨酸、苯丙氨酸及大豆蛋白热解均可产生致突变物,用这些有致突变性的热解产物做动物实验,可诱发癌前病变、肝癌、肉瘤等。以上物质均来自食品表面烧焦部分或氨基酸加热至250℃以上的高温热解产物,一般烹调加工,没有烧焦的食品中并不一定含有。有报道称,日本胃癌发病率高与食用腌制食品有关,鼻咽癌可能和咸鱼有关,冰岛胃癌高发与食用熏制食品有关。近年来西欧和美国胃癌发病率下降与广泛使用冰箱有关,因冷藏可减少胺类、亚硝酸盐及亚硝胺形成,并可减少过氧化物生成。食品加工中使用的某些添加剂可能有抑癌或防止致癌物质生成作用,如肉制品中添加维生素 C 则可抑制肉制品中亚硝胺形成。

三、癌症的饮食预防

预防癌症的发生,饮食的卫生比饮食的营养更重要。食物中存在的某些物质具有一定的致癌性,应避免或减少这类物质的摄入。通过动物实验和人群流行病学调查,提示合理的营养对于癌症的发生具有一定的预防作用。因此,为预防或减少癌症发生的危险性,应注意饮食的控制。

（一）食物要多样

合理的食物搭配可保证机体的均衡营养,保持机体内环境的稳定,提高机体的抗癌能力。食物多样化可保证饮食中含有多种营养素而且能避免食物单一所造成的某种营养素过量,保证营养素的全面均衡。而且,不同食物存在的致癌物质不同,量也不同,食物多样化能避免单一食物摄入过多时其所含的致癌物质摄入过多,从而使致癌物控制在每日允许摄入量(ADI)内。

（二）减少脂肪的摄入量

饮食中脂肪含量高时,能增加肺、直肠、前列腺及乳腺癌的发生,因此应避免脂肪的过量摄入。

（三）适当增加膳食纤维特别是可溶性膳食纤维的摄入量

膳食纤维有促进肠蠕动,刺激排便的作用,可降低肠道有害物质和肠道的接触时间。可溶性膳食纤维可促进双歧杆菌的生长,产生局部免疫,保护肠道,降低直肠癌的发生率。但粗纤维可造成消化道的机械损伤,在损伤的修复过程中,频繁的细胞分裂有可能发生染色体的复制、分配错误,产生上消化道肿瘤,因此也不宜摄入过多。

（四）增加蔬菜和水果的摄入量

每日食用新鲜水果和蔬菜可降低大多数人患肿瘤的危险性。这类食物的保护作用有几种可能的机制,其中的膳食纤维可能是保护机体对抗结肠癌的原因;水果和蔬菜中含有的抗氧化物质可防止对 DNA 的内源性氧化损伤;抗坏血酸还有抑制亚硝胺的合成作用;蔬菜特别是十字花科蔬菜如菜花、圆白菜等含有多种抗癌成分(如吲哚类化合物),可通过诱导肝脏的解毒酶活性而抑制化学物质的致癌作用。

（五）增加锌、硒等矿物质和抗氧化维生素的摄入量

适当增加锌、硒等矿物质的摄入可降低肿瘤发生的风险性;抗氧化维生素(如维生素A、维生素 C、维生素 E 等)可猝灭自由基,防止自由基对机体的损伤和致癌;还可防止生物膜的脂质过氧化,维持上皮细胞健康,防止发生上皮损伤和癌前病变。

（六）限制饮酒

在机体的某些部位,酒精可与一些致癌因素起协同作用,因此,饮酒是发生几种癌的危险因素,尤其是那些直接接触酒精的组织(如口腔和咽喉)。其他一些部位(如结肠、直肠、乳腺和肝脏)发生癌的危险也因饮酒而增加。

（七）提高饮食卫生质量,减少食品中致癌物质的摄入

食品的某些化学污染物具有致癌性,应减少这些污染物的含量和摄入量;食品的微生物污染可使食品产生如亚硝胺等致癌物,应防止食品的微生物污染;油炸、烧烤、烟熏等高温烹调可产生某些致癌物质如杂环胺、多环芳烃等,应尽量避免或减少这类烹调加工方式,

减少致癌物质的摄入。

第五节　营养与痛风

痛风又称高尿酸血症,是人体内嘌呤代谢发生紊乱,尿酸的合成增加或排出减少,造成血尿酸浓度增高所致的一组代谢性疾病。尿酸以钠盐的形式沉积在关节、软骨和肾脏中,引起组织异物炎性反应。其临床特点为高尿酸血症、反复发作的急性关节炎、痛风石形成、尿路结石,严重者导致关节活动功能障碍、畸形或肾实质损害等。

尿酸为嘌呤代谢的最终产物,有内源性和外源性之分。内源性尿酸由体内氨基酸(如谷氨酸)、核苷酸及其他小分子化合物合成,以及由核酸分解代谢而来,约占体内总尿酸的80%;外源性尿酸从富含高嘌呤或核蛋白的食物中转化而来,约占体内尿酸20%。正常情况下,人体所产生的尿酸70% ~75%从尿排出,20% ~25%从大肠排出,2%左右由自身细胞分解。尿酸生成过多或排泄太慢,即生成多余排泄,均可导致高尿酸血症。

根据导致血尿酸升高的原因,痛风可分为原发性和继发性两大类。原发性痛风由先天性或特发性嘌呤代谢紊乱引起,有明显的家族遗传倾向,15% ~25%的痛风患者有家族痛风史,多见于40岁以上者。环境因素如暴饮暴食、酗酒、食入富含嘌呤食物过多是痛风性关节炎急性发作的常见原因。继发性痛风多见于由于某些疾病引起体内尿酸生成过多或肾脏尿酸排出减少等情况,如白血病、严重外伤引起体内尿酸生成过多,肾功能衰竭、重症高血压、子痫致肾血流量减少,影响尿酸的滤过,肾脏尿酸排出减少。

一、膳食因素与痛风

饮食与痛风的发生关系密切,过多摄入高嘌呤食物是诱发高尿酸血症的重要原因,是痛风的罪魁祸首。高尿酸血症和痛风患者常伴有肥胖和高血压。

1.蛋白质

食物的嘌呤多与蛋白质共存,高蛋白质饮食不但嘌呤摄入增多,而且可促进内源性嘌呤的合成和核酸的分解。

2.脂肪

脂肪摄入过多,可引起血酮浓度增加,与尿酸竞争并抑制尿酸在肾排泄,升高血尿酸,促发急性痛风发作。

3.碳水化合物

摄入过多碳水化合物可增加嘌呤合成的底物,不过糖类也有增加尿酸排泄的倾向,并可减少体内脂肪氧化而产生的过多的酮体,故应是能量的主要来源。但果糖促进腺嘌呤核苷酸分解加速,释放出嘌呤,增加尿酸形成,使尿酸升高。

4.药物

一些药物(如利尿剂、阿司匹林、水杨酸、泻药)可阻碍尿酸排泄,导致高尿酸血症。

5.其他饮食因素

经常进食高嘌呤饮食(如酒、动物内脏、海鲜)者痛风发病率高。肉类食物摄入过多、过量饮酒、饮水不足、紧张生活是导致痛风的主要原因。饮酒容易引发痛风,因为酒精在肝组织代谢时,大量吸收水分,血浓度加强,使原来已经接近饱和的尿酸加速进入软组织形成结晶,导致身体免疫系统过度反应(敏感)而造成炎症。

二、痛风的膳食治疗原则

1.限制嘌呤的摄入

控制外源性尿酸的摄入,降低体内尿酸的含量,是预防和治疗高尿酸血症及痛风的重要手段之一。每天嘌呤的摄入量应控制在150mg以下,食物含嘌呤情况如下。

(1)含微量嘌呤食物:大部分蔬菜类、水果类、蛋类、牛奶、奶酪、精制谷物、可可、咖啡、茶、果汁饮料。

(2)含嘌呤较少的食物(<75mg/100g食物):黄花菜、花菜、韭菜花、蘑菇、豌豆、菠菜、四季豆、羊肉、牛肚、三文鱼、鳝鱼、金枪鱼、虾、蟹、牡蛎。

(3)含嘌呤较高的食物(75~150mg/100g食物):牛肉、牛舌、猪肉、绵羊肉、鲤科鱼类、鳕鱼、鳟鱼、比目鱼、贝壳类水产品、肉汤、禽类及其制品、鸡汤、小扁豆。

(4)含嘌呤极高的食物(150~1000mg/100g食物):动物胰脏、动物内脏、大脑、鱼子、沙丁鱼、凤尾鱼、浓肉汤。

2.限制总能量摄入,维持正常体重

肥胖者减轻体重后,血尿酸水平可以下降,痛风发作可减轻。减重膳食必需循序渐进,以免体重减轻过快,造成脂肪分解过多导致酮症酸中毒而诱发痛风的急性发作。

3.适量限制蛋白质,低脂肪饮食

在总能量限制的前提下,蛋白质的热能比为10%~15%,或每千克理想体重给予0.8~1.0g蛋白质。蛋白质不宜过多,因为合成嘌呤核苷酸需要氨基酸作为原料,高蛋白食物可过量提供氨基酸,使嘌呤合成增加,尿酸生成也多,高蛋白饮食可能诱发痛风。鸡蛋、牛乳不含核蛋白,是痛风应该首选补充蛋白质的理想食物。

高脂肪膳食可使尿酸排泄减少而导致血尿酸增高,应限制脂肪的摄入,痛风患者约有3/4伴有高脂血症,宜采用低脂肪饮食控制高脂血症。一般每日脂肪摄入量限制在40~50g以内,烹调方法宜采用蒸、煮、氽等少用油的方法。

4.合理提供碳水化合物

碳水化合物作为能量的主要来源可以减少脂肪分解产生酮体,能促进尿酸排出,避免产生酮症。果糖可促进核酸分解,增加尿酸的生成,应减少摄入。碳水化合物供给量应占总能量的60%左右。

5.足量的维生素和矿物质

大量的B族维生素和维生素C能促使组织内淤积的尿酸盐溶解,故应供给充足的B

族维生素和维生素 C。此外,尿酸在酸性环境中容易析出结晶,在碱性环境中容易溶解,多食用碱性食物如蔬菜、水果等,可促使尿液碱化,增加尿酸在尿中的溶解度。痛风患者常伴有高血压及高血脂,应限制食盐摄入,每天控制在 2～5g。

6.供给充足的水分

多饮水可以增加尿量,可促进尿酸排出,防止结石形成。睡前或半夜饮水,以防止尿液浓缩,必要时服用碱性药物。

7.禁用刺激性食物

乙醇代谢可导致体内乳酸和酮体积聚,乳酸浓度增高可抑制肾脏对尿酸的排泄,同时乙醇促进嘌呤的分解使尿酸增高,故酗酒常为急性痛风发作的诱因,痛风患者应严格限制饮酒,尤其应限量饮用啤酒。此外、强烈的香辛料和调味品也不易食用,可可、咖啡、茶可适当饮用,但不易喝浓咖啡、浓茶。

总之,痛风预防牢记十二字原则:"管住嘴、多饮水、勤运动、减体重",可减少通风发生。

第六节　营养与骨质疏松

骨质疏松症是一种系统性骨病,其特征是骨量下降和骨的微细结构破坏,表现为骨的脆性增加,因而骨折的危险性大为增加,即使是轻微的创伤或无外伤的情况下也容易发生骨折。骨质疏松症是一种多因素所致的慢性疾病,在骨折发生之前,通常无特殊临床表现,该病女性多于男性,妇女绝经后及老年人发病率高。随着我国老年人口的增加,骨质疏松症发病率处于上升趋势,在我国乃至全球都是一个值得关注的健康问题。

骨质疏松分为三大类,即原发性骨质疏松、继发性骨质疏松和特发性骨质疏松。其中原发性骨质疏松又分为Ⅰ型和Ⅱ型:Ⅰ型(亦称高转换或绝经后型骨质疏松),以骨吸收增加为主,女性绝经后由于雌激素减少,骨吸收远快于骨形成,造成骨量不断丢失而导致骨质疏松。这种类型的患者脊椎与桡骨下端骨折的发生率明显增高;Ⅱ型(亦称低转换或老年型骨质疏松),以骨形成减少为主,主要病因是性激素减少和肾功能生理性减退,骨皮质和骨松质均受影响。这类患者除椎体骨折和前臂骨折外,还容易发生股骨颈骨折。继发性骨质疏松由后天性因素诱发,包括物理和力学因素,如长期卧床等;内分泌疾病,如甲亢、糖尿病、甲状旁腺功能亢进症、垂体病变、肾上腺皮质或性腺疾病等;肾病、类风湿、消化系统疾病导致的吸收不良、肿瘤病变等;药物的应用(糖皮质激素、肝素和免疫抑制剂等)。特发性骨质疏松指男性发病年龄小于 50 岁、女性发病年龄小于 40 岁的骨质疏松,无潜在疾病,发病原因不明。

一、膳食营养与骨质疏松症

1.内分泌因素

女性病人由于雌激素缺乏造成骨质疏松,男性则为性功能减退所致睾酮水平下降引起的。骨质疏松症在绝经后妇女特别多见,卵巢早衰则使骨质疏松提前出现,提示雌激素减少是发生骨质疏松重要因素。瘦型妇女较胖型妇女容易出现骨质疏松症并易骨折,这是后者脂肪组织中雄激素转换为雌激素的结果。与年龄相仿的正常妇女相比,骨质疏松症患者血雌激素水平未见有明显差异,说明雌激素减少并非是引起骨质疏松的唯一因素。

2.遗传因素

骨质疏松症以白人尤其是北欧人种多见,其次为亚洲人,而黑人少见。骨密度为诊断骨质疏松症的重要指标,骨密度值主要决定于遗传因素,其次受环境因素的影响。近期研究指出,骨密度与维生素 D 受体基因型的多态性密切相关。

3.营养因素

已经发现青少年时钙的摄入与成年时的骨量峰直接相关,提高钙摄入可以使儿童青少年骨密度和骨矿含量增加。老年人因钙摄入和钙吸收功能降低,随年龄的增长而出现钙丢失加速,钙的缺乏导致 PTH 分泌和骨吸收增加,低钙饮食者易发生骨质疏松。维生素 D 的缺乏导致骨基质的矿化受损,可出现骨质软化症,适当补充维生素 D 能够延缓骨质丢失和骨折发生率。蛋白质大量摄入时可使尿钙排泄量增加,而经尿流失过多的钙与骨量减少和髋骨骨折率升高有关,长期蛋白质缺乏造成骨基质蛋白合成不足,导致新骨生成落后,如同时有钙缺乏,骨质疏松则加快出现。维生素 C 是骨基质羟脯氨酸合成中不可缺少的,能保持骨基质的正常生长和维持骨细胞产生足量的碱性磷酸酶,如缺乏维生素 C 则可使骨基质合成减少。

4.废用因素

肌肉对骨组织产生机械力的影响,肌肉发达骨骼强壮,则骨密度值高。由于老年人活动减少,使肌肉强度减弱、机械刺激少、骨量减少,同时肌肉强度的减弱和协调障碍使老年人较易摔跤,伴有骨量减少时则易发生骨折。老年人患有脑卒中等疾病后长期卧床不活动,因废用因素导致骨量丢失,容易出现骨质疏松。

5.药物及疾病

抗惊厥药,如苯妥英钠、苯巴比妥以及卡马西平,引起治疗相关的维生素 D 缺乏,以及肠道钙的吸收障碍,并且继发甲状旁腺功能亢进。过度使用包括铝制剂在内的制酸剂,能抑制磷酸盐的吸收以及导致骨矿物质的分解。糖皮质激素能直接抑制骨形成,降低肠道对钙的吸收,增加肾脏对钙的排泄,继发甲状旁腺功能障碍,以及性激素的产生。长期使用肝素会出现骨质疏松,具体机制未明。化疗药,如环孢素 A,已证明能增加啮齿类动物的骨更新。

肿瘤,尤其是多发性骨髓瘤的肿瘤细胞产生的细胞因子能激活破骨细胞,以及儿童或青少年的白血病和淋巴瘤,后者的骨质疏松常是局限性的。胃肠道疾病,例如炎性肠病导致吸收不良和进食障碍。神经性厌食症导致快速的体重下降以及营养不良,并与无月经有关。珠蛋白生成障碍性贫血,源于骨髓过度增生以及骨小梁连接处变薄,这类患者中还会出现继发性性腺功能减退症。

6.其他因素

酗酒对骨有直接毒性作用;吸烟能增加肝脏对雌激素的代谢以及对骨的直接作用,另外还能造成体重下降并致提前绝经;长期的大强度运动可导致特发性骨质疏松症。

二、骨质疏松症的膳食营养防治

(1)从儿童期开始骨质疏松的预防措施,增加骨峰值。

(2)加强体育锻炼,特别是负重运动。

(3)控制总能量摄入,保持适宜体重。

(4)膳食蛋白质要适量,一般应占总能量的15%,避免过高或不足。

(5)按年龄阶段摄入充足的钙,多选择富含钙的食物,每天至少饮用250mL牛奶。注意其他矿物质(尤其是磷、镁、锌)与钙的平衡。

(6)经常摄入富含维生素D、维生素A、维生素C、维生素K的食物,必要时可补充维生素制剂。

(7)低钠饮食,每天食盐摄入量不超过6g。

(8)经常晒太阳,多参加户外活动。绝经后妇女和老年人要选择适宜的运动项目,防摔跤。

(9)戒烟酒,忌饮用浓咖啡。

(10)加强社区预防骨质疏松的宣传教育,特别是重点人群。

第八章　各类食品的营养价值

食物种类繁多,在营养学上依其性质和来源,可大致归为三大类,①动物性原料,如畜、禽肉类,鱼、虾、乳、蛋及其制品等;②植物性原料,如粮谷类、豆类、蔬菜、水果、薯类和坚果等;③以天然食物制取的原料,如酒、糖、油、酱油和醋等。

各类食物的营养价值是指某种原料中所含的热能和营养素能满足人体需要的程度。各种食物由于所含的营养素和热能满足人体营养需要的程度不同,营养价值有高低之分。理想的高营养价值原料除含有人体必需的热能和营养素以外,还要求各种营养素的种类、数量、组成比例都符合人体的需要,并且易被消化、吸收。

营养素来自于食物,但是没有一种天然食物含有人体需要的全部营养素,各种食物由于营养素的构成不同,其营养价值的高低也会不同。食品的营养价值是指食品中所含营养素和热能能够满足人体营养需要的程度,包含营养素种类是否齐全、数量及其相互比例是否适宜,以及是否易被人体所消化、吸收及利用。营养价值高的食物应是所含营养素种类齐全,数量丰富且相互间比例适宜,容易被人体消化吸收和利用的食物。

第一节　各类食物营养价值的评定和意义

一、各类食物营养价值的评定

各类食物营养价值的评定,主要从营养素的种类和含量、营养素的质量两个方面着手进行测算评价。

(一)营养素的种类和含量

各类食物中营养素的种类和含量,是评价其营养价值的前提。一般来说,食品所提供的热能和营养素越接近人体需要的水平,该食品的营养价值就越高。对食品进行营养价值评定时,可利用各种分析方法对食品所含营养素的种类进行分析,并确定其含量。另外,还可以通过查阅食物成分表来初步评定食物的营养价值。

(二)营养素的质量

营养素质量主要指食品中的营养素组成、营养素存在形式以及被人体消化、吸收及利用的程度等。例如蛋白质的氨基酸组成比例,组成脂肪的脂肪酸类型,维生素的存在形式(结合型或游离型)等。食物营养素的组成越是符合人体需要模式,消化、吸收及利用的越多,则其营养价值就越高。

了解食物营养素的质量,可进行动物喂养试验及人体临床观察,也可采用化学法分析测定。例如评定食物蛋白质质量时,除了测定食物蛋白质的氨基酸组成外,常用动物试验测定其蛋白质的消化率和利用率,通过与对照参考蛋白质比较分析,就可得出该种食物蛋白质质量的优劣。

(三)营养质量指数

目前,营养学上常以营养质量指数(index of nutritional quality,INQ)为指标,来评定食品的营养价值。营养质量指数(INQ)是指营养素密度与热能密度相适应的程度,即营养素密度与热能密度之比。营养素密度是指食品满足机体某种营养素需要的程度,为待测食品中某营养素含量与该营养素供给量标准之比。热能密度是指食品满足机体热能需要的程度,为待测食品所含的热能与热能供给量标准之比。

$$INQ = \frac{营养素密度}{热能密度} = \frac{某营养素含量/该营养素供给量标准}{所产生的热能/热能供给量标准}$$

INQ = 1,表示食物中该营养素与热能含量达到平衡;INQ > 1,说明食物中该营养素的供给量高于热能的供给量,食物的营养价值较高;INQ < 1,说明食物中该营养素的供给量少于热能的供给量,食物的营养价值较低,长期食用此种食物,可能发生该营养素的不足或热能过剩。

以成年男子轻体力劳动者的营养素供给量为标准,计算 100g 鸡蛋中主要营养素的 INQ 值,见表 8 - 1。

表 8 - 1　100g 鸡蛋中几种主要营养素的 INQ

项目	热能 (kJ)	蛋白质 (g)	钙 (mg)	铁 (mg)	视黄醇 (μg)	维生素 B_1 (mg)	维生素 B_2 (mg)	烟酸 (mg)	抗坏血酸 (mg)
含量	710.6	14.7	55	2.7	432	0.16	0.31	0.1	–
供给量标准	10865	80.0	800	15.0	800	1.3	1.30	13	60
密度①	6.54	18.4	6.88	18.0	54.0	12.3	23.85	0.77	0
INQ	—	2.81	1.05	2.75	8.26	1.88	3.65	0.12	0

①"密度"代表营养素密度×100%,或热能密度×100%,计算方法是:某营养素(或热能)占供给量标准的百分比。

$$密度 = \frac{某营养素含量}{该营养素供给量标准} \times 100\%$$

由表中可见,在鸡蛋的几种主要营养素中,除烟酸和抗坏血酸外,INQ 都大于 1,说明鸡蛋是一种营养价值较高的食物。

INQ 的主要优点是可以对食品营养价值的优劣一目了然,是评定食品营养价值的一种简明指标。

二、评定食品营养价值的意义

评定食品营养价值的意义体现在以下几个方面:

(1)全面了解各种食品的天然组成成分,包括营养素、非营养素类物质、抗营养因子等,了解营养素的种类和含量,了解非营养素类物质的种类和特点,解决抗营养因子问题,以便趋利避害,有的放矢,充分利用食物资源。

（2）了解食品在收获、贮存、加工、烹调过程中营养素的变化和损失,以便于采取相应的有效措施来最大限度地保存食品中营养素含量,提高食品的营养价值。

（3）指导科学配膳,合理地选购食品和合理配制营养平衡膳食。

第二节　谷类食品的营养价值

谷类是禾本科植物的种子,种类很多,主要包括稻米、小麦、玉米、小米、高粱、燕麦等,它们可以被加工成各种食品,作为人们的主要食物。中国人的膳食中把谷类作为主食,是蛋白质和热能的主要来源,人体每日所需热能50%～70%、蛋白质50%以上、还有一些矿物质和B族维生素来自谷类。谷类在我国人民的膳食构成中占有重要地位。

一、谷粒的结构和营养素分布

各种谷粒除因品种不同而形态大小不一外,基本结构大致相似。谷粒的外壳是谷壳,主要是起保护谷粒的作用,一般在加工时被去除。谷粒去壳后其结构由谷皮、糊粉层、胚乳、胚芽四个部分组成（图8－1）。

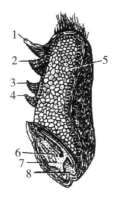

图8－1　谷类籽粒的构造

1,2,3—谷皮　4－糊粉层　5－胚乳　6,7,8－谷胚

谷皮为谷粒的最外层,占谷粒质量的13%～15%,主要由纤维素、半纤维素等组成,也含有一定量的蛋白质、脂肪、植酸、维生素及较多的矿物质,但完全不含淀粉。在磨粉、碾米时成为麸皮,作为饮料和高纤维食品的原料。

糊粉层位于谷皮与胚乳之间,占谷粒质量的6%～7%,含有较多的蛋白质、脂肪、矿物质和丰富的B族维生素,有重要的营养意义,但在高精度碾磨加工时,易与谷皮同时脱落而混入糠麸中,致使大部分营养素损失。

胚乳是谷粒的主要部分,占谷粒质量的80%～90%,含有大量的淀粉和较多的蛋白质,蛋白质主要分布在胚乳的外周部分,越靠胚乳中心,蛋白质含量越低。胚乳中的脂肪、矿物质、维生素、粗纤维则很少。由于碳水化合物含量高,质地紧密,在碾磨过程中易先被碾碎,而胚乳是谷粒主要营养成分集中之处,加工时应尽量全部保留下来。

胚芽位于谷粒的一端,占谷粒质量的2%～3%,富含蛋白质、脂肪、矿物质、B族维生素和维生素E,营养价值很高。胚芽质地较软而有韧性,不易粉碎,但在加工时易与胚乳分离而损失。由于胚芽中酶的活性也强,如α-麦芽淀粉酶、β-麦芽淀粉酶、蛋白酶等,而且脂肪也容易变质,加工时谷粒留胚芽多则易变质。此外,在胚芽和胚乳连接处有丰富的维生素B_1,谷类加工精度越高,维生素B_1的损失就越大。

二、谷类的化学组成与营养价值

(一)蛋白质

谷类所含的蛋白质为7%～16%,因品种、气候、产地及加工方法的不同而有所差异,主要由谷蛋白、白蛋白、醇溶蛋白、球蛋白组成。不同谷类中各种蛋白质所占的比例不同,见表8-2。

表8-2　几种谷类的蛋白质组成(%)

谷类	白蛋白	球蛋白	醇溶蛋白	谷蛋白
大米	5	10	5	80
小麦	3～5	6～10	40～50	30～40
大麦	3～4	10～20	35～45	35～45
玉米	4	2	50～55	30～45
高粱	1～8	1～8	50～60	32

谷类蛋白质的必需氨基酸组成不平衡,赖氨酸含量少,苏氨酸、色氨酸、苯丙氨酸及蛋氨酸的含量偏低,而亮氨酸又过剩。谷类蛋白质一般都以赖氨酸为第一限制氨基酸,第二限制氨基酸为苏氨酸(玉米为色氨酸),生物价一般较低,大米为77,小麦67,大麦64,玉米60,高粱56,谷类蛋白质的营养价值低于动物性食品。

由于谷类在膳食中所占比例较大,是膳食蛋白质的重要来源,为改善谷类蛋白质的营养价值,常采用第一限制性氨基酸进行强化或蛋白质互补的方法来提高谷类蛋白质的营养价值,如面粉用0.2%～0.3%的赖氨酸强化,或加入适量的大豆粉,其蛋白质生物价可显著提高。此外,也可利用基因工程方法改善谷类蛋白质的氨基酸组成来提高其营养价值,如将高赖氨酸玉米品种中的醇溶蛋白含量降低而其他蛋白含量增加,因为一般白蛋白和球蛋白中含较多赖氨酸,醇溶蛋白和谷蛋白中则含赖氨酸较少而含亮氨酸较多,特别是醇溶蛋白中赖氨酸含量极少,所以经过基因改造的玉米中的赖氨酸和色氨酸含量显著提高而亮氨酸则明显降低,从而改善了玉米蛋白质的氨基酸构成而使玉米蛋白质的营养价值明显提高。

（二）脂肪

谷类脂肪含量很低，多在 2% 以下，但玉米和小米中可达 4%，主要是集中在糊粉层和胚芽中，其中不饱和脂肪酸含量很高，主要为油酸、亚油酸和棕榈酸，并含有少量的磷脂、糖脂等，质量较好。从玉米和小麦胚芽中提取的胚芽油，80% 为不饱和脂肪酸，其中亚油酸为 60%，具有降低血清胆固醇、防止动脉粥样硬化的作用，是营养价值较高的食用油。

（三）碳水化合物

谷类的碳水化合物主要是淀粉，集中在胚乳的淀粉细胞内，含量在 70% 以上，此外还有糊精、戊聚糖及少量可溶性糖（葡萄糖和果糖）等。淀粉经烹调加工后，在人体内的消化吸收率很高，是人类最理想、最经济的热能来源，也是我国膳食能量供给的主要来源。谷类中含有的可溶性糖可为酵母菌发酵所利用，在食品加工中具有一定的意义。

谷类中的淀粉在结构上可分为直链淀粉和支链淀粉，分别占 20%～30% 和 70%～80%，其含量因品种而异，可直接影响食用风味。直链淀粉易溶于水，胀性大黏性小，易消化，支链淀粉则相反，如糯米的淀粉几乎全为支链淀粉，胀性小而黏性强，不易消化吸收；汕米中直链淀粉多，米饭胀性大而黏性差，较易消化吸收。现代遗传育种技术可以提高谷类中的直链淀粉含量，已培育出直链淀粉含量高达 70% 的玉米新品种。

（四）维生素

谷类是人体所需 B 族维生素的重要来源，如维生素 B_1、维生素 B_2、烟酸、泛酸、吡哆醇等，其中以维生素 B_1、烟酸含量为最高，主要集中在胚芽和糊粉层中，胚芽中还含有较丰富的维生素 E。因此，谷类加工越细，保留的胚芽和糊粉层越少，维生素的损失就越多。玉米中含烟酸较多，但主要为结合型，不易被人体吸收利用，只有在碱性环境下才能变成游离型烟酸，才能被人体吸收利用。黄色玉米和小米中还含有少量的 β - 胡萝卜素。

（五）矿物质

谷类中矿物质含量为 1.5%～3%，其分布常和纤维素平行，主要是在谷皮和糊粉层中。其中主要是磷和钙，但是多以植酸盐形式存在，不易为人体消化吸收。谷类中还含有铁、锌、铜、钾、镁、氯等元素，但铁含量很少。

三、常见谷类的营养价值

（一）稻米

稻米是世界上约一半以上人口的主要食用谷类。稻米中蛋白质含量一般为 7%～12%，主要为谷蛋白。由于糙米皮层是稻米营养素最丰富的部分，所以稻米营养价值的高低与加工精度有直接的关系，精白米中的蛋白质要比糙米减少 8.4%，脂肪减少 56%，纤维素减少 57%，钙减少 43.5%，维生素 B_1 减少 59%，维生素 B_2 减少 29%，烟酸减少 48%。在以精白米为主食的地区，应注意防止脚气病的发生。

（二）小麦

小麦是世界上种植最广泛的作物之一，其蛋白质含量为 12%～14%，而面筋占总蛋白质的 80% ~85%,主要是用于生产小麦面粉。小麦粉中的矿物质和维生素的含量与小麦粉的出粉率和加工精度有关,加工精度越高,面粉越白,其中所含矿物质和维生素的含量就越低。

(三)玉米

玉米的总产量占世界粮食产量的第三位,在我国粮食总产量中所占的比例仅次于稻米和小麦。玉米主要是用于食用和作为饲料,除此之外还大量被用做工业原料。玉米中蛋白质含量为 8% ~9%,主要是玉米醇溶蛋白。与大米和小麦粉比较,玉米蛋白质的生物价更低,主要是因为玉米蛋白质不仅赖氨酸含量低,色氨酸和苏氨酸也不高。玉米中所含的烟酸多为结合型,不能被人体吸收利用,可在碱性环境中将之分解为游离型。玉米胚芽中油脂较丰富,除甘油三酯外,还有卵磷脂和维生素 E。在嫩玉米中含有一定量的维生素 C。

(四)小米

小米中蛋白质、脂肪及铁的含量都较大米高,蛋白质含量为 9% ~10%,主要为醇溶谷蛋白,小米中的蛋氨酸、色氨酸和苏氨酸含量要较其他谷类高,但赖氨酸的含量很低。小米中的脂肪和铁含量比玉米高,含有较多的维生素 B_1、维生素 B_2 和 β - 胡萝卜素等多种维生素。小米中各种营养素的消化吸收率较高,小米粥是一种营养丰富的谷物食品。

(五)高粱

高粱米有黄、红、黑、白等不同品种。高粱米中蛋白质含量为 9.5% ~12%,主要为醇溶谷蛋白,亮氨酸含量较高,赖氨酸、苏氨酸含量较低,由于高粱米中含有一定量的鞣质和色素,会影响蛋白质的吸收利用。高粱米中脂肪及铁的含量比大米高,淀粉约 60%,淀粉粒细胞膜较硬,不易糊化,煮熟后不及大米、面粉易消化。

(六)燕麦

燕麦又名莜麦,是世界上公认的营养价值很高的杂粮之一。燕麦是一种高能食物,每100 克燕麦所释放的热能相当于同等数量肉类所释放的热能。燕麦的蛋白质和脂肪都高于一般谷类,蛋白质中含有人体需要的全部必需氨基酸,特别是赖氨酸含量高。脂肪中含有大量的亚油酸,消化吸收率也较高。燕麦含糖少,蛋白质多,纤维素高,是心血管疾病、糖尿病患者的理想保健食品。

第三节　豆类及其制品的营养价值

豆类分大豆类(黄豆、黑豆和青豆)和其他豆类(包括豌豆、扁豆、蚕豆、绿豆、小豆、芸豆等)。大豆中含有较高的蛋白质,脂肪含量中等,碳水化合物含量相对较低;其他豆类中蛋白质含量中等,碳水化合物含量较高而脂肪含量较低。豆制品是由大豆或绿豆等原料制作的半成品,如豆浆、豆腐、豆腐干等。

一、大豆的化学组成与营养价值

(一)蛋白质

大豆含有 35% ~40% 的蛋白质,蛋白质氨基酸组成和动物蛋白相似,含有丰富的赖氨酸和亮氨酸,只有蛋氨酸含量略低,其余氨基酸接近人体需要之比值,故是谷类蛋白质的理想氨基酸互补食品。大豆蛋白质中丰富的天门冬氨酸、谷氨酸和微量胆碱,对脑神经系统有促进发育和增强记忆的作用。

(二)脂肪

大豆含脂肪 15% ~ 20%。大豆脂肪中,不饱和脂肪酸高达 85%(亚油酸达 50% 以上),还含有较多的磷脂(卵磷脂约 29%,脑磷脂约 31%),常被推荐为防治冠心病、高血压、动脉粥样硬化等疾病的理想食品。大豆油的天然抗氧化能力强,是少有的优质食用油。

(三)碳水化合物

大豆中碳水化合物的含量为 20% ~30%,有纤维素、半纤维素、果胶、甘露聚糖等,以及蔗糖、棉籽糖、水苏糖等,几乎完全不含淀粉或含量极微。大豆碳水化合物中约有一半是人体不能消化吸收的棉籽糖和水苏糖,存在于大豆细胞壁中,人体肠道内的微生物能作用于棉籽糖和水苏糖等发酵而产酸产气,引起腹胀,故称之为"胀气因子"。

(四)维生素

大豆中 B 族维生素的含量较高,如 100g 大豆含维生素 B_1 0.79mg、维生素 B_2 0.25mg,比谷类的含量高。大豆中还含有具有较强抗氧化能力的维生素 E、维生素 K 和胡萝卜素等。

(五)矿物质

大豆中富含钙、铁、镁、磷、钾等,是一类高钾、高镁、低钠食品。大豆中含铁量虽高,但其吸收率却较低。

二、大豆中的抗营养因素

大豆中含有一些抗营养因素,会影响人体对某些营养素的消化吸收。

大豆中存在有许多种蛋白酶抑制剂,可抑制胰蛋白酶、胃蛋白酶、糜蛋白酶等多种蛋白酶,妨碍蛋白质的消化吸收,使蛋白质的生物利用率降低。因此,必须对大豆中的蛋白酶抑制剂进行钝化后方可食用,如采用常压蒸汽加热 15 ~20min,或将大豆在水中浸泡使之含水量达 60% 后再用水蒸气蒸 5min 即可钝化生大豆中的抗胰蛋白酶因子。

大豆中的脂肪氧化酶是产生豆腥味及其他异味的主要酶类,采用 95℃ 以上温度加热 10 ~15min,再经乙醇处理即可使大豆中的脂肪氧化酶钝化而脱去豆腥味。

对于棉籽糖和水苏糖等胀气因子,可利用大豆加工制成豆制品(如豆腐、腐乳等)时将之除去,在豆芽中胀气因子的量也会减少很多。

大豆中存在的植酸可与锌、钙、镁、铁等螯合而影响它们的吸收利用,可将 pH 值控制在 4.5~5.5,在此条件下 35%~75% 的植酸可溶解,且对蛋白质影响不大。

在生大豆中还有抗维生素因子,可抑制某些维生素的吸收利用。大豆中的植物红细胞凝集素,是一种能凝集人和动物红细胞的蛋白质,影响动物的生长,可加热将之破坏。大豆中的皂苷类物质,曾经被认为对人体有毒害作用,但目前的研究发现皂苷类物质对降血脂和血胆固醇有协助作用。

三、其他豆类的营养价值

其他豆类的蛋白质含量中等,为 20%~25%,含有全部必需氨基酸,其中赖氨酸的含量较多,但蛋氨酸的含量较少;脂肪含量较低,1% 左右;碳水化合物含量较高,在 55% 以上;维生素和矿物质的含量也很丰富。详见表 8-3。

表 8-3　其他豆类的主要营养成分(/100g)

食物名称	扁豆	绿豆	小豆	豌豆	芸豆
蛋白质(g)	25.3	21.6	20.2	20.3	21.4
脂肪(g)	0.4	0.8	0.6	1.1	1.3
膳食纤维(g)	6.5	6.4	7.7	10.4	8.3
碳水化合物(g)	61.9	62.0	63.4	65.8	62.5
胡萝卜素(μg)	30	130	80	250	180
维生素 B_1(mg)	0.26	0.25	0.16	0.49	0.18
维生素 B_2(mg)	0.45	0.11	0.11	0.14	0.09
烟酸(mg)	2.6	2.0	2.0	2.4	2.0
维生素 E(mg)	1.86	10.96	14.36	8.47	7.74
钙(mg)	137	81	74	97	176
铁(mg)	19.2	6.5	7.4	4.9	5.4
锌(mg)	1.90	2.18	2.20	2.35	2.07
磷(mg)	218	337	305	259	218
硒(μg)	32.00	4.28	3.80	1.69	4.61

四、豆制品的营养价值

豆制品有非发酵豆制品和发酵豆制品两种。发酵豆制品有豆腐乳、豆豉、臭豆腐等,非发酵豆制品有豆浆、豆腐、豆腐干、豆芽等。各种豆制品因加工方法的差异和含水量的高低,营养价值有很大的差别。

(一)豆浆

大豆以清洗、浸泡、磨碎、过滤、煮沸后即成为豆浆。经过处理后,大豆中的胰蛋白酶抑制剂被破坏,大部分纤维素被去除,消化吸收率明显提高。豆浆中蛋白质的利用率可达90%以上,其中必需氨基酸含量较齐全,铁含量更超过鲜乳很多。豆浆的不足之处是脂肪和碳水化合物不多,故供给热量较鲜乳低,蛋氨酸含量也偏低,此外,钙、维生素 B_2、维生素 A和维生素 D 含量也比鲜乳少。

在制豆浆时,加热煮沸务必充分,要彻底破坏大豆中的蛋白酶抑制剂,以促进蛋白质的消化吸收,避免其对消化道刺激引起的恶心、呕吐等症状。

(二)豆腐

将豆浆煮沸后加入适量的硫酸钙使其蛋白质凝固,经压榨去除其中部分水分后就成为豆腐。豆腐中蛋白质的消化吸收率比豆浆还要高,可以达到95%左右。

(三)豆芽

豆芽一般是以大豆或绿豆为原料以水泡后发芽而成。在豆类中几乎不含有维生素 C,但豆芽中除含有豆类原有的营养成分外,在发芽过程中,其所含的淀粉可水解为葡萄糖,进一步合成维生素 C。如经过发芽后,每100g 大豆中维生素 C 的含量可达15～20mg,绿豆芽约20mg,因此当缺少新鲜蔬菜时豆芽可作为维生素 C 的良好来源。此外,大豆中的胰蛋白酶抑制剂可因发芽而部分被除去。由于酶的作用,使豆中的植酸降解,提高矿物质的吸收利用率,蛋白质的利用率也比豆类提高 10%左右。

(四)豆腐乳

豆腐乳是将大豆蛋白切成块状后经初步发酵,用盐或盐水腌渍,再进行后期发酵而制成。大豆蛋白经霉菌发酵后,可产生多种氨基酸、多肽等营养物质,对人体的吸收利用更为有利。

(五)豆豉

豆豉源于中国,它是一种以大豆为原料经微生物发酵而制成的传统发酵食品。豆豉中蛋白质含量高,含有多种维生素和矿物质,尤其是维生素 E 的含量较高,而且经过发酵可以使豆豉中的游离氨基酸、维生素 B_1、维生素 B_2、可溶性糖的含量增加,使糖苷型大豆异黄酮转化为活性更高的游离型大豆异黄酮。多食豆豉有益人体健康,但传统豆豉中食盐含量高,从而限制了人们对豆豉的食用,近年来市场上已出现了低盐化的豆豉品种。

第四节　蔬菜、水果的营养价值

蔬菜和水果是我国居民膳食结构的重要组成部分。新鲜蔬菜、水果中含有大量的水分,维生素和矿物质尤为丰富,含有丰富的酶类,还含有各种有机酸、芳香物质、色素和较多的纤维素及果胶物质等成分,具有良好的感官性状,能促进人们的食欲和帮助消化。蔬菜和水果中的蛋白质和脂肪含量很低,碳水化合物含量不高,除少部分品种外,一般不能作为热能和蛋白质来源。

一、蔬菜、水果的化学组成与营养价值

(一)碳水化合物

蔬菜、水果中所含碳水化合物包括淀粉、可溶性糖、纤维素和果胶物质等,其含糖的种类和数量因食物种类和品种不同而有较大差异。水果中的浆果类(如葡萄、草莓、猕猴桃)以含葡萄糖和果糖为主,柑橘类(如柑、橘)、核果类(如桃、李、杏)以含蔗糖为主,仁果类(如苹果、梨)则是以含果糖为主。蔬菜中的胡萝卜、南瓜、西红柿等含糖量较多,以单糖和双糖为主,而藕类、芋类、薯类则含淀粉等多糖较多。薯类在某些地区是作为主食食用的,在人群膳食中占有较大比重,是热能的主要来源。

蔬菜、水果中所含的纤维素、半纤维素和果胶物质等是人们膳食纤维的主要来源,有利于人体胃肠道的健康。果胶物质是以原果胶、果胶和果胶酸三种形式存在于水果中,随着果实成熟度的不同而转化,不同形式的果胶具有不同的特点。蔬菜中含果胶丰富的有西红柿、胡萝卜、南瓜等,水果中含果胶丰富的有山楂、苹果、柑橘等,果胶加适量的糖和酸进行加热可形成凝胶,利用果胶的这一性质可进行果酱、果冻的加工,果胶的含量及质量的高低对果酱加工有重要的意义。

(二)维生素

蔬菜、水果中含有丰富的维生素,除维生素 A、维生素 D 外,其他维生素都广泛存在,其中含量最丰富的是维生素 C 和胡萝卜素。

蔬菜中维生素 C 的分布,以代谢比较旺盛的组织器官(叶、菜及花)内含量最为丰富,同时它与叶绿素的分布也是平行的。一般来说,深绿颜色的蔬菜维生素 C 的含量较浅色蔬菜要高。维生素 C 一般在绿叶蔬菜中含量最为丰富,其次是根茎类蔬菜,瓜类蔬菜中的含量则相对减少,但在苦瓜中的含量却较高。常见的含维生素 C 较多的有青椒、花菜、雪里蕻等。在食用水果中,含维生素 C 最丰富的有新鲜大枣,每 100g 新鲜大枣中维生素 C 含量可高达 243mg,此外山楂、柑橘、草莓也含有较为丰富的维生素 C。

胡萝卜素在各种绿色、黄色及红色蔬菜中含量较多,尤其是深绿色叶菜。胡萝卜素含量与蔬菜颜色有关,凡绿叶菜和橙黄色菜都有较多的胡萝卜素。在我国的膳食结构中,动物性食物较少,缺少直接的维生素 A 来源,故主要靠蔬菜中的胡萝卜素提供。相对蔬菜而言,水果中胡萝卜素含量较少,水果中含胡萝卜素较多的有山楂、芒果、杏、橘子等。

蔬菜中维生素 B_2 含量不算丰富,但却是我国居民维生素 B_2 的重要来源。维生素 B_2 在一般绿叶菜中含量较多,如空心菜、苋菜、油菜、菠菜、雪里蕻等,但并不十分丰富,任何一类食品中的维生素 B_2 都不能充分满足人体的需要,必须由多种食品来供给,除了动物内脏、豆类、杂粮、粗粮中维生素 B_2 较多外,新鲜蔬菜也是一个重要来源。

表 8-4 中列出了常见蔬菜、水果中维生素 C、胡萝卜素、维生素 B_2 的含量。

表 8 - 4   常见蔬菜、水果中维生素 C、胡萝卜素、维生素 B$_2$ 的含量(/100g)

名称	维生素 C (mg)	胡萝卜素 (μg)	维生素 B$_2$ (mg)	名称	维生素 C (mg)	胡萝卜素 (μg)	维生素 B$_2$ (mg)
青椒	72	34	0.03	芒果	23	8050	0.04
花菜	61	30	0.08	鲜枣	243	240	0.09
苋菜	47	2100	0.21	柑	28	890	0.04
菠菜	32	487	0.11	橘	19	520	0.03
南瓜	8	890	0.04	苹果	4	20	0.02
胡萝卜	16	4010	0.04	葡萄	25	50	0.02

(三)矿物质

蔬菜、水果中含有丰富的钙、磷、铁、钾、钠、镁、锰等,是人体中矿物质的重要来源,对维持体内酸碱平衡起重要作用。在油菜、苋菜、雪里蕻、菠菜、芹菜、胡萝卜、洋葱等中都含有较多的铁和钙。各种蔬菜中,以叶菜类含无机盐较多,尤以绿叶菜更为丰富,一般 100g 绿叶蔬菜中含铁 1~2mg,含钙 100mg 以上,但蔬菜中存在的草酸、植酸、磷酸等有机酸会影响钙、铁的吸收,使蔬菜中的钙、铁的利用率降低,而且草酸还会影响到其他食物中钙、铁的吸收。草酸是一种有机酸,能溶于水,因此在食用含草酸较多的蔬菜时可将蔬菜先在开水中烫一下,以去除部分草酸,以利于钙、铁的吸收。水果中钙、铁的含量一般不如蔬菜,但水果(特别是在香蕉)中含有丰富的钾。

(四)水

在所有食品中,蔬菜、水果的含水量最高。一般蔬菜的含水量在 60%~90%,水果的含水量在 70%~90%(西瓜中含水量高达 96%),干果中含水 4% 左右。蔬菜、水果中的水大部分以游离水的形式存在,正常的含水量是衡量蔬菜、水果鲜嫩程度的重要质量特征。当蔬菜、水果中正常的含水量降低时,不仅会失去鲜嫩的特点,甚至其营养价值也随之降低。蔬菜、水果越是鲜嫩多汁,其品质越高,营养价值越好。

(五)有机酸

水果中常含有各种有机酸,如苹果酸、柠檬酸、酒石酸、醋酸等,它们与糖配合共同形成独特的水果风味,能刺激人体消化液的分泌,增进食欲,帮助消化。柠檬酸还可参与体内的三羧酸循环,构成机体重要代谢物质。有机酸能使食物保持一定的酸度,对维生素 C 的稳定性具有保护作用。有机酸的含量因水果的种类、品种和成熟度不同而有较大的变化。柑橘类和浆果类中柠檬酸含量高,且与苹果酸共存;葡萄中酒石酸含量高;仁果类中苹果酸含量高;未成熟的水果中多含琥珀酸和延胡索酸。蔬菜中含有机酸比较少,主要为乳酸和琥珀酸,一般蔬菜均含有草酸,如菠菜、竹笋等中含有较多的草酸。

(六)芳香物质、色素及单宁

蔬菜、水果中常含有各种芳香物质和色素,使食品具有特殊的香味和颜色,并赋予蔬菜、水果以良好的感官性状。

芳香物质为油状挥发性化合物,也称为精油,主要成分一般为醇、酯、醛和酮等,有些植物的芳香物质是以糖苷或氨基酸状态存在的,如大蒜油,须经酶的作用分解为精油才有香气。芳香物质对刺激食欲、帮助消化有较好作用。由于芳香物质的成分不同,可表现出不同果实特有的芳香气味,如苹果中含有醋酸戊酯和微量苹果油,柑橘中有柠檬醛、癸醛、松油醇等,大蒜中有硫化二丙烯,姜中则含有姜酮。

蔬菜、水果中含有各种不同的色素物质,共有三大类:吡咯色素、酚类色素和多烯色素,主要有叶绿素、类胡萝卜素、花青素、花黄素等,可表现出多种色彩,对食欲有一定的促进作用。蔬菜、水果固有的色泽是品种的特征,是鉴定果实品质的重要指标。

水果中单宁物质的存在较为广泛,尤其是在未成熟的果实中,如生柿子中单宁含量很高,每 100g 果肉中含单宁 0.5 ~ 2g。单宁为酚类物质,极易氧化而产生褐色物质,去皮的苹果易在空气中变成褐色,就是苹果中的单宁在多酚氧化酶的催化作用下与空气中的氧发生酶褐变所致,对苹果的风味和色泽有很大的影响。单宁含量越高,与空气接触时间越长,变色就越深。蔬菜中单宁含量很少,但对风味却有很大的影响。含有较多的单宁还会对蛋白质的消化及钙、铁、锌等矿物元素的吸收有不利影响。

二、蔬菜和水果中的抗营养因素

蔬菜和水果中含有一些抗营养因素,它们不仅会影响蔬菜和水果中本身营养素的消化吸收,也会干扰同时摄入的其他食物中营养素的消化吸收,当含量比较高时还可能产生食物中毒现象。蔬菜、水果中的抗营养因素主要有以下几种。

(一)毒蛋白

毒蛋白中含量比较高的是植物红细胞凝集素,主要存在于扁豆等荚豆类蔬菜中。在豆类和马铃薯中还含有一类毒蛋白,具有蛋白酶抑制作用,存在的范围广,能抑制胰蛋白酶的活性,影响人体对蛋白质的消化吸收,菜豆和芋头中还含有淀粉酶的抑制剂,因此,应禁忌食用未熟透的豆类和薯芋类食物。

(二)毒苷类物质

蔬菜水果中含有一些毒苷类物质。氰苷类存在于很多可食的植物中,特别是在豆类、仁果类水果的果仁、木薯的块根中含量比较高。在酸或酶的作用下,氰苷类可水解产生氰氢酸,它对细胞色素具有强烈的抑制作用,具有比较大的危害性。

(三)皂苷

皂苷又称皂素,能与水生成溶胶溶液,搅动时会像肥皂一样产生泡沫。皂苷有溶血作用,主要有大豆皂苷和茄碱两种,前者无明显毒性,后者则有剧毒。茄碱主要存在于茄子、马铃薯等茄属植物中,分布在表皮,虽然含量并不是很高,但多食以后会引起喉部、口腔瘙痒和灼热感。需要注意的是,茄碱即使煮熟也不会被破坏。

(四)草酸

草酸几乎存在于一切植物中,但有些植物中含量比较高,例如菠菜中草酸的含量为

0.3% ~1.2%,食用大黄中草酸的含量为 0.2% ~1.3%,甜菜中的含量为 0.3% ~0.9%。有些蔬菜,例如莴苣、芹菜、甘蓝、花椰菜、萝卜、胡萝卜、马铃薯、豌豆等草酸的含量只有上述蔬菜中草酸10% ~20%。草酸对食物中各种无机盐,特别是钙、铁、锌等的消化和吸收有明显的抑制作用。

(五)亚硝酸盐

亚硝酸盐在蔬菜中含量一般较低,但在一些蔬菜中的硝酸盐含量比较高,施用硝态化肥会使蔬菜中的硝酸盐含量增加。凡有利于某些还原菌(如大肠杆菌、产气杆菌和革兰氏阳性菌等)生长和繁殖的各种因素(温度、水分、pH 值和渗透压等)都可促进硝酸盐还原为亚硝酸盐。因此,蔬菜在腐烂时极易形成亚硝酸盐,而新鲜蔬菜若存放在潮湿和温度过高的地方也容易产生亚硝酸盐,腌菜时放盐过少、腌制时间过短都有可能产生亚硝酸盐。亚硝酸盐食用过多会引起急性食物中毒,产生肠原性青紫症,长期少量摄入也会对人体产生慢性毒性作用,特别是亚硝酸盐在人体内与胺结合,产生亚硝胺时,有致癌作用。

(六)生物碱

鲜黄花菜中含有秋水仙碱。秋水仙碱本是无毒的,但经肠道吸收后在体内氧化成二秋水仙碱,就能产生很大的毒性作用。秋水仙碱可溶解于水,因而通过焯水、蒸煮等过程会减少其在蔬菜中的含量,减少对人体的毒性。

三、某些蔬菜、水果的特殊保健作用

(一)胡萝卜和白萝卜

胡萝卜含有丰富的胡萝卜素,又是低能量食品。近年研究表明维生素 A 及胡萝卜素均有抑制多环芳香烃(致癌物)和人体微粒体形成络合物的作用,萝卜肉质根中含有萝卜苷和红根苷,酶解后可产生萝卜芥子油和红根芥子油,这是食萝卜后产生特殊气味的物质,同时萝卜味甜,颜色鲜艳并容易加工贮藏,人们大多喜食。它是全世界用量最多的蔬菜之一。

各种萝卜除一般蔬菜成分外,还含有淀粉酶和脂肪酶,又含前述的芥子油,因而对帮助消化、促进胃肠蠕动有一定功能,近年有报道指出萝卜还含有分解亚硝胺的酶,因而具有抗癌的作用,且还含有一种干扰素诱生剂,可以刺激人体细胞产生干扰素,促使机体增强抗病毒感染能力。

(二)大蒜、洋葱、大葱

大蒜除含一般营养成分外还含有杀菌治病的物质。大蒜鳞茎中的蒜氨酸经蒜酶的分解生成挥发性的蒜辣素,是大蒜中的主要抗菌成分,大蒜中还含有环蒜氨酸,有致泪作用。大蒜中含有多种低聚肽,称为大蒜肽 A、大蒜肽 B、大蒜肽 C、大蒜肽 D、大蒜肽 E、大蒜肽 F。蒜汁在 3min 内可杀死多种细菌。大蒜提取物具有降低血压,减少血中胆固醇的功效,可用于预防脂类在血管壁上沉着。研究表明,大蒜中的有效成分能够阻止致病物质亚硝胺的合成,还能抑制癌细胞生长。因此,可以认为大蒜是具有多功能的抗癌食品。大蒜可防病、治病,多宜生吃或泡吃才有功效,一次不宜食用过多。

洋葱含有丰富的胡萝卜素和维生素 C,长期以来世界各地人民均喜食洋葱,特别是欧美人。在加工、烹制许多肉类食品时都要配加洋葱或洋葱粉来调味,并具有一定的防腐作用,研究证明洋葱提取液具有一定的抗菌作用。常食用洋葱也有降低血胆固醇和加强心脏功能的作用。若与大蒜同食还可抑制动物的血糖升高,其作用机理还有待进一步阐明。

大葱和洋葱中含有较大量的 S-丙烯基-L-半胱氨酸硫氧化物,是致泪成分环蒜氨酸的前体,在 pH>7 的碱性环境中环化生成环蒜氨酸。大葱中还有巴豆醛、双丙基二硫化合物(二硫化丙烷)等抗菌成分,能使人体发汗,可治疗和预防感冒,并能抑制痢疾、杀灭阴道滴虫、促进胃液分泌等。

(三)南瓜、黄瓜和西瓜

南瓜、黄瓜、西瓜除含一般蔬菜的营养成分外,南瓜能促进人体胰岛素的分泌,近年报道食用南瓜可有效地防止糖尿病,还可预防中风。生南瓜子中含有的南瓜子氨酸可以驱虫,对防治绦虫病有特效。

黄瓜口感好,所含纤维素柔软,具有促进人肠道废物排泄和降低胆固醇的作用。黄瓜近年被誉为减肥食品,有人发现黄瓜中含有丙醇二酸,在人体内有抑制碳水化合物转化为脂肪的作用。

西瓜清甜解渴,西瓜汁中含有 L(+)瓜氨酸和吡唑丙氨酸,有利尿清热、降血压和治疗肾炎的作用。

(四)芹菜、芥菜和芦笋

芹菜含有芹内酯,有抗胆碱镇挛和消炎镇痛作用,它赋予芹菜特殊香味,芹菜中含有芹黄素以糖芹苷形式存在于芹菜叶子中。

芥菜含有芥菜苷、黄素-7-芸香糖和洋芫荽苷两种黄酮苷,可能和芥菜止血止泻的作用有关。据流行病学调查,建议人们应经常食用十字花科蔬菜(白菜、大头菜、菜花、甘蓝)、青菜、油菜、芥菜、萝卜等,可减少胃肠癌和呼吸道癌的发病率,这些蔬菜中含有二硫酚硫酮和芳香异硫氰酸等有效成分及 β-谷固醇,有利于抑制结肠上皮细胞的增长,都具有防止肿瘤形成、抗癌作用。

芦笋中含有芦丁,芦丁有降低血管的脆性和降低血压的作用。

(五)猕猴桃、柑橘、苹果、香蕉

猕猴桃维生素 C 含量是水果中之最,具有抗癌作用。

柑橘类水果所含的维生素 C 也多于一般水果。柑橘汁、橙汁是饮料中的上品,而且柑橘类水果的维生素 C 在加工时受破坏最小,并含有生物类黄酮,因此柑橘类水果及其加工品对人体健康的保健具有重要意义。

苹果富含果胶,果胶不仅能降低血液中的胆固醇,而且还能与进入体内微量放射性元素结合,促使这些有害物质从体内排出。

香蕉含糖分较高,也是果胶丰富的食物。

四、野菜、野果的营养价值

适于食用的野菜、野果在我国资源丰富，种类繁多，营养价值较高。野菜中含有丰富的维生素C、维生素B$_2$、胡萝卜素、叶酸等维生素，其含量均超过一般的蔬菜，钙、铁的含量也较多（表8-5）。野菜中蛋白质的含量与蔬菜相似，在1%以下，但蛋白质的质量较好，其氨基酸的组成比较平衡，色氨酸和赖氨酸相对丰富，可补充谷类食品的蛋白质缺陷，蛋氨酸含量较低。有些野菜中含有有毒物质，要选择食用、不宜生食，必须先经烫、煮，再用清水浸泡，以除去野菜中的涩味和苦味，但这样处理可导致营养素损失严重。

表8-5　常见几种野菜的维生素和钙、铁含量（mg/100g）

名称	胡萝卜素	维生素B$_2$	维生素C	钙	铁
苜蓿	3.28	0.36	92	332	8.0
启明菜	3.98	0.27	28	250	5.2
刺儿菜	5.99	0.33	44	254	19.8
苦菜	1.79	0.18	12	120	3.0
灰菜	5.16	0.29	69	209	0.9
马齿苋	213	0.11	23	85	15
酸模	3.2	—	70	440	—

野果的特点是富含维生素C以及大量的胡萝卜素、有机酸和生物类黄酮，如猕猴桃、沙棘、刺梨、酸枣等，这些野果各具特色风味，可加工成果汁饮料、果酱、果脯、罐头和酒等多种产品，发展潜力巨大。

五、菌藻类的营养价值

（一）菌类的营养价值

食用菌是指供人类食用的真菌，种类很多，包括野生和人工栽培两大类，仅野生食用菌就有2000多种，目前已被人们利用的有400种左右，能够进行人工栽培的有40余种。常见的有蘑菇、香菇、草菇、银耳、黑木耳、竹荪、金针菇、平菇、猴头菇、牛肝菌等品种。

食用菌味道鲜美，营养丰富。食用菌中蛋白质含量丰富，新鲜蘑菇中含蛋白质3%~4%，干菇类达40%以上，大大超过鱼、肉、蛋中的蛋白质含量，而且蛋白质的氨基酸组成比较均衡，必需氨基酸含量占蛋白质总量的60%以上。食用菌的脂肪含量很低，为1%左右，是理想的高蛋白低脂肪食品。食用菌还含有丰富的维生素C和B族维生素，尤其是维生素B$_1$、维生素B$_2$以及丰富的钙、镁、铜、铁、锌、硒等多种矿物元素。

食用菌不仅风味独特，而且很多种类还具有特殊的保健作用。大多数食用菌有降血脂的作用，如木耳含有卵磷脂、脑磷脂和鞘磷脂等，对心血管和神经系统有益。食用菌的碳水化合物以多糖为主，如香菇多糖、银耳多糖等，能够提高机体的免疫能力，抑制肿瘤的生长，加强机体对肿瘤细胞的排斥作用,对人体健康有重要意义。因此,食用菌被誉为世界现代保健食品之一。

(二)藻类的营养价值

海藻是在海洋里生长的蔬菜,目前已有 70 多种,如海带、紫菜、裙带菜、发菜等可供食用。海藻含有蛋白质、碳水化合物、褐藻酸、甘露醇、胆碱、纤维素和钙、磷、钾、钠、镁、碘、锰、锌、钴、硒、铜、硅等天机盐以及多种维生素。实践证明,沿海居民常吃富含碘的海藻食物,不仅很少有患甲状腺疾病,其他如心血管疾病、肿瘤和肝病等的发病率也很低,海藻还有抗放射性污染的作用。海带在日本倍受重视,日本医学专家认为海带有重要的食疗作用:如抗癌、降血压、预防动脉硬化和便秘、防止血液凝固和甲状腺肿、维持钾钠平衡以及减肥等作用。海藻食物货源充足,不受季节影响,价格也很便宜,加之食法多样,深受人们欢迎,在膳食中应当有计划地选择食用。

第五节　水产类和肉类的营养价值

水产类和肉类食物含有大量的优质蛋白质、丰富的脂肪、无机盐和维生素,具有很高的营养价值,易于消化吸收,热能较高,且味道鲜美,在人们膳食结构中占有重要的地位。

一、水产类的化学组成与营养价值

水产类食品主要是各种鱼类,还包括虾、蟹、贝类等水产品。

(一)蛋白质

鱼类蛋白质含量为 15% ~20% ,利用率可达 85% ~90% ,其蛋氨酸、苏氨酸和赖氨酸较丰富,是优质蛋白质的良好来源。鱼类的肌肉组织纤维细短,间质较少,水分含量高,故组织柔软细嫩,比畜、禽肉更易消化。鱼汤中含氮浸出物较多,味道鲜美,能刺激胃液分泌,促进食欲。

(二)脂肪

鱼类脂肪的含量一般为 3% ~5% ,鱼脂肪多由不饱和脂肪酸组成。海鱼中不饱和脂肪酸高达 70% ~80% ,熔点低,消化吸收率达 95% 左右。鱼中的不饱和脂肪酸对防治动脉硬化和冠心病有较明显的效果。鱼类胆固醇含量一般为 60 ~114mg/100g,鱼子、虾子和蟹黄中胆固醇含量高达 354 ~940mg/100g。

(三)无机盐

鱼类一般无机盐含量为 1.1 ~2.6g/100g,稍高于畜、禽肉。鱼、虾类的钙含量丰富,如虾皮含钙达 1000mg/100g 左右。海产品中还含有丰富的碘。

(四)维生素

鱼油和鱼肝油是维生素 A 和维生素 D 的重要来源,也是维生素 E 的一般来源。鱼类中维生素 B_1、维生素 B_2、烟酸等的含量也较高,而维生素 C 的含量则很低。一些生鱼中含有硫胺素酶,会使鱼中的维生素 B_1 被破坏,可通过加热来破坏硫胺素酶的活性。

（五）水

鱼类中含有较多的水分(70%～80%),水的含量往往同脂肪的含量互为增减,两者之和约为 80% 。以结合水为主,游离水较少,但蛋白质的分解可导致结合水量的降低。

二、肉类的化学组成与营养价值

肉类是指来源于热血动物且适合人类食用的所有部分的总称。肉类包括畜肉和禽肉,畜肉是指猪、牛、羊、兔、马等牲畜的肌肉、内脏及其制品,禽肉是指鸡、鸭、鹅、鸽、鹌鹑等的肌肉、内脏及其制品。肉类主要是提供优质蛋白质、脂肪、矿物质和维生素,其营养成分的分布与动物的种类、品种、年龄、性别、部位、肥瘦程度及饲养情况等有很大关系。肥瘦比例不同的肉中蛋白质和脂肪的含量相差很大,在内脏中蛋白质、维生素、矿物质和胆固醇的含量较高,而脂肪含量相对较少。

肉类的种类虽然很多,但其组织结构特性基本相同,一般是由肌肉组织、脂肪组织和结缔组织构成。

（一）蛋白质

肉类中的蛋白质含量为 10%～20% ,主要是肌浆蛋白(20%～30%)、肌原纤维蛋白(40%～60%)和间质蛋白(10%～20%)。肉类蛋白质含有人体所需各种必需氨基酸,其氨基酸模式与人体比较接近,其中苯丙氨酸、蛋氨酸较人体需要量低,肉类蛋白质的生物价一般都在80%以上,且易消化吸收,所以营养价值很高。间质蛋白又称结缔组织,主要由胶原蛋白和弹性蛋白构成,有连接和保护机体组织的作用,结缔组织为不完全蛋白质,其色氨酸、酪氨酸、蛋氨酸含量很少,营养价值低且不易消化。

肉类的蛋白质主要存在于动物的肌肉组织和结缔组织中,占动物总重量的 10%～20% 。在畜肉中,猪肉的蛋白质含量平均在 13.2% 左右,牛肉为 20% ,羊肉约 17% ;在禽肉中,鸡肉的蛋白质含量较高,约为 20% ,鸭肉为 16% ,鹅肉约 18% 。一般来说,心、肝、肾等内脏器官的蛋白质含量较高。

肉类中含有可溶于水的含氮浸出物,包括肌凝蛋白原、肌肽、肌酸、肌苷、嘌呤、尿素和氨基酸等非蛋白含氮浸出物,经烹调后,一些浸出物溶出,使肉汤具有鲜味。成年动物中的含氮浸出物要比幼年动物高,禽肉的质地较畜肉细嫩且含氮浸出物多,所以禽肉炖汤的味道要比畜肉的鲜美。

（二）脂肪

肉类的脂肪含量为 10%～30% ,大多蓄积于皮下,肠系膜,心、肾周围以及肌肉间,其含量因动物的种类、肥瘦程度及部位而有很大的变化,如肥猪肉中脂肪含量高达 90% ,猪五花肉中脂肪含量为 35.3% ,猪里脊肉含脂肪 7.9% 。不同的畜禽肉中脂肪含量不同,脂肪酸的种类也不同,畜肉中脂肪含量较多,以饱和脂肪酸为主,熔点高,不易被机体消化吸收。禽肉中的脂肪含量要较畜肉的少,熔点低,含有约 20% 的亚油酸等不饱和脂肪酸,易于消化吸收,所以禽肉的营养价值要高于畜肉。另外,在动物的脑、内脏和脂肪中含有较多的胆固醇,应注意避免过多摄入而影响健康。

(三)碳水化合物

肉中的碳水化合物主要是以动物淀粉(即糖原)的形式作为储备能源存在于肌肉和肝脏中,含量极少,约占动物体重的5%。动物宰杀后在保存过程中,糖原在酶的作用下酵解形成乳酸,糖原含量迅速下降,乳酸相应增多,pH 值降低,使肉的酸性增强,有利于肉的嫩化。

(四)矿物质

肉中的矿物质含量为0.8%~1.2%,瘦肉中的含量高于肥肉,内脏高于瘦肉。肉中铁和磷的含量较多,并含有一定量的铜。磷的含量约为150mg/100g,铁的含量约为5mg/100g。铁主要以血红素形式存在,消化吸收率很高,以猪肝最为丰富。钙的含量虽然不高,约为7.9mg/100g,但吸收利用率很高。

(五)维生素

肉中含有多种维生素,主要以 B 族维生素和维生素 A 为主,内脏中含量比肌肉中多,尤以肝脏中含量最为丰富,特别富含维生素 A 和维生素 B_2。在禽肉中还含有较多的维生素 E。

第六节　乳及乳制品的营养价值

乳类为哺乳动物哺育其幼仔最理想的天然食物。所含营养素种类齐全、比例适宜、容易消化吸收,能适应和满足初生幼仔迅速生长发育的全部需要。各种动物乳的营养成分有些差别。一般来说,生长发育越快的动物乳中蛋白质和矿物质愈丰富。在动物乳中以牛乳的食用最普遍,被称为"最接近理想的食品"。除牛乳外,还有羊乳和马乳。对新生儿来说,母乳是最理想的天然食物,母乳不足可用其他动物乳经调制后替代。在以牛乳代替母乳时,应将其适当调整使其接近母乳的组成,有利于婴儿的生长发育。此外,乳类食品也是青少年、孕妇、病人和老年人的滋补品。乳类及其制品含有丰富的优质蛋白,而且其中的钙不仅含量高并且容易吸收。因此发展乳品工业,增加乳类食品,对改善我国人民的膳食结构,增加优质蛋白质和钙的供应具有重要意义。

一、牛乳的化学组成与营养价值

一般情况下牛乳中各种营养成分比较稳定,但也会受季节、牛的品种、饲料、产乳期等因素的影响而发生变化。

(一)蛋白质

牛乳中的蛋白质含量比较稳定,平均为3%,主要有酪蛋白、乳白蛋白和乳球蛋白,其中,酪蛋白的含量最多,占蛋白质总量的81%左右。酪蛋白为结合蛋白,与钙、磷等结合而形成酪蛋白胶粒存在于乳中,使乳具有不透明性。酪蛋白在皱胃酶的作用下生成副酪蛋白,加入过量的钙可形成不溶性的副酪蛋白盐的凝胶块,可利用此性质来生产乳酪。乳中的乳白蛋白为热敏性蛋白,受热时发生凝固而对酪蛋白有保护作用。乳球蛋白与机体的免疫有关,一般在初乳中的含量高于正常乳的含量。

牛乳蛋白质为优质蛋白质,容易被人体消化吸收。牛乳中还含有谷类食品的限制性氨基酸,可作为谷类食品的互补食品。

（二）脂肪

牛乳含脂肪2.8%～4.0%,以微细的脂肪球状态分散于牛乳中,每毫升牛乳中有脂肪球20亿至40亿个,平均直径为3μm,牛乳脂肪的熔点要低于体温,因此极易消化,消化吸收率一般可达95%左右。牛乳脂肪中的脂肪酸的种类要远比其他动植物的脂肪酸多,组成复杂,一些短链脂肪酸如丁酸、己酸、辛酸等含量较高,约占9%,是牛乳风味良好及易消化的原因。牛乳中油酸占30%,亚油酸和亚麻酸分别占5.3%和2.1%,硬脂酸和软脂酸约占40%,此外还含有少量的卵磷脂、脑磷脂和胆固醇等。

（三）碳水化合物

牛乳中的碳水化合物主要为乳糖,其余为少量的葡萄糖、果糖和半乳糖。乳糖是哺乳动物乳汁中所特有的糖,在牛乳中含量约为4.6%,乳糖具有调节胃酸,促进钙的吸收,促进胃肠蠕动和消化腺分泌的作用,也为婴儿肠道内双歧杆菌的生长所必需。

在肠道中乳糖可以为乳糖酶作用,分解为葡萄糖和半乳糖供人体吸收利用。婴儿出生后,消化道内含有较多的乳糖酶,但随着年龄的增长,乳类食品食用量的减少,乳糖酶的活性和含量也逐渐下降。当食用乳及乳制品时,由于体内乳糖酶的含量和活性过低,使乳中的乳糖不能被分解成葡萄糖和半乳糖为人体吸收,而被肠道细菌分解,转化为乳酸,并伴有胀气、腹泻等症状,称之为乳糖不耐症。另外,乳糖的甜度很低,仅为蔗糖的1/6,而且牛乳中乳糖含量要比人乳中少。在生产乳制品时可事先添加乳糖酶使乳糖分解,这样既可增加牛乳制品的甜度,又可防止乳糖不耐症的发生。此外,还可通过在一定时期内坚持食用乳制品以促进机体产生乳糖酶的方法,来克服乳糖不耐症。

（四）矿物质

牛乳中含有丰富的矿物质,是动物性食品中唯一的碱性食品。牛乳中的钙有20%以酪蛋白酸钙复合物的形式存在,其他矿物质也主要是以蛋白质结合的形式存在的。牛乳中的钙、磷不仅含量高而且比例合适,并有维生素D、乳糖等促进吸收因子,吸收利用效率高,特别有利于骨骼的形成。因此,牛乳是膳食中钙的最佳来源。如果不常食用乳类,平日膳食中的钙很难达到推荐的摄入量。此外,牛乳中的钾、钠、镁等元素含量也较多。

牛乳中的矿物质虽然丰富,但是铁、铜等元素的含量较少,因此必须从其他食物中获取足够的铁。婴儿在4个月后需要补充铁,以补充乳中铁的不足。

我国人民食用牛乳较少,是膳食中的重要缺陷之一,也直接造成了钙摄入量的不足。美国营养学家建议,每个成年人应该每天喝2杯牛乳(约500mL),或相应数量的乳粉、炼乳或乳酪。学龄儿童和孕妇应当喝 3 杯牛乳,哺乳母亲应当喝 4 杯。我国营养学家也建议,发育中的青少年儿童应当"早一杯,晚一杯",争取每天饮用 400~500mL 牛乳。

(五)维生素

牛乳中含有人体所需的各种维生素,但其含量却因季节、饲养条件及加工方式的不同而变化较大。在放牧期牛乳中维生素 A、胡萝卜素、维生素 C 的含量明显高于冬春季的棚内饲养,而且由于日照时间长,维生素 D 的含量也相应增加。另外,牛乳也是 B 族维生素的良好来源,特别是维生素 B_2,但瓶装牛乳在光线下较长时间存放可使牛乳中的维生素 B_2 被分解破坏。维生素 A、维生素 D 等脂溶性维生素存在于牛乳的脂肪部分中,因此,脱脂乳中的脂溶性维生素含量会有显著的下降,需要进行营养强化。在鲜乳中仅含少量的维生素 C,但经消毒处理后所剩无几。

二、乳制品的营养价值

(一)炼乳

炼乳为浓缩乳的一种,分为淡炼乳和甜炼乳。淡炼乳是新鲜牛乳在低温真空条件下浓缩,除去约 2/3 的水分,再经加热灭菌而成,为无糖炼乳。由于进行均质操作,使脂肪球被击破与蛋白质结合,而且食用后在胃酸和凝乳酶的作用下可形成柔软的凝块,所以淡炼乳比牛乳更易消化,按适当的比例稀释后,营养价值基本与鲜乳相同,适于婴儿食用。另外,因蛋白质在加工时发生了改变,也适于对鲜乳过敏的人食用。但工艺过程中的高温灭菌可导致赖氨酸有一定损失,维生素遭受部分破坏,可用维生素进行强化。

甜炼乳是在鲜乳中加入约 16% 的蔗糖后按上述工艺制成。利用蔗糖渗透压的作用以抑制微生物的生长繁殖,使成品保持期较长,甜炼乳中蔗糖浓度可达 45% 左右,由于糖分高,使用前需加大量水冲淡,造成其他营养素浓度下降,不宜供婴儿食用。

(二)乳粉

乳粉是由鲜乳经脱水、喷雾、干燥而制成。成品溶解性能好,营养成分保存较好,蛋白质的消化性有所改善,但对热敏感的营养素如维生素 C、维生素 B_1 等会有损失。根据食用目的不同,可分为全脂乳粉、脱脂乳粉、调制乳粉。由于加工方法不同,其营养成分也有一定的差异。

脱脂乳粉与全脂乳粉的区别在于脱脂乳粉将鲜乳中的脂肪经离心而脱去,因而脱脂乳粉中脂溶性维生素损失较大,但适于供腹泻婴儿及需要少油膳食的患者食用。

调制乳粉又称母乳化乳粉,是以牛乳为基础,参照母乳的营养组成模式和特点,在营养素组成上加以调制和改善,使更适合于婴幼儿的生理特点和需要。调制乳粉主要是减少了乳粉中酪蛋白、甘油三酯、钙、磷和钠的含量,添加了乳清蛋白、亚油酸和乳糖,并强化了维生素 A、维生素 D、维生素 B_1、维生素 B_2、维生素 C、叶酸以及铁、铜、锌、锰等微量元素。

(三)酸乳

酸乳是在消毒鲜乳中接种乳酸菌并使其在控制条件下生长繁殖而制成。乳经乳酸菌发酵后,乳糖转化为乳酸,乳糖量的减少使乳糖酶活性低的成人易于食用,可防止乳糖不耐症的发生,而且乳酸的存在也增加了人体对钙、磷、铁的吸收率;乳酸菌中的乳酸杆菌和双歧杆菌为肠道益生菌,在肠道可抑制肠道腐败菌的生长繁殖,防止腐败胺类产生,对维护人体的健康有重要作用;在乳酸杆菌的作用下,使酪蛋白发生一定程度的降解,部分乳脂发生分解,更易消化吸收和利用;在发酵过程中,乳酸杆菌还产生少量维生素 B_1、维生素 B_2、维生素 B_{12}、烟酸和叶酸等 B 族维生素,而且酸度的增加也有利于维生素的保护。乳酸的形成、蛋白质凝固和脂肪不同程度的水解而形成了酸乳独特的风味。酸乳适合于消化功能不良的婴幼儿、老年人及乳糖不耐症的患者食用。

(四)干酪

干酪也称乳酪,为一种营养价值很高的发酵乳制品,是在原料乳中加入适当量的乳酸菌发酵剂或凝乳酶,使蛋白质发生凝固,并经加盐、压榨排除乳清之后的产品,为高蛋白、高脂肪、高矿物质的食品。在干酪生产过程中,除了维生素 D 和维生素 C 被破坏和流失外,其他维生素被大部分保留。由于发酵作用,乳糖含量降低,蛋白质被分解成肽和氨基酸等,消化吸收率增加,干酪蛋白质的消化率可高达98%。

(五)奶油

奶油由牛乳中的乳脂肪分离制成,其中脂肪含量在80%以上。牛乳中的脂溶性营养成分基本上保留在黄油中,因此其中含有丰富的维生素 A、维生素 D 等,也含有少量矿物质,但是水溶性营养成分含量较低。黄油中以饱和脂肪酸为主,并含有一定量的胆固醇。

第七节 蛋和蛋制品的营养价值

日常食用的蛋类主要有鸡蛋、鸭蛋、鹅蛋、鹌鹑蛋等。各种蛋的结构和营养价值基本相似,其中食用最普通、销量最大的是鸡蛋,其营养价值高,且适合各种人群,包括成人、儿童、孕妇、乳母及病人等。蛋类具有很高的营养价值和特殊的物理性质,被广泛应用于食品加工和烹调上。各种禽蛋的结构都相似,主要由蛋壳、蛋清、蛋黄三部分组成,蛋壳约占11%,蛋清占55%~65%,蛋黄占30%~35%。

一、蛋的化学组成与营养价值

各种蛋类在营养成分上大致相同。蛋内含有丰富的营养成分,主要提供优质蛋白质、脂肪、矿物质和维生素。蛋壳不能食用,蛋的可食部分为蛋清和蛋黄,它们在营养成分上有显著的不同,蛋黄内营养成分的种类和含量比蛋清要多,相对而言,蛋黄的营养价值比蛋清要高。

(一)蛋白质

蛋类含蛋白质一般在10%以上,为完全蛋白,含有人体所需的各种氨基酸,而且氨基酸的模式与人体组织蛋白的模式基本相似,几乎能被人体全部吸收利用,是天然食品中最理想的优质蛋白质。在评价食物蛋白质营养质量时,常以鸡蛋蛋白质作为参考蛋白。蛋清中主要是卵白蛋白质、黏蛋白、卵胶蛋白以及少量的卵球蛋白,蛋白质含量为 11% ~ 13%,水分含量为 85% ~89%。蛋黄中主要是卵黄球蛋白、卵黄磷蛋白,水分含量仅为 50%,其余大部分为蛋白质,蛋白质含量要高于蛋清。

(二)脂肪

蛋类脂肪中有大量的中性脂肪、磷脂和胆固醇,绝大部分集中在蛋黄中,蛋清几乎不含脂肪。蛋黄的脂肪主要由不饱和脂肪酸所构成,常温下呈乳融状,易于消化吸收,对人体的脑及神经组织的发育有重大作用。蛋黄中含有胆固醇,每个鸡蛋含胆固醇约 200mg,是胆固醇含量较高的食品。

(三)矿物质

蛋中的矿物质主要存在于蛋黄部分,蛋清部分含量较低。蛋黄中含矿物质1.0% ~ 1.5%,蛋清中只有约0.6%。蛋中的矿物质主要有磷、钙、铁 等,其中磷最为丰富。

蛋中铁的含量较高,但以非血红素铁形式存在,而且由于卵黄高磷蛋白的存在对铁的吸收具有干扰作用,铁的吸收率比较低。

蛋中的矿物质含量受饲料因素影响较大,可通过调整饲料的成分来改善蛋中矿物质的组成。

(四)维生素

蛋中的维生素含量十分丰富,且品种较为完全,包括所有的 B 族维生素、维生素 A、维生素 D、维生素 E、维生素 K 以及微量的维生素 C,其中大部分的维生素 A、维生素 D、维生素 E、维生素 B_1 都集中于蛋黄中。维生素 D 的含量受环境因素的影响较大,如季节、饲料组成及光照等因素都能影响到维生素 D 的含量。

在生鸡蛋的蛋清中,含有抗生物素蛋白和抗胰蛋白酶。抗生物素蛋白能与生物素在肠道内结合,影响生物素的吸收。抗胰蛋白酶能抑制蛋白酶的活力,造成蛋白质吸收障碍。通过烹调加热可破坏这两种物质,而且加热不仅可以去除有害物质,还可使蛋白质结构变得疏松易于消化。所以,蛋类需加工成熟后方可食用,但加热过度会使蛋白质过分凝固,甚至形成硬块,反而会影响消化吸收。

蛋的营养价值虽然较高,但食用也应有度,不宜过量。大量摄食蛋类不但会给消化系统增加负担,而且过多摄入的蛋白质可在肠道内异常分解,产生大量有毒的氨,一旦氨溶于血液中,就会对人体造成危害,至于留在肠道中未消化的蛋白质,会腐败产生羟、酚、吲哚等物质,对人体的危害也很大,这些就是造成"蛋白质中毒"的原因。一般每人每日吃 2 ~ 3 个鸡蛋就足够了。

二、蛋制品的营养价值

蛋类制成的蛋制品有皮蛋、咸蛋、冰蛋和蛋粉等。

（一）皮蛋

皮蛋又称松花蛋,是用混合的烧碱、泥土和糠壳敷在蛋壳表面经过一定时间而制成。制作中加碱可使蛋白凝固,使蛋清呈暗褐色的透明体,蛋黄呈褐绿色,但也使蛋中的 B 族维生素受到破坏,皮蛋的其他营养成分与鲜蛋接近。

（二）咸蛋

咸蛋是将蛋浸泡在饱和盐水中或用混合食盐黏土裹在蛋壳表面,腌制 1 个月左右而制成。其营养成分与鲜蛋相似,易于消化吸收,味道鲜美,具有独特风味。

（三）冰蛋和蛋粉

鲜蛋经搅打均匀后在低温下冻结即成冰蛋。若将均匀的蛋液经真空喷雾、急速脱水干燥后即为蛋粉。冰蛋和蛋粉能保持蛋中的绝大部分营养成分,蛋粉中的维生素 A 会略有破坏。冰蛋和蛋粉只宜在食品工业生产中使用（如生产含蛋食品以及糕点、面包、冰棒、冰糕等）,不适于直接食用。

第八节 常用调味品的营养价值

一、食用油脂的营养价值

（一）中性脂肪

中性脂肪是油脂中的主要营养素,其含量可达到98%以上。由于油脂来源不同,脂肪酸饱和程度、碳链的长短及必需脂肪酸的含量等有很大的区别。

畜、禽类脂肪的脂肪酸饱和程度比较高,以含有 16~22 个碳原子的饱和脂肪酸为多,其中以棕榈酸和硬脂酸的含量更多。鱼油中不饱和脂肪酸的含量比较高。大多数植物油中的脂肪酸不饱和度高,例如,豆油中不饱和脂肪酸的含量为86%以上,葵花籽油中的含量也高达87%左右,而黄油、牛油、猪油等动物性脂肪中不饱和脂肪酸的含量一般在30%~53%之间。

（二）磷脂

许多植物油中含有一定量的磷脂,以大豆油中的含量最高。其他植物油,例如玉米胚芽油、米糠油中的含量也比较高,见表 8-6。

表8-6 几种植物油毛油中磷脂的含量

名称	含量	名称	含量
玉米胚芽油	1.2%~2.0%	大豆油	1.1%~3.2%
小麦胚芽油	0.08%~2.0%	花生油	0.3%~0.4%
米糠油	0.5%	棉籽油	0.7%~0.9%

（三）维生素

油脂中脂溶性维生素含量的高低也是评价油脂营养价值的一个十分重要的指标。一般情况下，动物的储存脂肪中几乎不含有脂溶性维生素，维生素只存在于动物的肝脏、维生素和黄油中，植物油中则有比较丰富的维生素 E。

二、其他调味品的营养价值

（一）酒类

酒是一种含有乙醇的饮料，种类很多，其中酒精的含量和其他营养素的组成各不相同。

1.白酒

白酒的种类很多，以乙醇为主要成分，乙醇的含量在20% ~60%，但人体对酒精的利用率并不高。白酒的香味成分非常复杂，有醇、酯、醛等。

2.啤酒

啤酒除含有乙醇外，还含有果糖、葡萄糖、麦芽糖和糊精，另外，还含有多种维生素、钙、磷、钾、镁、锌等营养素，啤酒中也含有一定量的氨基酸、脂肪酸及醇、醛、酮、酯等。

3.葡萄酒

葡萄酒是果酒中最有代表性的一种，主要成分为酒精、糖、有机酸、挥发酯、多酚，还含有丰富的氨基酸、多种维生素和钾、钙、镁、锌、铜、铁等元素。葡萄酒的香味来自丙醇、异丁醇、异戊醇、乳酸乙酯等。

4.黄酒

黄酒是中国最古老的饮料酒。黄酒含有糖类、糊精、有机酸、高级醇及多种维生素，还有大量的含氮化合物，氨基酸的含量也居各种酿造酒之首。黄酒的种类很多，其营养素的组成有一定的区别。

（二）酱油和酱

酱油和酱是以小麦、大豆及其制品为主要原料，接种曲霉菌种，经发酵酿制而成。酱油及酱的营养素种类和含量与其原料有很大的关系，以大豆为原料制作的酱油和酱，蛋白质的含量比较高，可达3% ~10%；以小麦为原料制作的甜面酱，蛋白质含量可达2%；若在制作过程中加入了芝麻等蛋白质含量高的原料，则蛋白质的含量可达到20%以上。脂肪和碳水化合物的含量都有这样的分布规律。

酱油及酱中也含有一些维生素与无机盐，但由于本身使用的量占人体膳食的比例不高，对人体营养素供给量的影响不大，但若进行了一些特殊营养素的强化，则可成为人体营养素的一个来源。例如，一些国家和地区在酱油中进行铁的强化，就可以作为人体铁的一个重要补充和来源。

（三）醋

醋是一种常用的调味品，与酱油相比，醋中蛋白质、脂肪和碳水化合物的含量都不高，但却含有丰富的钙和铁。不同产地醋的成分有一定的差别，见表8-7。

表8-7 醋的营养素组成(/100g)

产地	水分(g)	蛋白质(g)	脂肪(g)	碳水化合物(g)	钙(mg)	铁(mg)
江苏	94.4	1.3	0.7	2.5	12	26.3
北京	94.8	—	—	0.9	65	1.1
湖北	88.0	0.4	0.7	5.5	113	9.0

（四）糖

糖也是一种重要的调味品。作为调味品使用的糖主要有白糖、红糖、麦芽糖等,有时也使用蜂蜜。

白糖属于精制糖,主要的营养素为碳水化合物,以蔗糖为主,占99%,其他的营养素种类很少;红糖未经精制,碳水化合物的含量低于白糖,但钙、铁的含量高于白糖;麦芽糖水分的含量比较高,因而相对来说,营养素的密度小于白糖和红糖。糖的甜度与糖的分子结构有关,蔗糖的甜度高于麦芽糖,果糖的甜度高于葡萄糖。

（五）味精

味精是一种常用的增加鲜味的调味品,主要的呈鲜成分是谷氨酸钠。谷氨酸钠具有强烈的肉类鲜味,特别是在微酸性溶液中味道更鲜,用水稀释至3000倍,仍能感觉出其鲜味。

市售味精按谷氨酸钠含量不同,一般可分为99%、98%、95%、90%、80%五种,其中含量为99%的呈颗粒状结晶,而含量为80%的呈粉末状或微小晶体状。味精一般使用浓度为0.2%~0.5%。试验表明,当谷氨酸钠质量占食品质量的0.2%~0.8%时,能最大程度增进食品的天然风味。

第九章　强化食品

食品是人类生存以及繁衍后代所需营养素的主要来源,但是几乎没有一种天然食品能提供人体所需的全部营养素,而且食品在烹调、加工、储存等过程中往往有部分营养素损失,加之人们由于经济条件、文化水平、饮食习惯等诸多因素的影响,常常导致人体缺乏矿物质、维生素、蛋白质等营养素而影响身体健康。因此,许多国家的政府和营养学家都提倡在国民膳食食物种类多样化的基础上,通过在部分食品中强化其缺乏的营养素,开发和生产居民需要的各种营养强化食品。目前,食品营养强化已成为世界各国营养学和食品科学的主要研究内容,今后也必将成为食品工业发展的重要方向。

第一节　食品营养强化概述

一、食品营养强化的概念

为了弥补天然食品的营养缺陷及补充食品在加工、贮藏中营养素的损失,适应不同人群的生理需要和职业需要,世界上许多国家对有关食品采取了营养强化,那么什么是营养强化和强化食品呢？我们首先来了解几个概念:

(1)食品营养强化:根据不同人群的营养需要,或为了弥补某类食物的先天不足,向食物中添加一种或多种营养素或某些天然食物成分的食品添加剂,用以提高食品营养价值(或改良食物成分结构)的过程,称为食品营养强化。

(2)营养强化剂:某些营养素或富含这些营养素的原料称为营养强化剂。

(3)强化食品:添加营养强化剂后的食品称为强化食品。

(4)单一食品强化:是指在食物载体中强化矿物质、维生素等营养素中的任何一种。

(5)强化剂的生物利用率:生物利用率(bioavailability)一般是指一种营养素在体内被吸收和利用的程度。营养强化剂吸收的比率在很大程度上与营养素消化形式、相同营养素在体内浓度的大小(补充剂量)、食物载体的组成以及同时摄入的某些药物等有关。另外,与个体的健康状况、生理功能(特别是消化系统的功能)也有关。

我国卫生部于1986年颁布了《食品营养强化剂使用卫生标准》,在总结实施十几年工作的基础上,通过大量调查研究和科学实验,于1994年11月进一步颁发了《食品营养强化剂使用卫生标准》和《食品营养强化剂卫生管理办法》。这是我国第一部有关食品营养强化方面的标准法规。1996年又进行了补充(GB 2760 – 1996),再加上1998年全国食品添加剂标准化技术委员会审批通过的新品种,我国目前明确规定可作为强化的营养素有31种(共97种化合物),其中氨基酸及含氮化合物2种,维生素17种,微量元素10种以及2

种脂肪酸。

二、食品营养强化的作用与意义

(一)弥补天然食物的营养缺陷

几乎没有一种天然食品能满足人体全部的营养需要。例如,新鲜水果含有丰富的维生素C,但是其蛋白质和能源物质欠缺;乳、肉、蛋等食物中虽然含有丰富优质的蛋白质,但是其维生素含量却不能满足人类的需要。因此有针对地进行食品强化,补所缺乏营养素,将大大提高食品营养价值,增进人体健康。

(二)补充食品在加工、贮存等过程中营养素的损失

在食品加工、贮藏等过程中,有部分营养素会损失,有时甚至会造成某种或某些营养素的大量损失。例如碾米过程中会有多种维生素的损失,而且加工精度越高,这种损失越大;果蔬中水溶性维生素和热敏性维生素在加工也极易损失;果汁饮料若放在冰箱中贮藏,7天后维生素C可减少10%~20%,若在能渗透氧的容器中贮存维生素C的降解速度更快。因此,为了补充食品在加工、贮存等过程中营养素的损失,满足人体的营养需要,在食品中进行适当的营养强化是十分必要的。

(三)适应不同人群生理及职业的需要

不同年龄、性别、工作性质及不同生理、病理状况的人,所需营养的情况有所不同,对食品进行不同的营养强化可分别满足他们营养需要。

婴儿大多数以母乳喂养,但对于情况特殊无法喂养母乳的孩子来说,则需要有一种代替母乳的食品,这就要求对普通乳粉进行某些营养素的强化和调整。此外,随着孩子的长大,不论是以人乳或牛乳喂养都不能完全满足孩子生长、发育的需要,就有必要对其食品进行营养强化。不同职业的人群对营养素的需要也是不同的。例如,对于接触铅的人员,如果给以大量维生素C强化食品,可显著减少铅中毒的情况;对于钢铁厂高温下作业的人员,在增补维生素A、维生素B_2、维生素C后,其血清中维生素A、维生素B_2、维生素C的含量增加,营养情况大大改善,从而减轻疲劳,增加工作能力。

(四)简化膳食处理,方便摄食

天然的单一食物仅含人体所需的部分营养素,要获得全面营养就需同时进食多种食物,将不同的食物进行搭配,制成方便食品或快餐食品。此外,对于某些特殊人群,例如对行军作战的军事人员,他们在战斗进行时不可能自己"埋锅做饭",而且由于军事活动体力消耗大、营养要求高,既要进食简便,又要营养全面,因而各国的军粮采用强化食品的比例很高。

(五)减少营养缺乏症的发生

食品强化对预防和降低营养缺乏病有很重要意义。在酱油中强化EDTA钠铁改善了我国居民普遍存在的铁缺乏症。在地方性甲状腺病区食用碘量为20~50mg/kg的强化碘盐已成为法令。我国在地方性甲状腺肿地区供应的食盐中强化碘,有效地改善了整个地区

人口的碘营养,使甲状腺肿发病率从 35% 以上降低到 5% 以下。维生素 B_1 防地区脚气病,维生素 C 防坏血病等,充分说明食品强化是大规模改善群体身体素质的有效的营养干预措施。

三、食品营养强化的基本原则

营养强化食品的功能和优点是多方面的,但其强化过程必须从营养、卫生及经济效益等方面全面考虑,并需适合各国的具体情况。进行食品营养强化时应遵循的基本原则归纳起来有以下几个方面:

(一)有明确的针对性

进行食品营养强化前必须对本国(本地区)的食物种类及人们的营养状况做全面细致的调查研究,从中分析缺少哪种营养成分,然后根据本国、本地区人民摄食的食物种类和数量选择需要进行强化的食品(载体)以及强化剂的种类和数量。例如,日本居民多以大米为主食,其膳食中缺少维生素 B_1,他们根据其所缺少的数量在大米中增补。我国南方也多以大米为主食,而且由于生活水平的提高,人们多喜食精米,致使有的地区脚气病流行,这除了提倡食用标准米以防止脚气病外,在有条件的地方也可考虑对精米进行适当的维生素 B_1 强化。

对于地区性营养缺乏症和职业病等患者的食品强化更应仔细调查,针对所需的营养素选择好适当的载体进行强化。

有一个缺乏针对性进行食品营养强化的典型例子,即美国在早些年曾花费了大量人力和物力对面包进行赖氨酸强化的研究,动物试验和人体研究的很多数据表明,用赖氨酸强化的面包可大大提高小麦蛋白质的生物价,但是,这对一个已经能够供给大量优质蛋白质的国家,而且人们的膳食中并不缺乏赖氨酸的情况来说,这种强化就大可不必了。不过这一研究对其他国家和地区,尤其是发展中国家颇有参考价值。

(二)符合营养学原理

人体所需各种营养素在数量之间有一定的比例关系。因此,所强化的营养素除了考虑其生物利用率之外,还应注意保持各营养素之间的平衡。食品营养强化的主要目的是改善天然食物存在的营养素不平衡关系,亦即通过加入其所缺少的营养素,使之达到平衡,适应人体需要。强化的剂量应适当,如果剂量不当,不但无益,甚至会造成某些新的不平衡,产生某些不良影响。这些平衡关系大致有:必需氨基酸之间的平衡,生热营养素之间的平衡,维生素 B_1、维生素 B_2、烟酸与能量之间的平衡,以及钙、磷平衡等。

(三)符合国家的卫生标准

食品营养强化剂的卫生和质量应符合国家标准,也应严格进行卫生管理,切忌滥用,特别是对于那些人工合成的化合物更应通过一定的卫生评价方可使用。

人们在食品中经常使用的营养强化剂有十余种,其强化剂量多根据各国人民摄食情况以及每日膳食中营养素供给量标准确定。由于营养素为人体所必需,往往易于注意到其不足或缺乏的危害,而忽视过多时对机体产生的不良作用。如水溶性维生素因易溶于水,且有一定的肾阈,过多的量可随尿排出,难以在组织中大量积累,但是,脂溶性维生素则不同,它们可在体内积累,若用量过大则可使机体发生中毒性反应。生理剂量为健康人所需剂量或者用于预防缺乏症的剂量;药理剂量则是用于治疗缺乏症的剂量,一般约为生理剂量的10倍,中毒剂量则是可引起不良反应或中毒症状的剂量,它通常为生理剂量的100倍,但是,像儿童引起血钙过高时维生素D的剂量仅比生理剂量高约3倍。因此,对强化剂使用剂量的制定应参照营养素参考摄入量和最高摄入量。

(四)易被机体吸收利用

食品强化用的营养素应尽量选取那些易于吸收、利用的强化剂。例如可作为钙强化用的强化剂很多,有氯化钙、碳酸钙、硫酸钙、磷酸钙、磷酸二氢钙、柠檬酸钙、葡萄糖酸钙和乳酸钙等,其中人体对乳酸钙的吸收最好。在强化时,尽量避免使用那些难溶、难吸收的物质,如植酸钙、草酸钙等。钙强化剂的颗粒大小与机体的吸收、利用性能密切有关。胶体碳酸钙颗粒小(粒径 $0.03 \sim 0.05 \mu m$),可与水组成均匀的乳浊液,其吸收利用比轻质碳酸钙(粒径 $5 \mu m$)和重质碳酸钙(粒径 $30 \sim 50 \mu m$)好。另外,在强化某些矿物质和维生素的同时,注意相互间的协同或拮抗作用,以提高营养素的利用率。

(五)尽量减少营养强化剂的损失

许多食品营养强化剂遇光、热和氧等会引起分解、转化而遭到破坏。因此,在食品的加工及储藏等过程中会发生部分损失。为减少这类损失,可通过改善强化工艺条件和储藏方法,也可以通过添加强化剂的稳定剂或提高强化剂的稳定性来实现。同时,考虑到营养强化食品在加工、储藏等过程中的损失,进行营养强化食品生产时需适当提高营养强化剂的使用剂量。

(六)保持食品原有的色、香、味等感官性状

食品大多有其美好的色、香、味等感官性状,而食品营养强化剂也多具有本身特有的色、香、味。在强化食品时不应损害食品的原有感官性状而致使消费者不能接受。例如,用蛋氨酸强化食品时很容易产生异味,各国实际应用甚少。当用大豆粉强化食品时易产生豆腥味,故多采用大豆浓缩蛋白或分离蛋白。此外,维生素 B_2 和 β-胡萝卜素呈黄色、铁剂呈黑色、维生素 C 味酸、维生素 B_1 即使有少量破坏也可产生异味,至于鱼肝油则更有一股令人难以耐受的腥臭味。上述这些物质如果强化不当则可引起人们不悦。

然而,如果根据不同强化剂的特点,选择好强化对象(载体食品)与之配合,则不但无不良影响,而且还可提高食品的感官质量和商品价值。例如,人们可用 β-胡萝卜素对奶油、人造奶油、干酪、冰淇淋、糖果、饮料等进行着色,这既有营养强化作用,又可改善食品色泽,提高感官质量。铁盐呈黑色,若用于酱或酱油的强化时,因这些食品本身就有一定的颜色和味道,在一定的强化剂量范围内,可以完全不致使人们产生不快的感觉。至于用维生素 C 强化果汁饮料则无不良影响,而将其用于肉制品的生产,还可起到发色助剂,即帮助肉制品发色的作用。

（七）经济合理、有利推广

食品营养强化的目的主要是提高人民的营养和健康水平。通常,食品进行营养强化时会增加一定的生产成本,为了尽量降低营养强化食品的价格,在确定营养强化剂种类和强化工艺时,应该考虑低成本和技术简便,否则不易推广,起不到应有的作用。

第二节　食品强化剂的选择及强化方法

一、选择食品强化剂的要求

（1）能够集中式加工。

（2）强化的营养素和强化工艺成本低、技术简便。

（3）在强化过程中,不改变食物原有感官性状（用载体的深色与强烈气味来掩盖强化剂带来的轻微的颜色与气味的改变）。

（4）维生素和某些氨基酸等在食品加工及制品的保存过程中损失较少,终产品中微量营养素的稳定性高,储藏过程中稳定性良好。

（5）终产品中微量营养素的生物利用率高。

（6）强化剂与载体亲和性高。

（7）营养素间不发生相互作用。

（8）食品强化的费用尽量降低。

二、常用的食品营养强化剂

食品营养强化剂主要是氨基酸及含氮化合物、维生素、矿物质三类。此外,近些年来尚增加有某些脂肪酸和膳食纤维对食品的营养强化,现扼要简介如下:

（一）氨基酸及含氮化合物类强化剂

氨基酸是蛋白质的基本组成单位,尤其是必需氨基酸则更应是食品营养强化剂的重要组成部分。至于氨基酸以外的含氮化合物有很多,例如核苷酸和一些维生素均含氮,此处主要介绍牛磺酸。

1.氨基酸

作为食品营养强化用的氨基酸,实际应用最多的主要是人们食物最易缺乏的一些限制性氨基酸,例如赖氨酸、蛋氨酸、苏氨酸、色氨酸等。由于食品营养强化剂中有不少是人工化学合成品,对于这些人工化学合成的氨基酸制剂,则多为 DL－氨基酸。

赖氨酸是应用最多的氨基酸强化剂,这不仅因为它是人体必需氨基酸,而且还是谷物食品（如大米、小麦、玉米等）中的第一限制氨基酸,其含量仅为肉、鱼等动物蛋白质含量的1/3。这对广大以谷物为主食,且动物性蛋白质食品尚不富裕的人们来说,确有进行营养强化的必要。但是,赖氨酸很不稳定,因而作为食品营养强化用的多是赖氨酸的衍生物,如

L-赖氨酸盐酸盐、L-赖氨酸-L-天门冬氨酸盐和 L-赖氨酸-L-谷氨酸盐等,它们主要用于谷物食品的营养强化。

蛋氨酸是花生、大豆等的第一限制氨基酸,它多用于这类食品加工时的营养强化。

组氨酸则多用于婴幼儿食品的营养强化。

至于某些非必需氨基酸亦可用于食品的营养强化。例如,L-丙氨酸除可作食品强化用外,尚可作为增味剂应用。

2.牛磺酸

牛磺酸又称作牛胆酸,因首先从牛胆中提取而得名,其化学名为 α-氨基乙磺酸。它既可从外界摄取,也可在体内由蛋氨酸或半胱氨酸的中间代谢产物磺基丙氨酸脱羧形成,并在体内游离存在。其作用主要是促进大脑生长发育,维护视觉功能,有利脂肪消化吸收等,尤其对婴幼儿的正常生长发育(特别是智力发育)有益。

人乳可保证婴儿对牛磺酸的需要,但它在人乳中的含量随婴儿出生后天数的增加而下降。此外,尽管它可在人体内合成,但婴儿体内磺基丙氨酸脱羧酶活性低,合成速度受限,而牛乳中的牛磺酸含量又很低(用牛乳制成的婴幼儿配方食品中几乎不含牛磺酸),故很有进行营养强化的必要。作为食品营养强化剂的牛磺酸系由人工合成,主要用于婴幼儿食品(特别是乳制品)之中。

此外,我国尚许可将 5′-腺苷酸、5′-胞苷酸、5′-尿苷酸以及 5′-肌苷酸二钠、5′-鸟苷酸二钠等作为营养强化剂用于婴幼儿配方奶粉,而后者尚可作为增味剂使用。

(二)维生素类强化剂

作为食品营养强化用的维生素种类繁多,不仅每一种维生素均可有其用于食品营养强化的品种,而且即使对一种维生素来说还可有不同的制剂,这主要是因为在具体进行食品的营养强化时,为了提高其稳定性和适应食品加工工艺的需要。对于所使用的维生素衍生物尚应按使用卫生标准进行一定的折算,现将常用品种简介如下:

1.维生素 C

维生素 C 是最不稳定的维生素之一,在食品加工过程中极易破坏而失去活性。实际应用时多使用其衍生物如抗坏血酸钠、抗坏血酸钾、抗坏血酸钙等,而所使用的抗坏血酸磷酸酯镁、抗坏血酸棕榈酸酯和抗坏血酸硬脂酸酯等的稳定性更可大大提高,有的甚至尚可作为高温加工食品的营养强化。例如:抗坏血酸磷酸酯镁经 200℃,15min 处理后的存留率为90%,生物效应基本不变,而普通维生素 C 可完全丧失活性。

2.硫胺素(维生素 B₁)

硫胺素亦不稳定,用于食品营养强化的品种亦多是其衍生物,如盐酸硫胺素和硝酸硫胺素等,日本尚许可使用硫胺素鲸蜡硫酸盐、硫胺素硫氰酸盐、硫胺素萘-1,5-二磺酸盐、硫胺素月桂基磺酸盐等。上述硫胺素衍生物的水溶性比硫胺素小,不易流失,且更稳定。它们主要用于谷类食品尤其是婴幼儿食品的营养强化。

3.核黄素(维生素 B₂)

用于食品营养强化的核黄素品种,既可用发酵法生产,也可由化学合成,或进一步生产5′-磷酸核黄素应用。1998 年 FAO/WHO 食品添加剂专家委员会(JECFA)对来自遗传上改性枯草芽孢杆菌生产的核黄素进行评价后,认为亦可应用于食品营养强化,其每日允许摄入量(ADI)与核黄素和 5′-磷酸核黄素同为 0 ~ 5mg/kg。核黄素主要应用于谷类食品和婴幼儿食品。此外,核黄素还可作为着色剂应用。

4.烟酸

烟酸稳定性好,通常用于食品营养强化的品种即为人工合成的烟酸和烟酰胺,美国尚许可使用烟酰胺抗坏血酸酯。烟酸主要用于谷物食品和婴幼儿食品的营养强化。此外,因其具有促进亚硝酸盐对肉制品的发色作用,故尚可作为发色助剂使用。

5.维生素 B₆ 和维生素 B₁₂

用于维生素 B₆ 营养强化的品种主要是人工合成的盐酸吡哆醇或 5′-磷酸吡哆醇。而作为维生素 B₁₂ 营养强化用的则通常是氰钴胺或羟钴胺。它们主要用于婴幼儿食品的营养强化。

6.维生素 A

用于营养强化的维生素 A,既可以将天然物中高单位维生素 A 油皂化后经分子蒸馏、浓缩、精制而成,也可以用化学法合成。常用的品种多为维生素 A 油,多是将鱼肝油经真空蒸馏等精制而成,亦可将视黄醇与乙酸或棕榈酸制成维生素 A 乙酸酯,或维生素 A 棕榈酸酯后再添加精制植物油予以应用。它们主要用于油脂(如色拉油、人造奶油、乳和乳制品等)的营养强化。此外,维生素 A 的营养强化尚可将兼具着色作用的 β-胡萝卜素应用,其强化量则按 1μg β-胡萝卜素 = 0.167μg 视黄醇计算。

7.维生素 D

利用维生素 D 来防治儿童佝偻病的发生具有很重要的作用,我国即曾以此取得明显成效。1987 年 7 月 1 日起北京市供应维生素 A、维生素 D 强化奶,10 年间使北京市儿童佝偻病的发病率从过去的 25.1% 降到 2.3%。作为维生素 D 强化剂应用的主要是维生素 D₂ 和维生素 D₃。维生素 D 常用于液体奶、乳制品及人造奶油的强化,用量为 400 ~ 5000IU/Kg。

8.维生素 E

用于维生素 E 的强化剂品种有多种,它既可有人工合成的 dL-α-生育酚,也可由食用植物油制品经真空蒸馏所得 d-α-生育酚浓缩物,以及由上述制品进一步乙酰化制成的 dL-α-乙酸生育酚和 d-α-乙酸生育酚等应用。其强化量以 d-α-生育酚计,且通常以毫克数表示。此外,尚可使用 d-α-生育酚琥珀酸酯进行维生素 E 强化,1mgd-α-生育酚琥珀酸酯相当于 1.21IU。维生素 E 具有很好的抗氧化作用,故本品亦可作抗氧化剂应用。

9.维生素 K

维生素 K 通常很少缺乏,但人乳中维生素 K 含量偏低(约 2μg/L),且哺乳婴儿胃肠功能不全,故可应用植物甲萘醌对婴幼儿食品进行适当的营养强化。

10.其他

叶酸在食物中含量甚微,且生物利用率低,易于缺乏,尤其是对于孕妇、乳母和婴幼儿更易缺乏,故对孕妇、乳母专用食品和婴幼儿食品等有必要进行一定的营养强化。此外,对于泛酸、生物素、胆碱、肌醇及 L-肉碱等亦常用于婴幼儿食品等的营养强化。

(三)矿物质

矿物质强化剂品种很多,这既包括含不同矿物元素强化剂的品种,也包括含相同矿物元素的不同矿物质强化剂品种,尤其是后者的品种数更多,仅本国批准许可使用的钙和铁强化剂品种就已有 30 多种。

对于不同矿物质强化剂,一方面应根据实际需要予以应用,另一方面则应根据所需强化的矿物元素选取一定的强化剂品种应用。这既要考虑所用强化剂品种有较高的矿物元素含量,还应考虑其生物有效性,即可被机体吸收、利用的比例较高。例如,血红素铁比非血红素铁的吸收率高 2~3 倍。此外,作为食品添加剂来说尚应注意选择好其载体食品且不影响食品的色、香、味,经济合理。

1.钙

钙强化剂品种既可有无机钙盐,也可有有机钙化合物。我国许可使用的一些钙强化剂品种及其元素钙含量如表 9-1 所示。此外,尚可使用骨粉、蛋壳粉等制品对食品进行一定的钙强化。

表 9-1 钙强化剂品种及含钙量

名 称	钙含量/%	名 称	钙含量/%
活性钙	48	柠檬酸钙	21.08
生物碳酸钙	38~39	葡萄糖酸钙	8.9
碳酸钙	40	苏糖酸钙	13
氯化钙	36	甘氨酸钙	21
磷酸氢钙	15.9	天门冬氨酸钙	23
乙酸钙	22.7	柠檬酸、苹果酸钙	19~26
乳酸钙	13		

活性钙系由牡蛎壳经高温煅烧后制成,主要成分为氢氧化钙和氧化钙,碱性太强,有刺激性,且不一定有特别的活性。生物碳酸钙亦由牡蛎壳制成,其主要成分为碳酸钙。通常认为无机物钙含量较高,而有机钙(如氨基酸钙等)的钙吸收利用率较高。近年根据用同位素钙标记的研究表明,不同离子化程度的钙盐,其吸收率差异不大。例如有人用乙酸钙、乳酸钙、葡萄糖酸钙、柠檬酸钙、碳酸钙等按元素钙 500mg/d 分别给健康男性成人服用,结果表明吸收程度相似,然而有些物质如维生素 D 等可提高钙的吸收利用率,酪蛋白磷酸肽等亦可促进钙的吸收。钙强化剂主要应用于谷类食品及婴幼儿食品等。

2.铁

铁强化剂的品种,除了通常的硫酸亚铁和乳酸亚铁等无机和有机铁强化剂外,也还可使用还原铁和电解铁等元素铁。

我国许可使用的铁强化剂有硫酸亚铁、碳酸亚铁、焦磷酸铁、柠檬酸铁、富马酸亚铁、葡萄糖酸亚铁、琥珀酸亚铁、氯化高铁血红素、柠檬酸亚铁、柠檬酸铁铵、乳酸亚铁、铁卟啉、乙二胺四乙酸铁钠、还原铁、电解铁。

通常,二价铁比三价铁易于吸收,故铁强化剂多使用亚铁盐,又由于机体对血红素铁的吸收远比非血红素铁好,故我国近年来已研制并批准许可使用氯化高铁血红素和铁卟啉等品种以供食品的铁营养强化。

实际应用时应注意对铁强化剂的选择,除了铁含量高、吸收利用好以外,还应注意其对食品感官质量有无影响,这通常应选择好一定的载体食品与之配合。

3.锌

锌强化剂的品种也很多。我国现已批准许可使用的品种即有硫酸锌、氯化锌、氧化锌、乙酸锌、乳酸锌、柠檬酸锌、葡萄糖酸锌和甘氨酸锌 8 种,它们主要应用于婴幼儿食品及乳制品等。

4.碘和硒

利用食盐加碘来防治我国乃至全球缺碘性地方性甲状腺肿确已收到显著成效。作为碘强化剂的品种主要是用人工化学合成的碘化钾与碘酸钾。此外,我国尚许可使用由海带等海藻提制的海藻碘。碘强化剂除广泛应用于食盐外,尚可应用于婴幼儿食品等。

硒强化剂除化学合成的亚硒酸钠和硒酸钠外,我国尚许可使用富硒酵母、硒化卡拉胶和硒蛋白。这主要是将无机硒化物通过一定的方法将其与有机物结合,用以获取有机硒化物,例如富硒酵母即是以添加亚硒酸钠的糖蜜等为原料经啤酒酵母发酵后制成。通常,有机硒化物的毒性比无机硒化物低,且有更好的生物有效性和生理增益作用。硒强化剂主要在缺硒地区使用,且多应用于谷类及其制品、乳制品等。富硒酵母等有机硒尚可做成片、粒或胶囊等应用。

5.其他

我国尚许可使用硫酸铜、硫酸镁、硫酸锰以及葡萄糖酸钾、氟化钠等营养强化剂,前者多应用于婴幼儿配方食品,而氟化钠则仅在缺氟地区的食盐中使用。

(四)脂肪酸

用于食品营养强化的脂肪酸为多不饱和脂肪酸。它们主要是亚油酸、γ-亚麻酸和花生四烯酸等。亚油酸是机体必需脂肪酸,而γ-亚麻酸、花生四烯酸并非机体必需脂肪酸,它们可由亚油酸在体内转化而成,但是,将其对食品进行营养强化可减少机体对亚油酸的需要,尤其是对婴幼儿来说,其生理功能不全,转化不足,故有必要进行一定的营养强化。

1.亚油酸

亚油酸是许多植物油的组成成分,作为食品营养强化用的亚油酸可由天然物分离所得,也可通过微生物发酵制成,美国对其订有严格的质量标准,因亚油酸为多不饱和脂肪酸,易被空气氧化,应予注意。亚油酸多应用于婴幼儿食品,尤其是婴幼儿配方奶粉中。

2.γ-亚麻酸

γ-亚麻酸在体内可由亚油酸去饱和转化而来,某些含油的植物种子如月见草和黑加仑种子中可有一定量存在。作为食品营养强化剂用的γ-亚麻酸则多由微生物发酵制成。我国已批准许可使用γ-亚麻酸作为食品营养强化剂应用于调和油、乳及乳制品,以及强化γ-亚麻酸饮料中。

3.花生四烯酸

花生四烯酸在体内可由γ-亚麻酸在羧基端延长,并进一步去饱和转化而来。在许多植物种子(如花生等)中多有存在。作为食品营养强化用的亦可由微生物发酵制得。我国现已许可将花生四烯酸作为婴幼儿配方奶粉的营养强化剂。

此外,近年来由于人们对二十二碳六烯酸(DHA)重要生物学作用的认识,亦进一步将其应用于食品的营养强化。DHA在海产鱼油中含量丰富,作为食品营养强化剂用的DHA多以海产鱼油中浓缩、精制而成,主要应用于婴幼儿配方奶粉中。

(五)膳食纤维

现已公认,膳食纤维具有有益于人体健康的多种作用,如防止肥胖,预防便秘,以及防止心血管病和降低结肠癌的发病率等,并被认为是第七类营养素。因而有必要对食品进行一定的营养强化。

用于食品强化的膳食纤维可由多种不同的植物原料制成。例如,人们可由米糠、麸皮等制成含有一定量膳食纤维的米糠粉和麸皮粉,也可由某些蔬菜、水果制成不同的膳食纤维应用。美国1997年正式批准将糖用甜菜在水提取糖后制成甜菜纤维作为食品添加剂应用,它既可作为食品营养强化(营养素、膳食增补)用,也可作为抗结、分散、增稠、稳定和填充剂等应用,其总纤维含量不低于70%,可溶性纤维不低于20%,主要应用于焙烤制品和乳制品等。

三、食品营养强化的方法

食品营养强化技术随着科学技术的发展而日臻完善。食品强化剂的添加方式有4种:添加纯化合物;直接添加片剂、微胶囊、薄膜或块剂;添加配制成的溶液、乳浊液或分散悬浊液;添加经预先干式混合的强化剂。采取何种添加方式应以能使营养素在制品中均匀分布并保持最大限度的稳定为准。此外,还应考虑营养素及食品的化学和物理性能,以及添加后对食品如何处理等因素。应掌握好添加时机,尽量避免营养强化剂长时间受热,在空气中暴露的时间愈短愈好。

食品营养强化因目的、内容及食品本身性质等的不同,其强化方法也不同。对于国家法令规定的强化项目,大多是人们普遍缺少的必需营养成分,对这类食品一般在日常必需食物或原料中预先加入。对于国家法令未做规定的营养强化食品,可根据商品性质,在食品加工过程中添加。总之,食品强化的方法有多种,综合起来有以下几类:

(一)在加工过程中添加

在食品加工过程中添加营养强化剂是强化食品采用的最普遍的方法。此法适用于罐装食品,如罐头、罐装婴儿食品、罐装果汁和果汁粉等,也适用于人造奶油、各类糖果糕点等。强化剂加入后,经过若干道加工工序,可使强化剂与食品的其他成分充分混合均匀,并使由于强化剂的加入对食品色、香、味等感官性能造成的影响尽可能地小。当然,在罐头食品加工过程中往往有巴氏杀菌、抽真空等处理,这就不可避免地使食品受热、光、金属等的影响而导致强化剂及其他有效成分的损失,如面包焙烤时,赖氨酸可损失 9% ~ 24% 。因此,在采取这种强化方法时,应注意工艺条件和强化条件的控制,在最适宜的时间和工序添加强化剂,以尽可能减少食品的有效成分的损失。

(二)在原料或必需食物中添加

此法适用于由国家法令强制规定添加的强化食品,对具有公共卫生意义的物质亦适用。例如,有些地方为了预防甲状腺肿大,食盐中添加碘;有些国家为了防止脚气病,规定粮食中添加维生素 B_1;在面粉、大米中添加维生素 A、维生素 D 及铁质、钙质等。

这种强化方法简单,易操作,但存在的问题是:添加后,由于面粉、大米、食盐等在供给居民食用以前必然要经过储藏和运输,在储运这段时间内易造成强化成分损失。因此,在储运过程中,其保存条件及包装状况将对营养强化剂的损失有很大影响。目前,各国对此都有较深入的研究。

(三)在成品中混入

在食品加工过程结束后、包装前将强化剂混入到食品的强化方法,这种强化方法一般只适用于含水分很低的固态食品,如调制乳粉、母乳化乳粉和军粮中的压缩食品

(四)物理化学方法

利用物理或化学手段使食物中原有的前体成分转化为营养成分,从而提高食物营养值的方法,如存在于牛乳和酵母中的麦角甾醇经紫外线照射可转化为维生素 D_2,用酸水解法使不易消化的蛋白质转化为肽和氨基酸。

(五)生物强化法

利用生物技术提高食物某类营养成分的含量或改善其消化吸收性能的强化方法,这种强化方法既是强化食品的发展趋势,也能为食品工业提供廉价的强化剂,如利用基因工程技术提高谷物中的赖氨酸的含量。

第三节　强化食品的种类

强化食品的种类繁多,而且根据不同情况可有不同的划分。日本按其营养改善法的规定,将强化食品分为两大类,一类是以普通人为对象的强化食品,另一类是以特殊人群及病

人用的食品,但也可进一步按食用对象、食用情况、强化剂种类以及富含营养素的天然食物不同等来分类。

按食用对象分:普通食品,儿童食品,孕妇、乳母食品,老人食品,以及其他各种特殊需要的食品等。按食用情况分:主食品和副食品等。按强化剂种类分:维生素强化食品、矿物质强化食品、蛋白质和氨基酸强化食品等。按富含营养素的天然食物分:酵母(富含 B 族维生素)、脱脂乳粉和大豆粉(富含蛋白质)等。

通常,应用较多的是作为强化主食的强化谷物食品和强化乳粉。

一、强化谷物

谷物是我国及其他许多国家人民的主要食物来源,它包括的种类很多,但人们主要食用的则是小麦和大米。谷物籽粒中营养素分布很不均匀,在碾磨过程中,维生素和矿物质大多进入麸皮和米糠中,特别是在精制时 B 族维生素和矿物质损失更多,而人们多喜爱食用精制米、面,这就容易造成某些营养素的摄食不足,特别是大米,经过淘洗、烹饪做成米饭以后,其水溶性维生素还又进一步损失。因而对谷物类食品进行适当的营养强化是非常有必要的。

(一)面粉的营养强化

面粉强化工艺简单大致可分为以下类别:

1.小麦提取物强化小麦粉

小麦是由麦皮、麦胚、胚乳 3 大部分组成的。在碾磨、精制过程中,将麦皮和麦胚同胚乳分开的同时,把有较高营养的麦胚和糊粉层舍去,造成面粉的营养含量降低。为补救这一营养损失,可用小麦提取物强化小麦粉,利用加工时提取的胚芽制成胚芽粉和从糊粉层中提取蛋白粉添入面粉中,使面粉的营养价值提高。还可利用淀粉生产中的副产品(如面筋粉)掺入面粉中,可使面粉的蛋白质含量增加,提高其食品性能。另外,将强营养粉和弱营养粉搭配,以提高弱质粉的食用品质。

2.用营养素和化学物质强化小麦粉

人体发育需要各种营养,同时需要一些适量的化学物质和矿物质,在小麦粉中添加适量的营养素、化学物质及矿物质,不仅能使面粉得以强化,满足不同营养的需求,而且可使面粉具有较高的经济价值和实用价值。如在小麦粉中加入各种维生素,使面粉的营养价值得到提高。加入某些化学物质和矿物质如铁、钙等,可以满足人体不同发育时期的营养需要,以提高人体对各种疾病的抵抗能力。

3.用异种粮粒的谷胚和胚乳强化小麦粉

由于各种粮粒生长的差异和自身因素的不同,其营养成分及含量也各不相同,如大豆中各种氨基酸的成分最全,含量较多,将大豆粉添入面粉内可使面粉的氨基酸含量增高,食用品质有所改善。在谷物的籽粒中,营养成分多集中在谷胚中,可将其谷胚提取精制,再掺入面粉内,使面粉具有较高的营养价值,可产生良好的食用效果。

（二）大米的营养强化

世界各国所生产的营养强化米种类很多,总的可归纳起来可分为外加营养素强化米和内持营养素强化米两大类。

1.外加营养素强化米

是将各种营养素由米粒吸收进去或涂覆于米粒外层。品种有维生素 B_1、维生素 B_2 强化米,维生素 B_1、维生素 B_2、烟酸、铁、钙、维生素 D 强化米以及氨基酸、维生素、矿物盐强化米等。上述各种强化米一般均为浓缩营养强化米,即添加于米粒中的营养素均为人体正常生理功能需要量的几十倍甚至上百倍,因此这种浓缩强化米食用时均以 1:200 或 1:100 的比例掺入未经强化的白米中混食。

2.内持营养素强化米

一般是设法保存米粒外层或胚芽所含的多种维生素、矿物质等营养成分,如蒸谷米、留胚米,均是靠保存大米自身某一部分的营养素达到营养强化之目的。此外,还有人造营养米,这是用维生素等营养素与淀粉类制成与米粒相似之颗粒。人造营养强化米也以 1:200 或 1:300 的比例与普通米混合,使混合后的大米含有人体需要的足量的营养素。

大米营养强化的标准应参照每日膳食中营养素供给量标准加以制订。氨基酸强化标准应根据 FAO 和 WHO 的氨基酸构成比例模式,使强化后的大米中第一限制性氨基酸(赖氨酸)和第二限制性氨基酸(苏氨酸)达到或接近 FAO/WHO 模式规定的数值。我国则应充分考虑以谷物为主体,蔬菜进食较多的膳食结构特点,同时要考虑强化成本及保持大米传统色泽和口味等多种因素,此外还要兼顾大米这种颗粒物料高浓度营养强化工艺十分困难等因素。

二、强化乳粉

所谓强化乳粉即以新鲜牛乳为主要原料,添加一定量的白砂糖(或不添加)、维生素、矿物质等,经杀菌、浓缩、干燥等工艺而制得的粉末状产品。国内外目前开发较多的是母乳化强化乳粉。母乳化强化乳粉是指以牛乳为基础,对牛乳中所含的成分进行调整和强化,使其营养成分接近人乳,用这种乳粉喂养婴幼儿,能基本上满足婴幼儿对各种营养素的需要量,不需要再补充其他营养素。

（一）蛋白质的调整

牛乳中酪蛋白的含量大大超过人乳,所以必须调低并使酪蛋白比例与人乳基本一致。一般用脱盐乳清粉、大豆分离蛋白调整。

（二）脂肪的调整

牛乳与人乳的脂肪含量较接近,但构成不同。牛乳不饱和脂肪酸的含量低而饱和脂肪酸高,且缺乏亚油酸。母乳亚油酸含量一般占脂肪总量的 12.8%,牛乳中亚油酸仅有 2.2%,需要予以强化。强化时可采用植物油脂替换牛乳脂肪的方法,以增加亚油酸的含量。亚油酸的量不宜过多,规定上限用量为 n-6 亚油酸不应超过总脂肪量的 2%,n-3 长链脂肪酸不得超过总脂肪的 1%。

(三)碳水化合物的调整

牛乳中乳糖含量比人乳少得多,牛乳中主要是 α-型,人乳中主要是 β-型,可通过加可溶性多糖类,如葡萄糖、麦芽糖、糊精或平衡乳糖等,来调整乳糖和蛋白质之间的比例,平衡 α-型和 β-型的比例,使其接近于人乳(α:β=4:6)。较高含量的乳糖能促进钙、锌和其他一些营养素的吸收。麦芽糊精则可用于保持有利的渗透压,并可改善配方食品的性能。一般婴儿乳粉含有 7% 的碳水化合物,其中 6% 是乳糖,1% 是麦芽糊精。

(四)无机盐的调整

牛乳中的无机盐量较人乳高 3 倍多。摄入过多的微量元素会增加婴儿肾脏的负担。可采用脱盐办法除掉一部分无机盐,但人乳中含铁比牛乳高,所以要根据婴儿需要补充一部分铁。添加微量元素时应慎重,因为微量元素之间的相互作用,微量元素与牛乳中的酶蛋白、豆类中的植酸之间的相互作用对食品的营养性影响很大。

(五)维生素的调整

婴儿用乳粉应充分强化维生素,特别是维生素 A、维生素 C、维生素 D、维生素 K、烟酸、维生素 B_1、维生素 B_2、叶酸等。其中水溶性维生素过量摄入时不会引起中毒,所以没有规定上限。脂溶性维生素 A、维生素 D 长时间过量摄入时会引起中毒,因此必须按规定加入。

三、强化副食品

(一)强化人造奶油

在欧美国家,食用面包时常佐以人造奶油,因而人造奶油的消费量比较大,是每天必需食用的主要副食品。目前,全世界大约有 80% 的人造奶油都进行了营养强化。人造奶油主要强化维生素 A 和维生素 D,也可用 β-胡萝卜素代替部分维生素 A。其强化方法是将维生素直接混入人造奶油中,经搅拌均匀后即可食用。国外人造奶油中维生素 A 和维生素 D 的强化剂量见表 9-2。

表 9-2　国外人造奶油中维生素 A 和维生素 B 的强化剂量(单位:IU/kg)

国家	维生素 A	维生素 D
巴西	15000~50000	500~2000
丹麦	20000	625
英国	27000~23000	2900~3500
德国	20000	300
荷兰	22000	1000
印度	24640	—

国家	维生素 A	维生素 D
挪威	20000	2500
瑞典	30000	1500
瑞士	34000	3000 以上
美国	33000	—

(二)强化食盐和酱油

食盐是人们每天的必需品,也是主要的调味品。在内陆地区往往因缺乏碘而发生甲状腺肿大等疾病,在食盐中强化碘是防止此类疾病最好的方法。目前,世界各国都对食盐进行了强化,强化方法是在每千克食盐中添加 $0.1 \sim 0.2g$ 碘化钾。

酱油也是日常生活中常用的调味品,特别是在中国及东南亚国家和地区,有些国家也对其进行了强化,主要添加维生素 B_1、维生素 B_2、铁和钙等。维生素 B_1 的强化剂量一般为 $17.5mg/L$ 酱油。

高钙低盐酱油是强化酱油的典型例子。据日本特许公报报道,利用牡蛎壳中提取的天然水溶性活性钙,制造高钙低盐酱油,其含氮 1.5%、NaCl 2.5%、Ca 0.09%、pH 值为 4.8。

(三)酱类的强化

酱类是亚洲国家人民常用的调味品。在酱类中强化的营养素主要有钙、磷、维生素 A、维生素 B_1、维生素 B_2、蛋白质等。钙的强化量一般是增补 1% 的碳酸钙,维生素 B_2 的强化量为 $1.5mg/100g$,维生素 B_1 的强化量为 $1.2mg/100g$,维生素 A 的强化量为 $1500IU/100g$。

(四)果蔬产品的强化

这类食品主要是为人体提供维生素 C,但在其加工过程中维生素 C 极易破坏,可进行强化。柑橘汁中维生素 C 的强化量一般为 $20 \sim 50mg/100g$,番茄汁中维生素 C 的强化量一般为 $30 \sim 50mg/100g$,果汁粉中维生素 C 的强化量一般为 $70mg/100g$,水果罐头中维生素 C 的强化量可根据不同品种和需要进行强化。

四、强化军粮

战时,军队行动是不规律的,现代战争要求在任何气候条件下作战,军粮必须考虑营养是否全面、是否便于携带、是否易于烹煮等,因此,对军用口粮提出了较高要求。由于军粮是集体膳食,容易强化处理,所以强化军粮出现得最早,也最普遍。

平时的军粮,如欧美各国大多在面粉及罐头等主要食品中增补必要的营养素,其他一般与民用相仿。到了战时,为了携带方便则多以高能压缩食品为主,且大部分为配套的食盒,即将几种不同的食品混合置于一个包装盒内。这些食品是按照有关的能量及营养素含量计算而定,并配成一餐的供应量。普通食盒内的主食大多由压缩饼干、压缩米糕、高油脂酥糖等组成,副食大多包括压缩肉松、肉干、调味菜干粉以及各种汤料等。此外还有乳粉、炼乳、人造奶油和巧克力等。

军粮中还可有不同的罐头食品、软罐头等,并可与食盒搭配食用。它们也都根据各自的特点,增补适当的营养强化剂。至于营养强化剂的品种及用量还可根据兵种的不同而异。

强化军粮除应有携带、开启和食用方便外,尚应有一定的保存期。

五、混合型强化食品

将各种不同营养特点的天然食物互相混合,取长补短,以提高食物营养价值的强化食品称为混合型营养强化食品。混合型营养强化食品的营养学意义在于发挥各种食物中营养素的互补作用,大多是在主食品中混入一定量的其他食品以弥补主食品中营养素的不足。其中主要的是补充蛋白质的不足,或增补主食品中的某种限制氨基酸,其他则有维生素、矿物质等。

主要作为增补蛋白质、氨基酸用的天然食物有乳粉、鱼粉、大豆浓缩蛋白、大豆分离蛋白、各种豆类,以及可可、芝麻、花生、向日葵等榨油后富含蛋白质的副产品等。我国在利用天然食物及其制品进行食品强化方面有悠久的历史。例如我国北方某些地区的"杂合面",以及各地的谷豆混食等早已应用。

主要作为维生素增补用的有酵母、谷胚、胡萝卜干以及各种富含维生素的果蔬和山区野果等。海带、骨粉等则可作为矿物质增补用。

六、其他强化食品

(一)公共系统的强化食品

有一些普遍存在或地区性的营养缺乏问题,为了保证人民均能获得该种营养素的有效补充,规定在公共系统中强化该种营养素。如1950年美国有几个州在饮用水中强化氟,以保护牙齿,强化剂采用氟化钠或氟硅化钠,强化剂量为1mg/L。对于内地地区,一些国家(包括中国)在人民生活必需品食盐中强化碘以防治甲状腺肿大。

(二)特殊需要的强化食品

为了适应各种特殊人群和不同职业的营养需要,防治各种职业病,可根据其特点配制成各种各样的强化食品。随着科学水平的日益发展和提高,适应各种特殊需要的强化食品也将日益发展。

食品营养强化是增进人体健康的重要措施,也是人类文明、社会发展的必然产物。我国由于历史的原因,以及经济、文化等条件所限,食品营养强化的发展可以说仅仅是开始。人们对食品营养强化的基本原则和要求等尚不很清楚。特别是在目前商品经济的推动下,尽管许多强化食品相继问世、发展很快,但尚未纳入科学化轨道,存在一些问题,如:①强化目的意义不明;②载体食品选择不当;③强化工艺不合理;④强化剂量不当;⑤夸大功能宣传;⑥审批与市场管理不严等。这些都无疑会影响营养强化食品的健康发展,为此,我国除已颁发了《食品卫生法》《食品添加剂使用卫生标准》和《食品添加剂卫生管理办法》以外,新近又颁发了《食品营养强化剂使用卫生标准》和《食品营养强化剂卫生管理办法》。它们对食品、食品添加剂和食品营养强化剂的生产、经营等都做了一系列的规定,尤其是婴儿食品的强化尚需按卫生部颁布的或许可的婴儿食品营养及卫生标准规定执行。严格执行上述有关规定,借此将食品营养强化逐步纳入科学化与法制化轨道,从而保证人民的身体健康。

第十章　保健食品

随着膳食营养研究的逐步深入，人们发现某些营养素或食物成分在调节生理功能、预防疾病方面具有重要生物学作用。特别是有些植物性食物成分能够有效降低居民慢性退行性疾病的发生率，如高血压病、心脏病、肿瘤、糖尿病等，引起人们的极大兴趣，随之产生了一种特殊的新型食品——保健食品。

第一节　保健食品概述

一、保健食品的概念

什么是保健食品，到目前为止在国际上尚不存在广泛接受的、统一的名称和定义。

1987 年日本文部省在《食品功能的系统性解释与展开》的报告中最先使用了"功能性食品"一词。1989 年 4 月厚生省进一步明确了其定义：对人体能充分显示身体的防御功能、调节生理节律，以及预防疾病、促进康复等功能的工程化食品。同时规定了几项要求：①作为食品，由通常使用的原材料或成分构成，并以通常的形态与方法摄取；②属于日常摄取的食品；③应标记有关的调节功能。1990 年 11 月日本厚生省提出将"功能性食品"改为"特殊保健用途食品"。欧洲各国普遍采用"健康食品"名称（德国以前称"改善食品"）。欧洲健康食品制造商协会联合会（EHPM）在 1982 年对健康食品作了有关规定：健康食品生产必须以保证和增进健康为宗旨，应尽可能地以天然物为原料，必须在遵守健康食品的原则和保证食品质量的前提下进行生产。

我国有"疗效食品""营养保健品"等数种提法，比较混乱。1996 年 3 月 15 日，卫生部发布了《保健食品管理办法》，该办法自 1996 年 6 月 1 日起施行。在这个办法中对保健食品是这样讲的："本办法所称保健食品系指表明具有特定保健功能的食品。即适宜于特定人群食用，具有调节机体功能，不以治疗疾病为目的食品。"

尽管世界各国对保健食品的定义和范围不尽相同，但是基本看法是一致的，即它是不同于一般食品又有别于药品的一类特殊食品。它们大都具有普通食品的属性（营养、感观、安全），还具有调节机体功能的保健作用。与药品相比，保健食品不宣传、不追求临床疗效，对人体不产生毒副作用。苏联学者 Breckman 教授提出，在人类健康与疾病之间存在着第三状态，当第三状态积累到一定程度时便会转为病态。保健食品作用于人体的第三状态，促使机体向健康状态复归。由此可以看出，与其他称谓相比，"保健食品"更为适宜。

二、保健食品的分类

(一)根据消费对象的分类

1.日常保健食品

日常保健食品是根据各种不同的健康消费群(如婴儿、学生和老年人等)的生理特点和营养需求而设计的,旨在改善生长发育、维持活力和精力,强调其成分能够充分显示身体防御功能和调节生理节律的工业化食品。

2.特种保健食品

又称为特定保健用食品,着眼于某些特殊消费群(如糖尿病患者、肿瘤患者、心血管病患者和肥胖者等)的特殊身体状况,强调食品在预防疾病和促进康复方面的调节功能,以解决所面临的健康与医疗问题。

目前,全世界在这方面所热衷研究的课题,包括抗氧化食品、抗肿瘤食品、防痴呆食品、糖尿病患者专用食品、心血管病患者专用食品、老年护发和护肤食品等。

(二)根据科技含量的分类

1.第一代产品

主要是强化食品。强化食品往往仅根据食品中的各类营养素和其他有效成分的功能,来推断整个产品的功能,而这些功能并没有经过任何试验予以证实。目前,欧美各国已将这类产品列入普通食品来管理,我国也不允许它们再以保健食品的形式面市。

2.第二代产品(初级产品)

强调科学性与真实性,要求经过人体及动物试验,证实该产品具有某种生理功能。目前我国市场上的保健食品大多属于此类。

3.第三代产品(高级产品)

不仅需要经过人体及动物试验证明该产品具有某种生理功能,而且需要查清具有该项保健功能的功效成分,以及该成分的结构、含量、作用机理、在食品中的配伍性和稳定性等。这类产品在我国现有市场上还不多见,且功效成分多数是从国外引进,缺乏自己的系统研究。

三、国内外保健食品发展概况

(一)国外保健食品发展概况

德国和美国是世界上保健食品发展较早的国家之一。德国的保健食品生产是由"改善食品"专业生产厂和传统食品生产厂构成,目前保健食品的生产企业近千家。各种保健食品所占比重大致为:自然食品(谷类食品、面包、果汁、动植物油脂)为50%,低热量、低盐、低糖食品(如果酱、糕点、糖果等)为20%,维生素食品与保健茶(黄菊花茶、茴香茶等)为20%,其他类为10%。

美国保健食品工业的发展历史可追溯到20世纪20年代初期。1936年美国就成立了全国健康食品协会(NHFA)。1970 年保健食品的总销售额为 1.7 亿美元,1980 年为 17.7 亿美元,到目前为止又有数十倍的增长。由于健康食品销售额的增加,美国许多食品企业开始转向生产健康食品。目前,美国健康食品企业总数已增加到 600 余家,经营产品种类在 15000 种以上。

日本的保健食品与欧美国家相比,起步较晚,其历史不过 20 余年,但发展速度很快,大有后来者居上之势。1987 年日本文部省和农林水产省第一次在政府有关文件中使用了"功能食品"这一名词,这类食品开始逐渐被日本政府所认可,并得到重视。同年政府有关部门先后成立了"新开发食品安全评价研究会"、"食品工业调查计划委员会",以管理这方面的工作。从此保健食品迅速发展,形成日本食品工业中一个独特高速成长的领域。仅1987 年保健食品销售总额就达 5000 亿日元,仅次于美国,是德国的 1 倍以上。日本保健食品生产企业 3~4 千家,产品有 3000 余品种。

(二)国内保健食品发展概况

保健食品在我国有着悠久的历史。我国自古有"药食同源"之说,食物与药物同出一来源,二者皆属于天然产品。食物与药物的性能相通,都具有四气五味、归经、升降浮沉及功效等特性。因此,中医单纯使用食物,或食物与药物相结合来进行营养保健、调理康复的情况是极其普遍的。历代本草及方剂典籍中都有大量的记载,其中就有不少属于保健食品,如枸杞子酒、桑葚蜜膏等。

现代科学意义的保健食品在我国始于 1980 年,1984 年中国保健品协会成立。据资料统计,到 1992 年为止,我国保健食品生产企业近千家,产品不下 2000 种,年产值 25 亿元人民币。至 1994 年,有关企业已超过 2500 家,生产保健食品 3000 余种,年产值 500 亿元人民币,占食品生产总值的 10% 左右。2000 年,有关企业已超过 3000 家,年产值 400 亿元人民币,投资总额在 1 亿元以上的大型企业占 1.45% ,投资总额在 5000 元到 1 亿元占 38% ,即大中型企业已占到 40% 以上,且这 40% 的企业销售额占总销售额的 60% ,中国保健食品行业已从手工作坊式转上机械化大生产阶段。2005 年,年产值约为 1200 亿人民币,其中:营养素及营养素补充剂约为 150 亿元,保健功能食品约为 350 多亿元,强化食品约为 220 亿元,奶类及新型豆制品等富营养食品约为 550 亿元。随着社会进步和经济发展以及人类对自身健康的日益关注,我国保健品市场需求日益壮大,不少企业开始争相进入保健品领域布局,寻求较大的利润。2010 年,我国保健食品的产业规模超过了 2000 亿元,营养食品年产值已达 3000 多亿元,营养与保健食品产业呈现出稳步增长和良好发展的态势。至 2016年我国保健品行业产值已达到 2621.1 亿元,增长非常迅猛,未来几年我国营养保健品行业销售收入仍将保持增长态势,预计到 2020 年,我国保健品行业产值或将达到 4840 亿元。上述表明,我国的保健食品产业有了长足的发展,已成为食品工业中的重要组成部分。

实际上,我国保健食品产业的发展是经过几番周折逐步走上健康发展的道路。首先是20 世纪 80 年代的"无知阶段"(以三株、中华鳖精等产品为代表),接着是 20 世纪 90 年代的"过热阶段"(以脑黄金等产品为代表),随着对脑黄金等违法违禁产品的查处和打击,保健食品产业一度处于"低谷时期"。1996 年 6 月 1 日卫生部颁布《保健食品管理办法》;

1997 年国家技术监督局发布《保健（功能）食品通用标准 GB16740—1997》,标志着我国保健食品的生产、销售、管理进一步纳入法制轨道;自 2003 年"非典"之后,保健食品行业从市场监管、产品结构、营销模式、行业声誉以及消费者对保健食品的消费观念等在都发生着积极而深入的改变;2005 年 7 月 1 日《保健食品注册管理办法(试行)》由国家食品药品监督管理总局颁布实施,随后相继颁布实施了保健食品的广告发布审查和生产 GMP 认证的要求,保健食品监管体系基本完善;2016 年 2 月 26 日食品药品监督管理总局发布《保健食品注册与备案管理办法》并于 2016 年 7 月 1 日实施,保健品的生产和销售以及售后的监督保障有了更加规范的法律法规来规范。中国保健食品产业经过多年快速发展,已经逐渐壮大,虽然仍面临诸多挑战,但是,中国保健食品产业的发展前景是光明的,在市场需求、技术进步和管理更新的推动下,中国保健品产业发展空间巨大。

第二节　保健食品常用的功效成分

天然食物中含有的蛋白质、碳水化合物、脂肪、维生素和某些矿物质,是人体生命中不可缺少的物质,属于必需营养素。必需营养素对人体健康的有益作用经过长时间的研究,已经得到充分的证明,但是人类食物中含有的化学成分远远不止这几类营养素。近年来,由于相关科学领域的研究发展,使人们有条件对这些成分的生理作用进行更深入的探讨。利用这些活性成分或含有这些成分的食物,以及人们熟知的蛋白质、脂类等各种必需营养素,经过适当的加工过程和科学评价,可以得到调节生理功能或预防疾病的保健食品。

一、蛋白质、多肽和氨基酸

(一)超氧化物歧化酶

超氧化物歧化酶(SOD)是一种金属酶,在生物界中分布极广,目前已从细菌、藻类、真菌、昆虫、鱼类、高等植物和哺乳动物等生物体内分离得到 SOD。在食物中,超氧化物歧化酶主要存在于肝脏等多种动物组织以及菠菜、银杏、番茄等植物中。

SOD 的生物学功能主要有抗氧化、抗衰老作用,提高机体对疾病的抵抗力等。SOD 能预防或减轻由氧自由基引发的多种疾病。目前,SOD 的应用主要集中在预防和减轻辐射损伤、炎症、关节病、缺血再灌注损伤、氧中毒、老年性白内障、糖尿病等多种病症上。

(二)大豆多肽

大豆多肽是指大豆蛋白质经蛋白酶作用后,再经特殊处理而得到的蛋白质水解产物,通常由 3~6 个氨基酸组成,水解产物中还含有少量游离氨基酸、糖类和无机盐等成分。大豆多肽水溶性很高,其黏度随着浓度的增高而变化较小,即使在 50% 的高浓度下也仍富有流动性。大豆多肽还具有抑制蛋白质形成凝胶、调整蛋白质食品的硬度、改善口感和易消化吸收等特性,是生成速溶饮品和高蛋白质保健食品的理想原料。大豆多肽可以增强肌肉运动力,加速肌红蛋白的恢复,促进脂肪代谢,降低血清胆固醇,阻碍肠道内胆固醇的再吸收等。

(三)谷胱甘肽

谷胱甘肽(GSH)是由谷氨酸、半胱氨酸和甘氨酸组成的三肽化合物,广泛存在于动植物中,在面包酵母、小麦胚芽和动物肝脏中,含量较高。谷胱甘肽能够有效地消除自由基,防止自由基对机体的侵害;谷胱甘肽对放射线、放射性药物或抗肿瘤药物引起的白细胞减少症,能够起到有力的保护作用;谷胱甘肽可防止皮肤老化及色素沉着,减少黑色素的形成;谷胱甘肽还能与进入机体的有毒化合物、重金属离子与致癌物质等结合,并促使其排出体外,起到中和解毒的作用。

二、具有保健功能的碳水化合物

(一)膳食纤维

膳食纤维可来源于多种植物性食物。如小麦麸、燕麦麸、玉米麸等谷物麸皮,糖甜菜纤维,角豆荚和角豆胶,香菇、木耳等多种食用菌,以及各种水果、蔬菜等。

(二)低聚糖

目前研究较多的功能性低聚糖有低聚果糖、大豆低聚糖、低聚半乳糖、低聚异麦芽糖、低聚木糖、低聚乳果糖等。人类胃肠道内缺乏水解这些低聚糖的酶系统,因此它们不容易被消化吸收,但在大肠内可为双歧杆菌所利用。

低聚糖的主要生物学作用有下述几方面:①低聚糖是双歧杆菌的增殖因子,可改善肠道微生态环境,增强机体的抗病能力。②甜度低,口感柔和,不能被口腔病原菌分解,对预防龋齿具有积极作用。③可通过增加免疫作用而抑制肿瘤的生长,此外某些低聚糖对大肠杆菌有较强的抑菌作用,可阻碍病原菌的生长繁殖。④是一种低能量糖,可添加在糖尿病人的专用食品中。

(三)活性多糖

作为保健食品功效成分使用的活性多糖主要是从一些植物和食用真菌中提出,种类很多。根据分子中糖基的组成,由相同的糖基组成的多糖为均匀多糖,如纤维素、直链淀粉以及支链淀粉,它们均由 D-吡喃葡萄糖组成。由两种或以上的糖基组成的多糖,称之为非均匀多糖或称杂多糖,如瓜尔豆胶是由 D-甘露糖和 D-半乳糖结合的多糖,黄芪胶是由 D-半乳糖醛酸、D-半乳糖、L-岩藻糖、D-木糖和 L-阿拉伯糖组成的。

常见的植物多糖有茶多糖、枸杞多糖、魔芋甘露聚糖、银杏叶多糖、海藻多糖、香菇多糖、银耳多糖、灵芝多糖、黑木耳多糖、茯苓多糖等,植物多糖具有调节免疫功能,抑制肿瘤作用,延缓衰老作用,抗疲劳作用以及降血糖作用。

动物多糖是从动物体内分离提取出的,具有多种生物活性的一类多糖,主要有海参多糖、壳聚糖、透明质酸(HA)等,其主要生理功能有降血脂作用,增强免疫和抗肿瘤作用。

三、功能性脂类成分

油脂中的功能性成分主要为磷脂、功能性脂肪酸、植物甾醇、二十八烷醇、角鲨烯等。它们分别来源于水生动物油脂、植物油脂、微生物油脂等功能性油脂中。

(一) 大豆磷脂

大豆磷脂是指以大豆为原料所制的磷脂类物质,是卵磷脂、脑磷脂、肌醇磷脂、游离脂肪酸等成分组成的复杂混合物。大豆磷脂可以改善大脑功能,增强记忆力;降低胆固醇,调节血脂;延缓衰老;维持细胞膜结构和功能的完整性;保护肝脏。

(二) 植物甾醇

植物甾醇广泛存在于植物的根、茎、叶、果实和种子中,不同植物种类其含量不同 。主要以游离态或结合态存在,其中以结合态存在的有甾醇酯、甾醇糖苷、甾醇脂肪酸酯、甾醇咖啡酸酯等。植物甾醇在植物细胞中起着稳定细胞膜的作用。现已确认了40多种植物甾醇,其中以β-谷甾醇、豆甾醇和菜油甾醇为主,这些甾醇的结构与胆固醇结构基本相似,但它们的生理功能的有极大不同。植物甾醇主要有预防心血管系统疾病、抑制肿瘤作用等作用。

四、具有保健功能的微量营养素

微量营养素在生理功能的调节和慢性疾病的预防中占有重要地位。其保健作用涉及面很广,如调节免疫,辅助调节血糖,增加骨密度,改善生长发育等。微量营养素的保健作用主要分为两大方面:其一是防治微量营养素的缺乏,维护机体正常的生理功能;其二是在一些特殊生理条件下,或者为了预防疾病的需要,额外补充适量的微量营养素可以增强人体的某些功能,例如中老年人群增加硒和维生素 E 的摄入量以增强抗氧化功能,有助于预防或延缓一些慢性退行性疾病的发生;增加叶酸、维生素 B_6、维生素 B_{12} 的摄入量可以降低血清同型半胱氨酸水平,预防心脑血管疾病的发生;增加钙、锌或其他二价金属元素的摄入以便促进体内铅的排出等。

五、功能性植物化学物

植物性食物中除了含有已知的维生素和矿物质外,20 余年以来陆续发现一些植物性化学物(phytochemicals)对人体健康具有非常重要的作用。研究证实,植物性化学物具有增强免疫力、抗氧化、延缓衰老以及预防一些慢性非传染性疾病如癌症、心血管病等功效。上述的膳食纤维、植物多糖和植物甾醇都属于植物化学物。

(一) 酚类化合物

酚类化合物包括了一类有益健康的化合物,其共同特性是分子中含有酚的基团,因而具有较强的抗氧化功能。常见的酚类化合物有简单酚、酚酸、类黄酮、异黄酮、茶多酚等。酚类化合物主要有抗氧化作用;血脂调节功能;血管保护作用;预防肿瘤作用;类雌激素作用。

（二）有机硫化合物

有机硫化合物指分子结构中含有元素硫的一类植物化学物,它们以不同的化学形式存在于蔬菜或水果中。其一是异硫氰酸盐(ITC),存在于十字花科蔬菜中,如西蓝花、卷心菜、菜花、球茎甘蓝、荠菜和小萝卜。其二是葱蒜中的有机硫化合物。有机硫化合物的主要作用是抑癌和杀菌。

（三）萜类化合物

萜类化合物分子的基本单元是异戊二烯。单萜由 2 个异戊二烯单元构成,倍半萜由 3 个异戊二烯单元构成,二萜由 4 个异戊二烯单元构成,以此类推。萜类化合物多存在于中草药、水果、蔬菜以及全谷粒食物中。富含萜烯类的食物有柑橘类水果;芹菜、胡萝卜、茴香等伞形科蔬菜;番茄、辣椒、茄子等茄科蔬菜;葫芦、苦瓜、西葫芦等葫芦科蔬菜以及黄豆等豆科植物。已经证实具有明显生理功能的萜类化合物主要有:D - 苧烯、皂苷和柠檬苦素等。

（四）食物中的天然色素

食品中的天然色素是指在新鲜食品原料中人的视觉能够感受到的有色物质。这些物质在以前经提取后用于食品加工中的调色工艺,但近年的研究证明,这些色素由于含有特殊的化学基团,因而具有调节生理功能的作用,可能在预防慢性疾病的过程中具有重要作用,逐渐引起营养学界的重视。

六、益生菌及其发酵制品

益生菌是一类微生物,服用足够数量将对人体健康带来有益作用的活性微生物。乳酸菌是可利用碳水化合物发酵而产生大量乳酸的一类微生物通称。乳酸菌中的一部分是益生菌。常见的益生菌有双歧杆菌、乳杆菌、益生链球菌等。益生菌及其发酵制品具有多种调节生理功能的作用。

（一）促进消化吸收

益生菌对乳制品的发酵,使乳糖转变为乳酸,使蛋白质发生水解,同时还增加了可溶性钙、磷及某些 B 族维生素的数量。此外,益生菌及其代谢产物能促进宿主消化酶的分泌和肠道的蠕动,促进食物的消化吸收。发酵乳中的部分乳糖(30% ~ 40%)已被代谢生成乳酸,所以患有乳糖不耐症的人可以食用发酵乳制品,减少饮用普通乳引起的肠内胀气、腹泻及呕吐现象。

（二）调节胃肠道菌群平衡、纠正肠道功能紊乱

益生菌能通过自身代谢产物以及与其他细菌间的相互作用,维持和保证肠道菌群最佳优势组合及稳定性。益生菌在人体内可发酵糖类产生大量的醋酸和乳酸,还可抑制病原性细菌生长繁殖。

(三）调节免疫、抑制肿瘤作用

乳杆菌、双歧杆菌等益生菌及其代谢产物,能诱导产生干扰素和促细胞分裂素,活化免疫细胞,增加免疫球蛋白的产生,提高机体免疫力及抑制肿瘤发生。

（四）降低血清胆固醇

益生菌能降低血中胆固醇的水平,可预防高血脂导致的冠状动脉硬化以及冠心病。

（五）防止便秘

双歧杆菌代谢产生的有机酸能促进胃肠道蠕动,同时双歧杆菌的生长还可以使大便湿度提高,从而防止便秘。

七、我国传统使用及近年批准使用的食物新资源物质

（一）卫生部批准公布的既是食品又是药品的物品

丁香、八角茴香、刀豆、小茴香、小蓟、山药、山楂、马齿苋、乌梢蛇、乌梅、木瓜、火麻仁、代代花、玉竹、甘草、白芷、白果、白扁豆、白扁豆花、龙眼肉（桂圆）、决明子、百合、肉豆蔻、肉桂、余甘子、佛手、杏仁（甜、苦）、沙棘、牡蛎、芡实、花椒、赤小豆、阿胶、鸡内金、麦芽、昆布、枣（大枣、酸枣、黑枣）、罗汉果、郁李仁、金银花、青果、鱼腥草、姜（生姜、干姜）、枳子、枸杞子、栀子、砂仁、胖大海、茯苓、香橼、香薷、桃仁、桑叶、桑葚、桔红、桔梗、益智仁、荷叶、莱菔子、莲子、高良姜、淡竹叶、淡豆豉、菊花、菊苣、黄芥子、黄精、紫苏、紫苏籽、葛根、黑芝麻、黑胡椒、槐米、槐花、蒲公英、蜂蜜、榧子、酸枣仁、鲜白茅根、鲜芦根、蝮蛇、橘皮、薄荷、薏苡仁、薤白、覆盆子、藿香。

（二）卫生部批准公布的可用于保健食品的物品

人参、人参叶、人参果、三七、土茯苓、大蓟、女贞子、山茱萸、川牛膝、川贝母、川芎、马鹿胎、马鹿茸、马鹿骨、丹参、五加皮、五味子、升麻、天门冬、天麻、太子参、巴戟天、木香、木贼、牛蒡子、牛蒡根、车前子、车前草、北沙参、平贝母、玄参、生地黄、生何首乌、白及、白术、白芍、白豆蔻、石决明、石斛（需提供可使用证明）、地骨皮、当归、竹茹、红花、红景天、西洋参、吴茱萸、怀牛膝、杜仲、杜仲叶、沙苑子、牡丹皮、芦荟、苍术、补骨脂、诃子、赤芍、远志、麦门冬、龟甲、佩兰、侧柏叶、制大黄、制何首乌、刺五加、刺玫果、泽兰、泽泻、玫瑰花、玫瑰茄、知母、罗布麻、苦丁茶、金荞麦、金樱子、青皮、厚朴、厚朴花、姜黄、枳壳、枳实、柏子仁、珍珠、绞股蓝、胡芦巴、茜草、荜茇、韭菜子、首乌藤、香附、骨碎补、党参、桑白皮、桑枝、浙贝母、益母草、积雪草、淫羊藿、菟丝子、野菊花、银杏叶、黄芪、湖北贝母、番泻叶、蛤蚧、越橘、槐实、蒲黄、蒺藜、蜂胶、酸角、墨旱莲、熟大黄、熟地黄、鳖甲。

（三）卫生部批准公布的保健食品禁用物品名单

八角莲、八里麻、千金子、土青木香、山莨菪、川乌、广防己、马桑叶、马钱子、六角莲、天仙子、巴豆、水银、长春花、甘遂、生天南星、生半夏、生白附子、生狼毒、白降丹、石蒜、关木通、农吉痢、夹竹桃、朱砂、米壳（罂粟壳）、红升丹、红豆杉、红茴香、红粉、羊角拗、羊踯躅、丽江山慈姑、京大戟、昆明山海棠、河豚、闹羊花、青娘虫、鱼藤、洋地黄、洋金花、牵牛子、砒

石(白砒、红砒、砒霜)、草乌、香加皮(杠柳皮)、骆驼蓬、鬼臼、莽草、铁棒槌、铃兰、雪上一枝蒿、黄花夹竹桃、斑蝥、硫磺、雄黄、雷公藤、颠茄、藜芦、蟾酥。

(四)卫生部批准公布的食品新资源使用的物质

1.中草药和其他植物

人参、党参、西洋参、黄芪、首乌、大黄、芦荟、枸杞子、巴戟天、荷叶、菊花、五味子、桑葚、薏苡仁、茯苓、广木香、银杏、白芷、百合、山苍籽油、山药、鱼腥草、绞股蓝、红景天、莼菜、松花粉、草珊瑚、山茱萸汁、甜味藤、芦根、生地、麦芽、麦胚、桦树汁、韭菜籽、黑豆、黑芝麻、白芍、竹笋、益智仁。

2.果品类

大枣、山楂、猕猴桃、罗汉果、沙棘、火棘果、野苹果。

3.茶类

金银花茶、草木咖啡、红豆茶、白马蓝茶、北芪茶、五味参茶、金花茶、胖大海、凉茶、罗汉果苦丁茶、南参茶、参杞茶、牛蒡健身茶。

4.菌藻类

乳酸菌、脆弱拟杆菌(BF-839)、螺旋藻、酵母、冬虫夏草、紫红曲、灵芝、香菇。

5.畜禽类

熊胆、乌骨鸡。

6.海产品类

海参、牡蛎、海马、海窝。

7.昆虫爬虫类

蚂蚁、蜂花粉、蜂花乳、地龙、蝎子、壁虎、蜻蜓、昆虫蛋白、蛇胆、蛇精。

8.矿物质与微量元素类

珍珠、钟乳石、玛瑙、龙骨、龙齿、金箔、硒、碘、氟、倍半氧化羧乙基锗(Ge-132)、赖氨酸锗。

9.其他类

牛磺酸、SOD、变性脂肪、磷酸果糖、左旋肉碱。

第三节　保健食品的功能原理

保健食品除应具有营养功能和感官享受功能外,还必须具有特殊的保健功能,即生理调节功能。保健食品应该由食品原料或其他符合国家规定的原料组方,可能含有人体需要的营养素,但又与普通食品不同,强调对人体生理功能的调节作用,不一定要求营养的全面和平衡。

一、保健食品增强免疫功能的原理

与免疫功能有关的保健食品是指那些具有增强机体对疾病的抵抗力、抗感染以及维持自身生理平衡的食品。研究表明,蛋白质、氨基酸、脂类、维生素、微量元素等多种营养素,以及核酸、类黄酮物质等某些食物成分具有免疫调节作用。保健食品能够增强机体的免疫功能,主要与含有以上营养素或食物成分有关。其作用原理大致包括以下几个方面:

(一)参与免疫系统的构成

蛋白质可参与人体免疫器官及抗体、补体等重要活性物质的构成。

(二)促进免疫器官的发育和免疫细胞的分化

体内、体外研究发现,维生素 A、维生素 E、锌、铁等微量营养素通常可通过维持重要免疫细胞正常发育、功能和结构完整性而不同程度地提高免疫力。

(三)增强机体的细胞免疫和体液免疫功能

例如,维生素 E 作为一种强抗氧化剂和免疫刺激剂,适量补充可提高人群和试验动物的体液和细胞介导免疫功能,增加吞噬细胞的吞噬效率。许多营养因子还能提高血清中免疫球蛋白的浓度,并促进免疫机能低下的老年动物体内的抗体形成。

二、保健食品改善生长发育的原理

目前用于改善儿童生长发育的保健食品主要包括:高蛋白食品、维生素强化食品、赖氨酸食品、补钙食品、补锌食品、补铁食品和磷脂食品、DHA 食品等。其作用原理可归纳为以下几个方面:

(一)促进骨骼生长

大量研究证实,补钙有益于骨骼生长和健康。有研究发现,在 2～5 岁时用高钙配方食品喂养,儿童的骨骼矿物质含量更高。给儿童、青少年补钙可使骨量峰值增加。此外,磷、镁、锌、氟、维生素 D、维生素 K 等也是骨骼矿化过程中的重要营养素。

(二)影响细胞分化

胎儿、新生儿期的特点之一是多个器官的分化。大量研究表明,视黄酸可影响胎儿发育。因此,维生素 A 或 β－胡萝卜素缺乏或过多,很可能对组织分化和胎儿发育有很大影响。此外,脂肪酸不仅能改变已分化的脂肪细胞的某些特定基因的转录速率,还可通过一种转录因子的作用诱导前脂肪细胞分化为新的脂肪细胞。

(三)促进细胞生长和器官发育

细胞生长和器官发育都需要多种营养素的维护。蛋白质、脂类、维生素 A、参与能量代谢的 B 族维生素以及锌、碘等元素,都是人体发育不可缺少的重要营养素。如果供应不足,可能影响到组织的生长和功能。

三、保健食品抗氧化与延缓衰老的原理

人类膳食中含有一系列具有抗氧化活性和有明显清除活性氧族(ROS)能力的化合物。维生素 E、维生素 C 和 β－胡萝卜素是主要的抗氧化营养素,对维持健康和减少慢性疾病起有益作用。延缓衰老的保健食品是指具有延缓组织器官功能随年龄增长而减退,或细胞

组织形态结构随年龄增长而老化的食品。研究证实,维生素 E、类胡萝卜素、维生素 C、锌、硒、脂肪酸等多种营养素,以及茶多酚、多糖、葡萄籽原花青素、大豆异黄酮等食物成分均具有明显的抗氧化与延缓衰老功效。其原理主要包括:

(一)保持 DNA 结构和功能活性

DNA 的氧化损伤会引起 DNA 链断裂和(或)对碱基的修饰,从而可能导致基因点突变、缺失或扩增。研究表明,维生素 C、维生素 E、类胡萝卜素和黄酮类等具有抗 DNA 氧化损伤的生物学作用。

(二)保持多不饱和脂肪酸的结构和功能活性

动脉壁中低密度脂蛋白的氧化,对动脉脂肪条纹形成的发病机制起重要作用,而脂肪条纹的形成导致动脉粥样硬化。脂蛋白的脂类和蛋白质部分都受到氧化修饰,氧化型低密度脂蛋白的特点是可促进致动脉粥样硬化。此外,氧化应激在神经元退行性变过程中可能起重要作用,因为 ROS 能导致所有细胞膜的多不饱和脂肪酸发生过氧化作用。研究表明,上述抗氧化营养素具有抗动脉粥样硬化和神经保护作用。

(三)参与构成机体的抗氧化防御体系,提高抗氧化酶活性

硒、锌、铜、锰为 GSH – Px、SOD 等抗氧化酶构成所必需。姜黄素能使动物肝组织匀浆中 SOD、GSH – Px 和过氧化氢酶的活性提高,对动物心、肾、脾等组织都有明显的抗氧化作用。

四、保健食品改善胃肠功能的原理

利用有益活菌制剂及其增殖促进因子可以保证或调整有益的肠道菌群构成,从而保障人体健康,是当前国内外保健食品开发的重要领域。目前,改善胃肠功能的保健食品主要包括调节胃肠道菌群的保健食品、润肠通便的保健食品、保护胃黏膜以及促进消化吸收的保健食品等。其作用原理如下:

(一)最佳肠道功能与粪便组成的调节

粪便的重量、稠度、排便频率和肠道总通过时间等特征,都可能是整个结肠功能的可靠标志。润肠通便的功能成分主要有膳食纤维、生物碱等。膳食纤维吸水膨胀,可增加内容物体积,促进肠道蠕动,加速粪便排出,同时可促进肠道有益菌的增殖。因此富含膳食纤维的食品是主要的润肠通便的保健食品,如美国食品与药物管理局(FDA)认可燕麦食品为保健食品。

(二)结肠菌群组成的调节

结肠菌群是一个复杂的、相互作用的微生物群体,其功能是各种微生物相互作用的结果。双歧杆菌和乳酸杆菌被认为是有利于促进健康的细菌。由于胃肠道菌群组成的变化而导致的主要疾病包括:肠道感染、便秘、过敏性肠综合征、炎性肠道疾病和结肠直肠癌等。

益生元(prebiotics)指"不被消化的食物成分,其作用是通过选择性刺激结肠内的一种或有限的几种具有改善宿主健康潜力的细菌的生长和(或)活性,从而给宿主带来好处"。

益生元有助于结肠菌群达到(保持)双歧杆菌和(或)乳酸杆菌占优势的状态。这种情况被认为最有利于促进健康。

(三)对肠道相关淋巴组织功能的调节

人类的肠道为机体中最大的淋巴组织。机体每天产生的免疫球蛋白中大约60%分泌到胃肠道。结肠菌群是某些特殊免疫反应的主要抗原性刺激物。外来抗原的异常肠道反应以及局部的免疫炎性反应,由于破坏了肠道屏障,可能造成继发性肠道功能损害。

已表明益生菌刺激一些淋巴样组织(GALT)的活性,如IgA抗体应答、产生细胞激素及降低轮状病毒感染的危险性。

(四)对发酵产物的控制

以丁酸、乙酸和丙酸等短链脂肪酸形式存在的发酵产物对结肠健康的重要性已受到越来越多的关注。丁酸是最有意义的短链脂肪酸,因为丁酸除了对黏膜有营养作用外,还是结肠上皮的重要能量来源。

五、保健食品减肥的原理

在减肥食品中,各种膳食纤维、低聚糖、多糖都可作为减肥食品的原料。燕麦、螺旋藻、食用菌、魔芋粉、苦丁茶等都具有较好的减肥效果。

(一)调节脂类代谢

脂肪代谢调节肽具有调节血清甘油三酯的作用,脂肪代谢调节肽能够促进脂肪代谢,从而抑制体重的增加,有效防止肥胖的产生。

有的物质能水解单宁类物质,在儿茶酚氧化酶的催化下形成邻醌类发酵聚合物和缩聚物,对甘油三酯和胆固醇有一定的结合能力,结合后随粪便排出,而当肠内甘油三酯不足时,就会动用体内脂肪和血脂经一系列变化而与之结合,从而达到减脂的目的。

(二)减少能量摄入

L-肉碱作为机体内有关能量代谢的重要物质,在细胞线粒体内使脂肪进行氧化并转变为能量,减少体内的脂肪积累,并使之转变成能量。膳食纤维由于不易消化吸收,可延缓胃排空时间,增加饱腹感,从而减少食物和能量的摄入量。人们还研制了很多宏量营养素的代用品,减少能量摄入以降低体重或维持正常体重。

(三)促进能量消耗

咖啡因、茶碱、可可碱等甲基黄嘌呤类物质,以及生姜和香料中的辛辣组分均有生热特性。含有这些天然食物组分的食品,可能是促进能量消耗、维持能量平衡、进而维持体重保持在可接受范围之内的有效途径。

第四节　保健食品的加工技术

将食物原材料转化为可食的、安全的、卫生的和有营养的食品是食物加工的传统目标。

这些加工食品应具有理想的感观性状和理化性质、货架期长、可口和食用方便等特点。然而,保健食品因其特定的食用目的而不同于传统食品的加工。研发保健食品的一个目的是要求创建或优化其功能成分。这就需要考虑采用新的食品原材料,以及新的生产技术。

在研究和开发保健食品,特别是第二、三代保健食品时,首先必须研究功能活性成分的量效、构效和功能活性成分的保持。为此,要从富含功能活性成分的动、植物体基料中提取、分离纯化,制备功能活性成分,然后对其进行性质和结构鉴定,研究它的量效与构效,以便对功能活性成分进行功能性评价,才能在生产中有效地、有目的地开发出具有真正特殊功效的保健食品。

一、功能成分的分离提取与制备

从基料中提取、分离和纯化功能活性成分的程序大致为:基料→提取功能活性成分→固液分离→初步分离纯化→高度分离纯化→纯化后产品的制备→纯度检查。在食品加工过程中除了考虑工艺合理性以外,还必须注意其安全性。例如,使用的溶剂、树脂以及器具等,都应该是无毒无害的。

(一)功能活性成分的提取技术

在生产保健食品时,有时常利用一些功效成分含量较高的功能性动植物基料,如银杏叶、柿子叶、莲叶、葛根、桑、枣、某些苋科或松科植物、食用菌等基料,以提取黄酮、皂苷、酚类、多糖、多肽等功能活性成分。常用的提取技术有溶剂浸提法、水蒸气蒸馏法、压榨法和超临界二氧化碳萃取法等。

1.溶剂浸提法

是目前最常用的方法。浸提是利用适当的溶剂从原料中将可溶性有效成分浸出的过程。

2.水蒸气蒸馏法

水蒸气蒸馏法适用于具有挥发性、不溶于水或难溶于水、又不会与水发生反应的物质的提取,不能随水蒸气一同蒸发,或遇热易分解的化学物质不能采用水蒸气蒸馏法。

水蒸气蒸馏主要用于某些芳香油,某些小分子酸性化合物、大蒜素等的提取。

3.压榨法

压榨是利用机械力将植物、果实、蔬菜或含油多的种子的细胞破坏,从而得到含有功能活性成分的汁液或油液的方法。一般适用于功能活性成分能溶解于汁液(水或油水混合物)的植物、果实、蔬菜或油料作物的提取。

4.超临界流体萃取法

超临界流体萃取是以超临界状态下的流体作为溶剂,利用该状态下流体所具有的高渗透能力和高溶解能力萃取分离混合物的过程。

目前在保健食品生产中,超临界二氧化碳萃取目前用于鱼肝油的分离,多不饱和脂肪酸[如二十二碳六烯酸(DHA)和二十碳五烯酸(EPA)]的提取,咖啡因的提取,啤酒花的分离,香精、色素、可可脂、大蒜素、姜辣素、茶多酚、银杏叶黄酮、维生素 E、β – 胡萝卜素等都可以利用超临界二氧化碳萃取技术生产。

（二）液液分离及固液分离

经浸提后的混合物如果是两种相对密度不同的不相混溶的液体,待其沉降后采用分液漏斗之类的器皿即可。但常见的混合物往往是一种混悬液,即固体的食物残渣、沉降杂质和含有可溶性成分的浸出液的混合物,需加以分离。常用的固液分离技术有沉降固液分离、过滤技术、离心分离技术和压滤分离技术等。

（三）分离纯化技术

1.初步分离纯化

从固液分离出来后的提取液需通过初步分离纯化进一步除去杂质。常用的初步分离纯化技术主要有萃取分离、树脂分离、沉淀分离等。

2.高度分离纯化

经初步分离纯化后的功能活性成分,如果纯度还达不到要求,还需进一步高度分离纯化。高度分离纯化的方法有色谱法、沉淀与结晶法等。

（四）功能活性成分的产品制备

功能活性成分经纯化后的溶液,易变质,不耐贮存,必须浓缩、干燥,制成产品,以便进一步深入研究和贮存。常采用常压蒸发浓缩干燥、真空蒸发浓缩干燥、喷雾干燥、升华浓缩干燥和辐射浓缩干燥等方法。

二、常用剂型及加工

（一）真溶液型制剂

真溶液型制剂是食物成分以分子或离子状态分散在溶剂中的液体制剂。溶液的分散相小于 1nm,均匀澄明,不沉淀,并能通过半透膜。属于真溶液型制剂有:溶液剂、芳香水剂、糖浆剂等。

1.溶液剂

常用制备方法有溶解法、稀释法和化学反应法。食品厂生产的溶液剂主要用溶解法制备。溶解法制备溶液剂一般包括食物的称重、溶解、滤过、包装、质量检查等几个步骤。

2.糖浆剂

系指含有食物成分或芳香物质的蔗糖近饱和水溶液。根据食物成分性质不同,糖浆剂一般采用溶解法或混合法制备。

（二）胶体溶液

包括亲水胶体溶液和疏水胶体溶液两种。

（三）混悬型液体制剂

混悬型液体制剂是指不溶性食物成分颗粒分散在液体中所形成的不均匀的、多相分散的液体制剂,简称混悬液。混悬液在口服、外用、喷雾以及控释等剂型中都有应用。凡不溶性食物成分或食物成分的溶解度达不到功能要求的浓度而不能制成溶液剂,或制成水溶液不稳定或为了长效的目的等均可考虑制成混悬液。

(四)片剂

通常片剂的制备工艺有制粒后压片与直接压片两类,制粒后压片的生产工艺又可分为湿法制粒压片与干法制粒压片两种,直接压片亦有粉末与结晶压片两种。

(五)胶囊剂

胶囊剂分硬胶囊剂和软胶囊剂,供口服应用。硬胶囊剂指将一定量的食物成分加辅料或不加辅料充填于空心胶囊中制成。空心胶囊是由明胶或其他适宜的药用材料加辅料制成具有弹性的两节圆筒,并能互相紧密套合。软胶囊剂指将一定量的食物成分或营养液,密封于球形或椭圆形的软质囊材中,可用滴制法或压制法制备。软质囊是由明胶、甘油或其他适宜的可食用材料制成。

(六)冲剂

冲剂系指将食物成分细粉或食物提取物加适宜的赋形剂制成的可溶性或混悬性的内服制剂。冲剂一般按其溶解性能、形状进行分类。

按溶解性能可分为可溶性冲剂、混悬性冲剂及泡腾冲剂。可溶性冲剂加沸水冲化后能全部溶解,用食物成分提取制备的冲剂多属此类。混悬性冲剂加沸水冲化后,不能全部溶解,液体中有浮悬的细小物质。它是将一部分原材料提取制成稠膏,另一部分原材料粉碎成细末,二者混合制成冲剂,多由含有较多的挥发性或热敏性成分的原材料制成。泡腾冲剂其组成中除一般赋形剂外,还含有枸橼酸(或酒石酸)与适量的碳酸氢钠,遇水时产生二氧化碳气泡。

另外,冲剂按成品形状可分为颗粒状冲剂、块状冲剂,以前者应用最多,故冲剂又称为"颗粒剂"。后者是将干燥的颗粒加润滑剂后,经压块机压制成一定重量的块状物。

第十一章　社区营养

社区营养是以特定社会区域范围内的各种或某种人群为对象,从宏观上研究其合理营养与膳食的理论、方法以及相关制约因素。目的在于利用一切有利条件,使特定社区内人群膳食营养合理化,提高其营养水平和健康水平。社区营养的特点是:

①以政治、经济、文化及膳食习俗等划分人群范围,如以同一个居民点、乡镇、县区、省市甚至国家划分社区人群。

②强调特定社区人群的综合性和整体性。

③主要研究解决的膳食营养问题具有宏观性、实践性和社会性,即包括人群膳食营养需要与供给、营养调查与评价、食物结构调整、膳食指导、营养监测等直接问题,也与食物经济、营养教育、饮食文化、营养保健政策与法规等间接因素有关。

第一节　膳食营养素参考摄入量

一、概述

正常人体需要的各种营养素都需从饮食中获得,因此,必须科学地安排每日膳食以提供数量及质量适宜的营养素。如果某种营养素长期供给不足或过多,就可能产生相应的营养不足或营养过多的危害。为此,营养学家根据有关营养素需要量的知识,提出了适用于各类人群的膳食营养素参考摄入量(dietary reference intakes,DRIs)

膳食营养素参考摄入量不是一成不变的,随着科学知识的积累及社会经济的发展,对已建议的营养素参考摄入量应及时进行修订以适应新的认识水平和应用需求。不同的国家,在不同的时期,针对其各自的特点和需要都曾使用了一些不同的概念或术语,推动了这一领域研究的发展。

（一）美国的推荐膳食营养素供给量（RDA）

美国国家科学院(NAS)于 1941 年制订了美国第一个推荐膳食营养素供给量(recommended dietary allowances,RDA),它是在当时的科学知识基础上提出的,当时正值第二次世界大战期间,其主要目的是为了预防营养缺乏病。以后几十年中,在 NAS 成立的食物与营养委员会(FNB)的组织领导下,根据新的科学知识和社会应用方面的需要,曾对RDA 进行了多次修订,美国各版 RDA 成为不同时期美国人群营养素需要方面的权威性指导文件。

（二）中国 RDA 及 DRIs

早在 1938 年,中华医学会公共卫生委员会特组织营养委员会制订了"中华民众最低限度之营养需要",提出了成人每千克体重需要蛋白质 1.5g,并应注意钙、磷、铁、碘及维生素 A、B 族维生素、维生素 C、维生素 D 的适量摄入。1952 年,中央卫生研究院营养学系编著出版的《食物成分表》,并附录有我国发表的第一个"膳食营养素需要量表(每天膳食中营养素供给标准)",设置了五类人群,并纳入了钙、铁、维生素 A、维生素 B_1、维生素 B_2、盐酸和抗坏血酸的需要量推荐值。1955 年,中国医学科学院营养系修订了 1952 年的建议,定名为"每日膳食中营养素供给量(RDA)",作为附录登载于修订再版的《食物成分表》中。

我国自 1955 年开始采用"每日膳食中营养素供给量(RDA)"来表述建议的营养素摄入水平,作为膳食的质量标准,设计和评价群体膳食的依据,并作为制订食物发展计划和指导食品加工的参考。在 1962 年、1976 年、1981 年、1988 年曾对营养素的推荐量进行过多次修订、丰富和完善,但在这一段时间内,RDA 的概念和应用都没有发生本质的变化。

随着科学研究和社会实践的发展,国际上自 20 世纪 90 年代初期就逐渐开展了关于 RDA 的性质和适用范围的讨论。英国、欧洲共同体和北欧诸国先后使用了一些新的概念或术语。美国和加拿大的营养学界进一步发展了 RDA 的包容范围,增加了可耐受最高摄入量(UL),形成了比较系统的新概念——膳食营养素参考摄入量(DRIs)。中国营养学会研究了这一领域的新进展,为此,中国营养学会于 1998 年成立了"制订中国居民 DRIs 专家委员会"及秘书组,同时成立了 5 个工作组,分别负责 5 个部分的营养素或膳食成分相关内容的编写。中国营养学会于 2000 年制定发布了《中国居民膳食营养素参考摄入量》,为指导国人合理摄入营养素,预防营养缺乏和过量提供了一个重要的参考文件,对于促进我国营养与食品科学的发展,指导国民合理膳食和提高健康水平,产生了深远的影响。近十几年来,国内外营养科学得到了很大发展,在营养学理论和实践的研究领域都取得了一些新的研究成果,中国营养学会应用循证营养学与风险评估的原则和方法,对 DRIs 进行了修订,于 2010 年成立了"中国居民膳食营养素参考摄入量"修订专家委员会、顾问组和秘书组,相关专家组成 7 个工作组,即:概论组,能量和宏量营养素组,常量元素组,微量元素组,脂溶性维生素组,水溶性维生素组,水和其他膳食成分组。经过 3 年的努力,于 2013 年 12 月完成了 2013 版《中国居民膳食营养素参考摄入量》的编写和修订。

由于 DRIs 概念的发展,在营养学界沿用了数十年的 RDA 已经不能适应当前多方面的应用需要了。为了避免 DRIs 在使用时与原 RDA 混淆,RDA 现已决定不再使用。

二、膳食营养素需要量与摄入量

(一)营养素摄入不足或摄入过多的危险性

人体每天都需要从膳食中获得一定量的各种必需营养成分。如果人体长期摄入某种营养素不足就有发生该营养素缺乏症的危险,当通过膳食、补充剂或药物等途径长期大量摄入某种营养素时就可能产生一定的毒副作用。图 11 - 1 以蛋白质为例说明摄入水平与随机个体摄入不足或过多的概率。

如图 11 - 1 所示,当日常摄入量极低时,摄入不足的概率为 1.0,就是说如果一个人在

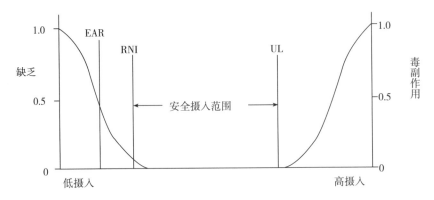

图 11 - 1　营养素安全摄入范围的示意图

一定时间内不摄入蛋白质就一定会发生蛋白质缺乏病,如果一群人长期不摄入蛋白质他们将全部发生蛋白质缺乏病。随着摄入量的增加,摄入不足的概率相应降低,发生缺乏的危险性逐渐减少。当摄入量达到 EAR 水平时,发生营养素缺乏的概率为 0.5,即有 50% 的机会缺乏该营养素;摄入量达到 RNI 水平时,摄入不足的概率变得很小,发生缺乏的机会在 3% 以下,也就是绝大多数的个体都没有发生缺乏症的危险;摄入量达到 UL 水平后,若再继续增加就可能开始出现毒副作用。

　　RNI 和 UL 之间是一个"安全摄入范围",日常摄入量保持在这一范围内,发生缺乏和中毒的危险性者都很小。摄入量超过安全摄入范围继续增加则产生毒副作用的机率随之增加,理论上可以达到某一水平,机体出现毒副反应的概率等于 1.0。

　　当然机体摄入的食物和营养素量每天都不尽相同,这里使用的"摄入量"是指在一段时间(譬如几天、几周甚至几个月期间)内的平均摄入水平。机体有很强的调节作用,不一定每天都必须准确的摄入每日的需要量。

(二)营养素需要量的定义和概念

1.营养素需要量的定义

营养素需要量是机体为了维持"适宜的营养状况"在一段时间内平均每天必须"获得的"该营养素的最低量。"适宜的营养状况"是指机体处于良好的健康状态并且能够维持这种状态。"获得的"营养素量可能是指摄入的营养素量也可能是指机体吸收的营养素量。群体的需要量是通过个体的需要量研究得到的,在任何一个人群内个体需要量都是处于一种分布状态。

2.不同水平的营养素需要量

机体如果由膳食中摄入某种营养素不足时,首先动用组织中储存的该营养素,维持其相关的生理功能。当组织中储存的营养素已经耗空而仍得不到外界的补充,机体就可能出现临床上可以察知的功能损害,如血液化学方面的改变。缺乏再进一步发展,就会出现明显的与该营养素有关的症状、体征,发生了营养缺乏病。可见,维持"良好的健康状态"可以有不同的层次标准,机体维持"良好的健康状态"对营养素的需要量也可以有不同的水平。

　　预防明显的临床缺乏症的需要,满足某些与临床疾病现象有关或无关的代谢过程的需要,以及维持组织中有一定储存的需要是 3 个不同水平的需要,所以在讨论需要量时应当说明是指何种水平的需要。

3.人群营养素需要量的分布

　　人群对某种营养素的需要量是通过测定人群内各个体的需要量而获得的。由于生物学方面的差异,即使在年龄、性别、体重、膳食构成、劳动状况等多种因素相似个体所构成的群体内,各个体对营养素的需要量也存在着差异。所以,我们不可能提出一个适用于人群中所有个体的需要量,只能用人群内个体需要量的分布状态的概率曲线来表达摄入量不能满足随机个体需要的概率变化(图 11 - 2)。

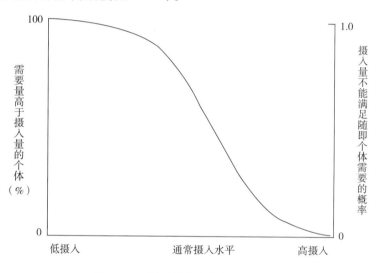

图 11 - 2　需要量分布状态的概率表达

　　为确定一个人群的营养素需要量,首先必须了解该群体中个体需要量的分布状态。如果资料充足,应尽可能以"平均需要量 ± 标准差"来表示。

4.需要摄入的量和需要吸收的量

　　在营养素需要量定义中已经提到"需要量"可能是指需要由膳食中摄入的量,也可能是指机体需要吸收的量。有些营养素吸收率很低,需要由膳食摄入的量远高于机体需要吸收的量,在讨论时就必须明确是需要摄入的量还是需要吸收的量。例如铁的吸收率只有膳食摄入量的 5% ~ 15% ,一个体重 65kg 的成年男子,每天需要吸收铁 0.91mg,而他需要摄入的铁则应为每天 6.1 ~ 18.2mg(随膳食类型而异)。有些营养素的吸收率很高,如维生素A、维生素 C 等,通常可以吸收膳食中摄入量的 80% ~ 90%。所以在实际应用中就没有必要区分是需要摄入的量还是需要吸收的量而笼统的称为"需要量"。

5.能量推荐摄入量的特点

　　能量不同于蛋白质和其他营养素,人群的能量推荐摄入量等于该人群的能量平均需要量,而不是像其他营养素那样等于平均需要量加两倍标准差。假定个体的摄入量与需要量之间并无联系,当某一群体的平均能量摄入量达到其推荐摄入量时,随机个体摄入不足和摄入过多的概率各占 50%(图 11 - 3)。而当某一群体的平均蛋白质摄入量达到推荐摄入量时,随机个体摄入不足的概率仅为 2% ~3%(图 11 - 2)。因为个体间需要量的差异相当大,推荐的摄入量只能建立在某种概率的基础上。能量推荐摄入量等于该人群的平均需要量,而蛋白质及其他营养素的推荐摄入量是能满足第 95 百分位的需要,或 97% ~98% 的个体需要的水平。

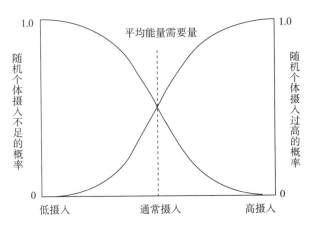

图 11 - 3　能量摄入水平与随机个体摄入量不足或过多的概率

三、膳食营养素参考摄入量(DRIs)的内容

膳食营养素参考摄入量(DRIs)是为了保证人体合理摄入营养素而设定的每日平均膳食营养素摄入量的一组参考值,它是在"推荐的每日膳食营养素供给量(RDA)"基础上发展起来的,但在表达方式和应用范围方面都已发生了根本变化。包括七项内容:

(一)平均需要量(Estimated Average Requirement,EAR)

EAR 是指某一特定性别、年龄及生理状况群体中的所有个体对某种营养素需要量的平均值,是根据个体需要量的研究资料计算得到的。EAR 根据某些指标判断能够满足这一群体中 50% 个体需要量的水平,但不能满足另外 50% 个体对该营养素的需要。EAR 是制定 RNI 的基础,由于某些营养素的研究尚缺乏足够的人体需要量资料,因此并非所有营养素都能制定出 EAR。

(二)推荐摄入量(Recommended Nutrient Intake,RNI)

RNI 相当于传统意义上的 RDA,是指可以满足某一特定性别、年龄及生理状况群体中绝大多数个体(97% ~98%)需要量的某种营养素摄入水平。长期摄入 RNI 水平,可以满足机体对该营养素的需要,保持机体健康和维持组织中有适当的营养素储备。RNI 的主要用途是作为个体每日摄入该营养素的目标值。

RNI 是以 EAR 为基础制订的。如果已知 EAR 的标准差,则 RNI 定为 EAR 加两个标准差,即 RNI = EAR + 2SD。如果关于需要量变异的资料不够充分,不能计算 SD 时,一般设 EAR 的变异系数为 10% ,这样 RNI = 1.2 × EAR。

(三)适宜摄入量(Adequate Intake,AI)

当某种营养素的个体需要量的研究资料不足,没有办法计算出 EAR,从而不能求得 RNI 时,可通过设定适宜摄入量 AI 来代替 RNI。AI 不是通过研究营养素的个体需要量求出来的,而是通过对健康人群摄入量的观察或实验获得的。例如纯母乳喂养的足月产健康婴儿,从出生到 6 个月,他们的营养素全部来自母乳,母乳中供给的各种营养素量就是他们的 AI 值。AI 的主要用途是作为个体营养素摄入量的目标。

AI 与 RNI 相似之处是二者都用作个体摄入量的目标,能够满足目标人群中几乎所有个体的需要。AI 和 RNI 的区别在于 AI 的准确性远不如 RNI,有时可能明显高于 RNI。

(四)可耐受最高摄入量(Tolerable Upper Intake Level,UL)

可耐受最高摄入量(UL)是营养素或食物成分平均每日摄入量的安全上限,是一个健康人群中几乎所有个体都不会产生毒副作用的最高摄入水平。"可耐受"的含义是指这一摄入水平一般是可以耐受的,对人群中的几乎所有个体大概都不至于损害健康,当摄入量超过 UL 进一步增加时,损害健康的危险性随之增大。UL 是日常摄入量的高限,并不是一个建议的摄入水平。

鉴于我国近年来营养强化食品和膳食补充剂的日渐发展,有必要制定营养素的 UL 来指导安全消费。对许多营养素来说,当前还没有足够的资料来制定它们的 UL,所以没有 UL 值并不意味着过多摄入这些营养素没有潜在的危险。

(五)宏量营养素可接受范围(Acceptable Macronutrient Distribution Ranges,AMDR)

AMDR 是指脂肪、蛋白质和碳水化合物理想的摄入范围,该范围可以提供人体对这些必须营养素的需要,并且有利于降低慢性病的发生危险,常用占能量摄入量的百分比表示。脂肪、蛋白质和碳水化合物是人体必需的产能营养素,但摄入过量时可能导致机体能量储存过多,增加非传染性慢性病(NCD)的发生风险。AMDR 的主要用途是预防营养素缺乏,同时减少摄入过量而导致慢性病的风险。

AMDR 的显著特点是具有上限和下限。如果一个个体的摄入量高于或低于推荐的范围,可能引起罹患慢性病的风险增加,或导致必需营养素缺乏的可能性增加。

(六)预防非传染性慢性病的建议摄入量(Proposed Intakes for Preventing Non – communicable Chronic Diseases,PI – NCD,建议简称 PI)

膳食营养素摄入量过高或过低导致的慢性病一般涉及肥胖、糖尿病、高血压、血脂异常、脑卒中、心肌梗死以及某些癌症。PI – NCD 是以非传染性慢性病(NCD)的一级预防为目标,提出的必须营养素的每日摄入量。当 NCD 易感人群某些营养素的摄入量接近或达到 PI 时,可以降低他们发生 NCD 的风险。

(七)特定建议值(Specific Proposed Levels,SPL)

SPL 指某些疾病易感人群膳食中某些成分的摄入量达到或接近这个建议水平时,有利于维护人体健康。主要是除了营养素以外的某些膳食成分,其中多数属于植物化合物,具有改善人体生理功能、预防慢性疾病的生物学作用,如大豆异黄酮、叶黄素、番茄红素、植物甾醇、氨基葡萄糖、花色苷、原花青素等。

应当特别强调的是:DRIs 是应用于健康人的膳食营养标准,它不是一种应用于患有急性或慢性病的人的营养治疗标准,也不是为患有营养缺乏病的人设计的营养补充标准。

四、用膳食营养素参考摄入量评价膳食

膳食营养素参考摄入量的应用包括评价膳食和计划膳食两个方面。在评价膳食工作中,用它作为一个尺度,来衡量人们实际摄入的营养素量是否适宜,在计划膳食工作中,用它作为营养状况适宜的目标,建议如何合理的摄取食物来达到这个目标。

(一)应用 DRIs 评价个体摄入量

膳食评价是营养状况评价的重要组成部分。虽然根据膳食这一项内容不足以确定一个人的营养状况,但把一个人的营养素摄入量与其相应的 DRIs 进行比较还是合理的。为了获得可靠的结果,需要准确的收集膳食摄入资料,正确选择评价参考值,并且合理的解释所得的结果。评价一个人的营养状况的理想方法是把膳食评价结果和体格测量、生化检验及临床观察资料结合起来进行分析。

1.用平均需要量(EAR)评价个体摄入量

对某个体的膳食进行评价是为了说明该个体的营养素摄入量是否能满足其需要量。但是,要直接比较一个人的摄入量和需要量是很困难的。我们不可能对观察的个体进行各种营养素的需要量研究,所以不知道这个特定个体的需要量,我们也几乎得不到个体真正的日常摄入量,因为他/她每天的摄入量都是不同的,而且对摄入量进行测定总会有误差。理论上,一个人摄入某营养素不足的概率可以用日常摄入量及该营养素的平均需要量和标准差进行计算。实际上我们只能评估在一段时间内观察到的摄入量是高于还是低于相应人群的平均需要量进行判断。

在实际应用中,观测到的摄入量低于 EAR 时可以认为必须提高,因为摄入不足的概率高达 50%;通过很多天的观测,摄入量达到或超过 RNI 时,或虽系少数几天的观测但结果远高于 RNI 时可以认为摄入量是充足的;摄入量在 EAR 和 RNI 之间者要确定摄入量是否适宜相当困难,为了安全起见,还是应当进行改善。

2.用最高可耐受摄入量(UL)评价个体摄入量

用 UL 衡量个体摄入量是将观测到的摄入量和 UL 进行比较,推断该个体的日常摄入量是否过高,以致可能危及健康。对于某些营养素(如维生素 B_1 和叶酸)摄入量可以只计算通过补充、强化和药物途径的摄入,而另外一些营养素如铁及维生素 A 等,则应把食物来源也包括在内。

UL 是一个对一般人群中绝大多数个体(包括敏感个体)都不会危害健康的摄入量上限。如果日常摄入量超过了 UL 就有可能对某些个体造成危害,有些营养素过量摄入的后

果比较严重,有的后果甚至是不可逆的。所以摄入量一旦超过了 UL 一定要认真对待。

总起来说,在任何情况下一个人的真正需要量和日常摄入量只能是一个估算结果,因此对个体膳食适宜性评价结果都是不够精确的,应当结合该个体其他方面的材料谨慎地对结果进行解释。

(二)应用 DRIs 评价群体摄入量

评价群体营养素摄入量需要关注两个方面的问题:一是人群中多大比例的个体对某种营养素的摄入量低于其需要量;二是有多大比例的个体日常摄入量很高,可能面临健康风险。要正确评价人群的营养素摄入量,需要获得准确的膳食资料、选择适当的参考值、调整个体摄入量变异的分布及影响因素,并对结果进行合理的解释。

人群中个体对某营养素的摄入量和需要量都彼此不相同。如果我们知道人群中所有个体的日常摄入量和需要量,就可以直接算出摄入量低于其需要量的人数百分数,确定有多少个体摄入不足,但实际上我们不可能获得此种资料,只能用适当的方法来估测人群摄入不足的概率。

1.用 EAR 评价群体营养素摄入量

在实际工作中,评价群体摄入量是否适宜有两种方法,即"概率法"和"平均需要量切点法"。不管何种方法都是用 EAR 来估测摄入不足的可能。

(1)概率法。这是一种把群体内需要量的分布和摄入量的分布结合起来的统计学方法。它产生一个估测值,表明有多大比例的个体面临摄入不足的风险。本法的概念很简单,即摄入量极低时摄入不足的概率很高,而摄入量很高时摄入不足的概率可以忽略不计。概率法由人群需要量的分布获得每一摄入水平的摄入不足危险度,由日常摄入量的分布获得群体内不同的摄入水平及其频数。为了计算每一摄入水平的摄入不足危险度,需要知道需要量分布的平均值(EAR)或中位需要量,变异度及其分布形态。实际上,有了人群需要量的分布资料以后,对每一摄入水平都可以计算出一个摄入不足危险度,再加权平均求得人群的摄入不足的概率。没有 EAR 的营养素,不能用概率法来计算群体中摄入不足的概率。

(2)切点法。EAR 切点法比概率法简单。如果条件合适,效果也不亚于概率法。使用这种方法的条件是:营养素的摄入量和需要量之间没有相关群体需要量的分布可以认为呈正态分布;摄入量的变异要大于需要量的变异。根据现有的知识,我们可以假定凡已制定了 EAR 和 RNI 的营养素都符合上述条件,都可以用本法进行评价。

EAR 切点法不要求计算每一摄入水平的摄入不足危险度,只需简单的计数在观测人群中有多少个体的日常摄入量低于 EAR。这些个体在人群中的比例就等于该人群摄入不足个体的比例。

(3)对摄入量分布资料的调整。不管采用何种方法来评估群体中营养素摄入不足的概率,日常摄入量的分布资料是必不可少的。为获得此资料必须对观测到的摄入量进行调整以排除个体摄入量的日间差异(个体内差异)。经过调整后的日常摄入量分布应当能够更好地反映个体间的差异。要对摄入量的分布进行调整至少要观测一个有代表性的亚人群，其中每一个体至少有连续三天的膳食资料或者至少有两个独立的日膳食资料。如果摄入量的分布没有得到适当的调整（包括个体内差异调整和调查有关因素如访谈方法，询问顺序等的调整）则不论用上述的哪种方法均难以正确估测摄入不足的比例。

2.用适宜摄入量（AI）评估群体摄入量

一种营养素的 AI 值可能是根据实验研究推演来的，也可能是依据实验资料和人群流行病学资料结合制定的，在有关报告中对某营养素 AI 值的来源及选用的评估标准都应当有具体的说明。当人群的平均摄入量或中位摄入量等于或大于该人群的营养素 AI 时，可以认为人群中发生摄入不足的概率很低。当平均摄入量或中位摄入量在 AI 以下时，则不可能判断群体摄入不足的程度。营养素的 AI 和 EAR 之间没有肯定的关系，所以不要试图从 AI 来推测 EAR。

3.用 UL 评估群体摄入量

UL 用于评估摄入营养素过量而危害健康的风险。根据日常摄入量的分布来确定摄入量超过 UL 者所占的比例，日常摄入量超过 UL 的这一部分人可能面临健康风险。进行此种评估时，有的营养素需要准确获得各种来源的摄入总量，有的营养素只需考虑通过强化、补充剂和作为药物的摄入量。

在人群中要根据日常摄入量大于 UL 的资料来定量评估健康风险是很困难的，因为在推导 UL 时使用了不确定系数。不确定系数反映在推导过程的多个环节上都可能存在一定程度的不准确，这些环节包括：相关的营养素摄入量资料，健康危害的剂量反应关系资料，由动物实验资料外推的过程，健康危害作用的严重程度评估以及人群的敏感性差异等方面。当前只能把 UL 作为安全摄入量的切点来使用，必须取得更多、更准确的人体研究资料之后，才有可能比较有把握地预测摄入量超过 UL 所带来的危害程度。

第二节　膳食结构与膳食指南

一、膳食结构

（一）膳食结构的基本概念

膳食结构是指膳食中各类食物的数量及其在膳食中所占的比重。一般可以根据各类食物所能提供的能量及各种营养素的数量和比例来衡量膳食结构的组成是否合理。

膳食结构不仅反映人们的饮食习惯和生活水平高低，同时也反映一个民族的传统文化，一个国家的经济发展和一个地区的环境和资源等多方面的情况。从膳食结构的分析上也可以发现该地区人群营养与健康、经济收入之间的关系。由于影响膳食结构的这些因素是在逐渐变化的，所以膳食结构不是一成不变的，通过适当的干预可以促使其向更利于健康的方向发展。但是这些因素的变化一般是很缓慢的，所以一个国家、民族或人群的膳食结构具有一定的稳定性,不会迅速发生重大改变。

(二)不同类型膳食结构的特点

根据膳食中动物性、植物性食物所占的比重,以及能量、蛋白质、脂肪和碳水化合物的供给量作为划分膳食结构的标准,可将世界不同地区的膳食结构分为以下四种类型:

1.动植物食物平衡的膳食结构

该类型以日本为代表。膳食中动物性食物与植物性食物比例比较适当。其特点是:谷类的消费量为年人均约94kg;动物性食品消费量为年人均约63kg,其中海产品所占比例达到50%,动物蛋白占总蛋白的42.8%;能量和脂肪的摄入量低于以动物性食物为主的欧美发达国家,每天能量摄入保持在2000kcal左右。宏量营养素供能比例为:碳水化合物57.7%,脂肪26.3%,蛋白质16.0%。

该类型的膳食能量能够满足人体需要,又不至于过剩。蛋白质、脂肪和碳水化合物的供能比例合理。来自于植物性食物的膳食纤维和来自于动物性食物的营养素(如铁、钙等)均比较充足,同时动物脂肪又不高,有利于避免营养缺乏病和营养过剩性疾病,促进健康。此类膳食结构已经成为世界各国调整膳食结构的参考。

2.以植物性食物为主的膳食结构

大多数发展中国家(如印度、巴基斯坦、孟加拉和非洲一些国家等)属此类型。膳食构成以植物性食物为主,动物性食物为辅。其膳食特点是:谷物食品消费量大,年人均为200kg;动物性食品消费量小,年人均仅10~20kg,动物性蛋白质一般占蛋白质总量的10%~20%,低者不足10%;植物性食物提供的能量占总能量近90%。该类型的膳食能量基本可满足人体需要,但蛋白质、脂肪摄入量均低,来自于动物性食物的营养素(如铁、钙、维生素A)摄入不足。营养缺乏病是这些国家人群的主要营养问题,人的体质较弱、健康状况不良、劳动生产率较低。但从另一方面看,以植物性食物为主的膳食结构,膳食纤维充足,动物性脂肪较低,有利于冠心病和高脂血症的预防。

3.以动物性食物为主的膳食结构

多数欧美发达国家(如美国、西欧、北欧诸国)的典型膳食结构即是如此。其膳食构成以动物性食物为主,属于营养过剩型的膳食。以提供高能量、高脂肪、高蛋白质、低纤维为主要特点,人均日摄入蛋白质100g以上,脂肪130~150g,能量高达3300~3500kcal。食物摄入特点是:粮谷类食物消费量小,人均每年60~75kg,动物性食物及食糖的消费量大,人均每年消费肉类100kg左右,乳和乳制品100~150kg,蛋类15kg,食糖40~60kg。

与植物性为主的膳食结构相比,营养过剩是此类膳食结构国家人群所面临的主要健康问题。心脏病、脑血管病和恶性肿瘤已成为西方人的三大死亡原因,尤其是心脏病死亡率明显高于发展中国家。

4.地中海膳食结构

该膳食结构以地中海命名是因为该膳食结构的特点是居住在地中海地区的居民所特有的,意大利、希腊可作为该种膳食结构的代表。膳食结构的主要特点是:①膳食富含植物性食物,包括水果、蔬菜、土豆、谷类、豆类、果仁等;②食物的加工程度低,新鲜度较高,该地区居民以食用当季、当地产的食物为主;③橄榄油是主要的食用油;④脂肪提供能量占膳食总能量比值在25%~35%,饱和脂肪所占比例较低,在7%~8%;⑤每天食用少量适量乳酪和酸乳;⑥每周食用少量/适量鱼、禽,少量蛋;⑦以新鲜水果作为典型的每日餐后食品,甜食每周只食用几次;⑧每月食用几次红肉(猪、牛和羊肉及其产品);⑨大部分成年人有饮用葡萄酒的习惯。此膳食结构的突出特点是饱和脂肪摄入量低,膳食含大量复合碳水化合物,蔬菜、水果摄入量较高。

地中海地区居民心脑血管疾病发生率很低,已引起了西方国家的注意,并纷纷参照这种膳食模式改进自己国家的膳食结构。

(三)我国居民的膳食结构

1.我国居民传统的膳食结构特点

我国居民的传统膳食以植物性食物为主,谷类、薯类和蔬菜的摄入量较高,肉类的摄入量比较低,豆制品总量不高且随地区而不同,乳类消费在大多地区不多。此种膳食的特点是:

(1)高碳水化合物。我国南方居民多以大米为主食,北方以小麦粉为主,谷类食物的供能比例占70%以上。

(2)高膳食纤维。谷类食物和蔬菜中所含的膳食纤维丰富,因此我国居民膳食纤维的摄入量也很高。这是我国传统膳食最具备优势之一。

(3)低动物脂肪。我国居民传统的膳食中动物性食物的摄入量很少,动物脂肪的供能比例一般在10%以下。

2.中国居民的膳食结构现状及变化趋势

当前中国城乡居民的膳食仍然以植物性食物为主,动物性食品为辅,但中国幅员辽阔,各地区、各民族以及城乡之间的膳食构成存在很大差别,富裕地区与贫困地区差别较大,而且随着社会经济发展,我国居民膳食结构向"富裕型"膳食结构的方向转变。

居民营养与慢性病状况是反映一个国家经济社会发展、卫生保健水平和人口健康素质的重要指标。2004年原卫生部发布了2002年中国居民营养与健康状况调查结果。随着我国经济社会发展和卫生服务水平的不断提高,居民人均预期寿命的逐年增长,健康状况和营养水平不断改善,疾病控制工作取得了巨大的成就。与此同时人口老龄化、城镇化、工业化的进程加快,以及不健康的生活方式等因素也影响着人们的健康状况。为了进一步了解我国居民营养和慢性病状况的变化,根据中国疾病预防控制中心、国家心血管病中心、国家癌症中心近年来监测和调查的最新数据,结合国家统计局等部门人口基础数据,国家卫生计生委组织专家编写了《中国居民营养与慢性病状况报告(2015年)》。

我国居民膳食营养与体格发育状况得到改善。一是膳食能量供给充足,体格发育与营养状况总体改善。2012年居民每人每天平均能量摄入量为2172千卡,蛋白质摄入量为65克,脂肪摄入量为80克,碳水化合物摄入量为301克,三大营养素供能充足,能量需要得到满足。全国 18 岁及以上成年男性和女性的平均身高分别为 167.1cm 和 155.8cm,平均体重分别为 66.2kg 和 57.3kg,与 2002 年相比,居民身高、体重均有所增长,尤其是 6～17 岁儿童青少年身高、体重增幅更为显著。成人营养不良率为 6.0%,比 2002 年降低 2.5 个百分点。儿童青少年生长迟缓率和消瘦率分别为 3.2% 和 9.0%,比 2002 年降低 3.1 和 4.4 个百分点。6 岁及以上居民贫血率为 9.7%,比 2002 年下降 10.4 个百分点,其中 6～11 岁儿童和孕妇贫血率分别为 5.0% 和 17.2%,比 2002 年下降了 7.1 和 11.7 个百分点。二是膳食结构有所变化,超重肥胖问题凸显。2002 年～2012 年,我国城乡居民粮谷类食物摄入量保持稳定。总蛋白质摄入量基本持平,优质蛋白质摄入量有所增加,豆类和奶类消费量依然偏低。脂肪摄入量过多,平均膳食脂肪供能比超过 30%。蔬菜、水果摄入量略有下降,钙、铁、维生素 A、维生素 D 等部分营养素缺乏依然存在。2012 年居民平均每天烹调用盐 10.5 克,较 2002 年下降 1.5 克。全国 18 岁及以上成人超重率为 30.1%,肥胖率为 11.9%,比 2002 年上升了 7.3 和 4.8 个百分点,6～17 岁儿童青少年超重率为 9.6%,肥胖率为 6.4%,比 2002 年上升了 5.1 和 4.3 个百分点。

铁、维生素 A 等微量营养素缺乏是我国城乡居民普遍存在的问题。我国居民贫血患病率平均为 15.2%,2 岁以内婴幼儿、60 岁以上老人、育龄妇女贫血患病率分别为 24.2%、21.5% 和 20.6%。3～12 岁儿童维生素 A 缺乏率为 9.3%,其中城市为 3.0%,农村为 11.2%;维生素 A 边缘缺乏率为 45.1%,其中城市为 29.0%,农村为 49.6%;全国城乡钙摄入量仅为每标准人 389mg/d,还不到适宜摄入量的一半。

二、膳食指南

膳食指南(dietary guideline)是依据营养科学原则,结合社区人群健康需要和当地食物生产供应情况以及人群生活实践,由政府或权威机构研究并提出的食物选择和身体活动的指导性意见,是教育社区人群采用平衡膳食,摄取合理营养促进健康的指导性意见。

我国的膳食指南有着近 30 年的历史。中国营养学会于 1989 年首次发布了《我国居民膳食指南》,共有以下 8 条内容:①食物要多样;②饥饱要适当;③油脂要适量;④粗细要搭配;⑤食盐要限量;⑥甜食要少吃;⑦饮酒要节制;⑧三餐要合理。该指南自发布后,在指导、教育人民群众采用平衡膳食,增强体质方面发挥了积极作用。

针对我国经济发展和居民膳食结构的不断变化,1997 年由中国营养学会常务理事会通过并发布 1997 年的《中国居民膳食指南》,包括 8 条内容:①食物多样,谷类为主;②多吃蔬菜、水果和薯类;③常吃乳类、豆类或其制品;④经常吃适量的鱼、禽、蛋、瘦肉,少吃肥肉和荤油;⑤食量与体力活动要平衡,保持适宜体重;⑥吃清淡少盐的膳食;⑦饮酒应限量;⑧吃清洁卫生、不变质的食物。

经过近 10 年的发展,中国营养学会专家委员会依据中国居民膳食和营养摄入情况,以及存在的突出问题,结合营养素需要量和食物成分的新知识,于 2007 年 9 月由中国营养学会理事会扩大会议通过了 2007 年的《中国居民膳食指南》,包括 10 条内容:①食物多样,谷类为主,粗细搭配;②多吃蔬菜水果和薯类;③每天吃奶类、大豆或其制品;④常吃适量的鱼、禽、蛋和瘦肉;⑤减少烹调油用量,吃清淡少盐膳食;⑥食不过量,天天运动,保持健康体重;⑦三餐分配要合理,零食要适当;⑧每天足量饮水,合理选择饮料;⑨饮酒应限量;⑩吃新鲜卫生的食物。

随着时代的发展,我国居民膳食消费和营养状况发生了变化,为了更加契合百姓健康需要和生活实际,2014 年中国食品营养学会组织了《中国居民膳食指南》修订专家委员会,依据近期我国居民膳食营养问题和膳食模式分析以及食物与健康科学证据报告,参考国际组织和其他国家膳食指南修订的经验,对我国第 3 版《中国居民膳食指南(2007)》进行修订,最终形成了《中国居民膳食指南(2016)》系列指导性文件。

《中国居民膳食指南 2016)》由一般人群膳食指南、特定人群膳食指南和中国居民平衡膳食实践三部分组成。一般人群膳食指南共有 6 条核心推荐条目,适合于 2 岁以上健康人群。特定人群膳食指南包括孕妇乳母膳食指南、婴幼儿喂养指南(0~24 月龄)、儿童少年(2~6岁、7~17 岁)膳食指南、老年人群膳食指南(≥65 岁)。其中 6 岁以上各特定人群的膳食指南是在一般人群膳食指南 10 条的基础上进行增补形成的。除 0~24 月龄婴幼儿喂养指南外,特定人群膳食指南是根据不同年龄阶段人群的生理和行为特点,在一般人群膳食指南基础上进行了补充。为了更好地传播和实践膳食指南的主要内容和思想,修订了 2007 版的中国居民平衡膳食宝塔,新增了中国居民平衡膳食餐盘和儿童平衡膳食算盘,以突出可视性和操作性。

(一)一般人群膳食指南

一般人群膳食指南适用于 2 岁以上健康人群,根据该人群的生理行为特点和营养需要,结合我国居民膳食结构特点,制定了 6 条核心推荐条目,以期达到平衡膳食,合理营养,保证健康的目的。

1.食物多样,谷类为主

平衡膳食模式是最大程度保障人类营养和健康的基础,食物多样是平衡膳食模式的基本原则。不同食物中的营养素及有益膳食成分的种类和含量不同,除供 6 月龄内婴儿的母乳外,没有任何一种食物可以满足人体所需的能量及全部营养素。只有多种食物组成的膳食才能满足人体对能量和各种营养素的需要。每天的膳食应包括谷薯类、蔬菜水果类、畜禽肉蛋奶类、大豆坚果类等食物。建议我国居民的平衡膳食应做到食物多样,平均每天摄取 12 种以上食物,每周 25 种以上食物。平衡膳食能最大程度的满足人体正常生长发育及各种生理活动的需要,并且可以降低包括高血压、心血管疾病等多种疾病的发病风险。

谷物为主是指谷薯类食物所提供的能量占膳食总能量的一半以上,也是中国居民平衡膳食模式的重要特征。坚持谷物为主,特别是增加全谷物摄入,有利于降低 2 型糖尿病、心血管疾病、结直肠癌等与膳食相关的慢性病的发病风险。建议一般成年人每天摄入谷薯类食物 250~400g,其中全谷物和杂豆类 50~150g,薯类 50g~100g。

2.吃动平衡,健康体重

食物摄入量和身体活动量是保持能量平衡、维持健康体重的两个重要因素,体重是客观评价人体营养和健康状况的重要指标。体重过低一般反映能量摄入相对不足,可导致营养不良,诱发疾病的发生;体重过高反应能量摄入相对过多或活动不足,易导致超重和肥胖,可显著增加 2 型糖尿病、冠心病、某些癌症等疾病的发病风险。增加身体活动或运动不仅有助于保持健康体重,还能够调节机体代谢,增强体质,降低全因死亡风险和冠心病、脑卒中、2 型糖尿病、结肠癌等慢性病的发病风险,同时也有助于调节心理平衡,有效消除压力,缓解抑郁和焦虑等不良精神状态。

食不过量,控制总能量摄入,保持能量平衡。各个年龄段人群都应该坚持天天运动、维持能量平衡、保持健康体重。推荐每周至少进行 5 天中等强度身体活动,累计 150 分钟以上;坚持日常身体活动,主动身体活动最好每天 6000 步;尽量减少久坐时间,每小时起来动一动,动则有益。

3.多吃蔬果、奶类、大豆

新鲜蔬菜水果、奶类、大豆及豆制品是平衡膳食的重要组成部分,坚果是膳食的有益补充。蔬菜水果是维生素、矿物质、膳食纤维和植物化学物的重要来源,对提高膳食微量营养素和植物化学物的摄入量起到重要作用,循证研究发现,提高蔬菜水果摄入量,可维持机体健康,有效降低心血管、肺癌和糖尿病等慢性病的发病风险。奶类富含钙,是优质蛋白质和 B 族维生素的良好来源,增加奶类摄入有利于儿童少年生长发育,促进成人骨骼健康。大豆富含优质蛋白质、必需脂肪酸、维生素 E,并含有大豆异黄酮、植物固醇等多种植物化学物,多吃大豆及其制品可以降低乳腺癌和骨质疏松症的发病风险。坚果富含脂类和多不饱和脂肪酸、蛋白质等营养素,适量食用有助于预防心血管疾病。

建议增加蔬菜水果、奶类和大豆及其制品的摄入。提倡餐餐有蔬菜,推荐每天摄入蔬菜 300~500g,其中深色蔬菜占 1/2;天天吃水果,推荐每天摄入 200g~350g 新鲜水果,果汁不能代替鲜果;每天饮奶 300g 或相当量的奶制品;经常吃豆制品,适量吃坚果,平均每天摄入大豆和坚果 25~35g。

4.适量吃鱼、禽、蛋、瘦肉

鱼、禽、蛋和瘦肉均属于动物性食物,富含优质蛋白质、脂类、脂溶性维生素、B 族维生素和矿物质等,是平衡膳食的重要组成部分。鱼类含有较多的不饱和脂肪酸,有些鱼类富含二十碳五烯酸(EPA)和二十二碳六烯酸(DHA),对预防血脂异常和心血管疾病等有一定作用。禽类脂肪含量相对较低,其脂肪酸组成优于畜类脂肪。蛋类各种营养成分比较齐全,营养价值高,但胆固醇含量也高,摄入量不宜过多。畜肉类中铁的利用较好,但饱和脂肪酸含量较高,在加工烟熏和腌制肉类的过程中,肉类易遭受一些致癌物污染,过多食用可增加肿瘤发生的风险,应当少吃或不吃。

鱼、禽、蛋和瘦肉摄入要适量。推荐每周吃鱼 280~525g,畜禽肉 280~525g,蛋类 280~350g,平均每天摄入总量 120~200g。优先选择鱼和禽,少吃肥肉、烟熏和腌制肉食品。

5.少盐少油,控糖限酒

我国居民的饮食习惯中食盐摄入量过高,高盐(钠)摄入可增加高血压、脑卒中和胃癌的发生风险,要降低食盐摄入,培养清淡饮食习惯,推荐每天食盐摄入量不超过6g。

目前我国居民烹调油摄入量过多,过多脂肪和动物脂肪摄入可增加肥胖的发生风险,摄入过多反式脂肪酸会增高心血管疾病的发生的发生风险。应减少烹调油和动物脂肪用量,每天烹调油摄入量为25～30g,每天反式脂肪酸摄入量不超过2g,少吃高盐和油炸食品。

儿童青少年糖的摄入量持续升高,成为我国肥胖和慢性病发生发展的关键影响因素。当糖摄入量<10%能量(约50g)时,龋齿的发生率下降;当添加糖摄入量<5%能量(约25g)时,龋齿发病率显著下降。过多摄入含糖饮料可增加龋齿和肥胖的发病风险。控制添加糖的摄入量,每天摄入不超过50g,最好控制在25g以下。建议儿童青少年不喝或少喝含糖饮料和食用高糖食品。

过量饮酒会增加肝损伤、痛风、直肠癌、乳腺癌、心血管疾病及胎儿酒精综合征等的发生风险。应避免过量饮酒,成人如饮酒,男性一天饮用的酒精量不超过25g,女性一天饮用的酒精量不超过15g,儿童少年、孕妇、乳母等特殊人群不应饮酒。

水是膳食的重要组成部分,在生命活动中发挥重要功能。应当足量饮水,建议成年人每天饮水7～8杯(1500～1700mL),提倡饮用白开水和茶水,不喝或少喝含糖饮料。

6.杜绝浪费,新兴食尚

勤俭节约、珍惜食物、杜绝浪费、尊重劳动是中华民族的传统美德和每个人必须遵守的原则。珍惜食物从每个人做起,按需购买食物、按需备餐、小分量食物,合理利用剩饭菜,提倡分餐制,做到不铺张浪费。选择新鲜卫生的食物,学会阅读营养标签,合理选择食物、合理储藏食物、采用适宜的烹调方式,提高饮食卫生水平。创造和支持文明饮食新风的社会环境和条件,应该从每个人做起,倡导回家吃饭,享受食物和亲情,传承优良饮食文化,树立健康饮食新风。

(二)中国居民平衡膳食宝塔

中国居民平衡膳食宝塔是根据《中国居民膳食指南(2016)》的核心内容和推荐,结合中国居民膳食的实际情况,把平衡膳食的原则转化为各类食物的数量及比例的图形化表示。

中国居民平衡膳食宝塔(图11-4)提出了一个营养上比较理想的膳食模式,其形象化的组合遵循了平衡膳食的原则,体现了一个在营养上比较理想的基本构成。平衡膳食宝塔共分五层,各层的位置和面积不同,在一定程度上反映出各类食物在膳食中所占的地位和比重。5类食物包括谷薯类,蔬菜水果,畜禽鱼蛋类,奶类、大豆和坚果类以及烹调用油盐,其食物数量是根据不同能量需要而设计,宝塔旁边的文

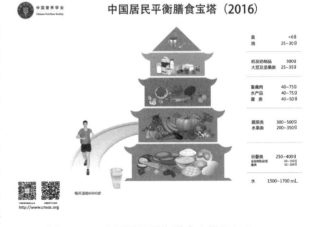

图11-4 中国居民平衡膳食宝塔(2016)

字注释,标明了在能量 1600 ~ 2400kcal 之间时,一段时间内成人每人每天各类食物摄入量的平均范围。

第一层是谷薯类食物,一段时间内成人每人每天应该摄入谷、薯、杂豆类食物250 ~ 400g,其中全谷物 50 ~ 150g(包括杂豆类),新鲜薯类 50 ~ 100g;第二层是蔬菜水果,推荐每人每天蔬菜摄入量应在 300 ~ 500g,水果 200 ~ 350g;第三层是鱼、禽、肉、蛋等动物性食物,推荐每天鱼、禽、肉、蛋摄入量共计 120 ~ 200g,建议每天畜禽肉的摄入量为 40 ~ 75g,水产品每天摄入量为 40 ~ 75g,蛋类每天摄入量为 40 ~ 50g(相当于 1 个鸡蛋);第四层是乳类、大豆和坚果类食物,推荐每天应摄入相当于鲜奶 300g 的奶类及奶制品,大豆和坚果制品摄入量为 25 ~ 35g;最顶层是烹调油和盐,推荐成人每天烹调油不超过 25 ~ 30g,食盐摄入量不超过 6g。

平衡膳食宝塔中标示了运动和饮水的推荐量,轻体力活动的成年人每天至少饮水 1500 ~ 1700mL(7 ~ 8 杯),在高温或强体力活动的条件下应适当增加,膳食中水分大约占 1/3,推荐一天中饮水和整体膳食(包括食物中的水,如汤、粥、奶等)水摄入共计在 2700 ~ 3000mL 之间。运动或身体活动是能量平衡和保持身体健康的重要手段,鼓励养成天天运动的习惯,推荐成年人每天进行至少相当于快步走 6000 步以上的身体活动,每周最好进行 150min 中等强度的运动,如骑车、跑步、庭院或农田劳动等。

(三)中国居民平衡膳食餐盘

中国居民平衡膳食餐盘是按照平衡膳食原则,在不考虑烹饪用油盐的前提下,描述一个人一餐中膳食的食物组成和大致比例。餐盘分成 4 部分,分别是谷薯类、动物性食物和富含蛋白质的大豆、蔬菜、水果,餐盘旁增加一杯牛奶。此餐盘适用于 2 岁以上人群,是一餐中的食物基本构成的描述。

如果按照 1600 ~ 2400kcal 能量需要水平,计算食物类别和重量比例,结合餐盘图(图 11 - 5)中色块显示,蔬菜占膳食总重量的 34% ~ 36%,谷薯类占膳食总重量的 26% ~ 28%,水果占膳食总重量的 20% ~ 25%,提供蛋白质的动物性食物和大豆占膳食总重量的 13% ~ 17%,一杯牛奶为 300g。按照这个重量比例计划膳食,将很容易达到营养需求。

图 11 - 5 中国居民平衡膳食餐盘(2016)

（四）中国儿童平衡膳食算盘

中国儿童平衡膳食算盘是根据平衡膳食的原则转化各类食物的分量图形化的表示,算盘主要针对儿童。在食物分类上,把蔬菜、水果分为两类,算盘分成6行,用不同色彩的彩珠标示食物多少,橘色表示谷薯类,绿色表示蔬菜,蓝色表示水果,紫色表示动物性食物,黄色表示大豆坚果和奶类,红色表示油盐。

此算盘分量为 8 ~ 11 岁儿童中等活动水平计算,宣传和知识传播中可以寓教于乐,能与儿童很好沟通和记忆一日三餐食物基本构成的多少。跑步的儿童身挎水壶,表达了鼓励喝白开水、不忘天天运动、积极活跃的生活和学习。

图 11 - 6　中国儿童平衡膳食算盘(2016)

第三节　营养调查

营养调查(nutritional survey)是运用科学手段来了解某一人群或个体的膳食和营养水平,以此判断其膳食结构是否合理和营养状况是否良好的重要手段。

我国曾于 1959 年、1982 年和 1992 年分别进行了三次全国性的营养调查,2002 年开展的"中国居民营养与健康状况调查",将第四次全国营养调查与肥胖、高血压、糖尿病等慢性病调查一起进行。这些营养调查是对不同经济发展时期人们的膳食组成变化、营养状况进行的全面了解,为研究各时期人群膳食结构和营养状况的变化提供了基础资料,也为食物生产、加工及政策干预和对群众的消费引导提供了依据。

一般来说,营养调查包括膳食调查、人体营养状况的生化检验和体格检查。这三个部分由表及里,各具特点,又相互联系,能够比较全面地反映人群的营养和健康状况,进而反映其生活质量。

一、膳食调查

膳食调查是通过对特定人群或个体的每人每日各种食物摄入量的调查,计算出每人每日各种营养素摄入量和各种营养素之间的相互比例关系,根据被调查者的工作消耗、生活环境以及维持机体正常生理活动的特殊需要,与 DRIs 进行比较,从而了解其摄入营养素的种类、数量以及配比是否合理的一种方法。

膳食调查通常用三种方法,即称重法、记账法和 24h 个人膳食询问法。调查者可根据当地的具体情况进行选择,这些调查方法均用于群体、散居户和个体的膳食调查。

（一）称重法

称重法是将被调查者每日每餐各种食物的消耗量都逐项称量记录,统计每餐的就餐人数,每日各餐的结果之和,即为每人每日总摄食量,再按《食物成分表》中每100g食物可食部所含各种营养素折算加在一起即为每人每日营养素摄入量。

称重法的调查步骤为:①称取每餐食物的生重、熟重和剩余熟重;②计算生熟折合率;③记录每餐就餐人数;④计算每人每日摄入的各种熟食重量和生食重量;⑤统计每人每日各项食物消耗量以及所摄入的各种营养素数量。

该方法比较准确地反映出被调查者的膳食摄入状况,但费时费人力,一般不宜作大规模的调查。

(二)记账法

对建有膳食账目的团体人群通过查阅一定时期的食物消耗总量,统计该时期的进餐人数,计算出每人每日各种食物的摄入量,再按《食物成分表》计算出各种营养素的摄入量。

记账法的调查步骤为:①逐日查对购买食物的发票和账目,把每日的同类食物量累加,得到一定时期内各种食物的消耗量;②查出该时期内用膳总人数;③计算每人每日食物消耗量,并计算出各种营养素的摄入量。

此法所需人力少,可进行全年四季的调查,一般每个季度调查1个月就能较好地反映出全年的营养状况。

(三)24h个人膳食询问法

该法是获得个人食物摄入量资料的一个非常有用的方法。不管是大型全国膳食摄入量调查还是小型研究,都采用这一方法来估计个人的膳食和营养素摄入量。由于调查目的、条件、环境不同,24h询问法也有所不同。该法简便易行,是通过被调查者的回忆得到的资料,为估计数据,但不太准确。

24h个人膳食询问法的一般调查步骤为:①比较详细地了解被调查者的食物构成种类、每日进餐次数和时间、粗细搭配情况,了解食物的加工烹调方法、储存条件和时间等;②要求被调查者回顾和描述24h(调查的前一整天)内摄入的全部食物的种类和数量;③一年内对同一个人调查6次,对每2个月中1日的食物消费进行回顾,调查表可通过谈话、询问方式填写;④营养素摄入量的计算方法与称重法相同。

(四)膳食营养评价

1.资料整理

无论使用何种调查方法获得的资料都要进行以下计算,并将结果填入表11-1,以评价膳食营养水平。

(1)每人每日各类食物的摄入量。

(2)每人每日各种营养素的摄入量。

(3)每人每日DRIs。

(4)每人每日营养素摄入量占DRIs的百分数。

(5)食物热能、蛋白质、脂肪的来源及分布。

表 11 - 1　膳食调查总结表

编号_____　省_____　市_____　县_____　区_____　单位_____　调查日期　年__ 月__ 日

食物类别	大米	面粉	杂粮	薯类	干豆类	豆制品	浅色蔬菜	绿色蔬菜	干菜	菌藻类	咸菜	水果	硬壳类	乳类	蛋类	畜禽类	鱼虾类	淀粉及糖	动物油	菜籽油	其他植物油	酱油	食盐
质量/g																							

	蛋白质/g	脂肪/g	糖/g	热量/kJ(kcal)	粗纤维/g	钙/mg	磷/mg	铁/mg	维生素A/μg	核黄素/mg	尼克酸/mg	抗坏血酸/mg
平均每人每日摄入量												
DRIs												
比较/%												
评价级别												

	热能食物来源分布					热能营养素来源分布					蛋白质来源分布				脂肪来源分布	
	谷类	薯类	豆类	其他植物食物	动物性食物	蛋白质	脂肪	碳水化合物	纯热能食物	动物性食物	谷类	豆类	其他植物食物	动物性食物	植物	动物
摄入量/kJ(kcal)																
占总摄入量/%																

2.膳食营养评价

将调查资料整理的结果同我国 DRIs 比较,对膳食营养做出评价。

(1)食物构成。我国目前以谷类食物为主食,蔬菜为副食,搭配有少量豆制品和动物性食品。这种膳食含有人体所需要的各种营养素,在一般情况下可满足人体的需要,但在特殊生理条件下需要进一步提高,如儿童在生长发育时期应当有充足的蛋白质、维生素和矿物质,并提供多样化的膳食。

(2)营养素摄入量占 RNI 和 AI 的百分数。在各种营养素中热能摄入量与需要量的差别不大,其他营养素的供给量为需要量的 1.5~2 倍。热能虽然不是营养素,但它是几种产热营养素的综合表现,对人体影响较大,应当首先考虑。成年人热能的摄入量占 RNI 的 80% 以上为正常,低于 80% 为摄入不足,摄入量长期超过 RNI 的 30% 或更高是无益有害的。儿童的热能摄入量占 RNI 的 90% 以上为正常,低于 80% 为不足。

膳食热能的构成一般为,蛋白质供给的热能占 10%~15%,脂肪占 20%~30%(其中,饱和脂肪酸的热能不应超过总热能的 10%),其余的热能由碳水化合物提供,这样的配比较为合适。在生活消费水平低,动物性食物和豆类摄入少时,谷类、薯类摄取量相对较多,此类食物的热能占总热能的比例高(>70%),很容易产生蛋白质不足和某些维生素、矿物质的缺乏现象。

蛋白质的营养状况评价,首先要看摄入量是否满足,然后分析品质状况。一般来说,动物性蛋白质和豆类蛋白质应占全部蛋白质的 30% 以上,低于 10% 就认为是差的。我国膳食中蛋白质的主要来源是谷类,其中赖氨酸、苏氨酸等为限制性氨基酸,应通过摄入动物性食物和豆类,互补搭配提高膳食蛋白质的生物价。当热能供应充足时,蛋白质摄入量在供给量的 80% 以上,多数成年人不致产生缺乏症,长期低于这一水平可能使部分儿童出现缺乏症状。

在进行膳食营养评价时,应当考虑到被调查者的工作和生活环境的特殊需要,如高温、寒冷、噪声、接触有害化学物质等特殊环境下的作业者需要。

二、体格检查

营养状况的体格检查,就是观察受检者因为机体内长期缺乏某种或数种营养素,以及摄入不足而引起的生长发育不良等一系列临床症状和体征。体格检查通常包括体格检查、某些有关的生理功能检查和缺乏症征检查。

(一)体格检查

身体的生长发育和正常体型的维持受遗传影响,也受营养等环境因素的影响。一般要测量以下指标:

1.体质量

我国常用的标准体质量计算公式为:

Broca 改良式   标准体质量(kg)= 身高(cm) - 105

平田公式　　　　标准体质量(kg) = [身高(cm) - 100] × 0.9

2.身高、胸围及体格营养指数

$$体质指数(BMI) = 体质量(kg)/身高^2(m)$$

适用于学龄以后各年龄的评价标准:正常范围 18.5 ~ 22.9,轻度消瘦 17 ~ 18.4,中度消瘦 16 ~ 16.9,重度消瘦 < 16,超重 23 ~ 24.9,肥胖 25 ~ 29.9,严重肥胖 > 30.00。

$$比胸围 = \frac{胸围(cm)}{身高(cm)} × 100\%$$

标准值:50 ~ 55。

3.皮脂厚度

测量一定部位的皮褶厚度可以表示或计算体内脂肪量,用皮褶计测量。常用指标有肱三头肌皮褶厚度、肩胛下皮褶厚度以及腹部皮褶厚度。如肱三头肌皮褶厚度标准值为:男 12.5mm,女 16.5mm。测量值为标准值的 90% 以上为正常,80% ~ 90% 为轻度营养不良,60% ~ 80% 为中度营养不良,< 60% 为重度营养不良。WHO 推荐选用肩胛下、肱三头肌(上肩部)和腹部三个测定点。瘦、中等和肥胖的界限:男性分别为 10mm、10 ~ 40mm 和 40mm;女性分别为 20mm、20 ~ 50mm 和 50mm。

除此之外,体格检查中还可以测量坐高(顶臀长)、头围、上臂围等指标。

上述指标中身高和体质量较为全面地反映了蛋白质、热能及矿物质的摄取、利用和储备情况,反映了机体、肌肉、内脏的发育和潜在能力。当热能和蛋白质供应不足或过量时,体质量的变化比身高更为灵敏,因此常作为了解蛋白质和热能营养状况的重要观察指标。体内脂肪含量与热能供给关系十分密切。测定皮下脂肪厚度的方法简便易行,被 WHO 列为营养调查的必测项目。

(二)症状和体征

营养缺乏病的发生是一个渐进的过程,最先是摄入量的不足或者机体处于某种应激状态使需要量明显增加,造成体内营养水平的下降。如果营养素的供应持续得不到满足则会进一步引起组织缺乏,使一些生化代谢发生紊乱、生理功能受到影响,最后导致病理形态上的异常改变和损伤,此时就表现出临床缺乏体征。但营养缺乏病的症状及体征往往比较复杂,轻度的营养缺乏病不太典型,检查时应注意观察不要遗漏,还有些症状及体征是非特异性的,其他因素也可引起,应仔细鉴别诊断,检查者对受检者体格情况,一般营养素缺乏病的症状和体征逐项检查,并对照参考表 11 - 2。检查完毕,检查者对受检者的营养状况做出准确诊断,确定其是否正常或存在何种营养缺乏病。

有关营养素摄入过量可能产生不良作用所表现出的症状和体征,资料非常少。今后应注意调查其有价值的症状和体征。

表 11 – 2 营养调查有价值的体征

部位	体征	有关的障碍或营养素缺乏
头发	失去光泽,稀少	维生素 A 或蛋白质
面部	鼻唇窝溢脂皮炎	维生素 B_2
眼	结膜苍白	贫血(例如铁)
	毕托氏斑,结膜干燥,角膜干燥,角膜软化	维生素 A
	睑缘炎	维生素 B_2
唇	口角炎,口角结痂,唇炎	维生素 B_2
舌	舌色猩红及牛肉红 舌色紫红	维生素 B_2
齿	斑釉齿	氟过多
齿龈	松肿	维生素 B_2
腺体	甲状腺肿大	碘
	腮腺肿大	饥饿
皮肤	干燥,毛囊角化	维生素 A
	出血点(瘀点)	维生素 B_2
	癞皮病皮炎	维生素 B_2
	阴囊与会阴皮炎	维生素 B_2
指甲	反甲(舟状甲)	铁
皮下组织	水肿	蛋白质
	脂肪减少	饥饿
	脂肪增多	肥胖
肌肉和骨骼	肌肉消耗	饥饿,营养不良
	颅骨软化,方头,骨骺肿大 前囟未闭,下腿弯曲,膝盖靠紧	维生素 D
	串珠肋	维生素 D,抗坏血酸
	肌肉、骨骼出血	抗坏血酸
消化系统	肝肿大	蛋白质 – 热量
神经系统	精神性运动的改变	蛋白质 – 热量
心脏	心脏扩大,心动过速	维生素 B_2

三、生化检验

生化检验在评价人体营养状况中具有重要地位,特别是在出现营养失调症状之前,即所谓亚临床状态时,生化检查就可及时反映出机体营养缺乏或过量的程度。评价营养状况的生化测定方法较多,基本上可以分为测定血液及尿液中营养素的含量、排出速率、相应的代谢产物以及测定与某些营养素有关的酶活力等。

我国人体营养水平生化检验常用诊断参考指标及临界值列于表 11 - 3,供参考应用。由于受民族、体质、环境因素等多方面影响,这些方法和数据也是相对的。

表 11 - 3 人体营养水平生化检验临床参考数值

营养物质	生化检验诊断参考指标及临界值
蛋白质	1. 血清总蛋白 >60g/L 2. 血清蛋白 >3.6 g/L 3. 血清球蛋白 >1.3 g/L 4. 白/球(A/G)(1.5~2.5):1 5. 空腹血中氨基酸总量/必需氨基酸量 >2 6. 血液相对密度 >1.015 7. 尿羟脯氨酸系数(mmol/L 尿肌酐系数) >2.0~2.5 8. 游离氨基酸 4~6mg/L(血浆),6.5~9.0 mg/L(RBC) 9. 每日必然损失 N(ONL):男 54mg/kg,女 55mg/kg
钙、磷、维生素 D	1. 血清钙 90~110mg/L(其中游离钙 45~55mg/L) 2. 血清无机磷:儿童 40~60mg/L,成人 30~50mg/L 3. 血清 Ca×p >30~40 4. 血清碱性磷酸酶:成人 1.5~4.0,儿童 5~15 菩氏单位 5. 血浆 25-OH-D₃,10~30 mg/L,1.25-(OH)₂-D₃,30~60ng/L
锌	1. 发锌 125~250μg/g(各地暂用:临界缺乏 <110mg/g,绝对缺乏 <70 μg/g) 2. 血浆锌 800~1100 μg/L 3. 血红胞锌 12~14mg/L 4. 血清碱性磷酸酶:成人 1.5~4.0,儿童 5~15 菩氏单位
血脂	1. 总脂 4500~7000 mg/L 2. 甘油三酯 200~1100mg/L 3. α-脂蛋白 30%~40% 4. β-脂蛋白 60%~70% 5. 胆固醇 1100~2000mg/L(其中胆固醇酯 70%~75%) 6. 游离脂酸 0.2~0.6mmol/L 7. 血酮 <2mg/dL
铁	1. 全血血红蛋白质量浓度(g/L):成人男 >130,成人女 >120,儿童 >120,6 岁以下小儿及孕妇 >110 2. 血清运铁蛋白饱和度:成人 >16%,儿童 >7%~10% 3. 血清铁蛋白 >10~12mg/L 4. 血液红细胞压积(HCT 或 PCV):男 40%~50%,女 37%~48% 5. 红细胞游离原卟啉 <70mg/L RBC 6. 平均红细胞体积(MCV)80~90μm³ 7. 平均红细胞血红蛋白量(MCH)26~32μg
维生素 A	1. 血清视黄醇:儿童 >300 μg/L,成人 >400 μg/L 2. 血清胡萝卜素:>800μg/L

在进行生化测定时,取样的种类、方式、时间及保存运输均是十分重要的,所取的样品应能够反映受检者的营养素摄入水平,而且还考虑到样品容易取得。

目前,最常取用的样品是血液及尿液,但毛发、指甲及某些体液(如汗液、唾液、胃液等)也可用于测定某些特定营养素的营养状态。

第四节　营养监测

一、营养监测的概念

营养监测的概念来源于疾病监测,主要是由于世界范围内存在营养不良,如发展中国家由于蛋白质—热量缺乏而引起的营养不良、家庭中可用食物不足、缺乏必要的生活条件和保健服务等。这一概念刚刚被认识,逐渐形成了一些具体的工作方法,我国尚未系统开展社会营养监测工作, FAO、WHO、UNICEF(联合国儿童基金会)等国际组织给出的定义是:社会营养监测(简称营养监测)是对人群(尤其是按社会经济状况划分的亚人群)的营养状况进行连续动态地观察,针对营养问题制定计划,分析已制定的政策和计划所产生的影响,并预测其发展趋势。

营养监测活动因不同目的和工作内容而有所不同,可以划分为三类:

(一)长期营养监测

对人群营养现状进行调查分析,以便制定计划(一般为国家级),分析这些计划对营养问题的影响,并预测将来的趋势。这种监测对信息的反应较慢,通常是通过专门针对改善营养和卫生的大规模国家规划,或通过全面的发展政策,以及两者兼存的方式来实现。

(二)计划效果评价性监测

在实施了以改善营养或满足营养需要为目标的计划后,监测营养指标的变化。其主要目的是对制订的目标进行改进,或评价其是否需要修改措施,以便在实施阶段完善和完成计划。这种监测活动的反应比长期营养监测要快些。

(三)及时报警和干预系统监测

为了预防或减轻正在发生的食物消费不足或营养摄入过量所采用的监测系统。这种监测不直接针对慢性食物消费不足、营养不良、过剩和失调,而是预防和减轻易染人群的短期营养恶化。其监测系统需要一个能对预测中发生的问题做出反应的机构,以便在食物减少或营养摄入过剩之前采取行动并进行干预,具有迅速行动,短期干预处理眼前问题的特点。

二、国外营养监测情况

在发展中国家与其他发达国家,营养监测活动包括食物平衡表的使用,家庭预算监测,膳食摄入的个体监测,消费者消费监测,以及人群中个体营养和健康状况的定期评价等。在发展中国家,监测活动常使用食物平衡表,因为它们更易获得且较其他监测方法耗费少。在其他发达国家,当前的监测活动常包括营养状况测量。卢森堡营养监测系统长期进行膳食摄入和基于家庭预算表的家庭相关食物消费的监测,直到 20 世纪 90 年代中期才添加了营养状况与社会经济成分的监测。荷兰营养监测系统则使用食物平衡表,家庭成员的 2 天食物记录,以及某些人群的营养状况测量。意大利开展全国性家庭监测,内容包括食物和营养素的摄入状况,以及家庭有关健康状况、膳食、人体测量、血象测定等信息。澳大利亚评价了食物供应与个体膳食摄入量的变化,以及社区和亚人群营养状况的变化。英国则收集食物称重记录以估计膳食摄入量,收集血、小便标本,血压与人体测量数据等评价营养和健康状况。日本自 1946 年起在全国水平监测膳食摄入量,且在过去的 50 年,不断将监测重点从食物供应转到膳食与慢性疾病。

许多欧洲国家虽然也有营养监测系统,但其健康报告系统很少或几乎没有涉及营养相关指标。德国的一项长期性健康报告系统始于 20 世纪 70 年代初,但该系统中营养状况通常均未被充分体现。德国各州分别报告营养和健康相关数据,但目前仍没有一个全国性营养系统,资料的收集尚不连续,资金方面也不充足,设计不够全面,也不能满足对健康资料的需求。然而,欧洲联盟健康指标系统的建立已在计划之中,可用于各欧盟国家共享健康资料,以及分析或报告公众健康信息,该计划中,营养(膳食)继生活方式与卫生习惯之后列于第五位,并非以其单独的种类列出。相反,美国全国营养目标则已成功整合入全国健康目标之中。营养在"健康人 2010"计划中占据着一个重要位置,该计划强调美国 10 大主要健康指标之一为"超重与肥胖"。

三、营养监测的作用

(一)调查营养不良或过剩的原因

造成营养不良或过剩的原因:一是食物与非食物因素,前者很大程度上取决于膳食的摄取,后者常见于个人患病,两者均有一个共同的前提,就是经济收入状况;二是外界对家庭的影响因素和家庭内部的影响因素。

(二)营养水平是政府发展计划的目标和社会经济的指标

营养水平和健康是生活质量的一个间接指标。发展计划部门及经济工作者要寻求如健康状况、营养水平等社会指标,作为决定经济发展策略的指导,评价对人民生活质量的影响,依据营养监测数据信息,制定经济计划、营养和公共卫生计划。近年来,人们已将食品和营养水平列入"基本需要"及"人人享有卫生保健"的理念中,显然营养问题是其中的一个分支。

(三)制定保健战略的依据

20 世纪 70 年代以来,营养在保健战略中的地位才得到确认,健康的和良好的营养状况是互相依存的,身体健康需要充足的食物。我国及许多国家制定了一些国民健康状况的卫生指标,如出生时或其他特定年龄的预期寿命,婴儿或儿童死亡率,出生体质量,学龄前儿童营养状况,儿童身高等,这些指标可分为卫生政策指标、卫生保健指标、健康状况指标等几大类,营养监测包括了大多数这些指标。

(四)建立食物安全保障系统的依据

通过早期预警,密切关注国内外市场变化、重大自然灾害等对事物供给带来的影响,提前做好应对准备。

四、社会营养监测与营养调查的区别

(1)膳食调查和营养生化水平的测定是传统营养调查的主要内容,而在世界卫生组织关于营养监测的一些报告里却提出只需要了解与营养有关的健康状况指标,甚至在健康指标方面也不强求统一的模式,生化水平的测定也不要求必须做到。营养状况的判定也只是取一些最普遍的容易取得的资料,在掌握全局常年的动态变化的前提下有余力时才把上臂围测定,眼结膜症状、血清中维生素 A、血红蛋白等检查和测定当作补充指标列入。膳食调查对于传统的营养调查是首要内容,而在世界卫生组织关于社会营养监测的建议中竟然不要求把它列入必做的项目。

(2)社会营养监测比传统的营养调查多了一个重要方面,即与营养有关的社会经济和农业资料方面的分析指标。

(3)在材料取得方法上,为保证广度,提倡尽可能多的搜集现成材料(如新生儿体重等),而不强求来自第一手直接测定数据。

第十二章　营养配餐

第一节　概述

平衡膳食、合理营养是健康饮食的核心。完善而合理的营养可以保证人体正常的生理功能,促进健康和生长发育,提高机体的抵抗力和免疫力,有利于某些疾病的预防和治疗。合理营养要求膳食能供给机体所需的全部营养素,并不发生缺乏或过量的情况。

平衡膳食则主要从膳食的方面保证营养素的需要,以达到合理营养,它不仅需要考虑食物中含有营养素的种类和数量,而且还必须考虑食物合理的加工方法、烹饪过程中如何提高消化率和减少营养素的损失等问题。

营养配餐,就是按人们身体的需要,根据食物中各种营养物质的含量,设计1天、1周或1个月的食谱,使人体摄入的蛋白质、脂肪、碳水化合物、维生素和矿物质等几大营养素比例合理,即达到平衡膳食,营养配餐是实现平衡膳食的一种措施。平衡膳食的原则通过食谱才得以表达出来,充分体现其实际意义。

一、营养配餐的目的和意义

(1)营养配餐可将各类人群的膳食营养素参考摄入量具体落实到用膳者的每日膳食中,使他们能按需要摄入足够的能量和各种营养素,同时又防止营养素或能量的过高摄入。

(2)可根据群体对各种营养素的需要,结合当地食物的品种、生产季节、经济条件和厨房烹调水平,合理选择各类食物,达到平衡膳食。

(3)通过编制营养食谱,可指导食堂管理人员有计划的管理食堂膳食,也有助于家庭有计划地管理家庭膳食,并且有利于成本核算。

二、营养配餐的理论依据

营养配餐是一项实践性很强的工作,与人们的日常饮食直接相关,要做到营养配餐科学合理,需要以一系列营养理论为指导。

(一)中国居民膳食营养素参考摄入量(DRIs)

中国居民膳食营养素参考摄入量(DRIs)是每日平均膳食营养素摄入量的一组参考值。制定DRIs的目的在于更好地指导人们膳食实践,评价人群的营养状况并为国家食物发展供应计划提供依据。DRIs是营养配餐中能量和主要营养素需要量的确定依据。DRIs中的推荐摄入量(RNI)是个体适宜营养素摄入水平的参考值,是健康个体膳食摄入营养素的目标。编制营养食谱时,首先需要以各营养素的推荐摄入量(RNI)为依据确定需要量,一般以能量需要量为基础。制定出食谱后,还需要以各营养素的 RNI 为参考,评价食谱的制定是否合理,如果与 RNI 相差不超过 10%,说明编制的食谱合理可用,否则需要加以调整。

(二)中国居民膳食指南和平衡膳食宝塔

膳食指南本身就是合理膳食的基本规范,为了便于宣传普及,它将营养理论转化为一个通俗易懂、简明扼要的可操作性指南,其目的就是合理营养、平衡膳食、促进健康。因此,膳食指南的原则就是食谱设计的原则,营养食谱的制定需要根据膳食指南考虑食物种类、数量的合理搭配。

平衡膳食宝塔则是膳食指南量化和形象化的表达,是人们在日常生活中贯彻膳食指南的工具。宝塔建议的各类食物的数量既以人群的膳食实践为基础,又兼顾食物生产和供给的发展,具有实际指导意义。同时平衡膳食宝塔还提出了实际应用时的具体建议,如同类食物互换的方法,对制定营养食谱具有实际指导作用。根据平衡膳食宝塔,我们可以很方便的制定出营养合理、搭配适宜的食谱。

(三)食物成分表

食物成分表是营养配餐工作必不可少的工具。要开展好营养配餐工作,必须了解和掌握食物的营养成分。中国疾病预防控制中心营养与食品安全所于 2002 年出版了新的食物成分表,所列食物仍以原料为主,各项食物都列出了产地和食部,包括了 1506 条食物的 31 项营养成分。通过食物成分表,我们在编制食谱时才能将营养素的需要量转换为食物的需要量,从而确定食物的品种和数量。在评价食谱所含营养素摄入量是否满足需要时,同样需要参考食物成分表中各种食物的营养成分数据。

(四)营养平衡理论

1.膳食中三种宏量营养素需要保持一定的比例平衡

膳食中蛋白质、脂肪和碳水化合物必须保持一定的比例,才能保证膳食平衡。若按其各自提供的能量占总能量的百分比计,则蛋白质占 10% ~ 15%,脂肪占 20% ~ 30%,碳水化合物占 55% ~ 65%,打破这种适宜的比例,将不利于健康。

2.膳食中优质蛋白质与一般蛋白质保持一定的比例

食物蛋白质中所含的氨基酸有 20 多种,其中有 8 种是必需氨基酸,人体对这 8 种必需氨基酸的需要量需要保持一定的比例。常见食物蛋白质的氨基酸组成,都不可能完全符合人体需要的比例,多种食物混合食用,才容易使膳食氨基酸组成符合人体需要的模式。因此,在膳食构成中要注意将动物性蛋白质、一般植物性蛋白质和大豆蛋白质进行适当的搭配,并保证优质蛋白质占蛋白质总供给量的 1/3 以上。

3.饱和脂肪酸、单不饱和脂肪酸和多不饱和脂肪酸之间的平衡

一般认为,在脂肪提供的能量占总能量的 30% 范围内,饱和脂肪酸提供的能量占总能量的 7% 左右,单不饱和脂肪酸提供的能量占总能量的比例在 10% 以内,剩余的能量均由多不饱和脂肪酸提供为宜。

第二节　营养食谱

"食谱"通常有两重含义:一是泛指食物调配与烹调方法的汇总,如有关烹调书籍中介绍的食物调配与烹调方法、饭馆的菜单,都可称为食谱;另一种则专指膳食调配计划,即每日每餐主食和菜肴的名称与数量。在营养配餐中多采用常用菜单和营养食谱两个术语。

常用菜单是制定营养食谱的预选内容,是营养食谱的基础。而营养食谱则是调配膳食的应用食谱。为完成膳食调配,需要先形成常用菜单。常用菜单是根据实际条件和营养要求制定出的供选用的各种饭菜,具有相对的集成性、稳定性、可行性、规范性与科学性。由于常用菜单是根据实际情况汇集筛选而成,所以是制定营养食谱,选择饭菜的依据,同时,还应根据营养与口味要求,在主料、配料、佐料的搭配、用量以及制作方法上更注重科学、合理与规范。

一、营养食谱的调整与确定原则

根据我国膳食指导方针,结合膳食管理的整体要求,在膳食调配过程中应遵循营养平衡、饭菜适口、食物多样、定量适宜和经济合理的原则。

(一)保证营养平衡

膳食调配首先要保证营养平衡,提供符合营养要求的平衡膳食。主要包括以下几点:

1.满足人体能量与营养素的需求

膳食应满足人体需要的能量、蛋白质、脂肪,以及各种矿物质和维生素,不仅品种要多样,而且数量要充足。要求符合或基本符合"中国居民膳食营养素参考摄入量"标准。

2.膳食中提供能量的食物比例适当

膳食中所含的碳水化合物、蛋白质和脂肪是提供能量的营养物质,具有不同的营养功能。在供给能量方面可以在一定程度上相互代替,但在营养功能方面却不能相互取代。因此,膳食中所含的产能物质应有适当的比例,以符合人体营养生理的需要。

3.蛋白质和脂肪的来源与食物构成合理

我国膳食以植物性食物为主,为了保证蛋白质质量,动物性食物和大豆蛋白质应占总量的40%以上,最低不少于30%,否则难以满足人体对蛋白质的生理需要。为了保证每日膳食能摄入足够的不饱和脂肪酸,必须保证1/2油脂来源于植物油。

4.每日三餐能量分配合理

三餐食物分配的比例,一般应以午餐为主,早、晚餐的分配比例可以相似,或晚餐略高于早餐。通常午餐应占全天总能量的40%,早、晚餐各占30%,或者早餐占25%~30%,晚餐占30%~35%。

提倡每日四餐,一种是上午加餐,对上午工作时间较长的人,或青少年发育阶段,加餐可于早、中餐之间,作为课间餐;另一种是晚间加餐,对晚间继续工作或学习3~4h以上,或者工作后的睡眠时间距晚餐后 5～6h 者,则需增加夜宵。课间餐和夜宵的能量分配占全日总能量的 10%～15% 为宜。

(二)注意饭菜的适口性

饭菜的适口性是膳食调配的重要原则,重要性并不低于营养。因为就餐者对食物的直接感受首先是适口性,然后才能体现营养效能,只有首先引起食欲,让就餐者喜爱富有营养的饭菜,并且能吃进足够的量,才有可能发挥预期的营养效能。

(三)强调食物的多样化

食物多样化是膳食调配的重要原则,也是实现合理营养的前提和饭菜适口的基础。中华民族传统烹饪就充分体现了食物多样性的原则,而"洋快餐"食物则较为单调,不符合食物多样性的原则。在膳食调配过程中体现食物多样化,就需要多品种地选用食物、并合理地搭配,这样才能向就餐者提供花色品种繁多、营养平衡的膳食。

(四)掌握食物定量适宜

1.饥饱适度

在我国,温饱问题已得到基本解决,但对饮食过量、营养失调、营养过剩却缺乏应有的警惕。控制饮食不要过量,既符合合理营养、平衡膳食的原则,也是合理搭配食物、使饭菜适口的需要。

2.各类食物用量得当

通常情况下,成人每日进食量为 1.0～2.0kg 的食物,多数在 1.2～1.6kg。一般早餐不超过 400g,午餐 500～800g,晚餐 400～500g。若食物原料中包括流质食物,如牛乳、豆浆等,则进食量可适当超出。

在各类食物的分配方面,成人每日需进食的谷类粮食量在 250～400g,蔬菜的进食量应达到 500g 左右,其中有一半以上的绿叶蔬菜。每日膳食中动物性食物量应达到 100g 以上,最好为 150g 左右(牛乳等流质动物性食物除外)。

应注意控制食油、食糖和食盐的用量。烹调使用的植物油每日 25g 左右就可以满足需要,最少应不低于 15g,最高不宜超过 50g。膳食中甜食不宜多,菜肴也不宜用过多食糖调味。每日用糖量,包括糕点、牛乳、豆浆、烹调及零食糖果在内,以 50g 为限。烹调用食盐量每日应限制在 6g 以下,而通常往往超过 10g,应注意菜肴清淡,防止口味过重。

(五)讲求经济效益

饮食消费与经济发展水平紧密相关,满足营养需求与经济投入也紧密相关,因此调配膳食需要考虑现实经济状况,追求营养与经济的较高效益。

二、营养食谱的制定方法

(一)计算法

1.确定用餐对象全日能量供给量

用膳者一日三餐的能量供给量可参照膳食营养素参考摄入量(DRIs)中能量的推荐摄

入量(RNl),根据用餐对象的劳动强度、年龄、性别等确定。集体就餐对象的能量供给量标准可以以就餐人群的基本情况或平均数值为依据,包括人员的平均年龄、平均体重,以及80%以上就餐人员的活动强度。

能量供给量标准只是提供了一个参考的目标,实际应用中还需参照用餐人员的具体情况加以调整,如根据用餐对象的胖瘦情况制定不同的能量供给量。因此,在编制食谱前应对用餐对象的基本情况有一个全面的了解,应当清楚就餐者的人数、性别、年龄、机体条件、劳动强度、工作性质以及饮食习惯等。

2.计算宏量营养素全日应提供的能量

三种产能营养素占总能量比例应当适宜,一般蛋白质占 10% ~ 15%,脂肪占 20% ~ 30%,碳水化合物占 55% ~ 65%,具体可根据本地生活水平,调整上述三类产能营养素占总能量的比例,由此可求得三种能量营养素的一日能量供给量。

如已知某人每日能量需要量为 11.29MJ(2700kcal),若三种产能营养素占总能量的比例取中等值,分别为蛋白质占 15%、脂肪占 25%、碳水化合物占 60%,则三种能量营养素各应提供的能量如下:

蛋白质　　　　11.29MJ(2700kcal)×15% = 1.6935MJ(405kcal)

脂肪　　　　　11.29MJ(2700kcal)×25% = 2.8225MJ(675kcal)

碳水化合物　　11.29MJ(2700kcal)×60% = 6.774MJ(1620kcal)

3.计算三种能量营养素每日需要量

知道了三种产能营养素的能量供给量,还需将其折算为需要量,即具体的质量,这是确定食物品种和数量的重要依据。食物中产能营养素产生能量的多少按如下关系换算:即1g 碳水化合物产生能量为 16.7kJ(4.0kcal),1g 脂肪产生能量为 37.6kJ(9.0kcal),1g 蛋白质产生能量为 16.7kJ(4.0kcal)。根据三大产能营养素的能量供给量及其能量折算系数,可求出全日蛋白质、脂肪、碳水化合物的需要量。

根据上一步的计算结果,可算出三种能量营养素需要量如下:

蛋白质　　　1.6935MJ÷16.7kJ/g = 101g(405kcal÷4kcal/g = 101g)

脂肪　　　　2.8225MJ÷37.6kJ/g = 75g(675kcal÷9kcal/g = 75g)

碳水化合物　6.774MJ÷16.7kJ/g = 406g(1620kcal÷4kcal/g = 405g)

4.计算三种能量营养素每餐需要量

知道了三种能量营养素全日需要量后,就可以根据三餐的能量分配比例计算出三大能量营养素的每餐需要量。

根据上一步的计算结果,按照 30%、40%、30% 的三餐供能比例,其早、中、晚三餐各需要摄入的三种能量营养素数量如下:

早餐:蛋白质　　　　　　　101g×30% = 30g

脂肪　　　　　　　　75g×30% = 23g

碳水化合物　　　　　406g×30% = 122g

中餐:蛋白质 $101g \times 40\% = 40g$

    脂肪 $75g \times 40\% = 30g$

    碳水化合物 $406g \times 40\% = 162g$

晚餐:蛋白质 $101g \times 30\% = 30g$

    脂肪 $75g \times 30\% = 23g$

    碳水化合物 $406g \times 30\% = 122g$

5.主副食品种和数量的确定

已知三种能量营养素的需要量,根据食物成分表,就可以确定主食和副食的品种和数量了。

(1)主食品种、数量的确定。由于粮谷类是碳水化合物的主要来源,因此主食的品种、数量主要根据各类主食原料中碳水化合物的含量确定。

主食的品种主要根据用餐者的饮食习惯来确定,北方习惯以面食为主,南方则以大米居多。根据上一步的计算,早餐中应含有碳水化合物122g,若以小米粥和馒头为主食,并分别提供20%和80%的碳水化合物,查食物成分表得知,每100g小米粥含碳水化合物8.4g,每100g馒头含碳水化合物44.2g,则:

所需小米粥重量 $= 122g \times 20\% \div (8.4/100) = 290g$

所需馒头重量 $= 122g \times 80\% \div (44.2/100) = 220g$

(2)副食品种、数量的确定。根据三种产能营养素的需要量,首先确定了主食的品种和数量,接下来就需要考虑蛋白质的食物来源了。蛋白质广泛存在于动植物性食物中,除了谷类食物能提供的蛋白质,各类动物性食物和豆制品是优质蛋白质的主要来源。因此副食品种和数量的确定应在已确定主食用量的基础上,依据副食应提供的蛋白质质量确定。

计算步骤如下:

①计算主食中含有的蛋白质重量;

②用应摄入的蛋白质重量减去主食中蛋白质重量,即为副食应提供的蛋白质重量;

③设定副食中蛋白质的2/3由动物性食物供给,1/3由豆制品供给,据此可求出各自的蛋白质供给量;

④查表并计算各类动物性食物及豆制品的供给量;

⑤设计蔬菜的品种和数量;

以上一步的计算结果为例,已知该用餐者午餐应含蛋白质40g、碳水化合物162g。假设以馒头(富强粉)、米饭(大米)为主食,并分别提供50%的碳水化合物,由食物成分表得知,每100g馒头和米饭含碳水化合物分别为44.2g和25.9g,按上一步的方法,可算得馒头和米饭所需重量分别为184g和313g。

由食物成分表得知,100g馒头(富强粉)含蛋白质6.2g,100g米饭含蛋白质2.6g,则:

主食中蛋白质含量 $= 184g \times (6.2/100) + 313g \times (2.6/100) = 20g$

副食中蛋白质含量 $= 40g - 20g = 20g$

设定副食中蛋白质的 2/3 应由动物性食物供给,1/3 应由豆制品供给,因此:

动物性食物应含蛋白质重量 = 20g×66.7% = 13g

豆制品应含蛋白质重量 = 20g×33.3% = 7g

若选择的动物性食物和豆制品分别为猪肉(脊背)和豆腐干(熏),由食物成分表可知,每 100g 猪肉(脊背)中蛋白质含量为 20.2g,每 100g 豆腐干(熏)的蛋白质含量为 15.8g,则:

猪肉(脊背)重量 = 13g÷(20.2/100) = 64g

豆腐干(熏)重量 = 7g÷(15.8/100) = 44g

确定了动物性食物和豆制品的重量,就可以保证蛋白质的摄入。

最后是选择蔬菜的品种和数量。蔬菜的品种和数量参考中国居民膳食宝塔的推荐,具体可根据不同季节市场的蔬菜供应情况,以及考虑与动物性食物和豆制品配菜的需要来确定。

⑥确定纯能量食物的量。油脂的摄入应以植物油为主,有一定量动物脂肪摄入,因此以植物油作为纯能量食物的来源。由食物成分表可知每日摄入各类食物提供的脂肪含量,将需要的脂肪总含量减去食物提供的脂肪量即为每日植物油供应量。

6.食谱的评价与调整

根据以上步骤设计出营养食谱后,还应该对食谱进行评价,确定编制的食谱是否科学合理。应参照食物成分表初步核算该食谱提供的能量和各种营养素的含量,与 DRIs 进行比较,相差在 10% 上下,可认为合乎要求,否则要增减或更换食品的种类或数量。值得注意的是,制定食谱时,不必严格要求每份营养餐食谱的能量和各类营养素均与 DRIs 保持一致。一般情况下,每天的能量、蛋白质、脂肪和碳水化合物的量出入不应该很大,其他营养素以一周为单位进行计算、评价即可。

根据食谱的制订原则,食谱的评价应该包括以下几个方面:

(1)食谱中所含五大类食物是否齐全,是否做到了食物种类多样化;

(2)各类食物的量是否充足;

(3)全天能量和营养素摄入是否适宜;

(4)三餐能量摄入分配是否合理,早餐是否保证了能量和蛋白质的供应;

(5)优质蛋白质占总蛋白质的比例是否恰当;

(6)三种产能营养素(蛋白质、脂肪、碳水化合物)的供能比例是否适宜。

以下是评价食谱是否科学、合理的过程:

(1)首先按类别将食物归类排序,并列出每种食物的数量。

(2)从食物成分表中查出每 100g 食物所含营养素的量,算出每种食物所含营养素的量,计算公式为:

$$食物中某营养素含量(g) = \frac{食物量(g) × 可食部分比例 × 100g 食物中营养素含量}{100}$$

(3)将所用食物中的各种营养素分别累计相加,计算出一日食谱中三种能量营养素及其他营养素的量。

（4）将计算结果与中国营养学会制订的"中国居民膳食中营养素参考摄入量"中同年龄同性别人群的水平比较，进行评价。

（5）根据蛋白质、脂肪、碳水化合物的能量折算系数，分别计算出蛋白质、脂肪、碳水化合物三种营养素提供的能量及占总能量的比例。

（6）计算出动物性及豆类蛋白质占总蛋白质的比例。

（7）计算三餐提供能量的比例。

7.营养餐的制作

有了营养食谱还必须根据食谱原料，运用合理的烹饪方法进行营养餐的制作。在烹饪过程中，食物中的蛋白质、脂肪、碳水化合物、维生素、矿物质、水等营养素发生着多种变化，了解这些变化，对于合理选用科学的烹调方法，严格监控烹饪过程中食物的质量，提高营养素在食物中的保存率和在人体中的利用率都有着重要作用。此外，营养餐的制作还应保证食物的色、香、味俱全，这样才能保证食物的正常摄入，达到营养配餐预期的营养素摄入量。

8.食谱的总结、归档管理等

编制好食谱后，应该将食谱进行归档保存，并及时收集用餐者及厨师的反馈意见，总结食谱编制的经验，以便以后不断改进。

（二）食物交换份法

食物交换份法简单易行，易于被非专业人员掌握。该法是将常用食物按其所含营养素量的近似值归类，计算出每类食物每份所含的营养素值和食物质量，然后将每类食物的内容列出表格供交换使用，最后，根据不同能量需要，按蛋白质、脂肪和碳水化合物的合理分配比例，计算出各类食物的交换份数和实际重量，并按每份食物等值交换表选择食物。本法对病人和正常人都适用，此处仅介绍正常人食谱的编制。

1.各类食物的每单位食物交换代量表

根据膳食指南，按常用食物所含营养素的特点划分为五大类食物：谷类及薯类、动物性食物、豆类及制品、蔬菜水果类、纯能量食物。

（1）谷类、薯类：表 12 - 1 每份谷、薯类食物大约可提供能量 756kJ（180kcal）、蛋白质 4g、碳水化合物 38g。

（2）蔬菜、水果类：表 12 - 2 每份蔬菜、水果大约可提供能量 336kJ（80kcal）、蛋白质 5g、碳水化合物 15g。

（3）动物性食物：表 12 - 3 每份食物大约可提供能量 378kJ（90kcal）、蛋白质 10g、脂肪 5g、碳水化合物 2g。

（4）豆类：表 12 - 4 每份豆类大约可提供能量 188kJ（45kcal）、蛋白质 5g、脂肪 1.5g、碳水化合物 3g。

（5）纯能量食物：表 12 - 5 每份食物大约可提供能量 188kJ（45kcal）、脂肪 5g。

表 12 - 1 谷类和薯类食物交换代量表(180kcal)

食物	质量/g	食物	质量/g
面粉	50	大米	50
玉米面	50	小米	50
高粱米	50	挂面	50
面包	75	干粉丝(皮、条)	40
凉粉	750	土豆(食部)	250

12 - 2 蔬菜、水果类食物交换代量表(180kcal)

食物(食部)	质量/g	食物(食部)	质量/g
大白菜、油菜、圆白菜、韭菜、菠菜等	500 ~ 750	鲜豇豆	250
芹菜、莴笋、雪里蕻(鲜)、空心菜等	500 ~ 750	鲜豌豆	100
西葫芦、西红柿、茄子、苦瓜、冬瓜、南瓜等	500 ~ 750	倭瓜	350
菜花、绿豆芽、茭白、蘑菇(鲜)等	500 ~ 750	胡萝卜	200
柿子椒	350	萝卜	350
蒜苗	200	水浸海带	350
李子、葡萄、香蕉、苹果、桃、橙子、橘子等	200 ~ 250		

表 12 - 3 动物性食物交换代量表(190kcal)

食物(食部)	质量/g	食物(食部)	质量/g
瘦猪肉	50	瘦羊肉	50
瘦牛肉	50	鸡蛋(500g约8个)	1 个
禽	50	肥瘦猪肉	25
肥瘦羊肉	25	肥瘦牛肉	25
鱼虾	50	酸乳	200
牛乳	250	牛乳粉	30

表 12 - 4 豆类食物交换代量表(145kcal)

食物	质量/g	食物	质量/g
豆浆	125	豆腐(南)	70
豆腐(北)	42	油豆腐	20
豆腐干	25	熏干	25
腐竹	5	千张	14
豆腐皮	10	豆腐丝	25

表 12 – 5　纯能量食物食物交换代量表(145kcal)

食物	重量/g
菜籽油	5
豆油、花生油、棉籽油、芝麻	5
牛油、羊油、猪油(未炼)	5

2.按照中国居民平衡膳食宝塔上标出的数量(表 12 - 6)安排每日膳食

表 12 – 6　平衡膳食宝塔建议不同能量膳食的各类食物参考摄入量 /(g/d)

食物	低热量 约 7.5MJ(1800kcal)	中等热量 约 10.0MJ(2400kcal)	高热量 约 11.7MJ(2800kcal)
谷类	300	400	500
蔬菜	400	450	500
水果	100	150	200
肉、禽	50	75	100
蛋类	25	40	50
鱼虾	50	50	50
豆类及豆制品	50	50	50
乳类及乳制品	100	100	100
油脂	25	25	25

根据个人年龄、性别、身高、体重、劳动强度及季节等情况适当调整。从事轻体力劳动的成年男子(如办公室职员等)可参照中等能量膳食来安排自己的进食量;从事中等以上强度体力劳动者(如一般农田劳动者)可参照高能量膳食进行安排;不参加劳动的老年人可参照低能量膳食来安排。女性一般比男性的食量小,因为女性体重较轻且身体构成与男性不同。女性需要的能量往往比从事同等劳动的男性低200kcal 或更多些。一般说来,人们的进食量可自动调节,当一个人的食欲得到满足时,他对能量的需要也就会得到满足。

3. 根据不同能量的各种食物需要量,参考食物交换代量表,确定不同能量供给量的食物交换份数

对于在办公室工作的男性职员,根据中等能量膳食各类食物的参考摄入量,需要摄入谷类400g、蔬菜450g、水果150g、肉、禽类75g、蛋类40g、鱼虾类50g、豆类及豆制品50g、乳类及乳制品100g、油脂25g,这相当于8(400/50)份谷薯类食物交换份、1~2 份果蔬类交换份、4 份肉蛋乳等动物性食物交换份、2 份豆类食物交换份、5 份油脂类食物交换份。值得注意的是,食物交换代量表的交换单位不同,折合的食物交换份数也不同。这些食物分配到一日三餐中可以这样安排:

早餐:牛乳250g、白糖20g、面包150g、大米粥25g

午餐:饺子200g(瘦猪肉末50g、白菜300g)、小米粥25g、炝芹菜200g

加餐：苹果 200g

晚餐：米饭 150g、鸡蛋 2 个、炒莴笋 150g（全日烹调用油 25g）

还可以根据食物交换表，改变其中的食物种类，这样安排：

早餐：糖三角 150g、高粱米粥 25g、煎鸡蛋 2 个、咸花生米 15g

午餐：米饭 200g、瘦猪肉丝 50g、炒菠菜 250g

加餐：梨 200g

晚餐：烙饼 100g、大米粥 25g、炖大白菜 250g、北豆腐 100g（全日烹调用油 20g）

食物交换份法是一个比较粗略的方法，实际应用中，可将计算法与食物交换份法结合使用，首先用计算法确定食物的需要量，然后用食物交换份法确定食物种类及数量。通过食物的同类互换，可以以 1 日食谱为模本，设计出 1 周、1 月食谱。

三、常见营养食谱的确定

（一）机关团体食堂营养食谱

1.脑力劳动者的配餐原则

（1）控制能量的供给量。

（2）多选富含不饱和脂肪酸，具有健脑功能的食物，如坚果类（松子、葵花籽、芝麻、花生仁、胡桃等）、种子类（南瓜子、西瓜子、杏仁等）以及鱼类、虾类、牡蛎等水产品。

（3）提高优质蛋白质的供给量，可多选择鸭、兔、鹌鹑、鱼、牛肉、大豆及其制品。

（4）提供以单糖类为主的碳水化合物，多选择玉米、小米、干枣、桂圆、蜂蜜等。

（5）注意补充 B 族维生素，多选择香菇、鲜鱼、核桃、芝麻等。

2.不同劳动环境下工作人员的配餐原则

（1）高温环境下作业人员的配餐原则：

①为补充随汗液流失的大量矿物质，应提高钠、钾、镁、钙、磷等矿物质的供给量。在正常人膳食基础上，每日须增加钾、钠、钙和磷以及微量元素铁和锌的供给。

②增加维生素的供给量，包括维生素 C、B 族维生素以及维生素 A 等。

③合理增加能量和蛋白质的供给量。

④合理安排进餐时间。三餐分别安排在起床后、下班后的 1～2h，以及上班前的 1 个多小时。高温往往影响食欲，因此在菜肴方面要经常变换花样，并适量选用有辛辣味的调味品。要有选择地增加动物性食品（肉、鱼、动物内脏、乳及乳制品）、豆及豆制品、深色蔬菜（菠菜、油菜、芹菜等）、海产品（海带、海蜇、虾皮、紫菜等）的量。又因大量出汗，矿物质丢失较多，故应提供盐分略高的汤类。

（2）高、低压环境下作业人员的配餐原则：

①为提高机体对低压和高原环境的耐受力，每日应供给充足的能量。

②适当增加富含铁的食物，使机体动脉血氧含量增加，提高机体在低氧分压条件下呼吸的能力。

③增加优质蛋白质的摄入量,加强机体恢复平衡的能力。

④增加维生素的供给量。维生素 B_1 和维生素 C 可参与能量转化,维生素 A 和维生素 D 可提高机体对气压变化的适应能力,维生素 E 可促进脂肪吸收和防止体重减轻。

⑤适当减少食盐的摄入量,有助于预防急性高山反应。

⑥提倡多餐制(每日 4～5 餐)。

(3)接触有害物质作业人员的配餐原则:

①食物中的蛋白质可与铅、汞等结合,形成不溶解性的化合物排出体外,从而降低机体对铅、汞的吸收。因此,应供给充足的蛋白质,以食用乳及乳制品,鱼、蛋类等动物性食物为宜。

②必须严格控制脂肪的摄入量(每日在 50g 以下)。

③碳水化合物可抑制铅在肠道内的吸收,保护肝脏并维持肝脏的解毒功能。因此,应提高碳水化合物的摄入量(以谷类为主)。

④增加含锌食品。动物性食品是锌的丰富来源,如牛肉、猪肉和羊肉等,豆类及小麦每千克含锌均在 5～20mg。

⑤提高水溶性维生素的供给量,可选用面粉、瘦肉、豆荚类、动物内脏(牛肝、猪肝)、蔬菜(绿色菜,特别是深绿色蔬菜)、水果等。

⑥维生素 A 可改善镉造成的对肺组织上皮细胞损害,因此应增加供给量。由于镉对磷有较强的亲和力,可使骨中的钙游离而造成骨质疏松,引起骨痛,因此也需增加维生素 D 和钙的摄入量。

(4)有害生物因素及放射性物质环境下作业人员的配餐原则:

①供给充足的优质蛋白质,可在同等劳动强度供给量标准的基础上,增加 10g 左右,可多选用乳及乳制品(脱脂乳)、瘦肉、家禽、动物内脏等。

②控制膳食中的脂肪供给量,并以不饱和脂肪酸比例高的脂类为主(花生油、菜籽油、葵花籽油等)。

③补充含微量元素丰富的食物,如牛肉、羊肉及水产品。

④增加维生素 A 和维生素 C 的供给量。每日维生素 A 的摄入量最好达到 5000IU(可多吃动物肝脏,亦可口服维生素 A 丸),维生素 C 的摄入量每日达到 150mg(可多吃蔬菜和水果)。

(二)幼儿园食谱

幼儿园膳食选配原则如下:

(1)选择营养丰富的食品,多吃时令蔬菜、水果。

(2)配餐要注意粗细粮搭配、主副食搭配、荤素搭配、干稀搭配、咸甜搭配等,充分发挥各种食物营养价值上的特点及食物中营养素的互补作用,提高其营养价值。

(3)少吃油炸、油煎或多油的食品及刺激性强的酸辣食品等。

(4)经常变换食物的种类,烹调方法多样化、艺术化。饭菜色彩协调,香气扑鼻,味道鲜美,可增进食欲,有利于消化吸收。

(三)学生食堂营养食谱

1.寄宿制学校学生配餐原则

(1)分配能量:能量的分配,早餐应占30%,午餐占35%~40%,晚餐占30%~35%。早餐必须摄入足够的能量,才能适应上午课程集中的特点。许多学生晨起食欲不佳,早餐常常未进食足量的食物,所以应增加1次课间餐,以补充摄入能量的不足。10~12岁的女生日需能量为10.4MJ(2400kcal),男生达11.72MJ(2800kcal),因青少年食欲旺盛,配餐应保证提供足够的能量。

(2)合理的膳食组成:在能量供给充分的前提下,除保证蛋白质的摄入量外,还要注意提高蛋白质的利用率,主、副食要搭配适宜,以充分发挥蛋白质的互补作用。就一种或几种营养素而言,动物性食物营养价值较高,但没有任何一种食物完全含有人体需要的全部营养素,因此某一餐仅食稀饭、泡饭、馒头、咸菜等以淀粉为主的食物,或单吃鱼、肉、蛋等高蛋白为主的食品,都是不合理的,必须调整为每餐有荤、有素,或豆、菜搭配的合理膳食结构。以早餐为例,既应摄入足量的主食(粗、细粮均可,100~150g),又需要一定量的动物性食品(鸡蛋1个或瘦肉50g)及蔬菜。如条件不允许,则应在主食之外搭配豆类食物(如大豆、豌豆或蚕豆25g,或豆腐干50g)和一定量的蔬菜。

(3)保证含钙、铁及维生素A、维生素B_2和维生素C的食物:我国不同地区的膳食调查显示,学龄儿童及青少年的膳食中,钙、铁及维生素A、维生素B_2和维生素C的摄入不足。条件许可时,均应饮用鲜牛(羊)乳,经常吃绿叶或黄红色蔬菜,以保证各种维生素和矿物质的供给。还必须注意采用合理的烹调方法,以保存食品中的营养成分。

(4)膳食多样化:应做到粗细搭配,干稀适度。要适当增加花色品种,使膳食丰富多彩,既美味可口,又营养丰富。

2.中小学生午餐配餐原则

(1)应遵循"营养、卫生、科学、合理"的原则,体现平衡膳食,做到一周各类营养素配比合理,以满足学生生长发育的需要。

(2)主食做到粗细粮搭配。应尽量搭配五谷杂粮、豆类、薯类,提倡粗粮细作。除米饭外,每天搭配适量面食。

(3)副食应做到动物性食品与豆制品、根茎菜、绿叶菜、瓜类、豆类、薯类及菌藻类合理搭配。蔬菜中绿色蔬菜占2/3,红黄色蔬菜占1/3。

(4)制定学生营养餐食谱应掌握以下几点:

①每周食谱不重样。

②目前中小学生普遍缺乏维生素A、维生素B_2、铁和钙,食谱应尽量选用这些营养素含量高的食物,如豆腐、鸭肝、鸡肝、海带、胡萝卜等。每周吃一次含铁丰富的动物内脏,如鸭肝、鸡肝等,为补充钙、碘,除经常提供含钙丰富的食物外,每周至少吃一次海带或其他菌藻类食物。

③食谱制定要注意结合季节特点。

④合理搭配菜肴,以利进餐,如米饭和带汁的菜搭配,肉馅食物应配青菜。

(5)考虑操作间的加工能力,保证食谱切实可行。

(6)合理烹调,减少食物中营养成分的损失。

(四)老年人营养食谱

老年人配餐原则如下:

(1)能量供给合理,体重控制在标准体重范围内。

(2)适当增加优质蛋白质的供应量。

(3)控制脂肪摄入量,全日不超过40g,食用动物油要适量。

(4)不要单一食用精米、精面,每天应食用适量粗粮。

(5)控制食盐摄入量,全日应控制在4~6g。

(6)补充钙、磷和维生素。

(7)增加膳食纤维的摄入。

(8)注意一日三餐(或四餐)的能量分配。

参考文献

[1]葛可佑.中国营养师培训教材[M].北京:人民卫生出版社,2006.

[2]姚汉亭.食品营养学[M].北京:中国农业出版社,1995.

[3]刘志诚,于守洋.营养与食品卫生学[M].北京:中国轻工业出版社,1987.

[4]刘志皋.食品营养学[M].2版.北京:中国轻工业出版社,2014.

[5]史贤明.食品安全与卫生学[M].北京:中国农业出版社,2005.

[6]赖亚辉,张忠.营养与营养护理学[M].长春:吉林大学出版社,2007.

[7]李凤林,夏宇.食品营养与卫生学[M].北京:中国轻工业出版社,2007.

[8]孙远明.食品营养学[M].2版.北京:中国农业大学出版社,2010.

[9]易美华,刘毅.食品营养与健康[M].北京:中国轻工业出版社,2000.

[10]黄承钰.医学营养学[M].北京:人民卫生出版社,2003.

[11]孙孟里.临床营养学[M].北京:北京大学医学出版社,2003.

[12]中国营养学会.中国居民膳食营养素参考摄入量[M].北京:中国轻工业出版社,2000.

[13]劳动和社会保障部中国就业培训技术指导中心,劳动和社会保障部教育培训中心合编.营养配餐员[M].北京:中国劳动社会保障出版社,2003.

[14]何志谦.人类营养学[M].北京:人民卫生出版社,2000.

[15]陈炳卿.营养与食品卫生学[M].北京:人民卫生出版社,2000.

[16]江伟淘,刘毅.营养与食品卫生学[M].北京:北京医科大学,中国协和医科大学联合出版社,1992.

[17]张镜如,乔健天.生理学[M].北京:人民卫生出版社,1994.

[18]王光慈.食品营养学[M].北京:中国农业出版社,2001.

[19]王维群.营养学[M].北京:高等教育出版社,2001.

[20]王银瑞,胡军,解柱华.食品营养学[M].西安:陕西科学技术出版社,1992.

[21]孙远明.食品营养学[M].北京:科学出版社,2006.

[22](美)恩斯明格(Ensminger,A.H.).美国《食物与营养百科全书》选辑(4)营养素[M].北京:中国农业出版社,1989.

[23]王亚伟.食品营养与检测[M].北京:高等教育出版社,2005.

[24]付敏.饮食营养学[M].哈尔滨:黑龙江科技出版社,2003.

[25]王银瑞.食品营养学[M].北京:中国农业科技出版社,1993.

[26]邹乐之.食品营养与卫生[M].南昌:江西科学技术出版社,1991.

[27]王维群.营养学[M].北京:高等教育出版社,2006.

［28］葛竟天,田克勤.食品营养与卫生［M］.大连:东北财经大学出版社,1999.

［29］丁利君.食品营养及食疗保健学［M］.北京:中国农业科技出版社,2005.

［30］郭景光.食品营养化学［M］.大连:大连海事大学出版社,1996.

［31］李菊花.公共营养学［M］.杭州:浙江大学出版社,2005.

［32］雷纪丽.临床营养学［M］.郑州:河南科学技术出版社,2005.

［33］冯磊.基础营养学［M］.杭州:浙江大学出版社,2005.

［34］郭红卫.医学营养学［M］.上海:复旦大学出版社,2002.

［35］曾翔云.食品营养与卫生［M］.武汉:华中师范大学出版社,2005.

［36］王红梅.营养与食品卫生学［M］.上海:上海交通大学出版社,2002.

［37］赵长锋,徐贵发.实用临床营养治疗学［M］.济南:山东大学出版社,1996.

［38］廖昌园,王春红,陈彬.营养与健康［M］.北京:新华出版社,2003.

［39］张锦同.强化食品［M］.北京:轻工业出版社,1983.

［40］刘程,江小梅.当代新型食品［M］.北京:北京工业大学出版社,1994.

［41］李里特.食品原料学［M］.北京:中国农业出版社,2001.

［42］王放,王显伦.食品营养保健原理及技术［M］.北京:中国轻工业出版社,1998.

［43］中国居民膳食指南专家委员会.中国居民膳食指南文集［M］.北京:中国检察出版社,1999.

［44］沈志平.英汉营养学词典［M］.北京:科学出版社,1997.

［45］李全宏.食物、营养与卫生［M］.青岛:青岛海洋大学出版社,1995.

［46］天津轻工业学院食品工业教学研究室.食品添加剂［M］.北京:中国轻工业出版社,2003.

［47］李景明,马丽艳,温鹏飞.食品营养强化技术［M］.北京:化学工业出版社,2006.

［48］王晓琴,曹劲松.食品营养强化剂［M］.北京:中国轻工业出版社,2002.

［49］凌文华.营养与食品卫生学［M］.北京:人民卫生出版社,2001.

［50］陈炳卿,孙长颢.食品污染与健康［M］.北京:化学工业出版社,2002.

［51］北京中医学院养生康复文献编委会.饮食保健学［M］.上海:上海中医学院出版社,1998.

［52］郑建仙.功能性食品［M］.北京:中国轻工业出版社,1999.

［53］钟立文.食品科学与工艺原理［M］.北京:中国轻工业出版社,1999.

［54］彭景.烹饪营养学［M］.北京:中国轻工业出版社,2000.

［55］马凤楼,陈荣华.营养与健康丛书［M］.南京:河海大学出版社,2001.

［56］王尔茂.食品营养与卫生［M］.北京:中国轻工业出版社,1995.

［57］杜文欣.现代保健食品研发与生产新技术新工艺及注册申报实用手册［M］.北京:中国科技文化出版社,2005.

［58］中国营养学会.中国居民膳食指南(2016)［M］.北京:人民卫生出版社,2016.

[59]杨月欣,王光亚,潘兴昌.中国食物成分表[M].2版.北京:北京大学医学出版社,2009.

[60]中国营养学会.中国居民膳食营养素参考摄入量(2013版)[M].北京:科学出版社,2014.

[61]中国就业培训技术指导中心组织编写.公共营养师(基础知识)[M].北京:中国劳动社会保障出版社,2012.

[62]中国营养学会.食物与健康——科学证据共识[M].北京:人民卫生出版社,2016.

[63]李铎.食品营养学[M].北京:化学工业出版社,2012.

[64]邓红.营养配膳与制作[M].北京:科学出版社,2009.

[65]张首玉.营养配餐与设计[M].北京:中国科学技术出版社,2013.

[66]王其梅.营养配餐与设计[M].北京:中国轻工业出版社,2010.

[67]李苹苹.公共营养学实务[M].北京:化学工业出版社,2012.

[68]杨长平,卢一.公共营养与特殊人群营养[M].北京:清华大学出版社,2012.

[69]张滨.营养配餐与设计[M].北京:中国环境科学出版社,2009.

[70]柳春红.食品营养与卫生学[M].北京:中国农业出版社,2013.

[71]于红霞,蔺新英.饮食营养与健康[M].北京:中国轻工业出版社,2015.

[72]綦翠花,杜慧真.营养配餐与膳食设计[M].山东:山东科学技术出版社,2014.

附　录

附录一　中国居民膳食营养素参考摄入量（DRIs）

附表 1-1　中国居民膳食能量需要量（EER）

人群	能量/（MJ/d）						能量/（kcal/d）					
	男			女			男			女		
	身体活动水平（轻）	身体活动水平（中）	身体活动水平（重）	身体活动水平（轻）	身体活动水平（中）	身体活动水平（重）	身体活动水平（轻）	身体活动水平（中）	身体活动水平（重）	身体活动水平（轻）	身体活动水平（中）	身体活动水平（重）
0 岁 ~		0.38 MJ/（kg·d）			0.38 MJ/（kg·d）			90kcal /（kg·d）			90kcal /（kg·d）	
0.5 岁 ~		0.33 MJ/（kg·d）			0.33 MJ/（kg·d）			80kcal /（kg·d）			80kcal /（kg·d）	
1 岁 ~		3.77			3.35			900			800	
2 岁 ~		4.60			4.18			1100			1000	
3 岁 ~		5.23			5.02			1250			1200	
4 岁 ~		5.44			5.23			1300			1250	
5 岁 ~		5.86			5.44			1400			1300	
6 岁 ~	5.86	6.69	7.53	5.23	6.07	6.90	1400	1600	1800	1250	1450	1650
7 岁 ~	6.28	7.11	7.95	5.65	6.49	7.32	1500	1700	1900	1350	1550	1750
8 岁 ~	6.90	7.74	8.79	6.07	7.11	7.95	1650	1850	2100	1450	1700	1900

续表

人群	能量/(MJ/d)						能量/(kcal/d)					
	男			女			男			女		
	身体活动水平(轻)	身体活动水平(中)	身体活动水平(重)	身体活动水平(轻)	身体活动水平(中)	身体活动水平(重)	身体活动水平(轻)	身体活动水平(中)	身体活动水平(重)	身体活动水平(轻)	身体活动水平(中)	身体活动水平(重)
9岁~	7.32	8.37	9.41	6.49	7.53	8.37	1750	2000	2250	1550	1800	2000
10岁~	7.53	8.58	9.62	6.90	7.95	9.00	1800	2050	2300	1650	1900	2150
11岁~	8.58	9.83	10.88	7.53	8.58	9.62	2050	2350	2600	1800	2050	2300
14岁~	10.46	11.92	13.39	8.37	9.62	10.67	2500	2850	3200	2000	2300	2550
18岁~	9.41	10.88	12.55	7.53	8.79	10.04	2250	2600	3000	1800	2100	2400
50岁~	8.79	10.25	11.72	7.32	8.58	9.83	2100	2450	2800	1750	2050	2350
65岁~	8.58	9.83	—a	7.11	8.16	—	2050	2350	—	1700	1950	—
80岁~	7.95	9.20	—	6.28	7.32	—	1900	2200	—	1500	1750	—
孕妇(早)	—	—	—	+0b	+0	+0	—	—	—	+0	+0	+0
孕妇(中)	—	—	—	+1.26	+1.26	+1.26	—	—	—	+300	+300	+300
孕妇(晚)	—	—	—	+1.88	+1.88	+1.88	—	—	—	+450	+450	+450
乳母	—	—	—	+2.09	+2.09	+2.09	—	—	—	+500	+500	+500

a. 未制定参考值者用"—"表示；b. "+"表示在同龄人群参考值基础上额外增加量。

表1-2 中国居民膳食蛋白质参考摄入量(DRIs)

人群	蛋白质 EAR/(g/d)		RNI/(g/d)	
	男	女	男	女
0岁~	—ᵃ	—	9(AI)	9(AI)
0.5岁~	15	15	20	20
1岁~	20	20	25	25
2岁~	20	20	25	25
3岁~	25	25	30	30
4岁~	25	25	30	30
5岁~	25	25	30	30
6岁~	25	25	35	35
7岁~	30	30	40	40
8岁~	30	30	40	40
9岁~	40	40	45	45
10岁~	40	40	50	50
11~	50	45	60	55
14~	60	50	75	60
18~	60	50	65	55
50~	60	50	65	55
65~	60	50	65	55
80~	60	50	65	55
孕妇(早)	—	+0ᵇ	—	+0
孕妇(中)	—	+10	—	+15
孕妇(晚)	—	+25	—	+30
乳母	—	+20	—	+25

注1 a. 未制定参考值者用"—"表示;b. "+"表示在同龄人群参考值基础上额外增加量。

表1-3 中国居民膳食碳水化合物、脂肪酸参考摄入量(DRIs)

人群	总碳水化合物/(g/d) EAR	亚油酸/(%Eᵇ) AI	α-亚麻酸/(%E) AI	EPA+DHA/(g/d) AI
0岁~	60(AI)	7.3(0.15gᶜ)	0.87	0.10ᵈ
0.5岁~	85(AI)	6.0	0.66	0.10ᵈ
1岁~	120	4.0	0.60	0.10ᵈ
4岁~	120	4.0	0.60	—
7岁~	120	4.0	0.60	—
11~	150	4.0	0.60	—
14~	150	4.0	0.60	—
18~	120	4.0	0.60	—
50~	120	4.0	0.60	—
65~	—ᵃ	4.0	0.60	—
80~	—	4.0	0.60	—
孕妇(早)	130	4.0	0.60	0.25(0.20ᵈ)
孕妇(中)	130	4.0	0.60	0.25(0.20ᵈ)
孕妇(晚)	130	4.0	0.60	0.25(0.20ᵈ)
乳母	160	4.0	0.60	0.25(0.20ᵈ)

注2 a. 未制定参考值者用"—"表示;
b. "%E"为占能量的百分比;
c. 为花生四烯酸;
d. 为DHA。

注3 我国2岁以上儿童及成人膳食中来源于食品工业加工产生的反式脂肪酸的UL为<1%E。

表1-4 中国居民膳食微量营养素平均需要量（EAR）

人群	钙/(mg/d)	磷/(mg/d)	镁/(mg/d)	铁/(mg/d)		碘/(μg/d)	锌/(mg/d)		硒/(μg/d)	铜/(mg/d)	钼/(μg/d)	维生素A/(μgRAE/d)[b]		维生素D/(μg/d)	维生素B$_1$/(mg/d)		维生素B$_2$/(mg/d)		维生素B$_6$/(mg/d)	维生素B$_{12}$/(μg/d)	叶酸/(μgDFE/d)[c]	烟酸/(mgNE/d)[d]		维生素C/(mg/d)
				男	女		男	女				男	女		男	女	男	女				男	女	
0岁~	—[a]	—	—	—	—	—	—	—	—	—	—	—	—	—	—	—	—	—	—	—	—	—	—	—
0.5岁~	—	—	—	7	7	—	2.8	2.8	—	—	—	—	—	—	—	—	—	—	—	—	—	—	—	—
1岁~	500	250	110	6	6	65	3.2	3.2	20	0.25	35	220	220	8	0.5	0.5	0.5	0.5	0.5	0.8	130	5	5	35
4岁~	650	290	130	7	7	65	4.6	4.6	25	0.30	40	260	260	8	0.6	0.6	0.6	0.6	0.6	1.0	150	7	6	40
7岁~	800	400	180	10	10	65	5.9	5.9	35	0.40	55	360	360	8	0.8	0.8	0.8	0.8	0.8	1.3	210	9	8	55
11岁~	1000	540	250	11	14	75	8.2	7.6	45	0.55	75	480	450	8	1.1	1.0	1.1	0.9	1.1	1.8	290	11	10	75
14岁~	800	590	270	12	14	85	9.7	6.9	50	0.60	85	590	450	8	1.3	1.1	1.3	1.0	1.2	2.0	320	14	11	85
18岁~	650	600	280	9	15	85	10.4	6.1	50	0.60	85	560	480	8	1.2	1.0	1.2	1.0	1.2	2.0	320	12	10	85
50岁~	800	600	280	9	9	85	10.4	6.1	50	0.60	85	560	480	8	1.2	1.0	1.2	1.0	1.3	2.0	320	12	10	85
65岁~	800	590	270	9	9	85	10.4	6.1	50	0.60	85	560	480	8	1.2	1.0	1.2	1.0	1.3	2.0	320	11	9	85
80岁~	800	560	260	9	9	85	10.4	6.1	50	0.60	85	560	480	8	1.2	1.0	1.2	1.0	1.3	2.0	320	11	8	85
孕妇（早）	+0[e]	+0	+30	+0	+0	+75	+1.7	+1.7	+4	+0.10	+7	+0	+0	+0	+0	+0	+0	+0	+0.7	+0.4	+200	—	—	+0
孕妇（中）	+160	+0	+30	+4	+4	+75	+1.7	+1.7	+4	+0.10	+7	+50	+50	+0	+0.1	+0.1	+0.1	+0.1	+0.7	+0.4	+200	—	—	+10
孕妇（晚）	+160	+0	+30	+7	+7	+75	+1.7	+1.7	+4	+0.10	+7	+50	+50	+0	+0.2	+0.2	+0.2	+0.2	+0.7	+0.4	+200	—	—	+10
乳母	+160	+0	+0	+3	+3	+85	+3.8	+3.8	+15	+0.50	+3	+400	+400	+0	+0.2	+0.2	+0.2	+0.2	+0.2	+0.6	+130	+2	+2	+40

注
a. 未制定参考值者用"—"表示；
b. 视黄醇活性当量（RAE，μg）＝膳食或补充剂来源全反式视黄醇（μg）＋1/2补充剂来源全反式β-胡萝卜素（μg）＋1/12膳食全反式β-胡萝卜素（μg）＋1/24其他膳食维生素A原类胡萝卜素（μg）；
c. 膳食叶酸当量（DFE，μg）＝天然食物来源叶酸（μg）＋1.7×合成叶酸（μg）；
d. 烟酸当量（NE，mg）＝烟酸（mg）＋1/60色氨酸（mg）；
e. "＋"表示在同龄人群参考值基础上额外增加量。

表1-5　中国居民膳食矿物质推荐摄入量/适宜摄入量(RNI/AI)

人群	钙/(mg/d) RNI	磷/(mg/d) RNI	钾/(mg/d) AI	钠/(mg/d) AI	镁/(mg/d) RNI	氯/(mg/d) AI	铁/(mg/d) RNI 男	铁/(mg/d) RNI 女	碘/(μg/d) RNI	锌/(mg/d) RNI 男	锌/(mg/d) RNI 女	硒/(μg/d) RNI	铜/(mg/d) RNI	氟/(mg/d) AI	铬/(μg/d) AI	锰/(mg/d) AI	钼/(μg/d) RNI
0岁~	200(AI)	100(AI)	350	170	20(AI)	260	0.3(AI)		85(AI)	2.0(AI)		15(AI)	0.3(AI)	0.01	0.2	0.01	2(AI)
0.5岁~	250(AI)	180(AI)	550	350	65(AI)	550	10		115(AI)	3.5		20(AI)	0.3(AI)	0.23	4.0	0.7	15(AI)
1岁~	600	300	900	700	140	1100	9		90	4.0		25	0.3	0.6	15	1.5	40
4岁~	800	350	1200	900	160	1400	10		90	5.5		30	0.4	0.7	20	2.0	50
7岁~	1000	470	1500	1200	220	1900	13		90	7.0		40	0.5	1.0	25	3.0	65
11岁~	1200	640	1900	1400	300	2200	15	18	110	10	9.0	55	0.7	1.3	30	4.0	90
14岁~	1000	710	2200	1600	320	2500	16	18	120	11.5	8.5	60	0.8	1.5	35	4.5	100
18岁~	800	720	2000	1500	330	2300	12	20	120	12.5	7.5	60	0.8	1.5	30	4.5	100
50岁~	1000	720	2000	1400	330	2200	12	12	120	12.5	7.5	60	0.8	1.5	30	4.5	100
65岁~	1000	700	2000	1400	320	2200	12	12	120	12.5	7.5	60	0.8	1.5	30	4.5	100
80岁~	1000	670	2000	1300	310	2000	12	12	120	12.5	7.5	60	0.8	1.5	30	4.5	100
孕妇(早)	+0^b	+0	+0	+0	+40	+0	—^a	+0	+110	—	+2.0	+5	+0.1	+0	+1.0	+0.4	+10
孕妇(中)	+200	+0	+0	+0	+40	+0	—	+4	+110	—	+2.0	+5	+0.1	+0	+4.0	+0.4	+10
孕妇(晚)	+200	+0	+0	+0	+40	+0	—	+9	+110	—	+2.0	+5	+0.1	+0	+6.0	+0.4	+10
乳母	+200	+0	+400	+0	+0	+0	—	+4	+120	—	+4.5	+18	+0.6	+0	+7.0	+0.3	+3

注　a. 未制定参考值者用"—"表示；b. "+"表示在同龄人群参考值基础上额外增加量。

319

表1-6 中国居民膳食维生素推荐摄入量/适宜摄入量（RNI/AI）

人群	维生素A/(μgRAE/d)c RNI 男	女	维生素D/(μg/d) RNI	维生素E/(mgα-TE/d)d AI	维生素K/(μg/d) AI	维生素B₁/(mg/d) RNI 男	女	维生素B₂/(mg/d) RNI 男	女	维生素B₆/(mg/d) RNI	维生素B₁₂/(μg/d) RNI	泛酸/(mg/d) AI	叶酸/(μgDFE/d)c RNI	烟酸/(mgNE/d)f RNI 男	女	胆碱/(mg/d) AI 男	女	生物素/(μg/d) AI	维生素C/(mg/d) RNI
0岁~	300(AI)	300(AI)	10(AI)	3	2	0.1(AI)	0.1(AI)	0.4(AI)	0.4(AI)	0.2(AI)	0.3(AI)	1.7	65(AI)	2(AI)	2(AI)	120	120	5	40(AI)
0.5岁~	350(AI)	350(AI)	10(AI)	4	10	0.3(AI)	0.3(AI)	0.5(AI)	0.5(AI)	0.4(AI)	0.6(AI)	1.9	100(AI)	3(AI)	3(AI)	150	150	9	40(AI)
1岁~	310	310	10	6	30	0.6	0.6	0.6	0.6	0.6	1.0	2.1	160	6	6	200	200	17	40
4岁~	360	360	10	7	40	0.8	0.8	0.7	0.7	0.7	1.2	2.5	190	8	8	250	250	20	50
7岁~	500	500	10	9	50	1.0	1.0	1.0	1.0	1.0	1.6	3.5	250	11	10	300	300	25	65
11岁~	670	630	10	13	70	1.3	1.1	1.3	1.1	1.3	2.1	4.5	350	14	12	400	400	35	90
14岁~	820	630	10	14	75	1.6	1.3	1.5	1.2	1.4	2.4	5.0	400	16	13	500	400	40	100
18岁~	800	700	10	14	80	1.4	1.2	1.4	1.2	1.4	2.4	5.0	400	15	12	500	400	40	100
50岁~	800	700	10	14	80	1.4	1.2	1.4	1.2	1.6	2.4	5.0	400	14	12	500	400	40	100
65岁~	800	700	15	14	80	1.4	1.2	1.4	1.2	1.6	2.4	5.0	400	14	11	500	400	40	100
80岁~	800	700	15	14	80	1.4	1.2	1.4	1.2	1.6	2.4	5.0	400	13	10	500	400	40	100
孕妇（早）	—	+0[b]	+0	+0	+0	—	+0	—	+0	+0.8	+0.5	+1.0	+200	—	+0	—	+20	+0	+0
孕妇（中）	—	+70	+0	+0	+0	—	+0.2	—	+0.2	+0.8	+0.5	+1.0	+200	—	+0	—	+20	+0	+15
孕妇（晚）	—	+70	+0	+0	+0	—	+0.3	—	+0.3	+0.8	+0.5	+1.0	+200	—	+0	—	+20	+0	+15
乳母	—	+600	+0	+3	+5	—	+0.3	—	+0.3	+0.3	+0.8	+2.0	+150	—	+3	—	+120	+10	+50

注：

a. 未制定参考值者用"—"表示；

b. "+"表示在同龄人群参考值基础上额外增加量；

c. 视黄醇活性当量（RAE，μg）=膳食或补充剂来源全反式视黄醇（μg）+1/2补充剂纯品全反式β-胡萝卜素（μg）+1/12膳食全反式β-胡萝卜素（μg）+1/24其他膳食维生素A原类胡萝卜素（μg）；

d. α-生育酚当量（α-TE，mg），膳食中总α-TE当量（mg）=1×α-生育酚（mg）+0.5×β-生育酚（mg）+0.1×γ-生育酚（mg）+0.02×δ-生育酚（mg）+0.3×α-三烯生育酚（mg）；

e. 膳食叶酸当量（DFE，μg）=天然食物来源叶酸（μg）+1.7×合成叶酸（μg）；f. 烟酸当量（NE，mg）=烟酸（mg）+1/60色氨酸（mg）。

表1-7　中国居民膳食微量营养素可耐受最高摄入量(UL)

人群	钙/(mg/d)	磷/(mg/d)	铁/(mg/d)	碘/(μg/d)	锌/(mg/d)	硒/(μg/d)	铜/(mg/d)	氟/(mg/d)	锰/(mg/d)	钼/(μg/d)	维生素A[f]/(μgRAE/d)[b]	维生素D/(μg/d)	维生素E/(mgα-TE/d)[c]	维生素B6/(mg/d)	叶酸/(μgDFE/d)	烟酸/(mgNE/d)[d]	烟酰胺/(mg/d)	胆碱/(mg/d)	维生素C/(mg/d)
0岁~	1000	—[a]	—	—	—	55	—	—	—	—	600	20	—	—	—	—	—	—	—
0.5岁~	1500	—	—	—	—	80	—	—	—	—	600	20	—	—	—	—	—	—	—
1岁~	1500	—	25	—	8	100	2	0.8	—	200	700	20	150	20	300	10	100	1000	400
4岁~	2000	—	30	200	12	150	3	1.1	3.5	300	900	30	200	25	400	15	130	1000	600
7岁~	2000	—	35	300	19	200	4	1.7	5.0	450	1500	45	350	35	600	20	180	1500	1000
11岁~	2000	—	40	400	28	300	6	2.5	8.0	650	2100	50	500	45	800	25	240	2000	1400
14岁~	2000	—	40	500	35	350	7	3.1	10	800	2700	50	600	55	900	30	280	2500	1800
18岁~	2000	3500	42	600	40	400	8	3.5	11	900	3000	50	700	60	1000	35	310	3000	2000
50岁~	2000	3500	42	600	40	400	8	3.5	11	900	3000	50	700	60	1000	35	310	3000	2000
65岁~	2000	3000	42	600	40	400	8	3.5	11	900	3000	50	700	60	1000	35	300	3000	2000
80岁~	2000	3000	42	600	40	400	8	3.5	11	900	3000	50	700	60	1000	30	280	3000	2000
孕妇(早)	2000	3500	42	600	40	400	8	3.5	11	900	3000	50	700	60	1000	35	310	3000	2000
孕妇(中)	2000	3500	42	600	40	400	8	3.5	11	900	3000	50	700	60	1000	35	310	3000	2000
孕妇(晚)	2000	3500	42	600	40	400	8	3.5	11	900	3000	50	700	60	1000	35	310	3000	2000
乳母	2000	3500	42	600	40	400	8	3.5	11	900	3000	50	700	60	1000	35	310	3000	2000

注　a. 未制定UL值者用"—"表示;

b. 视黄醇活性当量(RAE,μg)=膳食或补充剂来源全反式视黄醇(μg)+1/2补充剂纯品全反式β-胡萝卜素(μg)+1/12膳食全反式β-胡萝卜素(μg)+1/24其他膳食维生素A原类胡萝卜素(μg);

c. α-生育酚当量(α-TE,mg),膳食中总α-TE当量(mg)=1×α-生育酚(mg)+0.5×β-生育酚(mg)+0.1×γ-生育酚(mg)+0.02×δ-生育酚(mg)+0.3×α-三烯生育酚(mg);

d. 烟酸当量(NE,mg)=烟酸(mg)+1/60色氨酸(mg);

e. 指合成叶酸摄入量上限,不包括天然食物来源的叶酸量;

f. 不包括来自膳食维生素A原类胡萝卜素。

表 1-8 中国居民膳食宏量营养素可接受范围（AMDR）

人群	总碳水化合物/(% E[a])	添加糖/(% E)	总脂肪/(% E)	饱和脂肪酸/(% E)	n-6 多不饱和脂肪酸/(% E)	n-3 多不饱和脂肪酸/(% E)	EPA + DHA/(g/d)
0 岁~	—[b]	—	48(AI)	—	—	—	—
0.5 岁~	—	—	40(AI)	—	—	—	—
1 岁~	50~65	—	35(AI)	—	—	—	—
4 岁~	50~65	<10	20~30	<8	—	—	—
7 岁~	50~65	<10	20~30	<8	—	—	—
11 岁~	50~65	<10	20~30	<8	—	—	—
14 岁~	50~65	<10	20~30	<8	—	—	—
18 岁~	50~65	<10	20~30	<10	2.5~9.0	0.5~2.0	0.25~2.0
50 岁~	50~65	<10	20~30	<10	2.5~9.0	0.5~2.0	0.25~2.0
65 岁~	50~65	<10	20~30	<10	2.5~9.0	0.5~2.0	—
80 岁~	50~65	<10	20~30	<10	2.5~9.0	0.5~2.0	—
孕妇(早)	50~65	<10	20~30	<10	2.5~9.0	0.5~2.0	—
孕妇(中)	50~65	<10	20~30	<10	2.5~9.0	0.5~2.0	—
孕妇(晚)	50~65	<10	20~30	<10	2.5~9.0	0.5~2.0	—
乳母	50~65	<10	20~30	<10	2.5~9.0	0.5~2.0	—

注 a. "% E" 为占能量的百分比；b. 未制定参考值者用"—"表示。

表 1 – 9　中国居民膳食营养素建议摄入量(PI)

人群	钾/(mg/d)	钠/(mg/d)	维生素 C/(mg/d)
0 岁 ~	—ª	—	—
0.5 岁 ~	—	—	—
1 岁 ~	—	—	—
4 岁 ~	2100	1200	—
7 岁 ~	2800	1500	—
11 岁 ~	3400	1900	—
14 岁 ~	3900	2200	—
18 岁 ~	3600	2000	200
50 岁 ~	3600	1900	200
65 岁 ~	3600	1800	200
80 岁 ~	3600	1700	200
孕妇(早)	3600	2000	200
孕妇(中)	3600	2000	200
孕妇(晚)	3600	2000	200
乳母	3600	2000	200

注　a. 未制定参考值者用"—"表示。

表 1 – 10　中国居民膳食水适宜摄入量(AI)

人群	饮水量ª/(L/d)		总摄入量ᵇ/(L/d)	
	男	女	男	女
0 岁 ~	—ᵈ		0.7ᶜ	
0.5 岁 ~	—		0.9	
1 岁 ~	—		1.3	
4 岁 ~	0.8		1.6	
7 岁 ~	1.0		1.8	
11 岁 ~	1.3	1.1	2.3	2.0
14 岁 ~	1.4	1.2	2.5	2.2
18 岁 ~	1.7	1.5	3.0	2.7
50 岁 ~	1.7	1.5	3.0	2.7
65 岁 ~	1.7	1.5	3.0	2.7
80 岁 ~	1.7	1.5	3.0	2.7
孕妇(早)	—	+0.2ᵉ	—	+0.3
孕妇(中)	—	+0.2	—	+0.3
孕妇(晚)	—	+0.2	—	+0.3
乳母	—	+0.6	—	+0.1

注　a. 温和气候条件下,轻身体活动水平;如果在高温或进行中等以上身体活动时,应适当增加水摄入量;
　　b. 总摄入量包括食物中的水以及饮水中的水;
　　c. 来自母乳;
　　d. 未制定参考值者用"—"表示;
　　e. "＋"表示在同龄人群参考值基础上额外增加量。

表1-11　中国成人其他膳食成分特定建议值(SPL)和可耐受最高摄入量(UL)

其他膳食成分	SPL	UL
膳食纤维/(g/d)	25(AI)	—[a]
植物甾醇/(g/d)	0.9	2.4
植物甾醇酯/(g/d)	1.5	3.9
番茄红素/(mg/d)	18	70
叶黄素/(mg/d)	10	40
原花青素/(mg/d)	—	800
大豆异黄酮[b]/(mg/d)	55	120
花色苷/(mg/d)	50	—
氨基葡萄糖/(mg/d)	1000	—
硫酸或盐酸氨基葡萄糖/(mg/d)	1500	—
姜黄素/(mg/d)		720

注　a.未制定参考值者用"—"表示;b.指绝经后妇女。

附录二　常用食物能量表

附表 2 − 1　常用主食简表(食部每 100g 含量)

食物名称	蛋白质/g	脂肪/g	碳水化合物/g	热量/kcal
稻米(粳)	8.0	0.6	77.7	348
小米	9.0	3.1	73.5	358
玉米面	8.1	3.3	69.6	340
标准粉	11.2	1.5	71.5	344
富强粉	10.3	1.1	74.6	350
荞麦	9.3	2.3	66.5	324
苦荞麦粉	9.7	2.7	60.2	304
燕麦片	15.0	6.7	61.6	367
莜麦面	12.2	7.2	67.8	385
馒头(标准)	7.8	1.0	48.3	233
馒头(富强)	6.2	1.2	43.2	208
挂面(标准)	10.1	0.7	74.4	344
切面(富强)	9.3	1.1	59.5	285
油饼	7.9	22.9	40.4	399
方便面	9.5	21.1	60.9	472
烙饼(标准)	7.5	2.3	51.0	255

注　食部指从市场上购来的样品,丢掉不可食的部分后,所剩余的可食部分

附表 2 − 2　肉蛋类(食部每 100g 含量)

食物名称	蛋白质/g	脂肪/g	碳水化合物/g	热量/kcal
猪肉(瘦)	20.3	6.2	1.5	143
羊肉(瘦)	20.5	3.9	0.2	118
牛肉(瘦)	20.2	2.3	1.2	106
猪肝	19.3	3.5	5.0	129
猪肾(腰子)	15.4	3.2	1.4	96
猪肉松	23.4	11.5	49.7	396
牛肉松	8.2	15.7	67.7	445
酱牛肉	31.4	11.9	3.2	246
蛋清肠	12.5	22.8	5.8	278
小泥肠	11.3	26.3	3.2	295
鸡蛋(红皮)	12.8	11.1	1.3	156

续表

食物名称	蛋白质/g	脂肪/g	碳水化合物/g	热量/kcal
鸡蛋(白皮)	12.7	9.0	1.5	138
鸡蛋白	11.6	0.1	3.1	60
鸭蛋	12.6	13.0	3.1	180
咸鸭蛋	12.7	12.7	6.3	190
鹌鹑蛋	12.8	11.1	2.11	160

附表 2 - 3　鸡鱼类(食部每 100g 含量)

食物名称	蛋白质/g	脂肪/g	碳水化合物/g	热量/kcal
鸡	19.3	9.4	1.3	167
土鸡(家养)	21.6	4.5	0	124
乌骨鸡	22.3	2.3	0.3	111
鸡翅	17.4	11.8	4.6	194
鸭	15.5	19.7	0.2	240
北京烤鸭	16.6	38.4	6.0	436
鲤鱼	17.6	4.1	0.5	109
草鱼	16.6	5.2	0	112
带鱼	17.7	4.9	3.1	127
小黄鱼	17.9	3.0	0.1	99
平鱼	18.5	7.8	0	142
对虾	18.6	0.8	2.8	93
虾米(海米)	43.7	2.6	0	195
海蟹	13.8	2.3	4.7	95
河蟹	17.5	2.6	2.3	103
海参(水浸)	6.0	0.1	0	24

附表 2 - 4　乳类、豆类及豆类制品(食部每 100g 含量)

食物名称	蛋白质/g	脂肪/g	碳水化合物/g	热量/kcal
牛乳	3.0	3.2	3.4	54
牛乳(强化 VA、VD)	2.7	2.0	5.6	51
羊乳	1.5	3.5	5.4	59
牛乳粉(全脂)	20.1	21.2	51.7	478
羊乳粉(全脂)	18.8	25.2	49.0	498
酸乳	2.5	2.7	9.3	72
黄豆(大豆)	35.1	16.0	18.6	359

续表

食物名称	蛋白质/g	脂肪/g	碳水化合物/g	热量/kcal
蚕豆(去皮)	25.4	1.6	56.4	342
绿豆	21.6	0.8	55.6	316
北豆腐	12.2	4.8	1.5	98
南豆腐	6.2	2.5	2.4	57
豆腐干	16.2	3.6	10.7	140
豆腐脑	1.9	0.8	0	10
豆腐丝	21.5	10.5	5.1	201
腐竹	44.6	21.7	21.3	459
粉丝	0.8	0.2	82.6	335
豆浆	1.8	0.7	0	13
凉粉	0.2	0.3	8.3	37

附表 2－5　各种蔬菜食部每 100g 中所含碳水化合物的量

2%	水芹菜、生菜、蒜黄、空心菜、莴笋、小白菜、油菜薹、瓢儿菜、绿豆芽、冬瓜、黄瓜、竹笋
3%	菠菜、韭菜、芹菜、大白菜、绿苋菜、茴香菜、菜花、油菜、西葫芦、黄豆芽、豌豆苗、小水萝卜、雪里蕻
3.5%	茄子、西红柿、苦瓜、丝瓜、长茄子、菜瓜、圆白菜、荷兰豆
4%	柿子椒、红苋菜、芹菜叶、茭白、白萝卜
5%	香菜、大葱、扁豆、青蒜
6%	蒜苗、青萝卜、苤蓝
7%	毛豆
8%	洋葱头、胡萝卜
12%	山药
15%	藕
17%	土豆、芋头
18%	豌豆

附表 2－6　坚果类(食部每 100g 含量)

食物名称	蛋白质/g	脂肪/g	碳水化合物/g	热量/kcal
炒西瓜子	32.7	44.8	9.7	573
炒南瓜子	36.0	46.1	3.8	574
炒葵花子	22.6	52.8	12.5	616
炒花生仁	24.1	44.4	21.2	581
核桃(干)	14.9	58.8	9.6	627

附表 2－7　各种水果类（食部每 100g 含量）

食物名称	碳水化合物/g	热量/kcal	25g 主食相当于各种 水果（食部）质量/g	100g 水果食部相当 于水果质量/g
菠萝	9.5	41	215	200
草莓	6.0	30	293	300
柑	11.5	51	173	175
四川红橘	9.1	40	220	225
鸭梨	10.0	43	205	200
苹果	12.3	52	169	150
葡萄	9.9	43	205	200
柿子	17.1	71	124	125
桃	10.9	48	183	175
香蕉	20.8	91	97	100
杏	7.8	36	244	250
鲜枣	28.6	122	72	75
山里红	22.0	95	93	100
猕猴桃	11.9	56	157	150
西瓜	5.5	25	352	350
哈密瓜	7.7	34	259	250
鲜荔枝	16.1	70	126	125
桑葚	9.7	49	180	175
樱桃	9.9	46	191	200